全国高等院校应用心理学系列精品教材

总主编　李　红

心理统计学

主　编　郭　磊

副主编　简小珠　罗润生

　　　　张兴慧　于　睿

西南大学出版社

国家一级出版社　全国百佳图书出版单位

图书在版编目(CIP)数据

心理统计学 / 郭磊主编. —重庆:西南大学出版社, 2021.10
全国高等院校应用心理学系列精品教材
ISBN 978-7-5697-1066-3

Ⅰ. ①心… Ⅱ. ①郭… Ⅲ. ①心理统计-高等学校-教材 Ⅳ. ①B841.2

中国版本图书馆CIP数据核字(2021)第167240号

心理统计学

XINII TONGJIXUE

主　编　郭　磊

副主编　简小珠　罗润生　张兴慧　于　睿

责任编辑:任志林
责任校对:郑先俐
封面设计:汤　立
排　　版:杜霖森
出版发行:西南大学出版社(原西南师范大学出版社)
地址:重庆市北碚区天生路2号
邮编:400715
网址:http://www.xdcbs.com
市场营销部电话:023-68868624
经　　销:全国新华书店
印　　刷:重庆新生代彩印技术有限公司
成品尺寸:185 mm × 260 mm
印　　张:27.5
字　　数:568千字
版　　次:2021年10月第1版
印　　次:2025年9月第2次印刷
书　　号:ISBN 978-7-5697-1066-3

定　　价:68.00元

序

首先祝贺此书作为全国高校应用心理学系列精品教材正式出版。

心理学是研究人类心理现象发生、发展和活动规律的科学，其目的是描述、解释和预测人类行为。为了揭示心理、大脑与行为间的关系，研究者需要进行实验或调研，收集数据以证实或证伪其研究假设。在此过程中，心理统计学为心理学各分支研究提供方法学保障，发挥着极其重要的作用。正确合理地使用统计方法，可以保证研究结果的准确性和可信度。

作为心理学的核心课程之一，心理统计学在近些年的发展十分快速，但无论其发展到何种高度，基础统计学知识仍是根基，尤其对于应用导向为主的心理学学生而言，了解心理学研究的数据特点、掌握方法的统计逻辑、熟悉分析数据的基本流程，仍然是学习和研究心理学的基本能力。

随着心理统计方法越来越受到研究者重视，心理统计课程也越来越受到高校各心理学专业的重视，这不仅对一线教师上好这门课程提出了更高的教学要求、对学生学好这门课程提出了更高的学习要求，也对教材编写提出了更高要求。本书的编写从应用导向出发，遵循心理统计学常见的学科框架，展示和介绍了心理统计学基本理论和各种应用方法。书中所举范例均以心理学研究为背景，结合统计分析软件进行实操，有利于学生迅速掌握在心理学研究背景下构建统计分析模型的方法，达到理论与实践结合之目的。同时，本书还与时俱进，将目前国内外在研究领域中对于统计分析方法提出的特殊要求进行了详细介绍，如贝叶斯方差分析、效果量和样本量计算等。教材还进一步拓展了本科生需要学习掌握的其他统计方法，如共同方法偏差检验、验证性因素分析、中介效应分析和调节效应分析等内容，因而本书在加强本科生科研实力的同时，对考研考博等继续深造也大有裨益。此外，本书不仅适用于心理学专业的学生培养，同样适用于教育学、管理学、社会学等社会科学领域中需要进行实证研究及分析的专业的学生培养。

值此新书将付梓出版之际，作为作者的硕士生导师，本人倍感欣慰，特作此短序以示祝贺，并希望作者今后能继续认真教学，深耕专业，取得更多的研究成果！

戴海琦

2021 年 8 月 16 日

于江西师范大学心理学院

前　言

量化研究方法对于心理学研究的重要性不言而喻，任何一篇心理学研究的发表都离不开数据分析的支撑。心理统计学更强调其应用性，学好这门课程的标准绝不是会做题，而是动手分析数据，会解释分析结果，并能将结果运用于心理学领域。心理统计学的学习不仅能促进科研产出，更重要的是能让人科学、客观的看待世界。编写本书的初衷有二：一是加强本科生的实践动手能力，尽可能减少理论学习的枯燥性，使读者体验学习乐趣，获得成就感；二是增加了必要的前沿内容，使读者充分了解目前心理统计学发展现状，知晓科学领域的最新要求。

本书虽然从心理学领域介绍统计方法及其软件操作，但这些方法同样适用于教育学、社会学、管理学等专业的本科生、研究生学习和参考。基于时代发展及对科研的更高要求，本书在内容上，增加了贝叶斯方差分析、效果量及区间估计、共同方法偏差检验、以及中介及调节分析。在结构上，详细地介绍了相关软件的操作与结果分析(SPSS、JASP、Mplus)，读者可以参考进行练习和拓展。

本书共分为十一章内容，各章作者分别为：郭磊(第一章、第二章、第三章、第十章、第十一章)，简小珠(第四章、第五章)，罗润生(第六章、第七章)，张兴慧(第八章)，于睿(第九章)。教材编写需要许多人投入大量的时间和精力，在此要由衷地感谢我的学生童望望、姚菲、龚宁馨、郭芳蕾和林静同学帮忙收集和整理相关资料，每一章节都凝聚了你们的智慧和汗水，相信这个过程于你们也是巨大的进步。全书最后由郭磊完成了初稿的修订和最终统稿工作。

感谢西南大学出版社的郑持军和任志林先生为本书出版给予的帮助！由于作者水平和精力有限，书中难免存在表述不妥等相关错误，恳请各位同行和读者批评指正。

郭　磊
2020 年 11 月
于西南大学心理学部

CONTENTS 目录

第一章

统计学的发展背景与理论基础

本章作为心理统计学的入门介绍，在第一节中阐述了心理统计学的定义、基本内容以及相关基本概念等，为后续章节的理论方法提供背景知识，帮助读者建立关于心理统计学的基本逻辑框架。心理统计学离不开数据的支撑，如何处理研究收集到的一批原始数据，以最有意义、最有效的方式呈现、描述或表征数据特点？从数据清理，异常值、缺失值的排查；到将数据整理成统计图或统计表；再到通过合适的集中、差异量数来描述一组数据的集中趋势、离散趋势。本章的第二节到第五节对以上操作均进行了详细的介绍与引导，帮助读者了解数据处理的步骤，以及如何借助 SPSS 等工具进行基本的数据处理工作。

第一节 绪论

心理学研究涉及个体心理特质的方方面面，数据作为心理潜在特质的外显化载体，为心理学研究提供了实证依据。研究者通常会采集一批庞杂的数据资料，希望对收集到的数据资料进行整理、分析，探索数据隐藏的规律和特征信息，并推论得出一般性的结论，这些都需要借助心理统计学方法才能完成。本节将从心理统计学的定义、基本内容以及相关基本概念等方面进行阐述，为本书后续章节的理论方法提供背景知识，帮助读者建立关于心理统计学的基本逻辑框架。

一、心理统计学的定义和基本内容

（一）心理统计学的定义

统计学是通过对数据资料进行收集、整理、描述及分析，达到推断测量对象的本质，甚至对测量对象未来进行预测的一门综合性科学。统计学涵盖了大量的数学及其他学科专业知识，其应用范围几乎覆盖了社会科学和自然科学各个领域。而心理统计学作为应用统计学与心理学的交叉学科，主要研究的是在心理学实验或调查中如何收集、整理、描述和分析心理学数据资料，并通过分析资料得到的信息进行科学推论，以探寻心理活动的特征和规律。

科学领域的各项研究都需要采集大量的与课题相关的数据信息，心理学自然也不例外。例如，研究者希望研究家庭暴力会对儿童产生哪些影响，可能就需要收集家庭暴力行为信息（如发生频率），追踪儿童的人格特质（如威胁敏感性），以及亲密关系的建立等。这些收集到的数据信息纷繁庞杂，似乎让人无从下手，而心理统计学的作用就是帮助研究者处理、总结这些信息，通过数据分析的结果来推导一般性的结论，回答所要研究的问题。

（二）心理统计学的基本内容

从内容上看，心理统计学可分为描述统计和推断统计两个部分。从形式上看，心理统计学可分为统计原理、统计方法和统计技术三个部分。本书将围绕这几部分基本内容建立心理统计学的基本框架。

1. 描述统计与推断统计

描述统计主要是通过图表或相关数学方法，对数据的分布情况、特征信息和变量关系进行描述和估计。它能将原始数据组织成更简单易懂的形式，方便研究者对数据资料进行下一步分析处理。

描述统计分为集中趋势分析、离散趋势分析和相关分析三大部分，这些内容在后续章节学习。本章第二节会介绍如何绘制统计图表来汇总呈现数据资料，直观、形象地观察数据的分布和特征信息；在第三、四节中将阐述如何运用集中量数、差异量数来描述一批数据的集中趋势和离散趋势，相比统计图表，平均数、标准差等指标更加简洁明了，也便于进一步的代数运算；相关分析将放在第八章相关关系展开讲解。

推断统计是用样本数据做出关于总体的一般性陈述的方法。在本节前面提到的例子中，“儿童”这一群体数量是相当庞大的，无法对每个个体逐一研究，因此研究者往往会从总体中抽取一部分样本，对这批样本进行数据收集，利用样本调查的结果对总体进行推论。推断统计包括总体参数估计和假设检验两方面内容，这两部分将在第三到七章等章节展开讨论。

2. 统计原理、统计方法与统计技术

统计原理是心理统计学的一般理论阐述，而统计方法是心理学研究中收集、整理、分析和解释统计数据、探讨心理活动特征规律的定量方法。随着科技的持续发展，越来越多依托计算机网络和多媒体技术的统计软件不断涌现、更新，常见的统计软件有 Excel、SAS、DAS、SPSS、R、Mplus 等，其操作简便、功能强大，为研究者提供了便捷、快速的渠道来对收集到的数据资料进行整理、存储、计算和建模。

这三部分内容贯穿在整本书中，除了必要的心理统计学知识以外，本书还在后续章节中介绍了每一部分相应的 SPSS 操作，跟随步骤可以掌握基础软件分析处理数据资料的方法。虽然 SPSS 一类的软件操作可以使相对复杂的统计运算过程变得快速、简单、准确，但计算机并不能完全代替人的思维，统计软件完成的只是数值运算，然而统计分析过程远不止数值运算。比如：计算方法的选择、运算结果的解释以及如何推导得出想要的理论等，这些都需要研究者结合统计原理和统计方法进行思考。

二、心理统计学的基本概念

（一）总体与样本

1. 总体与样本

在本节推断统计部分的介绍涉及了总体和样本的概念，例子中的“儿童”就是一个总体，总体是根据研究目的确定的同质个体组成的全体。“同质”指的是这一批个体具有共同的特征或性质，这种特征或性质是基于研究者的研究目的而确定的。个体是总体的基本单元。一般而言，总体可以分为有限总体和无限总体，无限总体所包含的单位数量是无限的，而有限总体的范围和单位可以明确界定，能够准确计算其数目。例如研究某学校某班同学半期到期末的学习发展情况。

对无限总体或数量庞大的有限总体进行研究，希望逐一地收集每个个体的信息显然是不合理的，因此，研究者通常从总体中选取一个相对较小、容易处理的个体组加以研究，这个组就被称为总体的一个样本，而抽样指的就是从总体中选取出样本的过程。一个样本中包含的个体数量，被称为样本容量，一般用 n 来表示。样本容量越大，该样本对总体的代表性也越强。

2. 参数、统计量与抽样误差

在对一批数据进行分析处理时，需要区分这批数据是来自总体还是样本。用于描述总体特征的统计指标被称为参数(parameter)；而通过样本收集到的数据资料计算得到，用于描述样本特征的统计指标被称为统计量(statistic)。一般来讲，研究者希望能围绕总体参数展开研究，但实际研究还是从样本中采集信息，把样本统计量作为推断总体参数的基础。然而由于样本是从总体中抽取的一部分个体，只能为研究提供总体的有限信息，因此利用样本统计量推断总体参数总会存在一定偏差，即抽样误差。抽样误差是推断统计固有的误差，虽然无法避免，但可以通过抽样设计程序加以控制，或是运用数学方法进行处理，来减小误差产生的影响。

（二）变量

变量是心理学领域的一个重要概念，在研究中，被测量的事物在性质、数量、强度、程度等方面发生变化，这种随个体而变化的特征就是变量。与变量相对应的概念是常量，常量是不会发生变化的定值。研究者在实验中操纵的、对被试的反应产生影响的变量被称为自变量。因自变量变化而变化的变量被称为因变量，因变量是研究者希望观察或测量的变量。而除自变量以外影响因变量，但不在研究目的范围内需要加以控制的变量被称为额外变量。心理统计学作为心理学研究的有效工具，可以被用来研究变量与变量间的关系(相关、因果等)，从而帮助研究者实现研究目的，探寻心理活动的特征和规律。

三、数据的定义与类型

数据是心理学研究中通过观察或测量得到的结果，是一批未经加工的描述变量的原始材料。数据不等于数字，它可以是字母、文字、符号等形式，被用来表示变量的性质、状态或相互关系等一系列特征信息。

按照不同的分类标准，数据可被分为不同的类型。

（一）数据是否具有连续性

从数据是否具有连续性的特点出发，数据可被分为离散数据和连续数据两种类型。

在一定区间内取值数量限定的数据被称为离散数据，离散数据通常只能用自然数或整数单位表示。如：学生人数、试题数量等。离散数据的数值一般采用计数方法获得。

在一定区间内可以任意取值的数据被称为连续数据，在任意两个观测数据中都存在着无限多个可能的值，区间内可以被分割为无限的小数部分。如：智商分数、反应时间等。连续数据的数值一般需要借助测量工具或量表获得。

（二）数据测量采用的量表

根据测量的不同水平以及测量中使用的不同单位和参照点，测量量表可分为称名量表、顺序量表、等距量表和等比量表四种类型。从数据测量采用的量表出发，数据可被分为称名数据、顺序数据、等距数据和等比数据四种类型。

数据的测量与量表的类型息息相关，不同统计方法所适用的数据类型也不同，因此区分不同的量表收集到的不同数据十分关键。

称名数据是采用称名量表收集获得的数据类型。称名量表根据事物某一特征，对事物属性进行分类，它由一系列不同类别组成，由此获得的称名数据只能说明某一事物与其他事物在特征或类别上的差异。常见的称名数据如：性别、年级、地区等。称名数据没有相等单位也没有绝对零点，不能进行四则运算。

顺序数据是采用顺序量表收集获得的数据类型。顺序量表也称等级量表，它按照事物某一属性的多少排列等级次序。它不仅能够指代事物类别，还能表明不同类别的大小、等级或事物具有某一特征的程度，由此获得的顺序数据虽然也归属类别，但相较于称名数据它是有序的。常见的顺序数据如：满意程度排序（“满意”“比较满意”“较不满意”“不满意”）、受教育程度（小学、初中、高中、本科及以上）等。顺序数据没有相等单位也没有绝对零点，不能进行四则运算。

等距数据是采用等距量表收集获得的数据类型。等距量表也称区间量表，它具备了称名量表和顺序量表的性质，在顺序量表的基础上，规定了量表内各点之间的间距相等，由此获得的等距数据有相等单位，可以进行加减运算。但由于等距量表中原点不是固定的，测量单位也是人为设定的，因此等距数据没有绝对零点，因此它无法进行乘除运算。常见的等距数据如：温度、离差智商分数等。

等比数据是采用等比量表收集获得的数据类型。等比量表具有称名量表、顺序量表、等距量表的性质，在等距量表的基础上，等比量表有固定的原点，由此获得的等比数据有相同单位，也有绝对零点，因此可以进行加减乘除四则运算。常见的等比数据如：收入、身高、体重等。

第二节 统计图表

当收集到一批未经任何简化或处理的数据后，仅仅观察数据是难以发现任何研究希望得到的特征或规律的。原始数据不会显示任何明显的模式，研究者需要对原始数据进行整理，通过描述性统计来总结和组织数据以显示出研究结果。较为常见的描述统计方法是将数据整理成图或表的形式，通过图表往往能观察出一批数据的分布情况或其他特征，从而初步探索其中潜藏的规律。本节内容将要学习一些常见的统计图表，了解其绘制方法以及如何从中观察一批数据的特征信息。将数据绘制成图表之前需要进行一定的数据处理，关于数据处理的步骤将在本章第五节数据清理中做详细阐述。

一、常见的统计表与统计图

（一）常见的统计表

统计表是用来表达研究变量与被说明的事物之间数量关系的表格。它可以将大量数据的分类结果清晰、概括、一目了然地表达出来，便于分析、比较和计算。表格中的文字成分很低，其中的文字往往只用来作为标题或标注数据、出处等。一个规范的统计表包含表号、标题、顶线、底线、表目、表注等内容。

心理学研究中，统计表一般采用三线表形式，即顶线、栏目线和底线（如表 1-2-1 所示）。其中顶线和底线为粗线，栏目线为细线。三线表并不一定只有 3 条线，必要时可加辅助线，但仍称作三线表。三线表的组成要素包括：表号、表题、项目栏、表体、表注。

表 1-2-1 精神病患者家属病耻感与照顾负担的相关性分析

维度	疏远因子	刻板因子	抵抗因子
个人负担	0.219**	0.173**	0.258**
责任负担	0.110**	0.039	0.180**
ZBI 总分	0.163**	0.091**	0.254**

注：* $P<0.05$；** $P<0.01$

（二）常见的统计图

相较于统计表，统计图依托几何图形、事物形象等表示各种数据间的关系及其变动情况。它能更直观、形象地传达数据中存在的特征信息，便于理解和比较。但统计图也存在一定缺陷，可能会造成一定量的数据信息丢失，因此需要选择合适的统计图来描述数据，同时在绘制过程中要注意制图规范，尽可能避免类似情况发生。一个规范的统计图包含图号、标题、图尺(坐标单位)、图线(基线、轮廓线、指导线等)、图注(图例说明、资料来源等)等。

1. 条形图

条形图是用宽度相同的条形高度或长度来表示分类数据的统计图。条形图的条形可以横置或纵置。条形图是常见的统计图之一,它能方便直观观察各分类数据的大小,易于从相邻条形的高度或长度比较各项之间的差别。条形图可分为简单条形图和复合条形图,它们主要的差别就在分类特征的多少上。

简单条形图如图 1-2-1,复合条形图如图 1-2-2:

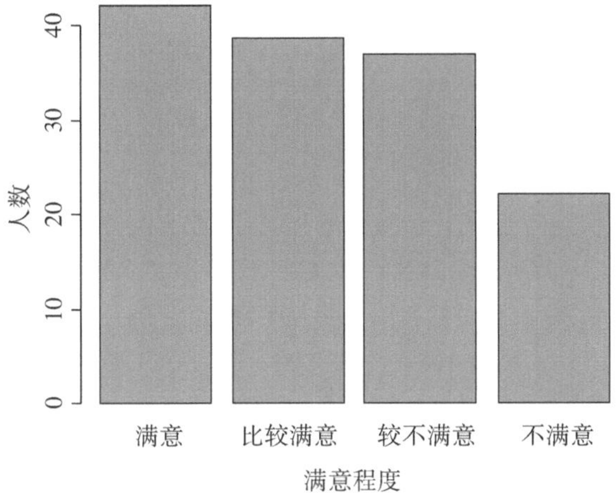

图 1-2-1 学生对食堂满意程度条形图(简单条形图)

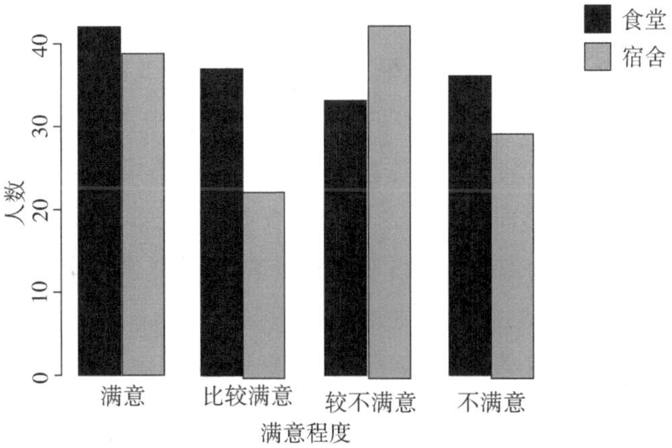

图 1-2-2 学生对食堂、宿舍满意程度条形图(复合条形图)

条形图的绘制步骤为:(1)整理原始数据;(2)建立直角坐标系,根据数据确定纵轴高度和横轴长度以及各自的单位长度;(3)根据原始数据绘制对应条形的高度或长度,注意条形的宽度和间隔相等;(4)制作复合条形图时需要通过改变颜色或纹路,使用不同形式的条形对多种类别加以区分;(5)完善条形图(坐标轴标题、单位、总标题、制图日期等)。

【例 1-1】为了促进本校食堂服务良好发展，某校调查了学生对食堂的满意程度，调查结果如下，要求根据该结果绘制条形图。

表 1-2-2 学生对食堂满意程度统计结果表

满意程度	人数
满意	42
比较满意	39
较不满意	37
不满意	22

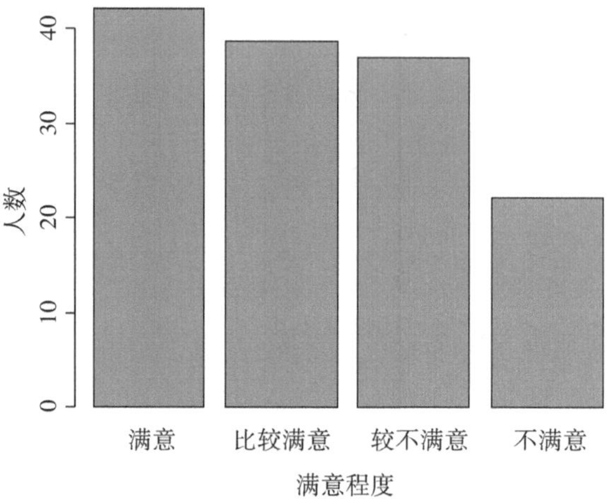

图 1-2-3 学生对食堂满意程度条形图

2. 饼图

饼图是用于描述分类数据的图形，它是由多个扇形围成的一个圆形，其中圆形代表总体，每一个扇形面积都代表着对应的项在其所在的总体中占的比例。饼图的数据点为百分数形式。每一项都有其唯一的颜色或图案表示。饼图可以直观反映各项在总体中的比例大小，通过比较各扇形面积大小也可以反映项与项之间的数量差异。

饼图的绘制步骤为：(1)绘制一个圆形；(2)计算各项在总体中所占比例；(3)计算各项所对应的扇形圆心角；(4)绘制各个扇形并标识数据点；(5)将各个扇形用不同形式区分，完善图例一一对应；(6)完善饼图(总标题、制图日期等)。

以本章【例 1-1】为例绘制饼图：

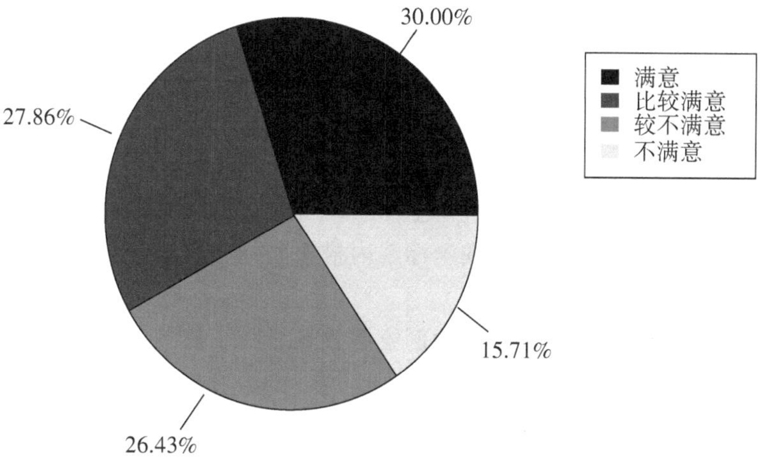

图 1-2-4 学生对食堂满意程度饼图

3. 折线图

在折线图中,类别数据沿横轴均匀分布,所有测量数据沿纵轴均匀分布。以起伏的折线连接统计图上各点,以折线的上升或下降来表示统计数值的增减,因而能直观地反映出数据的变化趋势。折线图适用于描述在相等时间间隔下数据的演变趋势,也可以用来表示一个变量随另一变量变化的大致趋势。

折线图的绘制步骤为:(1)建立直角坐标系,根据数据确定纵轴高度、横轴长度,以及各自的单位长度;(2)在坐标系内根据 x 值和对应的 y 值描出坐标点;(3)用直线将所有坐标点连接起来;(4)完善折线图(如坐标轴标题、单位、总标题、制图日期等)。

【例 1-2】某班 20 位学生完成了一份满分为 10 分的焦虑自评量表,其焦虑分数如下所示,要求根据该数据绘制折线图。

表 1-2-3 某班 20 位学生的焦虑自评量表得分

9	8	5	4	2	2	6	8	5	4
8	7	4	7	7	3	7	2	6	4

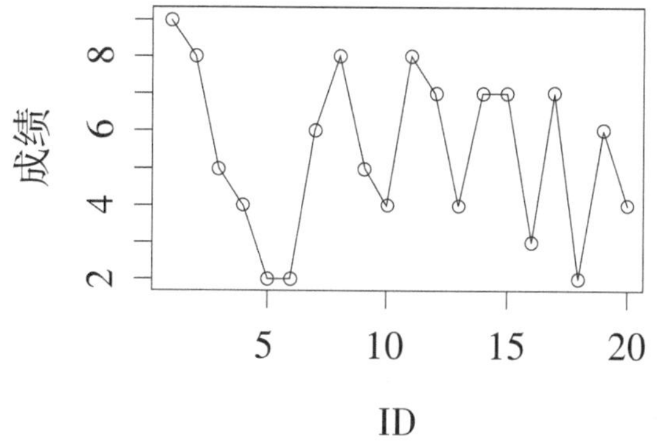

图 1-2-5 焦虑分数折线图

4.散点图

散点图是数据点在平面直角坐标系上的分布图。一般是根据两组数据在直角坐标系上描出多个坐标点,考察其分布。它可以表示一个变量随另一变量变化的大致趋势,对于判断两变量是否存在相关关系,以及应用回归分析都有良好助益。

散点图的绘制步骤为:(1)建立直角坐标系,根据数据确定纵轴高度和横轴长度以及各自的单位长度;(2)根据两组数据在坐标系内描出坐标点;(3)完善散点图(如坐标轴标题、单位、总标题、制图日期等)。

以某实验的前测成绩和后测成绩为例绘制散点图:

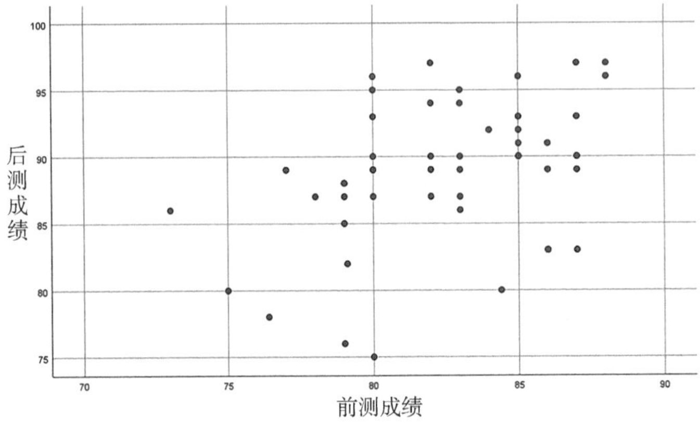

图 1-2-6 **焦虑分数散点图**

5.茎叶图

茎叶图又被称为枝叶图,将数组中的数按位数放置,将基本不变或变化不大的位数(一般是数字的第一位或前几位)作为主干(茎),将变化较大的位数(一般是数字的最后一位或者后几位)作为分枝(叶),列在主干的后面,这样就可以清楚地看到每个主干后面的几个数,以及每个数具体是多少。

与其他常见统计图不同,茎叶图能最大限度地保留原始数据。若近似地把一行主干上的所有数看作一个横置的条形,茎叶图又具备了与直方图相似的特征,即能观察各数据的大小,也易于从相邻主干的高度或长度比较各数据之间的差别。茎叶图与后文提到的分组频数分布表也有较明显的联系,茎叶图的每个主干位的值对应着分组频数分布表中的组距。如,当把 3 个分数中的十位数"8"当作茎时,"8"反映了该主干包括了 80 至 89 的区间范围。同时,通过茎叶图可以比较快地掌握数据在各区间范围内出现的次数,直观地感受数据分布特点。

【例 1-3】某班 20 位学生完成了一份满分为 100 分的执行力自评量表,其得分如下所示,要求根据该数据绘制茎叶图。

表 1-2-4 **某班** 20 **位学生的执行力自评量表得分**

87	76	74	88	82	94	65	63	62	86
64	81	67	72	60	82	79	78	66	77

6	0 2 3 4 5 6 7
7	2 4 6 7 8 9
8	1 2 2 6 7 8
9	4

图 1-2-7　执行力分数茎叶图

6. 箱型图

箱型图又被称为盒式图或箱线图，可以显示一组数据的离散情况。它与四分位数关系密切。

箱型图的绘制步骤为：(1)计算一组数据中的五个统计指标：其上、下限内的最大值和最小值、中位数以及 Q_1、Q_3 两个四分位数；(2)连接两个四分位数画出箱体；(3)将代表上、下限内最大值和最小值的横线与箱体相连接；(4)在箱体中以较粗的横线标识中位数；(5)若在一组数据中出现了异常值，在箱型图中一般以○或 * 进行标识；(6)完善箱型图(总标题、制图日期等)。

箱型图上、下限的计算需要借助四分位差 Q 值。箱型图的下限为 Q_1 以下 1.5 个 Q，上限为 Q_3 以上 1.5 个 Q。超出了上、下限范围内的值就是异常值。(关于四分位差的概念和计算在本章第四节介绍)

以本章【例 1-3】为例绘制箱型图：

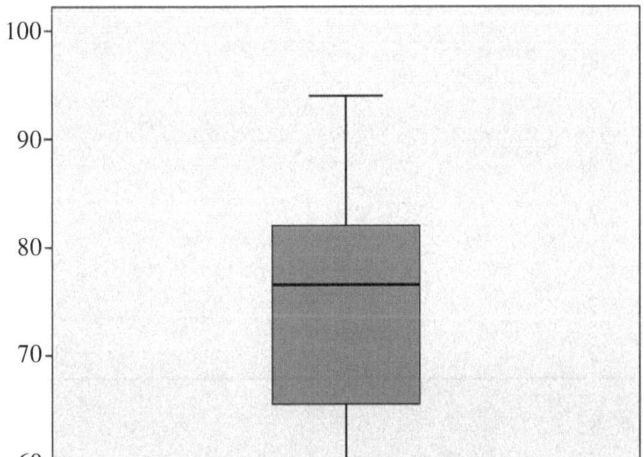

图 1-2-8　执行力分数箱型图

二、频数分布表与频数分布图

(一) 频数分布的概念

每个数据在一组数据中出现的次数被称为频数，每个数据出现的次数与总的数据量之间的比值被称为频率。频数分布，也称次数分布，是数据的主要整理形式之一。将原始数据进行排序，把相同数据归为一组，如智商分数均为110分的个体被归为一组。频数分布使得研究者能快速观察到一组数据的分布情况，还能粗略地观察某一数据在一组数据中的相对位置。一组数据频数分布的情况通常采用表格或图的形式呈现。

（二）频数分布表

1. 简单频数分布表

频数分布一般用于描述单一连续变量的观测数据，对于顺序、等距或等比量表，简单频数分布表按照从大到小的顺序将数据放在表格中；而称名量表的简单频数分布表的组别按任意顺序排列。在原始数据一列旁可添加一列频数，标明每一个数据对应的频数（通常用 f 表示）。

以本章【例 1-2】为例绘制简单频数分布表：

(1)最高分为 9，最低分为 2。按数据从大到小进行分组。

(2)观察每个数据出现的频数。

(3)绘制简单频数分布表。

表 1-2-3　焦虑分数频数分布表

分数	频数(f)
9	1
8	3
7	4
6	2
5	2
4	4
3	1
2	3

2. 分组频数分布表

当一组数据涵盖了较大范围的值时，若仍采用简单频数分布表形式呈现无疑会影响到频数分布的观察。如例 1-3 中，20 位学生的执行力自评量表最高分为 94，最低分为 60，列出所有数据，则频数分布表将有 19 行。在这种情况下，需要将数据进行分组，将原始数据划分至各个区组，统计每个区组内数据出现的频数，从而完成分组频数分布表的绘制。

以本章【例 1-3】为例绘制分组频数分布表：

(1)计算极差

计算极差，即一组数据中最大值和最小值的差值。本例中，最高分为 94，最低分为

60，极差为 34。

(2)根据数据量划分区组

一组数据区组的划分相当关键，组数太多或太少都不能准确提供一组数据清晰的频数分布趋势。一般而言，当一组数据来自一个正态总体时，可以利用下述公式划分组数，其中 n 代表数据个数。

$$K=1.87\times(n-1)^{\frac{2}{5}} \tag{1.1}$$

在本例中，n 为 20，经计算得 $K=6$。

(3)定组距

组距即每个区组的宽度，用 i 表示。2、5、10 等都是区间宽度相对良好的选择。组距还可以由之前计算出来的极差和区组数之间的比值取整确定。当原始数据被放入分组频数分布表之后，会失去其具体值，通常选择其所在区组的组中值来替代该组所有数据，因此组距的确定至关重要，组距越宽，丢失的信息越多。本例中，经计算得 $i=5$。

(4)定义组限并求组中值

组限是指各组变动范围两端的数值，即每个区组的起点值和终点值涵盖的范围。起点值被称为组下限，终点值被称为组上限。组上限与组下限之间的中点数值被称为组中值。

【注意】：区别表述组限和实际组限两种概念。

在本例中，"90～94"为表述组限，然而对于分数这一类连续变量而言，$x=90$ 实际上表征的是 89.5～90.5 的区间。同样，$x=94$ 实际上也是一个 93.5～94.5 的区间。因此该区组的实际组限为 [89.5，94.5)这样一个左闭右开的区间。之所以需要左闭右开，也是因为它需要与上一区组[84.5，89.5)在实限 89.5 处交汇。

(5)计算各组出现的频数，绘制分组频数分布表。

表 1-2-4　执行力分数频数分布表

组别	组中值	频数(f)
90～94	92	1
85～89	87	3
80～84	82	3
75～79	77	4
70～74	72	2
65～69	67	2
60～64	62	5

3. 累积频数分布表

在分组频数分布表基础上，将各组的频数由下至上或由上至下累加，计算累积频数制作对应的频数分布表。通过观察累积频数分布表，可以大致得出位于某个区间或某个数值以上或以下的数据量有多少的结论。

以本章【例 1-3】为例分别制作向上的累积频数分布表以及向下的累积频数分布表：

表 1-2-5　执行力分数向上累积的累积频数分布表

组别	组中值	频数(f)	累积频数
90～94	92	1	20
85～89	87	3	19
80～84	82	3	16
75～79	77	4	13
70～74	72	2	9
65～69	67	2	7
60～64	62	5	5

表 1-2-6　执行力分数向下累积的累积频数分布表

组别	组中值	频数(f)	累积频数
90～94	92	1	1
85～89	87	3	4
80～84	82	3	7
75～79	77	4	11
70～74	72	2	13
65～69	67	2	15
60～64	62	5	20

（三）频数分布图

一个频数分布图基本上涵盖了其对应的频数分布表中蕴含的所有信息，同时又能更形象、直观地表现一组数据频数分布的形态和特征。通常，图的 x、y 两条坐标轴分别代表测量数值和频数。

1. 称名数据或顺序数据的频数分布图

当一项研究的测量数据为称名数据或顺序数据时，其频数分布图可用条形图表示。与直方图类似，条形图对一组数据频数分布的描述是通过从 x 轴各值上延伸出来的高度不一、宽度相等的矩形来表示的：矩形的高度对应其测量数值或各组的频数，矩形的宽度代表每个数值或区组的实限。但由于称名数据和顺序数据都不是连续变量，x 轴上测量数值的变化并非是连续递增的，因此相邻矩形之间留有空隙，而不是像直方图那样连接在一起。本节所呈现的图 1-2-1 就是一个称名数据的频数分布图。

2.等距数据或等比数据的频数分布图

(1)直方图

在绘制直方图时,通常以各区组的组中值作为横坐标,以每个区组的实际组限作为矩形的两个端点,以频数作为矩形的高。由于等距数据和等比数据都是连续变量,x 轴上测量数值的变化连续递增,因此相邻矩形之间不留空隙,紧密地连接在一起。

以本章【例 1-3】为例绘制的频数分布直方图:

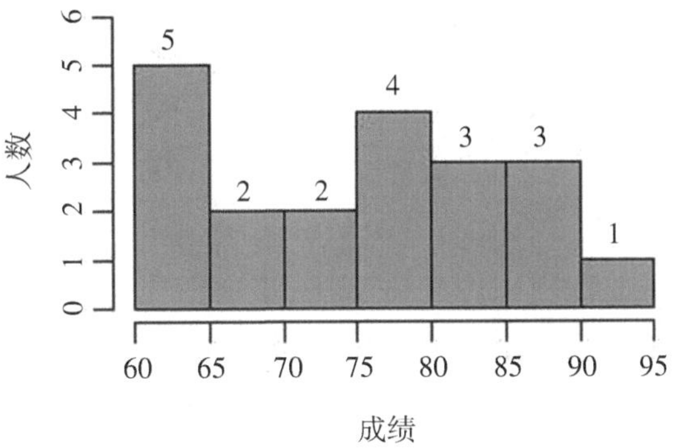

图 1-2-9　**执行力分数直方图**

(2)折线图

折线图利用一条折线来表示一组数据的频数变化情况。通常以各测量数值或各区组的组中值作为横坐标,以数值或各组的频数为纵坐标,在图上描点,再将各点以直线相连绘制折线图。理论上说,当数据量足够大时,随着组数增多,组距减小,连接的直线将会趋近于一条光滑的曲线,即频数分布曲线。

(3)累积频数分布图

累积频数分布图可以用直方图和折线图两种统计图来表示。这两种统计图绘制方法都与前面提到的类似,x 轴的意义不变,只是 y 轴代表的含义由频数变为累积频数。

以本章【例 1-3】为例绘制的累积频数分布图:

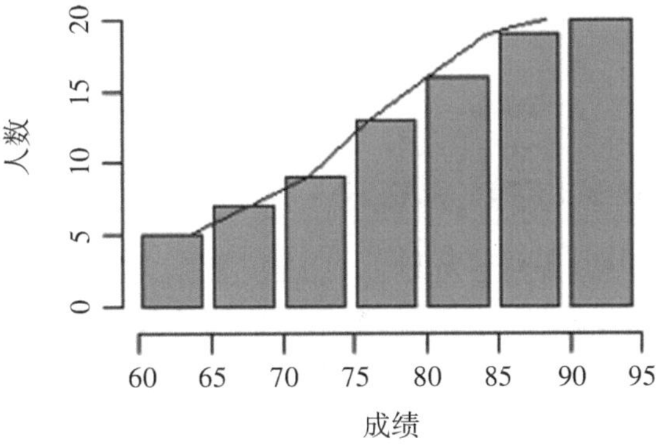

图 1-2-10　**执行力分数累积频数分布图**

三、SPSS 绘制统计图表

1.案例:以本章【例 1-3】为例绘制条形图、饼图、直方图、茎叶图、箱型图。

2.步骤

(1)输入数据:20 名学生的编号为变量 1:ID,其执行力分数为变量 2:成绩。

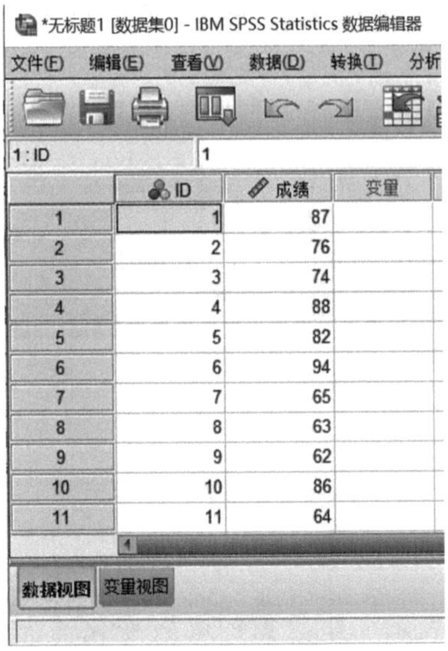

(2)【分析】→【描述统计】→【频率】

将成绩放入变量列表中。点击【图表】,根据需要选择图标类型下方的条形图、饼图、直方图。点击【继续】返回上一窗口,点击【确定】输出结果。

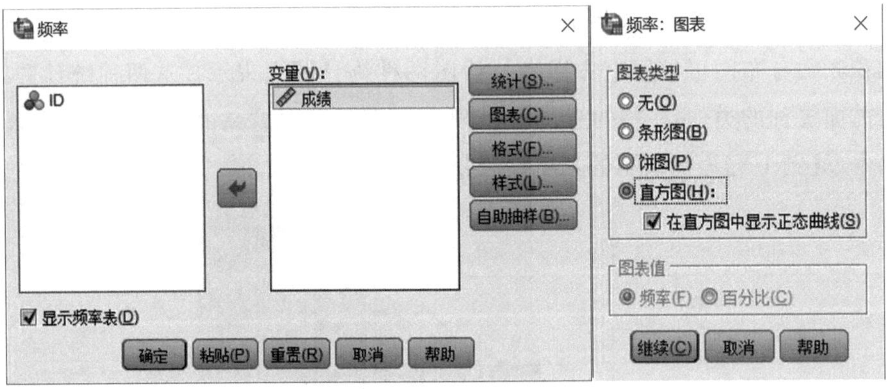

(3)【分析】→【描述统计】→【探索】

将成绩放入因变量列表中。点击【图】,根据需要选择箱图,描述图类型下方的茎叶图、直方图。点击【继续】返回上一窗口,点击【确定】输出结果。

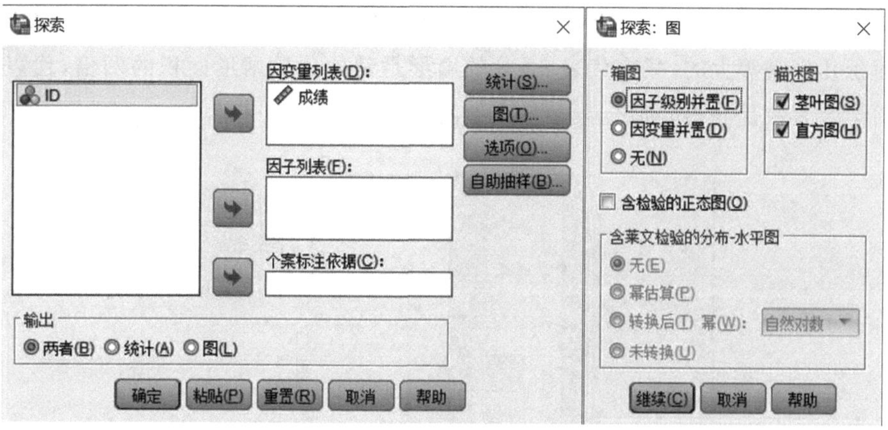

3.结果

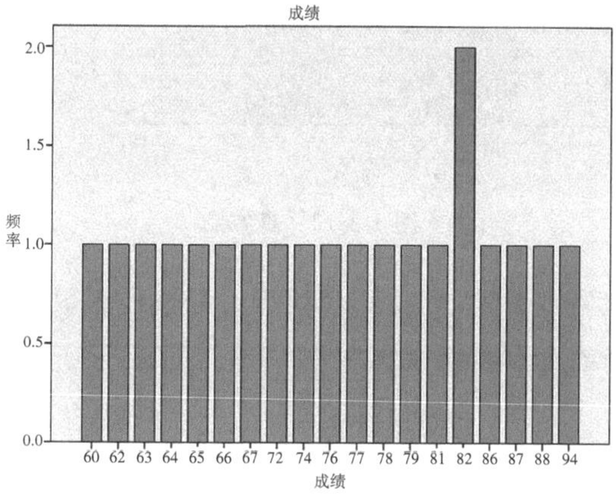

图 1-2-11　**条形图**

根据该条形图可以直观看到 20 位同学各自的执行力分数，同时可以观察到有两位同学的分数一致，都是 82 分。

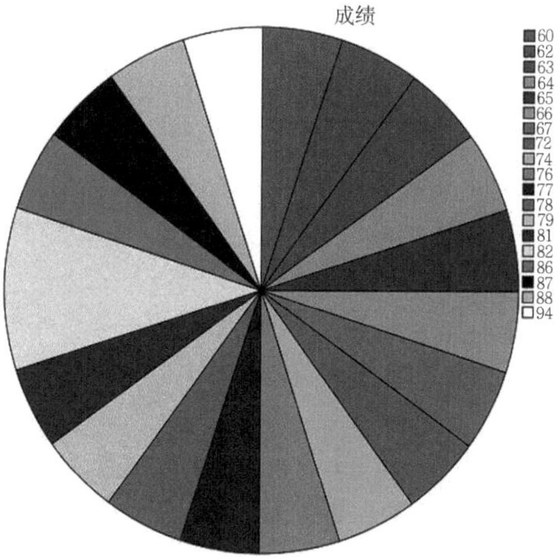

图 1-2-12　**饼图**

根据该饼图可以直观看到 20 位同学的分数分布相对比较均匀,因为不同分数代表的扇形面积几乎是等大的,只有代表 82 分的扇形是其他分数扇形面积的两倍,代表获得该分数的学生人数是获得其他分数学生人数的两倍。

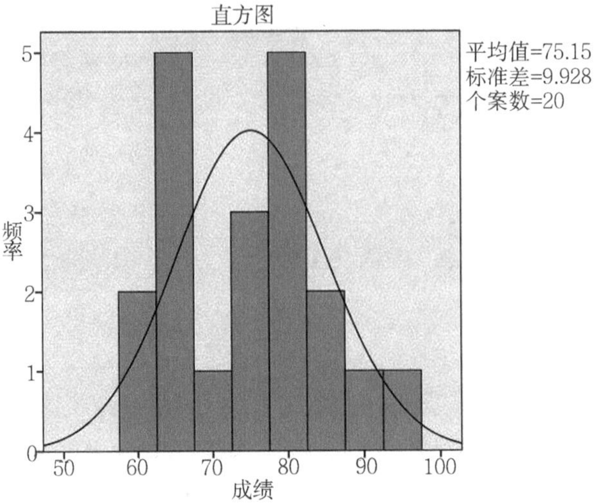

图 1-2-13 直方图

根据该直方图可以直观看到 20 位同学执行力分数的频数分布,同时可以观察到该分布并没有很好地与正态分布曲线拟合。

成绩 茎叶图

频率	Stem & 叶
4.00	6 . 0234
3.00	6 . 567
2.00	7 . 24
4.00	7 . 6789
3.00	8 . 122
3.00	8 . 678
1.00	9 . 4

主干宽度: 10
每个叶: 1 个案

图 1-2-14 茎叶图

根据该茎叶图可以直观看到 20 位同学各自的执行力分数和频数分布,可以观察到分数在 60～64 和 75～79 区间内是分布最多的。

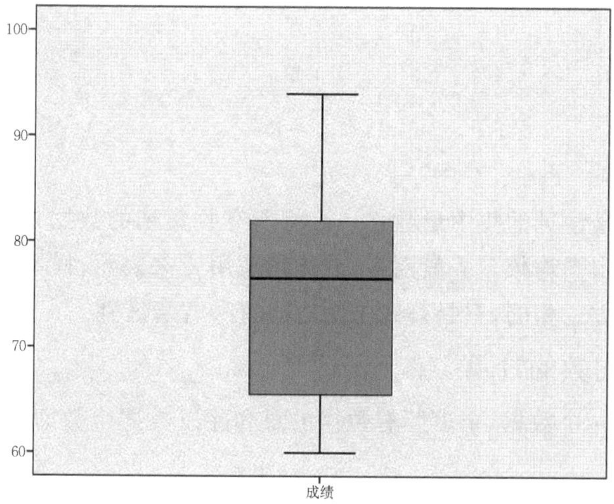

图 1-2-15 **箱型图**

根据该箱型图可以估测 20 位同学执行力分数的最高值、最低值、中数以及两个四分位数。

第三节 集中量数

我们往往要对收集到的数据进行描述统计，前一节内容主要阐述了如何通过图表的形式对数据资料进行整理、分析。而如果要进一步对数据的频数分布进行描述，就需要了解集中量数和差异量数的概念。观测数据分布时，往往能看到两种情况：大量数据向某方向集中，呈现集中趋势；或是数据彼此离散偏离中心位置，呈现离散趋势。用来描述数据的集中趋势的特征量数被称为集中量数，用来描述数据的离散趋势的特征量数被称为差异量数。观测一组数据的集中趋势，是希望能找出一组数据中最具代表性的、位于分布中心位置的典型的值，即集中量数。然而，统计学上并不存在唯一的或者说是统一的集中量数，因为到目前为止，没有一种集中量数能够广泛应用于所有情形，更多时候，我们需要通过综合考察一组数据的性质和不同集中量数的特点来选择最适宜的集中量数。那么，如何在常见的三种集中量数中选择最合适的一种，在本节的第五部分将做详细介绍。本节将详细阐述常见的集中量数：算术平均数、中数、众数的概念、计算方法、优缺点，它们三者之间的关系以及如何利用 SPSS 操作计算。

一、算术平均数

(一)基本概念

算术平均数是最常见的集中量数之一。将所有收集到的数据相加,再除以数据个数得到的量数就是算术平均数。一般而言,总体均值用 μ 来表示,样本均值用 $\bar{X}$ 或者 M 来表示。两者的计算方式相同,只是公式中的对应符号有所区别。

(二)算术平均数的计算

对于一组内的 n 个数据,求出所有数据的总和除以数据个数而得到的量数就是简单算术平均数。

其公式为:

$$\bar{X}=\frac{(X_1+X_2+\cdots+X_n)}{n}=\frac{\sum_{i=1}^{n}X_i}{n} \tag{1.2}$$

【例 1-4】某项研究在某班学生中抽取了 8 位学生完成了一份满分为 100 分的学习态度自评量表,测得他们学习态度得分如下。求他们的平均分数。

表 1-3-1 学习态度得分

ID	1	2	3	4	5	6	7	8
分数	82	80	85	78	87	82	85	89

根据公式 1.2 可得:

$$\bar{X}=\frac{(X_1+X_2+\cdots+X_n)}{n}=\frac{(82+80+85+78+87+82+85+89)}{8}=83.5$$

答:他们的平均分数为 83.5 分。

特别地,当收集到的原始数据量或数据值很大时,可以利用估计平均数简化计算。其具体步骤为:(1)根据收集到的数据设定一个估计平均值 AM;(2)将每个数据减去估计平均值 AM 并计算其差值的平均数;(3)将得到的差值平均数加上估计平均值。

其公式为:

$$\bar{X}=AM+\frac{\sum_{i=1}^{n}(X_i-AM)}{n} \tag{1.3}$$

以本章【例 1-4】为例:

(1)根据收集到的数据设定一个较为合理的估计平均值。在本例中取 $AM=82$。

(2)根据公式 1.3 可得:

$$\bar{X}=AM+\frac{\sum_{i=1}^{n}(X_i-AM)}{n}$$

$$=82+\frac{(82-82+80-82+85-82+78-82+87-82+82-82+85-82+89-82)}{8}$$

$$=83.5$$

答：他们的平均分数为 83.5 分。

（三）算术平均数的性质

（1）在一组数据中，每个数据与平均数之差（即离均差）的和等于 0。

（2）在一组数据中，每个数据都加上或者减去一个常数 C，所得的平均数为原来的平均数加上或者减去常数 C。

（3）在一组数据中，每个数据都乘或者除以一个常数 C，所得的平均数为原来的平均数乘或者除以常数 C。

（4）每个数据与该组数据的算术平均数的离差平方和最小。

二、中数

（一）基本概念

中数也是常见的集中量数之一，又称中位数、中值或中点数，指将分布恰好等分为两部分的数据，即分布中恰好有 50%的数据高于或低于中数。中数一般用 M_d 来表示。

（二）中数的计算

求一组数据的中数时，一定要先将这组数据由小到大或者由大到小进行排序后再做进一步计算。根据数列中间位置是否有重复数据以及数据量是奇数还是偶数的不同条件，中数的计算方法也有所不同。

1. 当数列中间位置无重复数据时

（1）当数据量为奇数时，中数为 $P_{(N+1)/2}$ 位置的数据[1]。

【例 1-5】某项研究在某班学生中抽取了 7 位学生完成了一份满分为 100 分的学习态度自评量表，测得他们学习态度得分如下。求他们分数的中数。

表 1-3-3　学习态度得分

ID	1	2	3	4	5	6	7
分数	82	80	85	78	87	82	85

将这组数据从小到大进行排序：78、80、82、82、85、85、87

则这组数据的中数 $M_d=82$

答：他们分数的中数为 82 分。

（2）当数据量为偶数时，中数为 $P_{N/2}$ 与 $P_{(N+2)/2}$ 位置的两个数据之和除以 2。

以本章【例 1-4】为例求 8 位学生学习态度得分的中数：

将这组数据从小到大进行排序：78、80、82、82、85、85、87、89

[1] $P_{(N+1)/2}$ 以及后文的 $P_{N/2}$ 均表示的是百分位数，百分位数的概念将在第四节差异量数中进行详细介绍。

则这组数据的中数 $M_d=\frac{82+85}{2}=83.5$

答:他们分数的中数为 83.5 分。

2. 当数列中间位置有重复数据时

(1)当数据量为奇数时

【例 1-6】某项睡眠质量研究抽取了某班 7 名学生佩戴其特制手环以此来测量他们 10 天中的睡眠时间,测得他们的平均睡眠时间如下。求这组数据的中数。

表 1-3-4 平均睡眠时间(单位:小时)

ID	1	2	3	4	5	6	7
平均睡眠时间	5	8	7	6	7	8	9

将这组数据从小到大进行排序:5、6、7、7、8、8、9

睡眠时间为连续变量,任何数据都代表一个区间(即精确上限和精确下限),这 7 个数在数轴上可表示为:

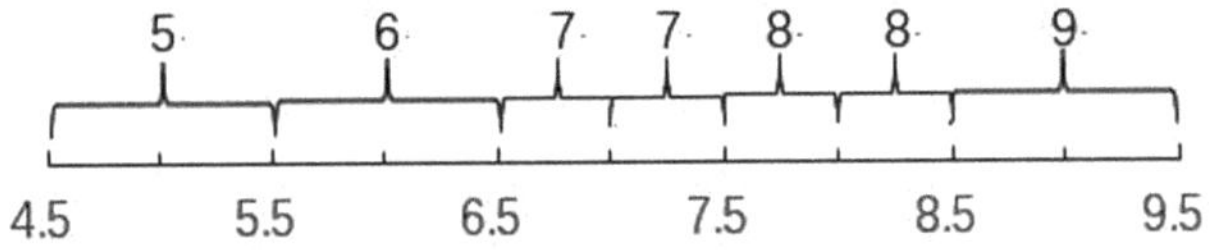

如上图所示,数字 7 的精确上限和精确下限分别为 6.5 和 7.5,但在这该区间内有两个 7,而处于中间位置的数为第二个 7,所以中数就是 7～7.5 区间的中间值。

因此,这组数据的中数 $M_d=\frac{7+7.5}{2}=7.25$

答:这组数据的中数为 7.25。

(2)当数据量为偶数时

【例 1-7】某项睡眠质量研究抽取了某班 8 名学生佩戴其特制手环以此来测量他们在 10 天中的睡眠时间,测得他们的平均睡眠时间如下。求这组数据的中数。

表 1-3-5 平均睡眠时间(单位:小时)

ID	1	2	3	4	5	6	7	8
平均睡眠时间	5	8	7	6	7	8	9	7

将这组数据从小到大进行排序:5、6、7、7、7、8、8、9

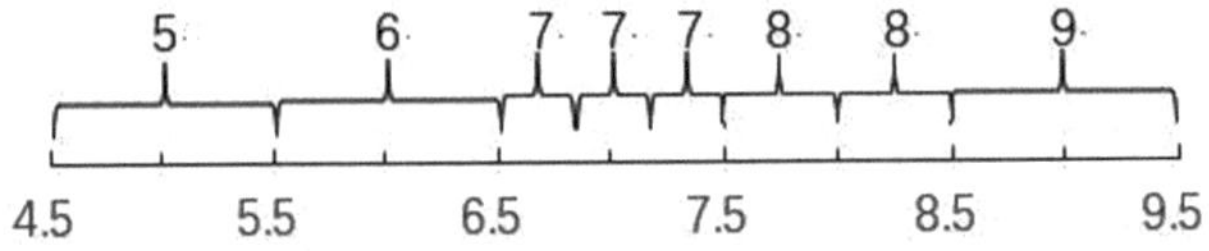

如上图所示,7 代表的数值区间实为 6.5～7.5,但在该区间内有 3 个 7,而这组数据的中间位置为第二个 7 和第三个 7 的交界点,所以中数就是这两个区间的中间值。

因此，这组数据的中数 $M_d = \frac{6.5 + \frac{7.5-6.5}{3} + 7.5}{2} \approx 7.17$

答：这组数据的中数为7.17。

三、众数

（一）基本概念

众数（Mode）作为常见的集中量数之一，又称范数、密集数或通常数，指在一组数据中出现次数最多的那个数。众数一般用 M_o 来表示。

（二）众数的计算

1.利用收集数据计算众数：一组数据中出现次数最多的数即为众数。

2.利用频数分布表计算众数：频数最大的那一组数据的组中值即为众数。

3.利用频数分布曲线计算众数：最高点相对应的横坐标上的点值即为众数。

（三）众数的特点

1.众数是唯一可以用于称名量表数据的集中趋势测量。

2.众数具有不唯一性。

（1）一组数据可以没有众数，比如：10、5、9、12、6、8；

（2）一组数据可以有一个众数，比如：10、5、5、12、6、8；

（3）一组数据可以有多个众数，比如：10、5、5、12、12、8。

四、平均数、中数和众数的关系

（一）皮尔逊经验法

皮尔逊研究认为：平均数（M）与中数（M_d）的距离是平均数（M）与众数（M_o）的距离的三分之一，即：

$$\frac{M-M_d}{M-M_o} = \frac{1}{3} \tag{1.4}$$

该方法适用于样本分布接近正态的情况下，可以通过其他两个数值估算另一数值的近似值。

(二)不同分布下的平均数、中数和众数的关系

(1)正态分布:$M=M_d=M_o$

当数据分布为正态分布时,分布曲线左右两端是完全对称的,中位数、算术平均数、众数三者相等,落在了图上的同一点即对称中心处,因此三者之间的关系为 $M=M_d=M_o$。

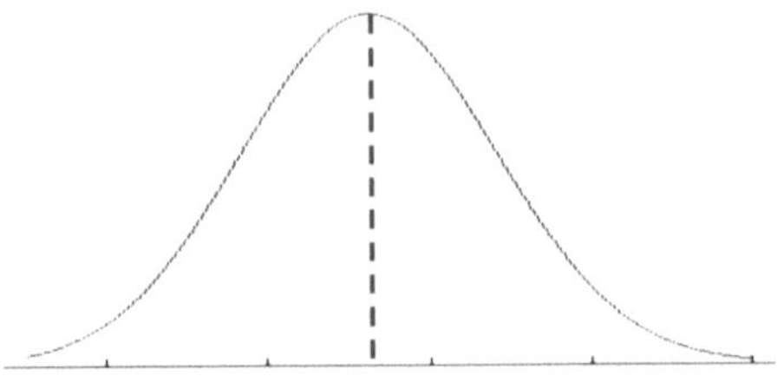

$M=M_d=M_o$

(2)正偏态分布:$M>M_d>M_o$

当数据分布为正偏态分布时,即分布曲线向右偏,说明数据存在极大值,算术平均数受极大值影响向右偏移,而中数、众数的值由位置决定,均不受极大值影响,众数对应分布曲线的最高点,中数位于把分布下的面积分成两个等份的点上,因此三者之间的关系为 $M>M_d>M_o$。

$M_o<M_d<M$

(3)负偏态分布:$M<M_d<M_o$

当数据分布为负偏态分布时,即分布曲线向左偏,说明数据存在极小值,算术平均数受极小值影响向左偏移,而中数、众数的值由位置决定,均不受极小值影响,众数对应分布曲线的最高点,中数位于把分布下的面积分成两个等份的点上,因此三者之间的关系为 $M<M_d<M_o$。

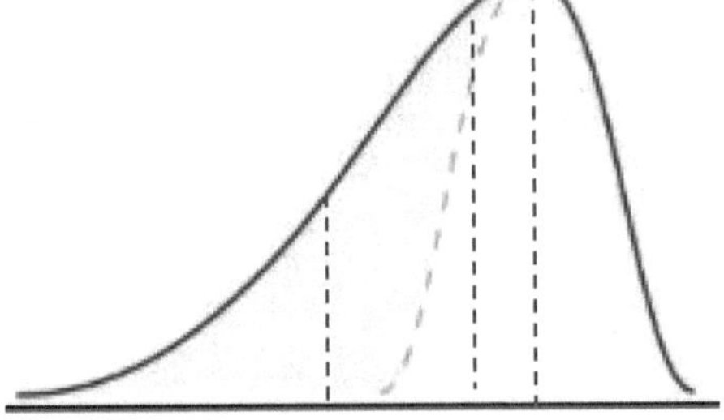

$M<M_d<Mo$

五、选择合适的集中量数

算术平均数是最常用的集中趋势的表示方法，相较于中数和众数，它通常具有更优的代表性：一是在于分布中的每一个数据都能参与进计算，因此任意数据的变化都能引起算术平均数数值的变化；二是在于它受抽样变化影响较小；三是在于它有利于进一步的代数演算，且与方差和标准差联系紧密。在本节前言中有提到，一组数据的频数分布有集中趋势和离散趋势两个主要特征，需要把两者结合起来，才能对数据进行全面的描述统计。因此在多数情况下，算术平均数都被认为是三种主要的集中趋势表示方法下最优的那个。但并不是所有情况都能计算得出算术平均数，在一些特殊情形中，则需选择中数和众数。

(1)当一组数据出现极端数据或数据模糊不清时

由于每一个数据都参与了计算，因此算术平均数相较于中数和众数更易受一组数据内极端值的影响而向极端方向偏移，难以准确地表示一组数据集中趋势。当数据分布出现极端值时，我们往往选择中数来描述一组数据的集中趋势。而众数因其不唯一性以及计算相对不严密等特点不如中数更具代表性。

同样地，由于计算平均数需要每一个数据都参与计算，当一组数据内出现数据模糊不清的情况时，我们也可以选择中数来描述一组数据的集中趋势。

(2)当数据不同质或需要粗略寻求一组数据的代表值时

算术平均数具有同质性原则，即只有在总体数据为同类数据的情况下才能运用算术平均数。而众数多是通过观察得到，不是经过严格计算而来，因此适合快速粗略地找到一组数据的代表值。而当一组数据不同质时(比如一个学生完成不同测验量表得到的执行力分数)，也往往选择出现最多的那个数作为典型数据。

六、SPSS 操作

案例：以本章【例 1-4】为例，求 8 位学生学习态度得分的平均数、众数、中数。

1. 步骤

(1)输入数据:将 8 名学生的学习态度得分放在变量 2(得分)下。

(2)描述统计:【分析】→【描述统计】→【频率】

将得分放入变量列表中。点击【统计】,在集中趋势下勾选平均值、中位数、众数。还可以根据具体需要勾选其他相应统计量。点击【继续】返回上一个窗口。点击【确定】输出结果。

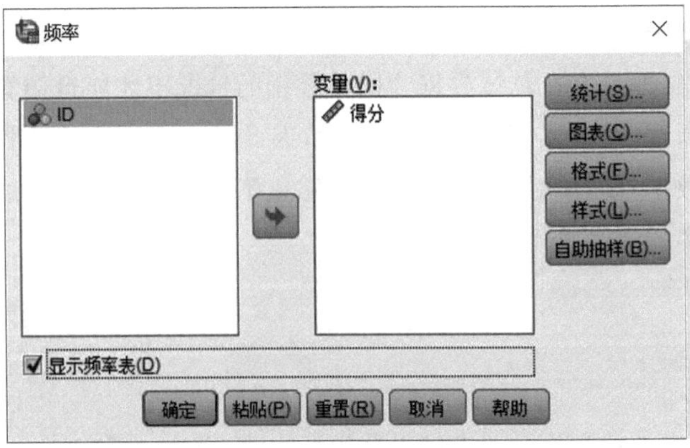

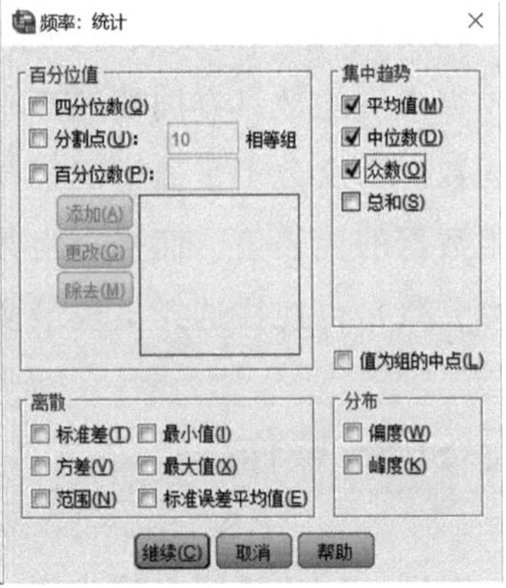

2. 结果

表 1-3-7 统计

个案数	有效	8
	缺失	0
平均值		83.50
中位数		83.50
众数		82[a]

a. 存在多个众数。显示了最小的值。

表 1-3-7 得到本例的计算结果，即 8 位学生的平均分数为 83.5，中位数为 83.5，有多个众数，其中最小的值为 82。

第四节　差异量数

一组数据的频数分布有集中趋势和离散趋势两个主要特征。仅仅用集中趋势来描述数据的分布特征是不够的，只有把两者结合起来，才能对一组数据进行全面的描述。两组平均数相同的数据，其离散程度可以不同。一组数据的分布可能比较集中在平均数附近，差异较小，则平均数的代表性较好。另一组数据比较分散，差异较大，则平均数的代表性就较差。差异量数提供了对一个分布中数据分散或聚集程度的测量指标。描述一组数据离散趋势的常用差异量数有全距、四分位差、百分位差、方差、标准差等，其中方差和标准差是最常用的差异量数。

一、标准差与方差

标准差和方差是最常用的差异量数，标准差通过计算每个数据和平均数之间的距离来测量变异性。它的大小由数据接近或远离平均数的程度来决定，因而能直观反映一组数据究竟是聚集还是离散。下面将按照逻辑推导标准差和方差的运算步骤，帮助同学们更好地理解标准差和方差公式背后的意义。

1. 平均差

计算每个数据与平均数之差，即看数据偏离平均数的距离和大小，差的绝对值越大，偏离程度越大。离差表示每个数据与平均数之差，即 $d_i = X_i - \bar{X}$。一组数据的离差有正有负，也有可能为 0。离差的总和为 0。

求出所有绝对离差的平均数，则能计算出所有数据到平均数的标准距离，称为平均差。平均差一般用 $A.D.$ 或 $M.D.$ 表示，其公式为：

$$A.D. = \frac{\sum |X_i - \bar{X}|}{n} \qquad (1.5)$$

以本章【例 1-4】为例，求 8 位学生学习态度得分的平均差：

根据公式 1.5 可得：

$$A.D.=\frac{\sum|X_i-\bar{X}|}{n}$$

$$=\frac{(|82-83.5|+|80-83.5|+|85-83.5|+|78-83.5|+|87-83.5|+|82-83.5|+|85-83.5|+|89-83.5|)}{8}$$

$$=3$$

答：他们分数的平均差为3。

2.方差、标准差

由于平均差中包含绝对值，不利于进一步代数运算，因此将其平方，从而得到新的统计量，即方差。方差是一组数据所有离差平方和的算术平均数，样本方差一般用 S^2 表示，总体方差一般用 σ^2 表示。

方差被定义为平方差的平均数，这个平均数的计算方法与计算其他平均数相同：首先求出总和，即平方差和，也被称为平方和，平方和一般用 SS 来表示。其公式为：

$$SS=\sum(X_i-\bar{X})^2=\sum X_i^2-\frac{(\sum X_i)^2}{n} \tag{1.6}$$

方差被定义为平方差的平均数，因此，计算方差只需要在平方和的基础上除以"n"（"n-1"）。方差的公式为：

$$S^2=\frac{\sum(X_i-\bar{X})^2}{n-1} \tag{1.7}$$

当计算中出现平方时，其数据单位也一起取平方，导致了方差从概念上并没有平均差那样容易理解。因此，为使单位保持一致，也为了计算所有数据到平均数的标准距离，在方差的基础上开方，得到另一个差异量数，即标准差。样本标准差一般用 S 表示，总体标准差一般用 σ 表示，其公式为：

$$S=\sqrt{\frac{\sum(X_i-\bar{X})^2}{n-1}} \tag{1.8}$$

【注意】：为什么方差公式和标准差公式分母的部分是"n-1"而不是"n"呢？这涉及样本统计量的无偏估计概念。

3.样本统计量的无偏估计

推断统计要求根据有限样本的信息来推导有关总体的一般结论。该过程基于一个基本假设：该样本能够很好地代表它所在的总体。然而在实际研究中，样本的变异性总是小于总体的变异性。

因此，基于样本方差对总体方差的估计是有偏的，并且该偏差总是低估了总体值。为了校正该偏差，使用样本数据时，需要对变异性（即方差和标准差）的计算做出调整，这一调整是通过将分母从"n"变为"n-1"来实现的。

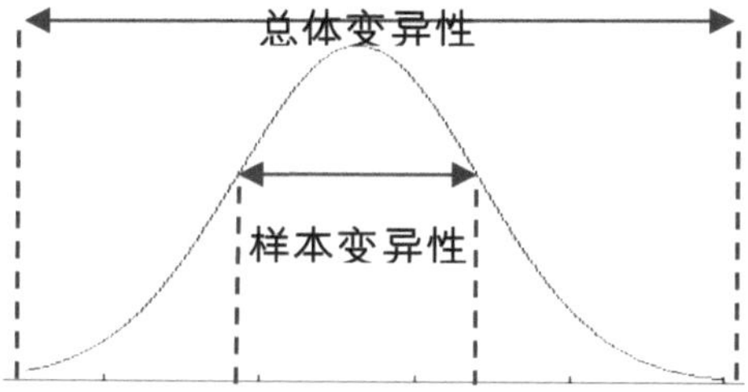

分母的“n-1”也被称为自由度。自由度是指当以样本的统计量来估计总体的参数时，样本中独立或能自由变化的数据的个数。一般来说，自由度等于独立变量数减掉其衍生量数。方差和标准差的计算中涉及平均值（一个由样本决定的衍生量）的进一步运算，因此对 n 个随机样本而言，其自由度为 n-1。

以本章【例 1-4】为例，求 8 位学生学习态度得分的方差及标准差：

根据公式 1.7 可得：

$$S^2=\frac{\sum(X_i-\bar{X})^2}{n-1}$$

$$=\frac{(82-83.5)^2+(80-83.5)^2+(85-83.5)^2+(78-83.5)^2+(87-83.5)^2+(82-83.5)^2+(85-83.5)^2+(89-83.5)^2}{7}$$

$$\approx 13.43$$

根据公式 1.8 可得：

$$S=\sqrt{\frac{\sum(X_i-\bar{X})^2}{n-1}}$$

$$=\sqrt{\frac{(82-83.5)^2+(80-83.5)^2+(85-83.5)^2+(78-83.5)^2+(87-83.5)^2+(82-83.5)^2+(85-83.5)^2+(89-83.5)^2}{7}}$$

$$\approx 3.66$$

答：他们分数的方差为 13.43，标准差为 3.66。

二、其他差异量数

（一）全距

反映一组数据的离散趋势最简单的方法就是将该组数据中的最大值减去最小值，即可得全距。全距又称两极差、极差，一般用 R 来表示。

其公式为：

$$R=X_{max}-X_{min} \tag{1.9}$$

特别地，有研究者提出了全距的另一种求法：将该组数据中的最大值的精确上限（$URLX$max）减去最小值的精确下限（$LRLX$min）。即：

$$R=URLX_{max}-LRLX_{min} \tag{1.10}$$

全距计算简单、概念明了。一般来讲，全距能够对数据作预备性检查，了解数据的大致分布范围，初步确定有无极端值。全距还有利于进一步确定统计分组，编制频数分布表。但全距是最粗糙的差异量数，只有数据中的极端值参与了计算，容易受极端值的影响，即使其他数据集中趋势较高，具有极端数据的分布往往会有较大的全距。全距通常不能为整个分布提供变异性的正确描述，因此它是对变异性的简略但不可靠的测量。

（二）四分位差与四分位数

为避免极端数据影响到差异量数的计算，在全距的基础上可以考虑采用四分位差测量一组数据的离散趋势。四分位差不考虑两端的极端数据，它只针对一个分布中 50％数据的距离。

四分位数也称四分位点，就是把一组数据分成 4 等份的 3 个分割点位置的数值。通过 3 个点将全部数据等分为 4 部分，每部分包含 25％的数据。分布最低的 25％分割点对应的值被称作第一四分位数，用 Q_1 表示，中间的 50％分割点对应的值被称作第二四分位数，用 Q_2 表示，分布最高的 75％分割点对应的值被称作第三四分位数，用 Q_3 表示。显然，第二四分位数就是中数，因此通常所说的四分位数是指的 Q_1 和 Q_3。四分位差被定义为一个分布中间 50％覆盖的距离，用 Q 表示，其公式为：

$$Q=Q_3-Q_1 \tag{1.11}$$

与四分位差密切相关的另一个差异量数是半四分位差，半四分位差是四分位差的一半，即$\frac{Q_3-Q_1}{2}$。半四分位差位于分布中间的 50％，更不易受极端数据的影响，相对而言，它是较稳定的差异量数。

（三）百分位数、百分位差与百分等级

百分位数又被称为百分位点，是一组数据中的某一个点，该点将所有数据分为两个部分，在此点以下的数据量占分布中总的数据量的百分比。具体而言，第 p 百分位数是指在一组数据中，至少有 p％的数据小于或等于这个数，且至少有(100-p)％的数据大于或等于这个数。百分位数一般用 P_p 表示。下面将按照逻辑推导百分位数的计算步骤。

(1)将一组数据从小到大进行排序；

(2)计算百分位数对应的位置，即 $i=\frac{p}{100}\times n$。

(3)如果 i 不是整数，则进一取整，大于 i 的最近的一个整数即第 p 百分位数；如果 i 是整数，则第 p 百分位数是第 i 个数据和第($i+1$)个数据的平均值。

以上是根据原始数据求得的百分位数，利用频数分布表也可以求得百分位数：

$$P_p=L_b+[\frac{\frac{P}{100}\times n-F_b}{f}\times i] \tag{1.12}$$

其中，f 为该数所在组的频数，L_b 为该数所在组的精确下限，F_b 为该组以下的累积

频数，i 为组距，n 为总数。

同样，为了避免极端数据影响到差异量数的计算，在全距的基础上也可以考虑采用百分位差测量一组数据的离散趋势。一般而言，百分位差是指剔除数据两端各 10% 的数据后，一个分布中从 10% 到 90% 数据的距离，即 P_{90}-P_{10}。考虑到该种方法剔除的数据较多，另一种常见的百分位差是 P_{97}-P_{3}。

某个数据在一组数据中所处的百分位置，被称为该数值的百分等级，一般用 P_R 来表示。百分等级可以表示在这个分布中数值低于或等于某个数据的百分比，因而可以比较直观的感受该数据在一组数据中的相对位置。百分位数与百分等级互为逆运算。需要区分的是，百分位数是一个分数，而百分等级是一个百分比。

利用频数分布表可以求得某一数值 X 的百分等级：

$$P_R=\frac{100}{n}\times\left[F_b+(X\text{-}L_b)\times\frac{f}{i}\right] \tag{1.13}$$

三、标准分数

（一）标准分数的含义

标准分数，也被称为 z 分数，是一种具有相等单位的量数。标准分数是导出分数的一种，前面提到的百分等级，也是一种导出分数。导出分数是在原始分数的基础上按一定规则推导而出的，它能够解决原始分在分数比较上的局限性。

每个原始数据都可以转换成对应的标准分数，它是原始分数与所在样本或总体的平均数之差除以标准差所得的商数，度量原始分数离开平均数多少个标准差单位。它是集中量数和差异量数的综合应用，其计算公式为：

$$z=\frac{X\text{-}\bar{X}}{\sigma} \tag{1.14}$$

【例 1-4】中 8 位学生执行力分数的平均数是 83.5，标准差是 3.66，那么原始数据“82”对应的标准分数为 $z=\frac{X\text{-}\bar{X}}{\sigma}=\frac{82\text{-}83.5}{3.66}=\text{-}0.41$。它表示原始分数 82 低于平均数 0.41 个标准差。

（二）标准分数的特点

z 分数有两个特点：一是其平均数等于 0；二是其标准差等于 1。位于平均数上的原始分数的 z 分数为 0，在平均数以上的原始分数的 z 分数为正值，在平均数以下的原始分数的 z 分数为负值。

z 分数可用来表示每个原始分数在数据分布中的相对位置，在心理学研究中具有重要地位。它的应用十分广泛，如在本章第五节会提到如何利用 z 分数来排查一批数据中的异常值。同时，z 分数具有相等的单位，不受原始测量单位的影响。因此它除了能够表明原始分数在其分布中的相对位置以外，还能用于不同测量单位的原始数据之间的比较。

四、SPSS 操作

案例：以本章【例 1-4】为例，求 8 位学生学习态度得分的标准差、方差、全距、四分位数、百分位数。

1. 步骤

(1)输入数据：将 8 名学生的学习态度得分放在变量 2(得分)下。

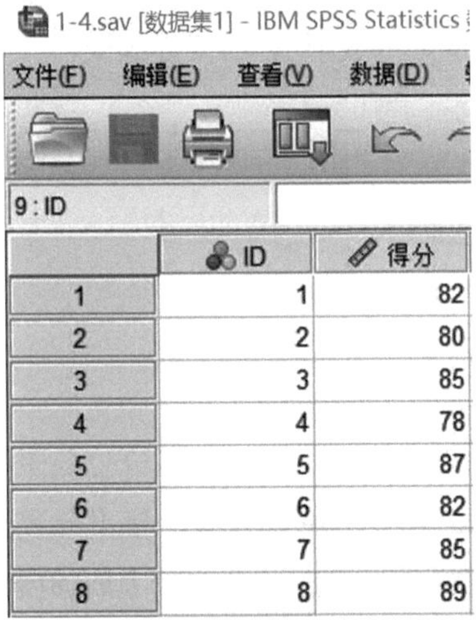

(2)描述统计：【分析】→【描述统计】→【频率】

将得分放入变量列表中。点击【统计】，在离散下勾选标准差、方差、最大值、最小值、范围；在百分位值下勾选四分位数、百分位数（勾选百分位数后在后面的框中输入希望计算的百分位数对应的百分等级，再点击【添加】将其添至下方框中）。还可以根据具体需要勾选其他相应统计量。点击【继续】返回上一个窗口。

点击【确定】输出结果。

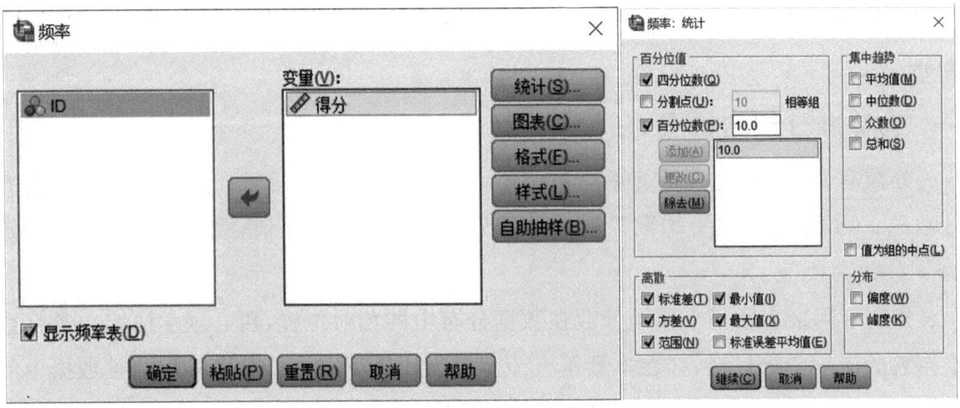

(3)z 分数计算:【分析】→【描述统计】→【描述】

在弹出的描述窗口中,将学习态度分数放入变量栏中,勾选下方的"将标准化值另存为变量",点击【确定】输出结果。

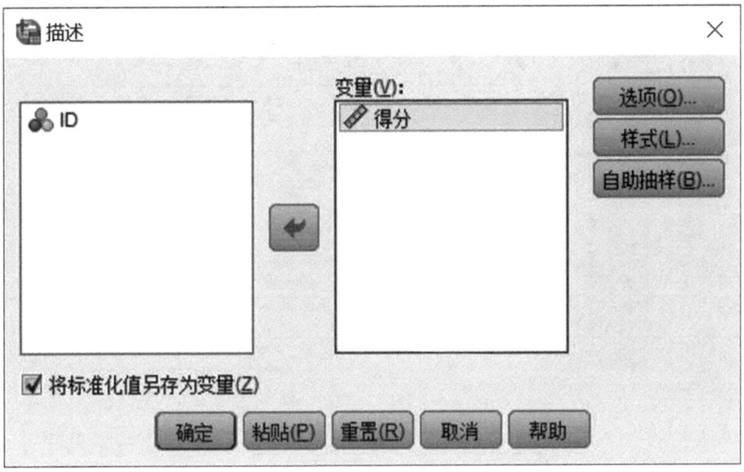

2. 结果

表 1-4-1　**统计**

考试分数		
个案数	有效	8
	缺失	0
标准差		3.665
方差		13.429
范围		11
最小值		78
最大值		89
百分位数	10	78.00
	25	80.50
	50	83.50
	75	86.50

(1)分析数据信息

表 1-4-1 反映了本例的基本信息,包括学生人数;考试分数的标准差、方差;范围,即最大值与最小值的差值,也即全距;百分位数一栏中 10 对应的是该组数据的百分位数 P_{10};25、50、75 对应的是该组数据的四分位数 Q_1、Q_2、Q_3。

(2)z 分数计算

返回数据视图。在已有的变量最后一列出现一列由执行力原始分数转化的 z 分数变量。每一个执行力原始分数都有其对应的 z 分数。

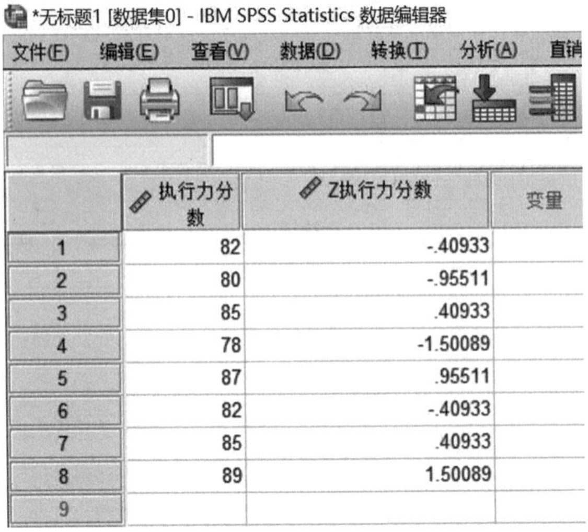

*无标题1 [数据集0] - IBM SPSS Statistics 数据编辑器

文件(F) 编辑(E) 查看(V) 数据(D) 转换(T) 分析(A) 直销

	执行力分数	Z执行力分数	变量
1	82	-.40933	
2	80	-.95511	
3	85	.40933	
4	78	-1.50089	
5	87	.95511	
6	82	-.40933	
7	85	.40933	
8	89	1.50089	
9			

第五节　数据清理

为了能准确、有效地进行数据分析，在收集到一批庞杂的数据资料后，往往需要对数据进行初步整理、重新审查并校验，这个过程被称作数据预处理。对数据资料进行预处理几乎决定着研究结果的准确性和有效性。预处理过程中比较重要的一环就是数据清理，它能删除数据资料中的重复信息，纠正可识别的错误，保证数据的一致性。本节将介绍数据预处理的基本步骤，包括对数据的初步整理、异常值的排查、无效值和缺失值的处理等，并介绍如何利用 SPSS 软件进行数据清理操作。

一、数据预处理

(一)数据的初步处理

心理学研究中收集到的一批未经处理或简化的原始数据通常是不完整的、含噪声的或是不一致的。噪声数据指资料中错误或异常的数据，这些数据对统计分析造成干扰，影响研究结果的准确性。因此，在对数据资料进行正式的统计分析之前需要进行预处理，即对所收集数据进行审核、筛选、排序等，提高数据资料的质量。其中的关键一环数据清理，对应着预处理的审核、筛选两步。数据清理，也被称为数据清洗，指发现并纠正一批数据资料中可识别的错误，一般包括数据一致性检查、重复值清除、异常值和缺失值处理等程序。

审核原始数据主要从完整性和准确性两方面着手。完整性方面主要是检查研究单位或个体的必要基本信息是否有遗漏，所有的项目或指标是否填写齐全。一般而言，作答不完整的题量超过10%或20%的个案应该剔除。准确性方面主要是检查数据资料是否真实地反映客观实际情况，数据是否有误，计算是否正确等。如果被试作答不符合规范，字迹辨认不清，或是按照某种规律作答，那么此类个案也需被剔除。审核数据准确性的方法主要有逻辑检查和计算检查。逻辑检查主要是审核数据是否符合逻辑，内容是否合理，各项目或数字之间有无相互矛盾的现象，此方法主要适合定性数据的审核；计算检查则是检查各项数据在计算结果和计算方法上有无错误，主要用于定量数据的审核。而数据的筛选过程就涉及剔除某些不符合要求或有明显错误的数据，而将符合某种特定条件的数据筛选出来。

（二）数据录入注意事项

1. 被试编号

录入数据时，必须要强调的一个步骤就是对被试进行编号，即将收集到的各项数据与相应的研究单位或个体一一对应。被试编号是被试身份的唯一标识，只有在对被试进行编号以后，当后续数据清理过程发现部分数据存在异常时，研究者才能更快速、便捷地展开针对性排查。

2. 变量定义

对研究中的变量进行定义也是数据录入中至关重要的一环，变量定义涉及变量名称、变量长度、变量水平、变量标签、变量赋值以及缺失值定义等。SPSS 软件中提供了专门的变量视图方便研究者直接对变量进行定义操作，操作部分在下文将做详细阐述。

二、数据一致性检查

1. 单变量异常值排查

来自正态分布总体或趋近正态分布总体的变量，比如：智力分数、身高、体重等指标。根据切比雪夫定理，如果一个数据分布近似正态，那么大约 68% 的数据值会在平均数的一个标准差范围内，大约 95% 会在两个标准差范围内，大约 99.7% 会在三个标准差范围内。因此，如果在一批数据中有任一数据点超过平均数的 3 个标准差范围，那么在很大可能上可以判断它为异常值，需要定义其为"溢出值"。

利用散点图也可以对一批数据的异常值进行简单排查，如下图所示横坐标为 4 的数据点严重偏离其他观测数据点所在的方向，可以对这个点进行针对性分析，判断它是否为异常值。

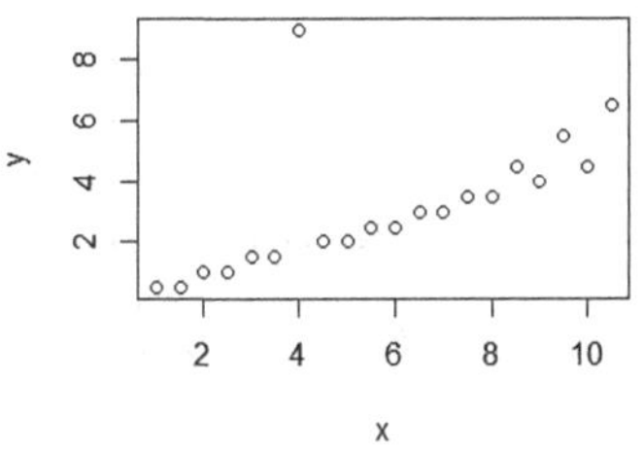

同样地，本章第二节统计图表中介绍的箱型图也可以提供异常值排查的方法，根据箱型图的定义，与箱体连接的两条线分别代表将代表一批数据上、下限内的最大值和最小值，这两个值是借助四分位差来界定的，规定箱型图的下限为 Q_1 以下 1.5 个 Q，上限为 Q_3 以上 1.5 个 Q。任何高于或者低于这两条线的数据点都可以被判断为是异常值。在 *SPSS* 软件的箱型图绘制中，异常数据点用○或 * 标识出来。

2. 多变量异常值排查

对于数据资料中出现的两组或多组相关性较高的变量，尤其需要注意异常值，因为当这些变量组合在一起时，可能存在明显扰乱变量间相关关系的不协调数据点，会对分析结果产生一定影响。此时，可用回归诊断来检验多变量数据中的异常值。其基本原理是：由于回归分析中使用的模型是在假设它对所有数据都适合的基础上建立的，但在实际中，若一个数据点明显不遵从该模型，而其余数据点都基本遵从该模型，则可将其视为异常数据点。在具体应用中，可以通过计算 cook 距离、马氏距离、似然距离等指标来识别多维空间上的异常点。

3. 异常值处理

关于异常值的处理，直接删除数据点或者个案是不明智的，常见的做法是将这些数据点标识出来，由研究者根据具体情况决定是删除还是使用一定的值替代，关于替代值的方法在后面缺失值处理模块会进行详细阐述。

三、缺失值处理

在收集到的数据中，经常会遇到数据值缺失的情况，产生缺失值的常见原因是问卷中有选填项的设置，或是被试在问卷填写中发生遗漏，或是追踪数据中被试的退出等。对于一批数据中的无效值和缺失值，SPSS 提供有以下处理方法：

（一）替代

SPSS 提供了序列均值、临近点均值、临近点中位数、线性插值法和点处的线性趋势五种方式。替代缺失值最简单的办法就是均值替换法，即选择序列均值或是临近点的均值、中位数这三种方式。用其他所有个案或相邻个案中该变量观测值的平均数、中位数对缺失的数据进行替换。这种办法相对简单易解，但缺乏充分考虑数据中已有的信息，误差可能较大。

另一种办法是多重替代法，即选择线性插值法和点处的线性趋势这两种方式。其原理是从相似情况或观测数据上得到的缺失数据的分布情况给每个缺失数据赋予一个模拟值。多重替代法是简单估算的改进产物，它并不是用单一的值来替换缺失值，而是试图产生缺失值的一个随机样本，这种方法反映出了由于数据缺失而导致的不确定性，能够产生更加有效的统计推断。结合这种方法，研究者可以比较容易地，在不舍弃任何数据的情况下对缺失数据的未知性质进行推断。

均值替换法和线性插值法都是比较常见的缺失值替代方法,研究者可根据自己研究的实际情况灵活选择应用。

(二)删除

个案删除是直接剔除含有缺失值的样本。这种做法会导致有效样本量的减少,无法充分利用收集到的数据资料。因此,该方法适用于关键变量缺失或缺失比例较高的样本,并且在样本数据中该情况比重很小的情况。

变量删除是针对某一变量的无效值和缺失值很多,而且该变量对于所研究的问题并非关键变量。这种情况下可以考虑将该变量删除。这种做法减少了供分析用的变量数目,但并没有改变样本量。

成对删除一般是用一个特殊码(通常是 9、99、999 等)代表缺失值,同时保留数据集中的全部变量和样本。在具体计算时只采用有完整答案的样本,因此不同的分析涉及的变量不同,其有效样本量也会有所不同。这是一种相对保守的处理方法,最大限度地保留了数据集中的可用信息。

采用不同的处理方法可能对分析结果产生不同的影响,尤其是当缺失值的出现并非随机且变量之间明显相关时。因此在研究前期,研究者就应该注意检查研究涉及的工具、程序等,尽量避免出现无效值和缺失值,保证数据的完整性。

四、SPSS 操作

(一)变量定义

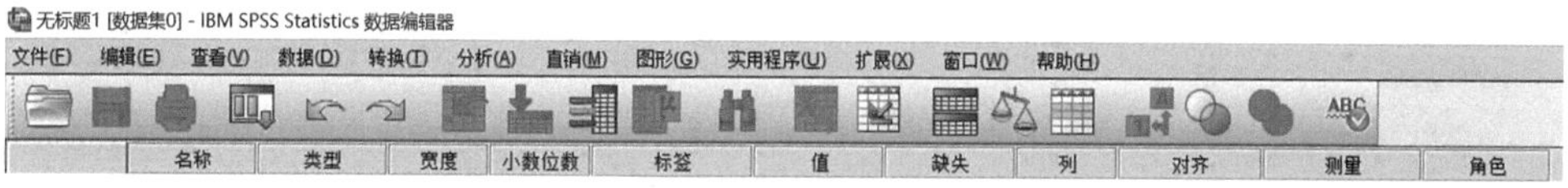

SPSS 包含三大窗口:即数据窗口(视图)、变量窗口(视图)、结果窗口。在变量视图中研究者可直接进行变量定义的操作,包括变量的名称、类型、宽度、小数位数、标签、值(标签)、缺失处理、列宽等信息。其中较常用到的是变量值。

为了方便后续数据的计算,需要将变量进行编码,用数值代替部分项的具体含义,而变量的值标签就是用来帮助解释这些数值代表的含义,特别适用于分类变量。常见的比如:性别变量(一般用 0 表示男,1 表示女);选择题选项(一般用 1 表示 A,2 表示 B,3 表示 C,4 表示 D)等。

以测题 1 变量为例,在变量名称处填"测题 1",小数位数默认 2 位,但为了方便观察,对于整数类型的变量可以将小数位数调整至 0 位。将光标移动到值一列与测题 1 变量行相交的单元格上，点击出现的“…”按钮，进行值标签的设置。在值一栏上输入数值，在标签一栏输入对应的含义，点击“添加”赋予值标签，所有值标签设置完成后，点击【确定】。点击工具栏的【值标签】可以将测题 1 变量下的值转换为定义的选项进行查看。

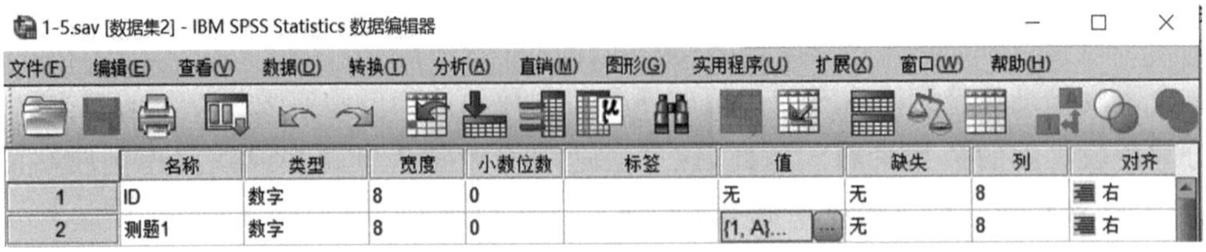

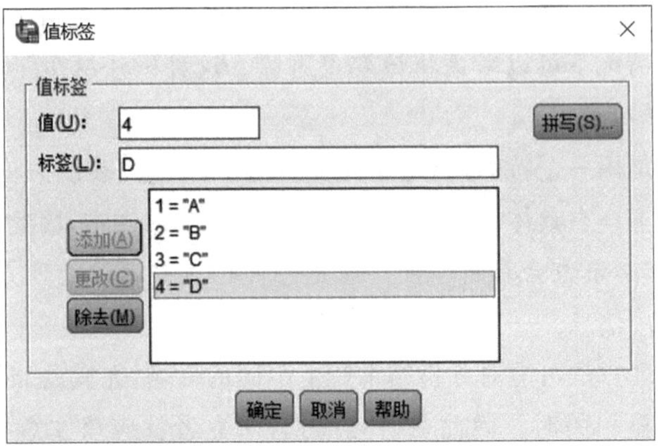

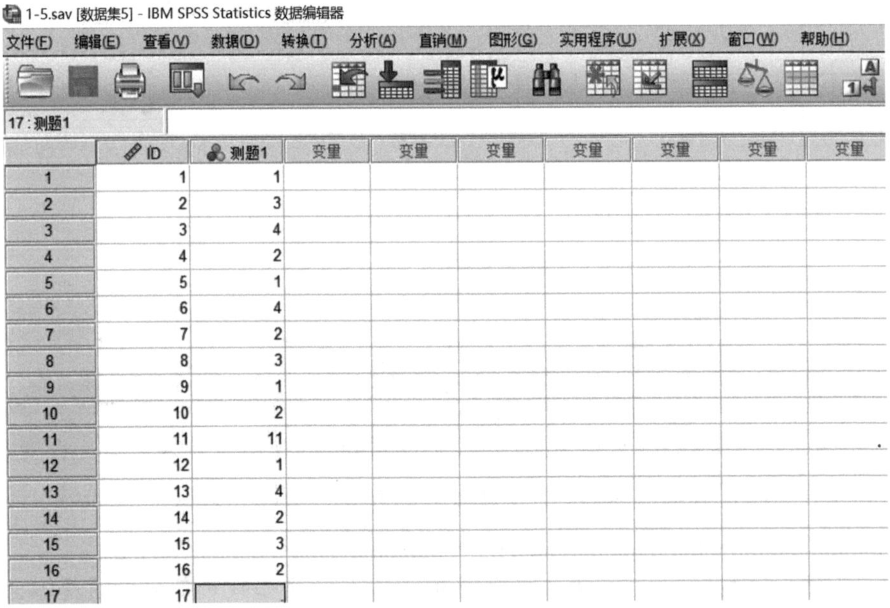

对于问卷数据的录入，如果对试题逐一进行变量定义费时费力，SPSS 提供了批量定义变量的操作，变量的名称即题目标号可以借助 Excel 填充的功能再复制粘贴到 SPSS 变量视图中，而变量的小数位数、值标签等的设置可以在对某一变量进行完整定义后将设置直接复制粘贴到其他所有变量上，由此快速定义批量变量。

（二）异常值排查

利用散点图和箱型图对异常值进行排查可参照第二节统计图表的内容进行操作。

而利用平均数和标准差排查异常值可以借助 SPSS 计算 z 分数的功能。

【分析】→【描述统计】→【描述】

在弹出的描述窗口中，将测题 1 放入变量栏中，勾选下方的“将标准化值另存为变量”，点击确定，返回数据视图。在已有的变量最后一列出现一列由测题 1 数值转化的新的 z 分数变量。

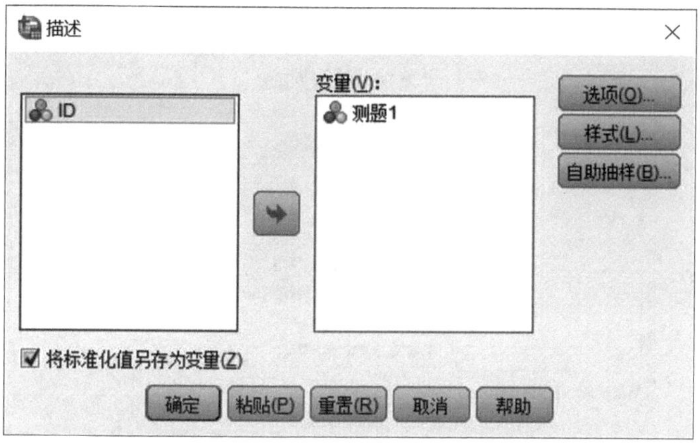

	ID	测题1	Z测题1
1	1	1	-.77522
2	2	3	.05168
3	3	4	.46513
4	4	2	-.36177
5	5	1	-.77522
6	6	4	.46513
7	7	2	-.36177
8	8	3	.05168
9	9	1	-.77522
10	10	2	-.36177
11	11	11	3.35927
12	12	1	-.77522
13	13	4	.46513
14	14	2	-.36177
15	15	3	.05168
16	16	2	-.36177

接下来对异常值的排查工作有多种选择方法，如果个案数量不多，可直接观察 z 分数有没有超过 ± 3，如果有，则可以将该数据定义为异常值。另外一种比较常见的做法是通过选择个案帮助识别异常值。

【数据】→【选择个案】

选择“如果条件满足”项，点击其下方的【如果】按钮。在弹出的“选择个案：if”窗口中利用提供的变量名称和数学符号在选择框中填入：“(Z测题1＜3) & (Z测题1＞-3)”。点击【继续】返回“选择个案”窗口，可以看到在“如果”项后已经完成了所需的条件添加。点击“确定”按钮返回数据视图。可以看到，此时 ID 为 11 的个案被判断为异常值而过滤掉了。

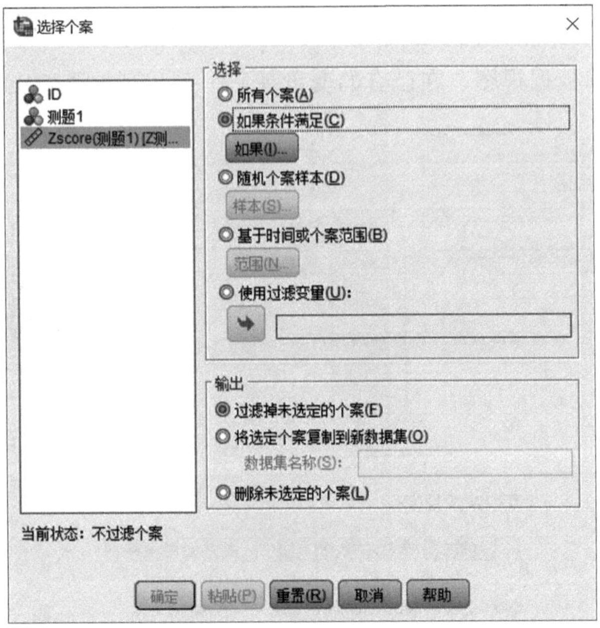

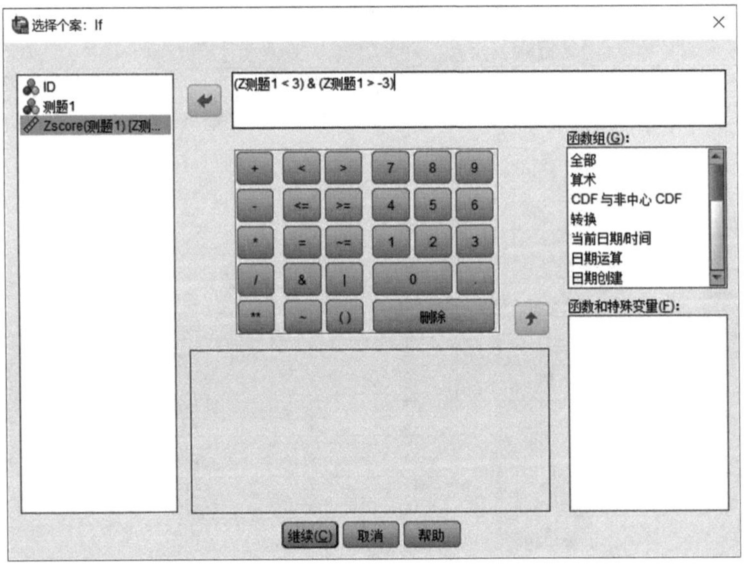

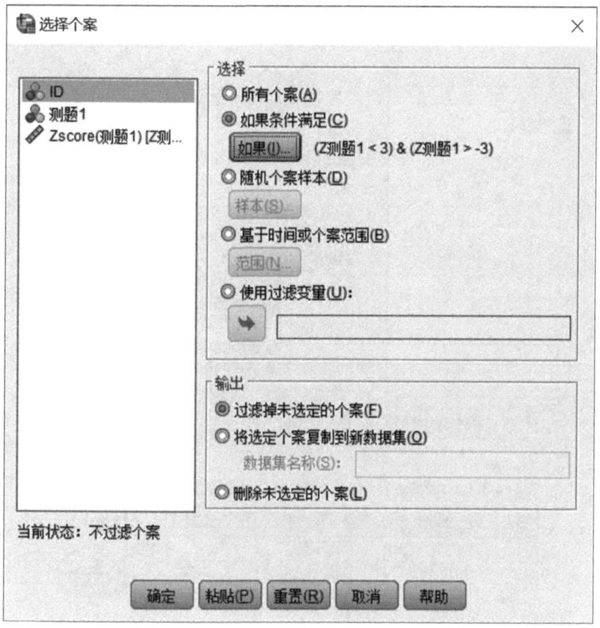

	ID	测题1	Z测题1	filter_$
1	1	1	-.77522	1
2	2	3	.05168	1
3	3	4	.46513	1
4	4	2	-.36177	1
5	5	1	-.77522	1
6	6	4	.46513	1
7	7	2	-.36177	1
8	8	3	.05168	1
9	9	1	-.77522	1
10	10	2	-.36177	1
11	11	11	3.35927	0
12	12	1	-.77522	1
13	13	4	.46513	1
14	14	2	-.36177	1
15	15	3	.05168	1
16	16	2	-.36177	1

(三)缺失值替代

【转换】→【替换缺失值】

将测题 1 放入新变量栏中，在下方的方法选择适用于本研究的缺失值替代方法。SPSS 为我们提供了 5 种缺失值替换方法：(1)序列平均值，(2)临近点的平均值，(3)临近点的中间值，(4)线性插值，(5)临近点的线性趋势。本例采用的是线性插值法，这也是数据分析通常选择的缺失值替换方法。点击【确定】，返回数据视图。在已有的变量最后一列出现一列新的变量“测题 1_1”。可以看到，ID 为 17 的个案后缺失的数据替换了相应的值。

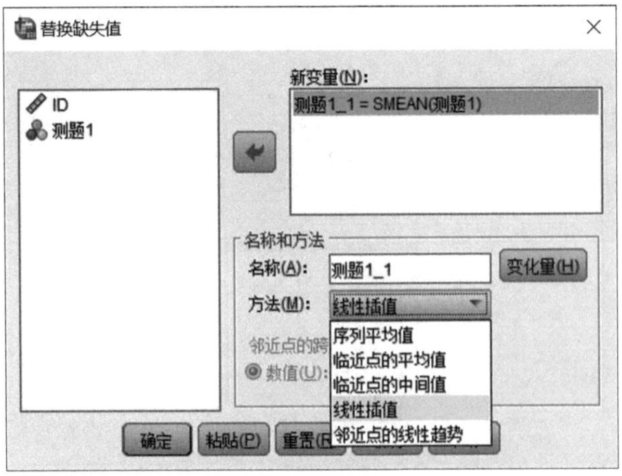

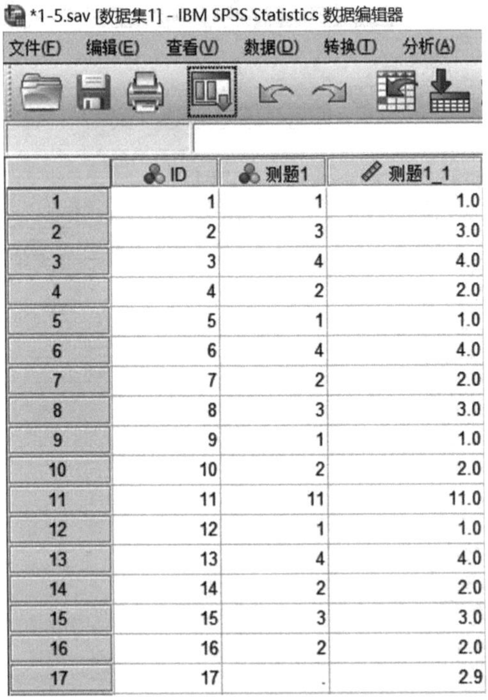

	ID	测题1	测题1_1
1	1	1	1.0
2	2	3	3.0
3	3	4	4.0
4	4	2	2.0
5	5	1	1.0
6	6	4	4.0
7	7	2	2.0
8	8	3	3.0
9	9	1	1.0
10	10	2	2.0
11	11	11	11.0
12	12	1	1.0
13	13	4	4.0
14	14	2	2.0
15	15	3	3.0
16	16	2	2.0
17	17	.	2.9

本章要点小结

1. 心理统计学可分为描述统计和推断统计两个部分。其中，描述统计分为集中趋势分析、离散趋势分析和相关分析三大部分，推断统计分为总体参数估计和假设检验两大部分。

2. 由数据是否具有连续性，可分为离散数据和连续数据；由数据测量采用的不同量表，可被分为称名数据、顺序数据、等距数据和等比数据。

3. 在心理学研究中，统计表一般采用三线表形式绘制。常见的统计图包括：条形图、饼图、折线图、散点图、茎叶图、箱型图等，需要掌握其各自对应的特点和绘制方法。

4. 将原始数据进行排序，把相同数据归为一组，以此得到频数分布。频数分布能帮助研究者快速观察一组数据的分布情况，还能粗略地观察某一数据在一组数据中的相对位置。一组数据频数分布的情况通常采用表格或图的形式呈现，即频数分布表和频数分布图。

5. 用来描述数据的集中趋势的特征量数被称为集中量数，常见的集中量数有算术平均数、中数、众数，需要掌握其各自的概念、计算方法、优缺点，三者的关系以及如何根据一组数据的性质和不同集中量数的特点选择最合适的集中量数。

6. 在正态分布下，$M=M_d=M_o$；在正偏态分布下，$M>M_d>M_o$，在负偏态分布下，$M<M_d<M_o$。

7. 用来描述数据的离散趋势的特征量数被称为差异量数，常见的差异量数有全距、四分位差、百分位差、方差、标准差等，其中方差和标准差是最常用的差异量数。

8. 对数据进行初步整理、重新审查并校验的过程被称作数据预处理。在预处理过程中比较重要的一环是数据清理，它包括对数据的初步整理、异常值的排查、无效值和缺失值的处理等。

关键术语

描述统计	descriptive statistics	推断统计	inferential statistics
总体	population	样本容量	sample size
参数	parameter	统计量	statistic
变量	variable	自变量	independent variable
因变量	dependent variable	额外变量	extraneous variable
称名数据	nominal data	顺序数据	ordinal data
等距数据	interval data	比率数据	ratio data
离散数据	discrete data	连续数据	continuous data
统计表	tabulation	统计图	graph
条形图	bar chart	饼图	pie
折线图	line chart	散点图	scatter plot
茎叶图	stem and leaf plot	箱型图	box plot
频数分布	frequency distribution	频数分布表	frequency table
集中量数	measures of central tendency	算术平均数	arithmetic average
中数	median	众数	mode
差异量数	measures of dispersion	全距	range
四分位差	quartile deviation	百分位数	percentile
百分位差	percentile deviation	方差	variance
标准差	standard deviation	标准分数	standard score

课后习题

1. 请简述描述统计、推断统计的概念和构成部分。

2. 请简述数据可以被分为几种不同的类型(根据不同的分类标准)。

3. 请简述条形图、饼图、折线图、散点图、茎叶图、箱型图的含义、适用范围和绘制方法。

4. 某班级的50位学生完成了一份学习态度自评量表,需要根据得到的50个测验分数绘制分组频数分布表,根据分组公式,应该将这批数据划分为( )个区组。

A. 8　　B. 7　　C. 10　　D. 11

5. 根据本章【例1-3】,求出20位同学的执行力平均数、众数、中数、标准差、方差。

6. 标准分数的平均数为( ),标准差为( )。

A. 1,2　　B. 0,1　　C. 1,0　　D. 1,1

7. 在正偏态分布下,平均数、众数、中数的关系为( )。

A. $M<M_o<M_d$　B. $M<M_d<M_o$　C. $M>M_d>M_o$　D. $M>M_o>M_d$

8. 以下说法正确的是( )。

A. 在一组数据中,每个数据与平均数之差(即离均差)的和等于1

B. 一组数据可以没有中数

C. 在一组数据中,每个数据都加上或者减去一个常数C,所得的平均数为原来的平均数乘或者除以常数C

D. 每个数据与该组数据的算术平均数的离差平方和最小

9. 在一批数据中有任一数据点超过平均数的( )个标准差范围,很大可能上可以判断它为异常值。

A. 3　　B. 2　　C. 1.5　　D. 2.5

10. 绘制箱型图时,与箱体连接的两条线取值分别是( )。

A. Q_1 以下1.5个 Q;Q_3 以上1.5个 Q

B. Q_2 以下1.5个 Q;Q_3 以上1.5个 Q

C. Q_1 以下2个 Q;Q_3 以上2个 Q

D. Q_2 以下2个 Q;Q_3 以上2个 Q

第二章

概率分布

在第一章中，我们主要关注如何以最有意义、最有效的方式呈现、描述或表征数据特点，但描述统计仅仅只是开始，由于种种局限，多数时候很难收集到研究对象的总体信息，而只能观测到其中的一部分人或事件。如何用已有样本有效推论总体情况，这在社会科学工作中尤为重要。本章将主要介绍推断统计的数学基础：概率论。围绕着这一主题，本章将详细介绍心理统计学涉及的概率分布原理、正态分布、二项分布的理论及应用，以及抽样分布的概念、抽样方法，常见的抽样分布和参数估计，最后给出抽样分布的 SPSS 操作。

第一节　概率的基本概念

尽管大部分研究是基于样本开展的，但研究者实际并非对样本本身感兴趣，而更多的是关注样本所代表的总体情况。因此，研究者面临的首要问题就是确定样本估计总体的可靠性，或者说是确定样本数据、结论能够代表、推广到总体的可能性大小或概率。

本节首先介绍概率的定义与表示；其次介绍计算概率的法则与基本方法；最后阐释概率分布原理。

【注意】随机抽样同样是推断统计的核心

随机抽样过程中需确保两点：①任一容量相同的样本被抽取的机会均等，以确保概率原理可用于样本，这在统计推论的过程中尤为重要(参见本章第三节抽样分布)；②总体中任一个体被抽取的机会均等，以确保样本可代表总体，尽可能减少抽样本身存在的偶然因素的影响。

随机抽样存在放回抽样与不放回抽样两种方式，两者区别在于已选为样本的个体在下一轮抽取前是否重新放回总体。其中，放回抽样满足每一个体被抽取的概率均等，便于统计推论的进行。

此外，尽管一些非随机的抽样方式有时也能够获得具有代表性的样本，例如：在以吸毒人员为对象的研究中，有时采用滚雪球(Snowball)的抽样方式，通过一名吸毒人员的社会关系网络可以更快更有效地获取样本。但这些抽样方式无益于统计推论的进行，因为其非随机的抽样方式会导致在样本推论总体的过程中，无法使用概率原理。

一、概率的定义与表示

心理学研究中所获得的数据往往具有随机性，常因施测条件、施测环境、主试被试的主客观因素等的变化而导致结果随之发生变化，即使在相同条件下，多次重复测量的结果之间也可能存在差异。这类在一定条件下，出现多种可能结果的现象称为随机现象或随机变量，随机现象的每一种可能结果被称为随机事件或一个变量值。概率(Probability)即为某事件发生的次数与所有事件发生的总次数的比值，记作：

$$p(\text{某事件})=\frac{\text{某事件发生的次数}}{\text{所有事件发生的总次数}} \tag{2.1}$$

其中，符号 p(某事件)表示某事件发生的概率，其取值范围为 0～1。当某事件不可能发生时，其概率为 0，但其逆定理不成立，即某事件发生的概率为 0，只能说明不大可能发生；同理，当某事件必然发生时，其概率为 1，但其逆定理亦不成立。在后面的学习中，我们将会大量地使用三种水平的概率：0.05、0.01 和 0.001。

【注意】随机现象的两个特点

一是偶然性，指每次出现的结果都具有不确定性，任何结果都可能发生；

二是规律性，在大量重复实验后，其结果往往会呈现出某些规律。例如，抛硬币每次出现正面或反面具有偶然性，但在大量重复实验后（如 10000 次），出现正面或反面的概率均会趋近于 0.5。

【注意】关于随机事件

随机事件包括基本事件与复合事件。

基本事件指不能再被分解的事件，如掷骰子获得的点数 1、2、3、4、5、6，任意一个点数都为基本事件。

复合事件指由基本事件构成的集合，如同样是掷骰子，对于“出现奇数点数”事件来说，其包括了点数为 1、3、5 三个基本事件。

二、概率的计算法则

1. 加法法则

加法法则指两个事件（分别记作 A 和 B）中任一发生的概率[又称“或（$\cup$）”概率]等于两者发生的概率之和减去两者同时发生的概率[又称“且（$\cap$）”概率]，一般公式为：

$$p(A \cup B)=p(A)+p(B)-p(A \cap B) \qquad (2.2)$$

当事件 A、B 两者互斥（互不相容），即事件 A 和 B 不能同时发生，如抛掷一枚硬币不会同时出现正面向上与反面向上两种情况，此时，$p(A \cap B)=0$。即事件 A、B 互斥时，公式简化为：

$$p(A \cup B)=p(A)+p(B) \qquad (2.3)$$

加法法则可以推广到计算多个事件任一发生的概率，但无论事件的多少，其概率之和不会大于 1。

2. 乘法法则

乘法法则指两个事件同时发生或接连发生的概率等于两者发生的概率之积，一般公式为：

$$p(A \cap B)=p(A) \times p(B|A) \qquad (2.4)$$

其中，$p(B|A)$为条件概率，指在事件 A 发生的条件下事件 B 发生的概率。当事件 A 和 B 两者相互独立，即两者互不相关时，B 的发生不会受到 A 的影响，此时有 $p(B|A)=p(B)$。以放回抽样为例，假设在 52 张扑克牌中，第一轮抽取一张桃花 K 的概率为 1/52，放回抽取的牌并重新洗牌，那么在第二轮抽取中，由于不受到第一轮抽取的影响，抽取梅花 K 的概率仍是 1/52。但当事件 A 和 B 存在相关时，以不放回抽样为例，在

上面的游戏中，第二轮抽取因第一轮抽取的纸牌不放回，抽取梅花 K 的概率将变为 1/51。

乘法法则同样可以推广到计算多个事件同时发生或接连发生的概率，同理，其最终值仍旧满足不大于 1。

三、概率的计算方法

1. 先验概率

先验概率又称理论概率或古典概率，指按照理论直接计算或根据历史经验资料得到的比值，换言之，是在理想状态下推论出的真实概率而非估计值。理想状态指在有限情况下，每一基本事件发生的概率均相等。为了达到理想状态，往往需要依托一个完美的情境，如掷一个均衡的骰子，其获得点数 1、2、3、4、5、6 的概率均为 1/6。

2. 后验概率

后验概率又称频率概率或统计概率，后验意为“事后”。不同于概率为可能发生，它是在现实中真实发生的，是数据收集后计算得出的概率，是执果寻因中的“因”。换言之，概率的计算不再以理论比值为基础，而是以实际测量结果为基础。由于理论概率必须建立在理想状态的基础上，常常难以在现实研究中得到应用。大部分情况下，概率只能通过实际测量获得，例如：一个婴儿在 7 个月大时即表现出分离焦虑的概率。

【注意】大数定律

大数定律指当大量地重复某一相同实验（实验彼此间相互独立），实验结果将无限趋近于某一数值。例如：统计学家德摩根、蒲丰与皮尔逊都曾进行大量抛掷（均匀的）硬币的实验。德摩根抛掷了 2048 次，出现正面的频率为 0.5181；蒲丰抛掷了 4040 次，出现正面的频率为 0.5069；皮尔逊抛掷了 12000 次，出现正面的频率为 0.5016，随后又抛掷了 24000 次，出现正面的频率为 0.5005。

3. 主观概率

主观概率指依据基于理论的经验知识或者主观因素估计得到的比值。估计的结果可能对、可能错，例如：我们猜测拥有较长驾龄的司机，其发生交通事故的概率会相对较低；由于媒体过度报道飞机失事的新闻，许多人主观地估计飞机失事的概率远高于其他交通事故，而拒绝乘坐飞机出行。

主观概率也常用于贝叶斯分析中。在现实中，许多事件的发生并不一定满足先验概率要求的理想状态，或者说，大量的数据结果显示，后验概率与先验概率不相匹配时，通过贝叶斯统计，在额外信息的帮助下，研究者可以用主观概率对其先验概率进行评估、修正。例如：假设在精神病症的诊断中，对于任何一名心理医生来说，诊断失误的概率均为 5%。如果事先有额外的信息表明某医生参与过为期三年的诊断相关培训，我们就能预测该医生诊断失误的概率会降低至少 1.8%。

在后面的章节中，还会学习贝叶斯统计，参见第五章第三节贝叶斯方差分析。

四、概率分布

概率分布是指随机现象的各个结果在概率上的分布，通常可以写成某个函数式形式。借助概率分布图可以直观呈现所有可能事件发生的概率及其分布形态(概率之和要为 1)，例如：掷一个均衡的骰子，出现每个点数的概率均为 $p \approx 0.167$，各结果在概率上的分布如图 2-1-1 所示。

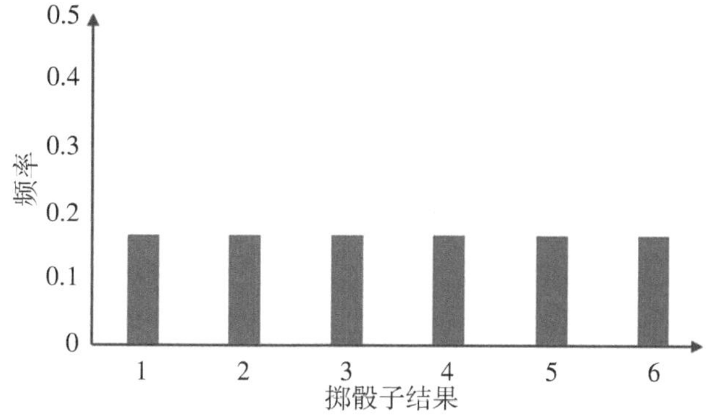

图 2-1-1　掷骰子结果的概率分布条形图

在后面几节中，将详细介绍心理学研究中最常用到的几类概率分布。

第二节　正态分布

依据分布的来源，概率分布可分为理论分布和经验分布。经验分布来源于实际测量和观察，往往是总体的一个样本所形成的分布；理论分布则来源于数学模型或以某种数学模型表达出的总体的分布，包括基本随机变量分布(如：正态分布、二项分布)、样本统计量分布(即抽样分布)两类。同时，正态分布又作为连续变量分布中最常用的一种，其重要性在推断统计的应用中尤为凸显。原因有二：(1)众多观测变量的理论分布近似正态分布，如身高、体重和智力等，许多经验分布也随着样本容量的增加趋近正态分布；(2)众多推断检验以呈正态的抽样分布为基础(我们将在本章第四节学习抽样分布)。

本节首先介绍正态分布曲线及其特征；其次介绍正态分布表的结构及其应用；最后给出频数分布分析和正态检验的 SPSS 操作。

一、正态分布曲线及其特征

正态分布是连续性随机变量的理论分布，又称常态分布、高斯分布，是一个对称的钟形曲线（见图 2-2-1），其函数表达式为

$$Y = \frac{1}{\sqrt{2\pi}\sigma} e^{\frac{-(X-\mu)^2}{2\sigma^2}} \tag{2.5}$$

其中，Y 为 X 对应的概率密度，即曲线的高度；X 为总体中任一分数；μ 为总体平均数；σ 为总体标准差；π 为圆周率，约为 3.1416；e 为自然对数，约为 2.7183。

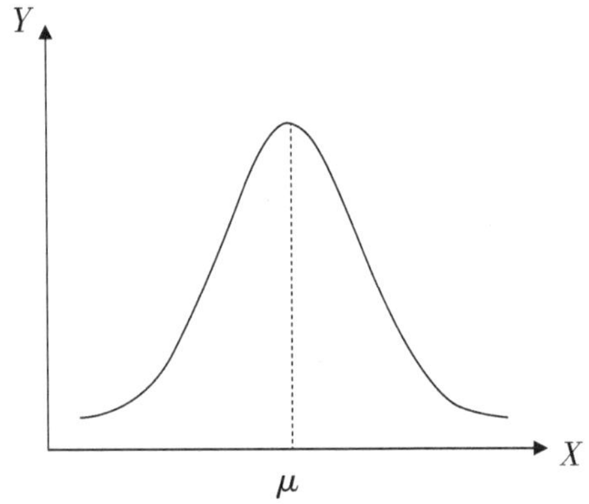

图 2-2-1　正态分布曲线

在描述数据分布形态时，有两个重要指标：偏度和峰度。偏度，用来描述数据分布不对称的方向及其程度。正态分布时偏度≈0，正偏态时偏度>0，负偏态时偏度<0。峰度，用来描述数据分布形态的陡缓程度。标准正态分布时峰度≈0，正态分布曲线高狭时峰度>0，低阔时峰度<0。

【注意】连续变量的概率密度函数

由于连续变量的取值无限，无法同描述离散变量一样一一列举，故而引入概率密度函数对连续变量的概率分布进行描述。Y 的大小反映的是概率分布在点 X 处的密集程度（高窄为密，低阔为疏，见图 2-2-2），而并非一点上的概率。

函数公式仅作参考，在心理学研究中，实际上很少直接探讨 Y 的大小和一个点上的概率，而更多借助正态分布表中由 X 标准化后的标准分数（Z）与概率（P）之间的转换，获取变量 X 处在某一确切的区间范围内的概率（概率由区域面积表示）。

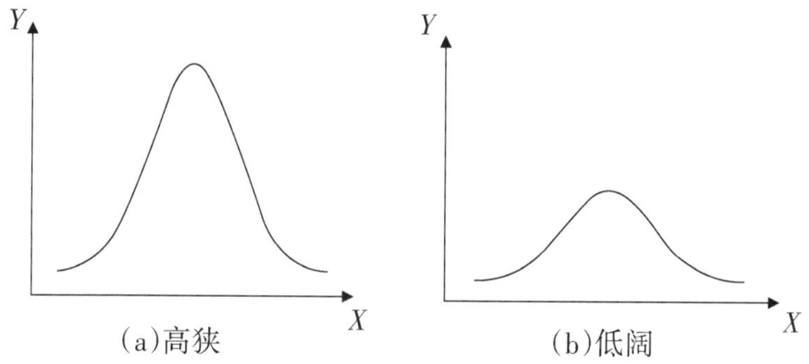

图 2-2-2　密集程度不同的正态分布

正态分布曲线单峰且对称，其对称轴是经过平均数、中数和众数（三者相等）的垂线，此处 Y 值最大，然后随两边无限延伸，Y 值逐渐降低，最终无限接近 0（但不会为 0），曲线的形态变化为先向内弯曲，再向外弯曲，拐点位于 $\mu \pm 1\sigma$ 处。平均数（μ）左右相同间距对应的 Y 值相同，其与对称轴之间曲线下的区域面积也相同（如图 2-2-3）。

在处理连续变量的概率分布问题时，一般用曲线下的区域面积表示概率。正态分布曲线下的区域总面积为 1，由对称轴划分为相等的两部分，面积均为 0.5。

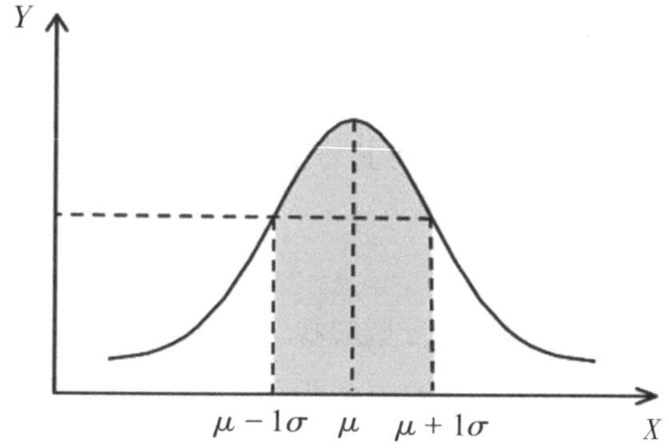

图 2-2-3　正态分布拐点示意图

正态分布是一族分布（一个系列的分布，分布形态可变化）。正态分布曲线的形态随总体平均数（μ）和标准差（σ）大小的变化而变化，记作 $N(\mu, \sigma^2)$。当平均数相同、标准差不同时，标准差小的正态分布，形态更高狭；标准差大的正态分布，形态更低阔。其中，当 $\mu=0, \sigma^2=1$ 时，其形态为正态分布的标准形式，称为标准正态分布，记作 $N(0,1)$，标准正态分布曲线如图 2-2-4 所示。所有正态分布均可直接通过 Z 分数公式转换为标准正态分布，故又称标准正态分布为 Z 分布。

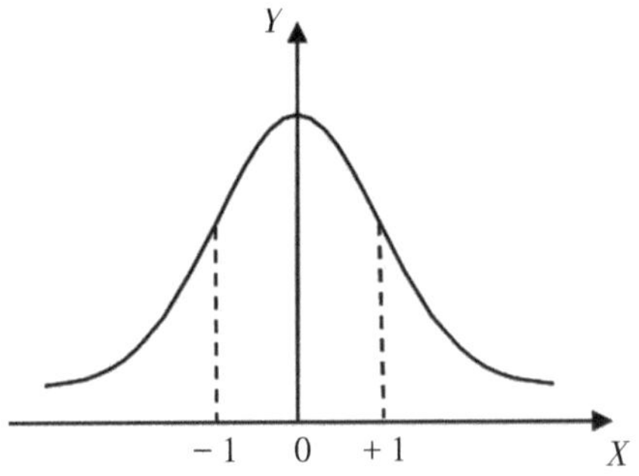

图 2-2-4 标准正态分布曲线

【注意】回顾标准分数公式

原始分数 X（服从正态分布）转换为 Z 分数的公式为

$$Z=\frac{X-\mu}{\sigma} \tag{2.6}$$

其中，X 减去 μ 代表曲线平移 μ 个单位，当 X 取值为 μ（即对称轴所处位置）时，对称轴平移至与 Y 轴重合；分母除以 σ 代表各取值间统一单位（此时单位为 1 个标准差），且具有等距性。

Z 分数转换为原始分数的公式为

$$X=Z\sigma+\mu \tag{2.7}$$

若原始分数不服从正态分布，即使将其转换为 Z 分数后，Z 分数的分布也不服从正态分布，此时不能称为标准正态分布。

【注意】线性转换与非线性转换

改变原始分数量尺的过程被称为分数转换，包括线性转换与非线性转换两种方式。任一正态分布皆可通过 Z 分数公式转换为标准正态分布，由于转换过程原始分数的分布形态不会发生变化，属于线性转换，因此不能通过该转化实现由非正态分布向正态分布的转化。而原始分数的正态化是一种非线性转换，当原始分数不服从正态分布时，通过对数转换、平方根转换、倒数转换或相对累计频率转换等几种常见的转换方式，直接或间接地改变其分布形态，使之成为正态，如图 2-2-5 所示。这里介绍相对累计频率转换的正态化步骤：

（1）先将原始分数对应的频率转换为相对累计频率，即图中的区域面积；

（2）将相对累计频率视为正态分布的概率，并通过正态分布表找到其对应的 Z 值，以此实现原始分数的正态化。

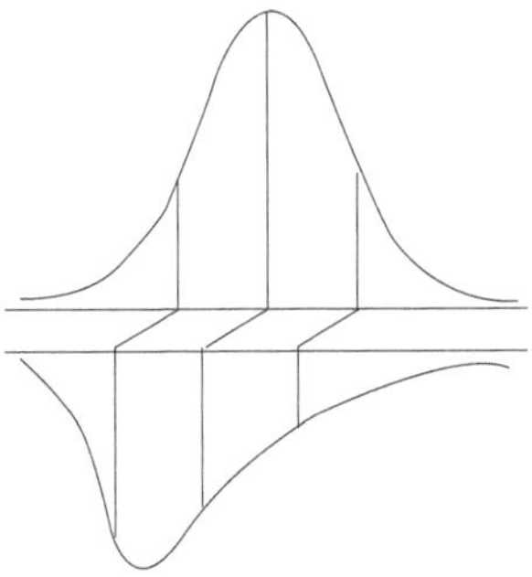

图 2-2-5　正态化分布示意图[来自《现代心理与教育统计学(第四版)》,第 172 页]

原始分数的正态化实际是一种对原始分数分布形态进行校正的过程,需要以总体实际上满足正态分布为前提条件,避免扭曲事实。在实际测验(如能力、能力倾向、人格等测验)中,研究对象总体往往满足正态分布,但只有在样本容量较大且具有代表性,并且有理由认为造成测验分数偏态的原因只是测验本身的缺陷,而不是由于样本的特性以及对所测行为有其他的影响因素时,才能进行正态化转换。

在正态分布曲线下,标准差与概率(面积)存在一定的数量关系,即有 68.26%的个体落入曲线下距平均数 $\pm 1\sigma$ 范围内,95.44%的个体落入曲线下据平均数 $\pm 2\sigma$ 范围内,99.73%的个体落入曲线下据平均数 $\pm 3\sigma$ 范围内,如图 2-2-6(a)所示。而在心理学实验中,常常会依据一些特殊的概率值,根据其与标准差一定的数量关系,获得对应的数值区间,如 $\pm 1.645\sigma$ 范围内包含 90%的个体,$\pm 1.96\sigma$ 范围内包含 95%的个体,$\pm 2.58\sigma$ 范围内包含 99%的个体,如图 2-2-6(b)所示。

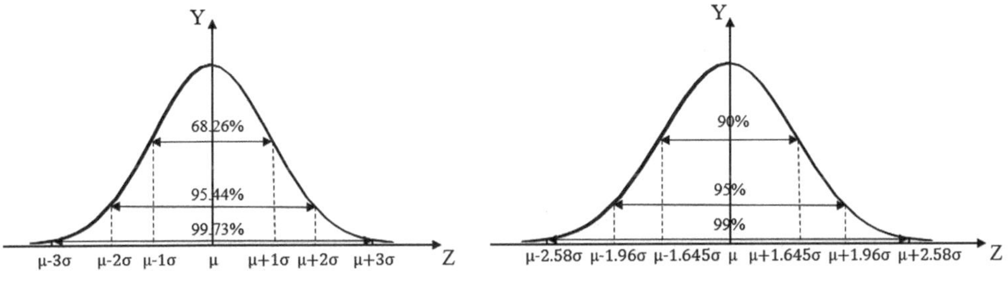

(a) 3σ原则　　(b) 特殊的概率值

图 2-2-6　标准差与概率(面积)的数量关系图

二、正态分布表及其使用

1. 结构

正态分布表依据标准正态分布的概率编制而成,在实际研究中,通过 Z 分数方便快捷地进行原始分数与其概率之间的相互转换。

由于正态分布的对称性，正态曲线下，绝对值相等的正负 Z 分数至平均数($Z=0$)处之间的面积(概率)相同，故本书对于正态分布表的编制从 $Z=0$ 开始，并只做 $Z>0$ 部分的延展生成。该表(参见附表 1)包括三栏：第一栏为 Z 分数，表示转换后的原始分数在横轴上的相对位置；第二栏为 Y 值(概率密度值)，表示与 Z 值相对应的曲线上一点的纵坐标(高度)；第三栏为 P 值，表示正态曲线下，Z 分数所处位置至 $Z=0$ 处之间的面积(概率)。故正态分布表又称 PZY 转换表或 PZO 转换表(部分教材以 O 代替 Y 表示)，三者关系如图 2-2-7 所示。

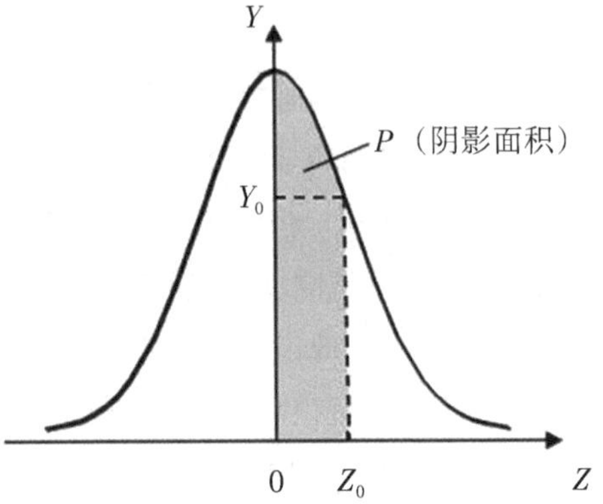

图 2-2-7　正态分布表中 P、Z、Y 三者关系

2. 应用

在实际应用中，通常借助正态分布表按照一定的步骤解决如下两类问题。

(1)已知 Z 分数求 P 值

【例 2-1】已知比奈智力测验的常模分数的参数指标为 $\mu=100$，$\sigma=15$。一名青少年在测验中获得 115 分，问该生的智力水平超过百分之多少的同龄人？

解：第一步，计算 X 值对应的 Z 分数。

$$Z=\frac{X-\mu}{\sigma}=\frac{115-100}{15}=1$$

第二步，根据题意，确定研究对象所处区域(Z_0)。

$$Z_0\in(-\infty,1]$$

第三步，查正态分布表，确定 Z_0 对应的 P_0。

$$P_0=50\%+34.13\%=84.13\%$$

答：该生的智力水平超过 84.13%的同龄人。

【注意】熟记标准正态分布表中一些特殊的 Z 分数及其对应概率(参见图 2-2-6)。

(2)已知 P 值求 Z 分数

该类问题的解决步骤与前者基本一致但顺序不同。由于正态分布表的列举有限，该类问题有时还需要额外借助插值法以求得 Z 分数的估计值。

【例 2-2】某心理学家想要对一群高智商儿童进行纵向研究，以探究其智力在不同环境下的发展情况。假设研究者划定同龄人中智力前 10%为高智商儿童，那么被选为研究对象的儿童在比奈智力测验中至少能获得多少分？

解：第一步，根据题意及正态分布表，借助插值法确定 P 值对应的区域及其 Z 分数。

Z 分数	P 值
1.28	0.39973
Z	0.40000
1.29	0.40147

故，$Z\approx1.282$。

第二步，计算 Z 分数对应的 X 值。

$$X=Z\sigma+\mu=1.282\times15+100=119.23\approx119(\text{分})$$

答：本研究中，被选为研究对象的儿童在比奈智力测验中至少能获得 119 分。

三、根据偏度和峰度进行正态检验的 SPSS 操作

1.案例：调查了 758 名 60 岁以上老年人的自尊水平，检验是否符合正态分布。

2.步骤

(1)打开分析数据：只有自尊水平一列数据。

(2)方法一：【分析】→【描述统计】→【频率】，将“自尊”选入左侧变量框中，点击左上方【统计】，进入后在右下方【分布】中勾选偏度和峰度。

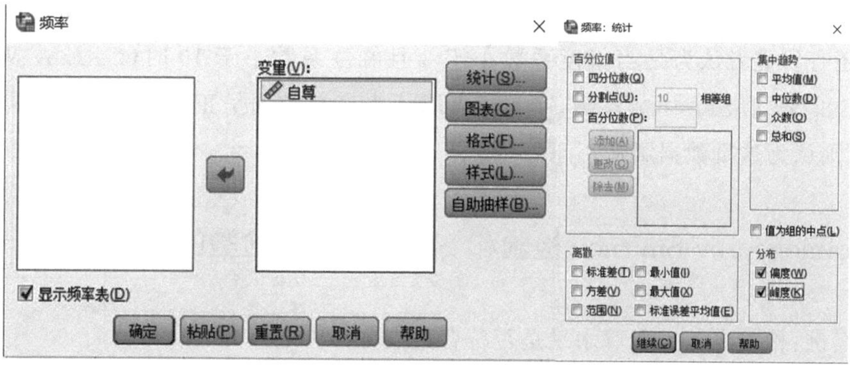

(3)方法二：【分析】→【描述统计】→【描述】，同样，将“自尊”选入左侧变量框中，接着点击左上方【选项】，进入后在中间的【分布】中勾选偏度和峰度。

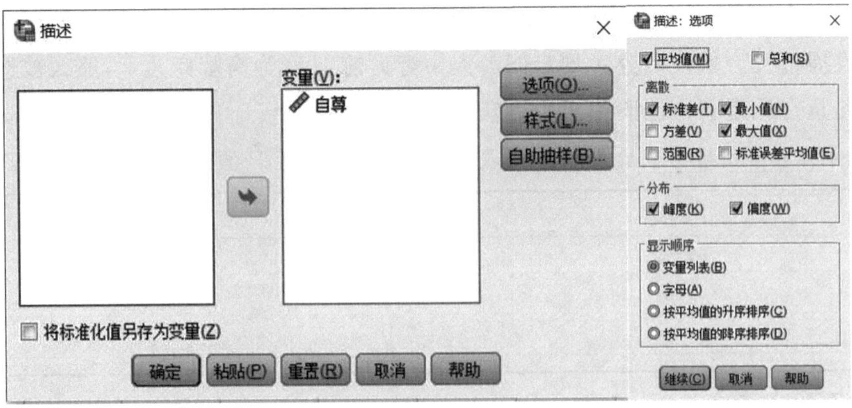

3. 结果

表 2-2-1　数据的正态检验(偏度和峰度)

偏度	偏度标准误差	峰度	峰度标准误差
-.239	.089	-.312	.177

利用偏度和峰度进行正态性检验时，可以同时计算其相应的 Z 分数，即：偏度 Z-score＝偏度值/标准误，峰度 Z-score＝峰度值/标准误。在 $\alpha=0.05$ 的检验水平下，若 Z-score 在±1.96 之间，则可认为这批数据服从正态分布（宇传华，2007）。

在该例中，偏度 Z-score＝-.239/.089＝-2.685，小于-1.96，峰度 Z-score＝-.312/.177＝1.763，落在±1.96 之间。虽然峰度符合了标准，但是偏度 Z 分数落在了±1.96 之外，故这批数据不服从正态分布，而是呈形态较为低阔的负偏态。

除了这种检验方法外，还有一种基于经验的简单判断方法。有研究者认为当偏度系数小于 2 且峰度系数小于 7 时（West, Finch & Curran, 1995; Finney & DiStefano, 2006），还有研究者认为是当偏度系数小于 3 且峰度系数小于 10 时（Curran, West, & Finch, 1996; 刘庆武 & 胡志艳，2005），可以认为这批数据呈正态分布。若根据这种判断方法，则认为这批数据服从正态分布。

四、Kolmogoorov-Smirnov 检验和 Shapiro-Wilk 检验的 SPSS 操作

1. 案例：检验老年人自尊水平是否符合正态分布。

2. 步骤

(1)打开分析数据：同上。

(2)【分析】→【探索】，将“自尊”点选至“因变量列表”中，接着点击左侧的【图】，进入后勾选中间“含检验的正态图”。

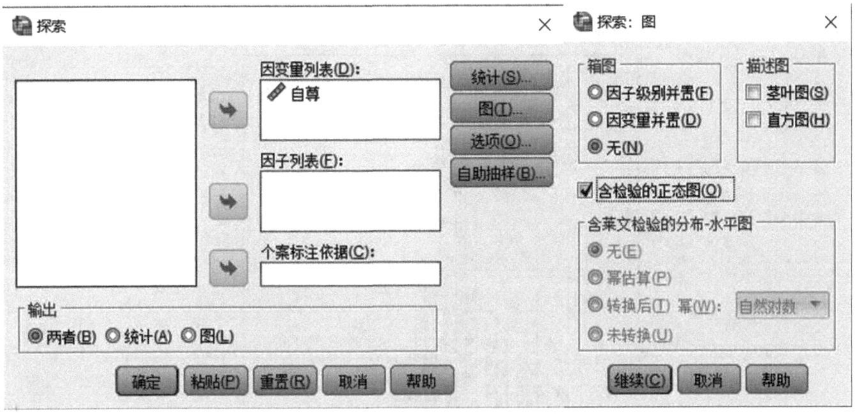

3. 结果

	柯尔莫戈洛夫-斯米诺夫[a]			夏皮洛-威尔克		
	统计	自由度	显著性	统计	自由度	显著性
自尊	108	758	000	984	758	000

Kolmogoorov-Smirnov 检验(柯尔莫戈洛夫-斯米诺夫检验)，简称 K-S 检验，适用于样本量在 50 以上的大样本；Shapiro-Wilk 检验(夏皮洛-威尔克检验)，简称 S-W 检验，适用于样本量位于 3—50 之间的小样本。当显著性 P 值大于 0.05 时，数据服从正态分布。

本例中，样本量为 758，属于大样本，利用 K-S 检验结果判断正态性。由上表可知，K-S 检验的 P 值小于 0.05，表明老年人自尊水平不服从正态分布。

五、根据直方图进行正态检验的 SPSS 操作

1. 案例：仍为检验老年人自尊水平是否符合正态分布。

2. 步骤

(1)打开分析数据：同上。

(2)【图形】→【旧对话框】→【直方图】，将“自尊”点选至左侧最上方的变量框中，勾选下方“显示正态曲线”。

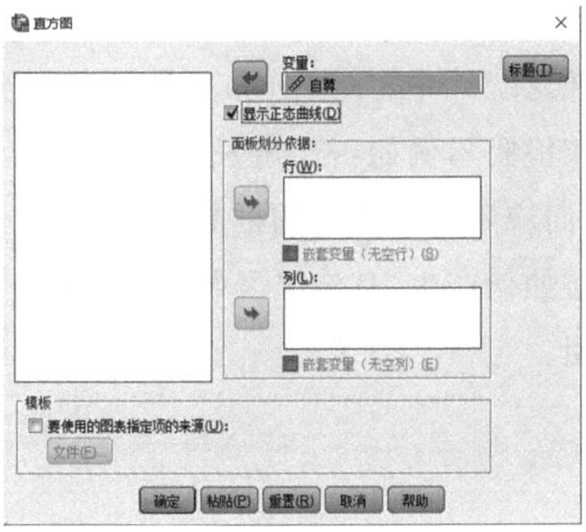

3. 结果

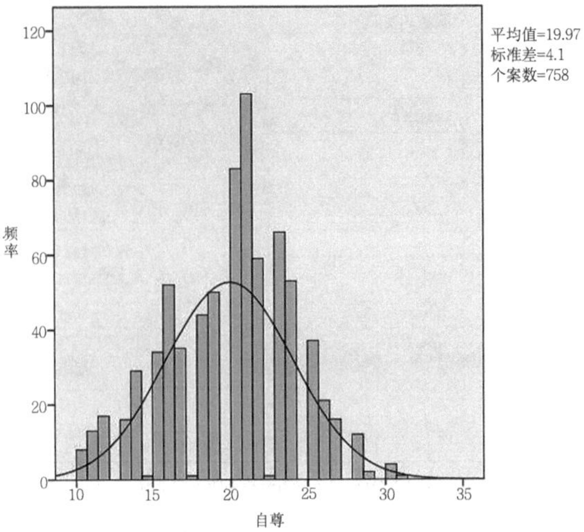

图 2-2-7　**老年人自尊得分分布直方图**

与前两种方法相比，利用直方图检验更加直观。从直方图看的话，老年人的自尊水平似乎符合正态分布。但根据峰度和偏度检验、K-S 检验，已经了解到该批数据不服从正态分布，是呈形态较为低阔的负偏态。可以看出，直方图虽然直观但不够准确，需要结合其他方法才能得到更准确的结果。

正态性检验方法分为图示法和计算法两种，图示法包括 P-P 图、Q-Q 图、箱式图、茎叶图、直方图，计算法包括峰度偏度判断法、K-S 法、S-W 法。本章中介绍的直方图法、峰度偏度判断法、K-S 法和 S-W 法在判断数据是否呈正态分布时使用得最多。

第三节　二项分布

在基本随机变量分布中，正态分布是连续变量分布中最常用的一种，而二项分布则是离散变量分布中最常见的一种。二项意为“两个类别”，作为离散变量，由于无法计算平均数、标准差等参数，在推论统计中，二项分布只适用于部分非参数检验（我们将在本书第三部分系统学习非参数检验），例如：符号检验（二项检验的特殊应用）。但在一定条件下，二项分布可近似正态而应用于更广泛的推断检验中。

本节首先介绍二项分布如何产生、其定义及特征；其次介绍二项分布的正态近似；最后介绍二项分布的实际应用。

一、二项分布及其特征

二项分布是离散随机变量的理论分布，又称贝努里分布，它是由贝努里最早通过试验观测得来的。二项意为“两个类别”，即在单次试验中，只能产生两个互斥的基本事件。例如在一般情况下，掷一枚均匀的硬币只能产生正面向上或反面向上两种结果，且在每次试验中，其出现概率保持不变，即 p（正面向上）和 p（反面向上）不变。而二项分布呈现的是进行 n 次这样的相互独立试验所获得的各种可能结果（复合事件）在概率上的分布，例如在进行 30 试次的试验中，出现 20 次正面向上的概率。我们将正面向上（或其中一个基本事件）出现的次数记为 x，将其出现概率记作 $p(x=0,1,2,\cdots,n)$，并且借助二项展开式可以快捷地将其计算得出，公式如下：

$$b(x,n,p)=C_n^x p^x q^{n-x} \tag{2.8}$$

其中，p、q 分别为两个基本事件在单次试验中出现的概率；二项分布记作 $b(x,n,p)$，表示在 n 次试验中，发生概率为 p 的基本事件，出现 x 次的概率；C_n^x 计算公式如下：

$$C_n^x=\frac{n!}{x!\,(n-x)!}=\frac{n(n-1)(n-2)\cdots(n-x+1)}{x!} \tag{2.9}$$

【注意】二项展开式为：

$$(p+q)^n=C_n^0p^n+C_n^1p^{n-1}q+\cdots+C_n^{n-1}pq^{n-1}+C_n^nq^n=\sum_{x=0}^{n}C_n^xp^xq^{n-x} \tag{2.10}$$

二项分布的形态是由中心向两侧逐渐减少的。以试次为 10 的二项试验为例（见图 2-3-1），当 $p=q=0.5$ 时，二项分布呈现对称；而当 $p\neq q$ 时，二项分布呈现偏态，$p>q$ 时与 $p<q$ 时，分布偏斜方向相反，并且随着 p（或 q）越接近 0（或 1），其分布形态的对称性（以及正态性）将变得越来越差。但无论 p、q 取何值，随着 n 的逐渐增大，二项分布形态都将趋近正态分布，如图 2-3-2、2-3-3 所示。

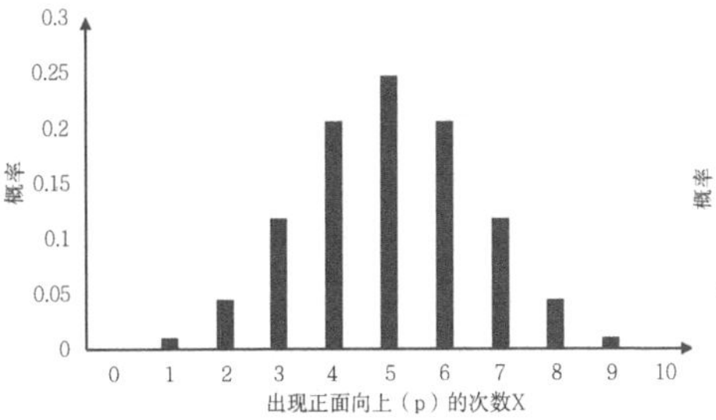

(a) $p=q=0.5$

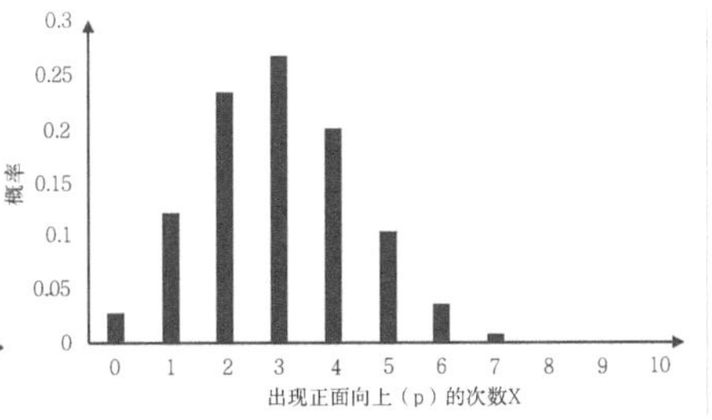

(b) $p=0.3,q=0.7$

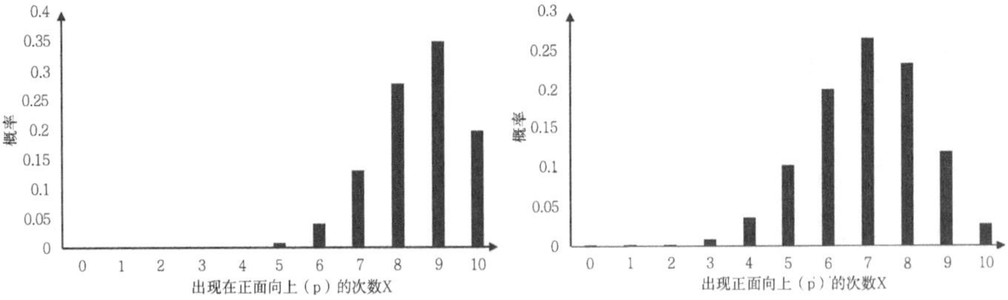

(c) $p=0.7,q=0.3$　　　　(d) $p=0.85,q=0.15$

图 2-3-1　试次为 10 的二项试验的二项分布条形图

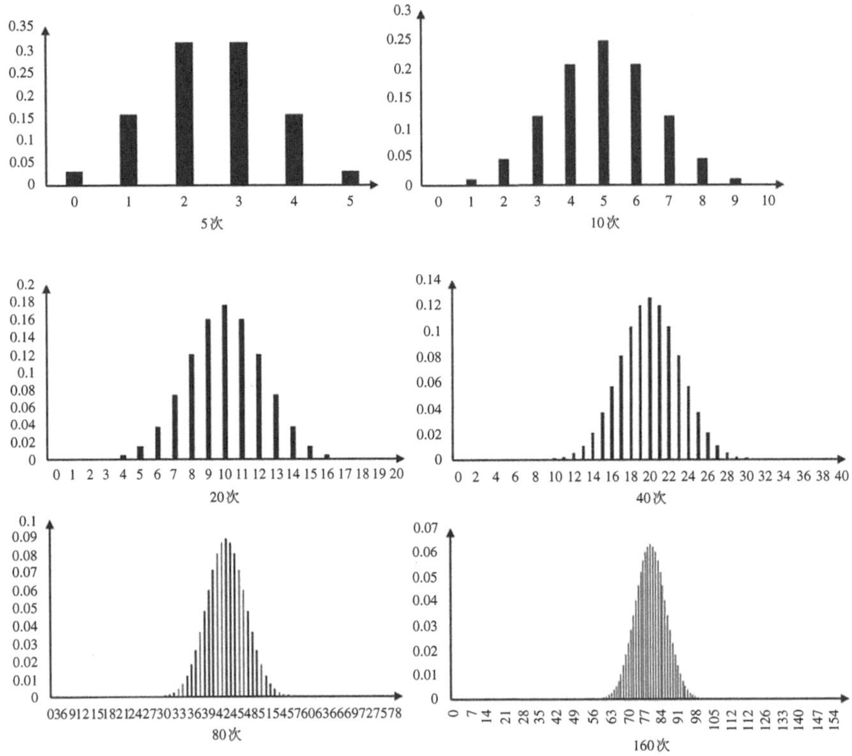

图 2-3-2　$p=q=0.5$ 时 n 逐渐增大时的二项分布条形图

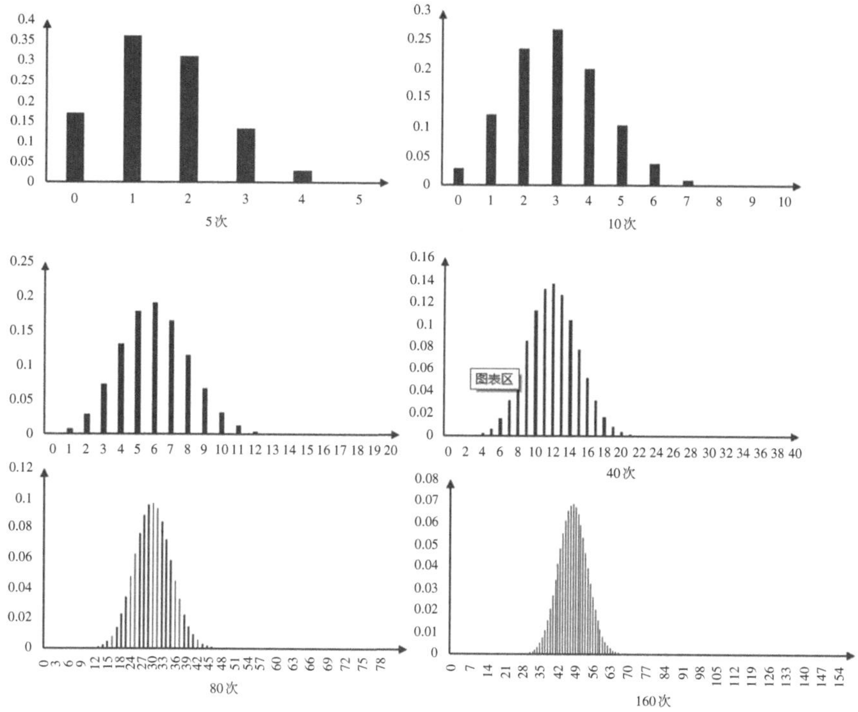

图 2-3-3　$p=0.3,q=0.7$ 时 n 逐渐增大时的二项分布条形图

二、二项分布的正态近似

由二项分布的概率计算公式不难看出，n 逐渐增大的同时，其计算量随之剧增，在实际研究中，常常使用正态分布代替二项分布计算概率。

当二项分布满足 $np \geqslant 5(p<q)$，或 $nq \geqslant 5(q<p)$ 时，二项分布近似正态。试验中的每个 X 值对应一个 Z 分数，通过计算 Z 分数，其概率可依据正态分布表直接查得。其中，分布的平均数 $\mu=np$ 或 nq，表示试验中某概率为 p（或 q）的基本事件的平均出现次数；分布的标准差 $\sigma=\sqrt{npq}$，表示该基本事件各可能的出现次数之间的离散程度。公式如下：

$$Z=\frac{X-\mu}{\sigma}=\frac{X-np}{\sqrt{npq}} \tag{2.11}$$

三、二项分布的应用

【例 2-3】目前校园欺凌越来越受到人们的重视，假设每个人受到校园欺凌的概率是 0.20，那么在 100 个学生中，恰有 15 个学生受到校园欺凌的概率是多少？

解：第一步，确定是否接近正态分布；

由于 $p=0.20$，小于 $q=0.80$，$np=20$，大于 5，因此判断该二项分布近似正态；

第二步，计算 μ 值和 σ 值；

$$\mu=np=0.20\times100=20,\sigma=\sqrt{npq}=\sqrt{100\times0.20\times0.80}=4$$

第三步，计算 Z 值，查正态分布表。

$$Z_1=\frac{X_1-\mu}{\sigma}=\frac{14.5-20}{4}=-1.375$$

$$Z_2=\frac{X_2-\mu}{\sigma}=\frac{15.5-20}{4}=-1.125$$

查正态分布表， $p_1=-0.085$，$p_2=0.130$。

$$p_2-p_1=0.045$$

答：恰有 15 个学生受到校园欺凌的概率是 4.5%。

【例 2-4】可口可乐和百事可乐究竟哪个更好喝？你的一位朋友只喝百事可乐，认为百事可乐甜度更高一些。为了探究他究竟能否分辨出两种可乐，你准备了 10 杯可乐，两个牌子各 5 杯，杯子上没有任何记号。至少品尝对几杯可乐，才能认为你的朋友真的能分辨出两种可乐的不同？

解：第一步，确定是否接近正态分布；

$np=nq=5$，该二项分布近似正态

第二步，计算 μ 值和 σ 值；

$$\mu=np=10\times0.5=5,\sigma=\sqrt{npq}=\sqrt{10\times0.5\times0.5}=1.581$$

第三步，查正态分布表，确定 Z 值。

当 $Z=1.645$ 时(注意：此时采用的是单侧检验)，包含了总体的 95%。

$$\mu+1.645\sigma=5+1.645\times1.581=7.601$$

因杯数均为整数，故将 7.601 取为 8，至少品尝对 8 杯可乐的概率为 95%，即完全靠猜测品尝对 8 杯可乐的概率为 5%。所以可以认为至少品尝对 8 杯可乐时，是能够分辨出两种可乐的不同的。

答：至少品尝对 8 杯可乐。

四、SPSS 操作

1. 案例：某研究分析了 71 例校园欺凌事件，被欺凌者中初中生 217 人，高中生 96 人。根据对某一中学的校园欺凌情况调查，发现该学校被欺凌者中初中生 38 人，高中生 22 人。问该学校被欺凌者中，初高中比例是否与总体情况相同？

2. 步骤

(1)打开分析数据

定义初中生为 0，高中生为 1。

(2)启动分析过程:点击【分析】→【非参数检验】→【单样本】菜单命令。

(3)第一个选项卡【目标】处,默认选择第一项【自动比较观察数据和假设数据】。

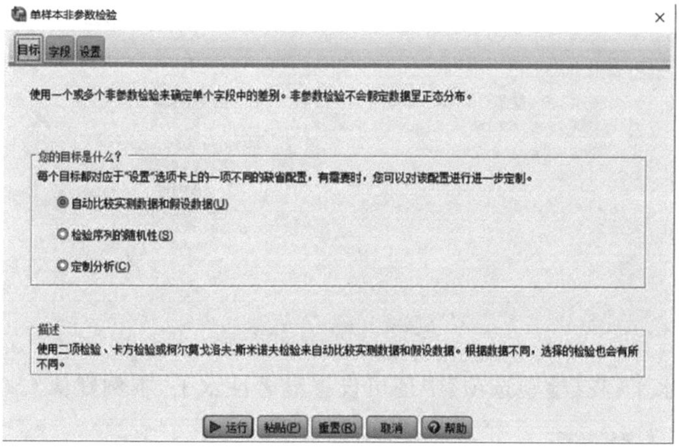

(4)第二个选项卡【字段】→【使用自定义字段分配】→将左侧框中的"初高中"变量点选至右侧检验字段框中。

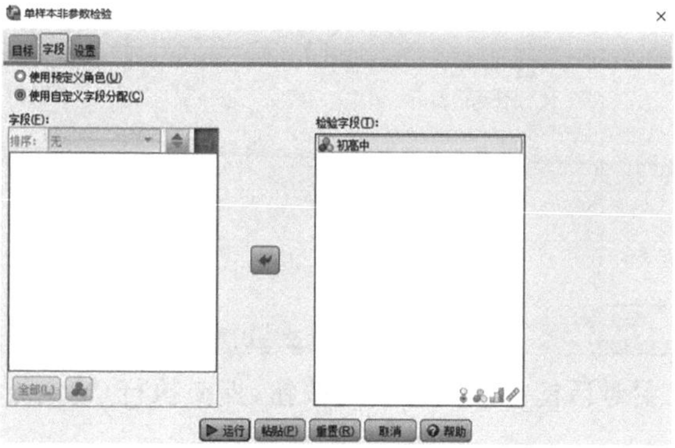

(5)第三个选项卡【设置】→【选择检验】→【定制检验】→【二项检验】,点击【二项检验】下方的【选项】,设置假设比例,一般默认为0.5。在本例中,初中生/(初中生+高中生)=0.693,故假设比例也设置为0.693。

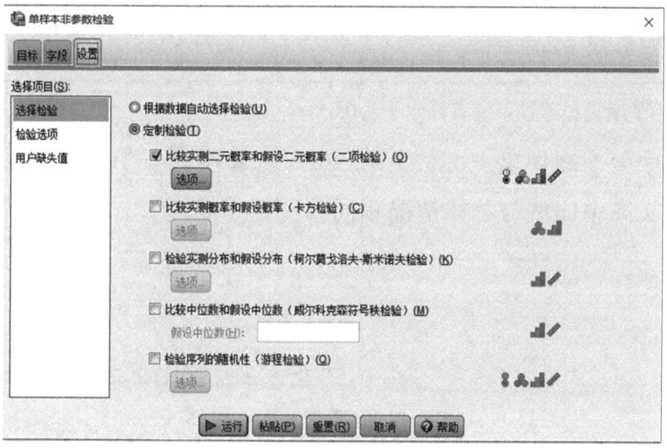

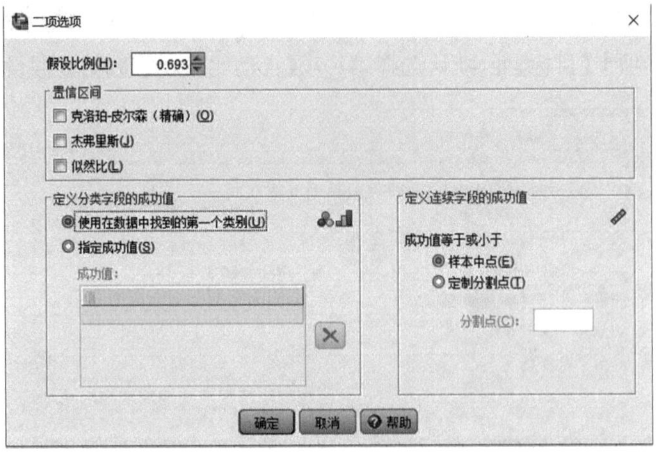

(6)显著性水平：在【检验选项】中还可设置显著性水平，本例默认 0.05 水平。

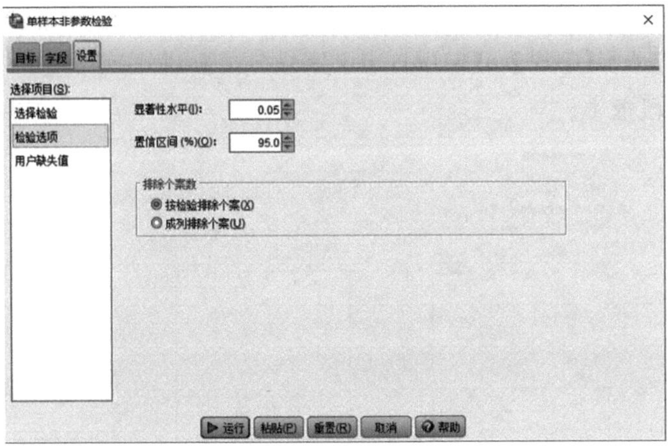

(7)输出结果：在主对话框中点击【运行】按钮，提交执行，输出结果。

3.结果

假设检验摘要

	原假设	检验	显著性	决策
1	初高中=0和1所定义的类别的出现概率为0.693和0.307。	单样本二项检验	.194	保留原假设。

显示了渐进显著性。显著性水平为0.05。

原假设为初中生：高中生＝0.693：0.307，显著性为 0.194＞0.05，故原假设保留，即学校被欺凌者初高中比例与总体情况相同。

第四节　抽样分布

前两节主要介绍了正态分布、二项分布这类反映总体(基本随机变量)的理论分布。而在本节中,我们还将继续介绍与之相对的样本统计量的理论分布,即抽样分布。每种样本统计量都有对应的抽样分布,常见的统计量包括:平均数、标准差、方差、相关系数、比率和中数等。

正如我们在第一节的导言中所说,多数时候由于难以对总体的每一个体都进行观测,故而无法获得总体的完整信息和参数指标,这使得在社会科学工作中,用样本对总体情况进行有效推论尤为重要。但如何使推论有效,只有通过了解样本统计量的分布规律,才能够确定推论的标准。随后介绍参数估计和假设检验的章节也是以抽样分布的原理为基础的前提下得以开展。

本节首先介绍抽样分布的概念及抽样方法,再分别介绍几类常见的抽样分布及其参数估计。

一、抽样分布

1. 概念

从总体到样本,这是研究抽样分布(sampling distribution)的问题。通常从总体中随机地抽取若干个体组成样本,可能每次抽取的样本量不同。即使每次抽取的样本量 n 相等,其统计量(如平均数、方差、标准差等)也将随样本的不同而不同,因而样本统计量也是随机变量,也有其概率分布。抽样分布就是样本统计量的概率分布。

2. 抽样方法

只有知道了样本统计量的分布规律,才能依据样本对总体进行推论。在谈及样本统计量的分布时,首先要保证各个样本是独立的,各个样本都服从同样的分布。这就意味着,样本的取样方法应该用随机抽样的方法。随机抽样抽出的样本能更好地代表总体。

随机抽样有很多种方法,分类标准也各不相同。当样本容量较小且个体之间差异较小时,可采用简单随机抽样;当样本容量较大时,可采用等距抽样;当个体之间差异较大时,可采用分层随机抽样。根据样本容量及个体差异情况选择最合适的抽样方法。

按是否放回可分为有放回抽样和不放回抽样两种。有放回抽样指的是每次抽出一个个体后,这个个体应返回原总体;不放回抽样则指的每次抽出的个体不返回原总体。对于无限总体,返回与否都可保证各个体被抽到的机会相等。但对于有限总体,就应该采取有放回抽样，否则每个个体被抽到的机会就不相等。

二、样本平均数的抽样分布

1.概念及公式

采用重复抽样的方式，从总体中抽取一个样本容量为 n 的样本 1，计算其平均数 $\bar{X}_1$，将其放回。放回后再从总体中随机抽取一个样本容量为 n 的样本 2，计算其平均数 $\bar{X}_2$，将其放回。重复这一步骤若干次，直到得到所有可能的样本平均数。由于每次抽取的样本不同，故其平均数也会有所差异，这种差异被称为抽样误差。所有可能的样本平均数的集合就被称为样本平均数总体。样本平均数的分布指的就是从母总体中抽取出的若干个样本的平均数的抽样分布。

设母总体的平均数为 μ，方差为 σ^2，标准差为 σ，样本平均数总体的平均数为 $\bar{x}$，方差为 $\sigma_{\bar{x}}^2$，标准差为 $\sigma_{\bar{x}}$，则母总体的平均数、方差、标准差和样本平均数总体的平均数、方差、标准差关系如下：

$$\mu_{\bar{x}}=\mu \tag{2.12}$$

$$\sigma_{\bar{x}}^2=\frac{\sigma^2}{n} \tag{2.13}$$

$$\sigma_{\bar{x}}=\frac{\sigma}{\sqrt{n}} \tag{2.14}$$

其中，$\sigma_{\bar{x}}$ 是样本的标准差，为了与母总体的标准差相区别，经常被称作标准误（standard error)，也可用 SE 表示。需要指出，标准误和标准差本质是一样的，都是对分布波动大小的刻画。

2.样本平均数分布的生成

为了更深入理解样本平均数分布是如何生成的，我们可以通过以下三个步骤，模拟一个有限总体的样本平均数抽样实验。

(1)确定所有从总体中抽出的样本量为 n 的样本；

(2)计算每个样本的平均数；

(3)计算各平均数出现的概率。

【例 2-5】心理测验中经常使用 5 点 Likert 评分法，在某道题目上，5 人（假设总体只有 5 人）的得分分别为 1、2、3、4、5，从中随机抽取 2 人形成样本。问样本平均数的分布情况如何？

解：

第一步：确定所有样本，从总体中抽取 $n=2$ 的随机样本，在重复抽样的条件下，共有 $5^2=25$ 个样本。

第二步：计算每个样本的平均数。

表 2-4-1　各样本平均数分布表

样本编号	样本成分	样本平均数	样本编号	样本成分	样本平均数
1	1,1	1	14	3,4	3.5
2	1,2	1.5	15	3,5	4
3	1,3	2	16	4,1	2.5
4	1,4	2.5	17	4,2	3
5	1,5	3	18	4,3	3.5
6	2,1	1.5	19	4,4	4
7	2,2	2	20	4,5	4.5
8	2,3	2.5	21	5,1	3
9	2,4	3	22	5,2	3.5
10	2,5	3.5	23	5,3	4
11	3,1	2	24	5,4	4.5
12	3,2	2.5	25	5,5	5
13	3,3	3			

第三步：计算各平均数出现的概率。

$P(X=1)=\frac{1}{25}$　　$P(X=1.5)=\frac{2}{25}$　　$P(X=2)=\frac{3}{25}$

$P(X=2.5)=\frac{4}{25}$　　$P(X=3)=\frac{5}{25}$　　$P(X=3.5)=\frac{4}{25}$

$P(X=4)=\frac{3}{25}$　　$P(X=4.5)=\frac{2}{25}$　　$P(X=5)=\frac{1}{25}$

样本平均数分布图如图 2-4-1 所示，可以看出整个分布呈正态。经计算，$\mu_{\bar{x}}=\mu=3$，$\sigma_{\bar{x}}^2=\frac{\sigma^2}{n}=1$。

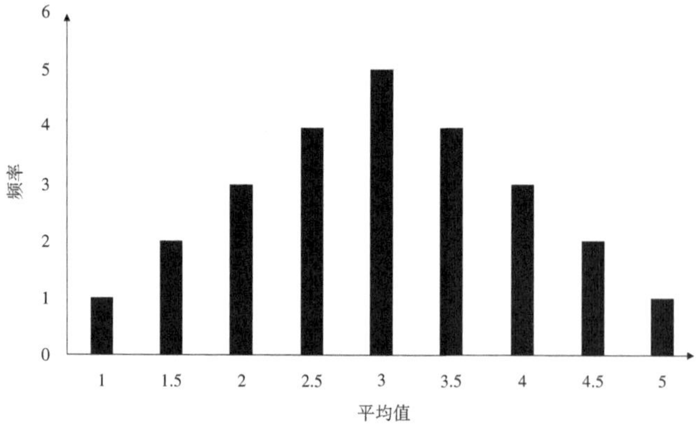

图 2-4-1 样本平均数分布图

3. 特点

观察图 2-4-1，可以发现，样本平均数分布有以下特点：

(1)样本平均数集中在总体平均数附近。取样是为了估计总体，样本平均数趋近总体平均数，才能更好代表这个总体。

(2)样本平均数分布形态十分接近正态分布。当总体为正态分布时，无论 n 取多大值，样本平均数的分布几乎就是一个完美的正态分布。依据中心极限定理，即使总体不是正态分布，但只要满足 $n \geqslant 30$ 这一条件，样本平均数的分布也几乎为正态。

(3)样本越大，样本平均数同总体平均数越接近，大样本比小样本能更好地代表总体，大样本得到的平均数会聚集在总体平均数周围，而小样本相对分散。

【注意】根据中心极限定理：

对于任意平均数为 μ，标准差为 σ 的总体，样本大小为 n 的样本平均数分布具有平均数 μ，标准差 $\sigma / \sqrt{n}$，并且当 n 趋向于无穷时，该分布将趋近于正态。这种趋近速度非常快，当 $n=30$ 时，分布基本上已成正态分布。

且不论变量 X 是连续型变量还是分散型变量，只要满足 $n \geqslant 30$ 这一条件，样本平均数的分布都趋近于正态分布。

4. 标准误

标准误是描述样本平均数分布的离中趋势，即变异性的优良指标。虽然一个样本的平均数代表了总体平均数，但在样本和总体间仍会存在一定误差，一个样本不可能绝对精确地反映总体的情况。标准误正是用来评估两者之间平均来说到底有多大差别。

从公式 2.13 可以看出标准误受总体标准差与样本容量 n 的影响。总体标准差越大，标准误也就越大。当总体标准差较大时，总体分布较分散，也就是说包含了较多的极端值，从中取样得到的样本同样会包含较多的极端值，不能很好估计总体均值。样本容量越大，样本平均数与总体平均数接近的可能性就越大，标准误就越小。也就是说样本容量越大，样本越能代表总体，这一规律被称为大数定律(law of large numbers)。

【注意】当样本只含一个分数时($n=1$),标准误等于标准差。因此,标准差是标准误的起点,当 $n=1$ 时,两者相等。当 n 增大,标准误会小于标准差,误差在不断减小,这也是为什么在进行实验或调查时要选择大样本的原因之一。

5.应用

样本平均数的分布的主要用途是计算任意特定样本出现的概率,每当遇到关于样本平均数的概率问题时,必须使用样本平均数的分布。

【例 2-6】对某高校整体施测抑郁自评量表(SDS),形成了一个 $\mu=40$,$\sigma=10$ 的分布。若随机选出 $n=100$ 个学生组成的一个样本,样本平均数大于 42 的概率是多少?

解:因为 $n=100>30$,所以该例中的形成的样本平均数分布呈正态分布。

第一步:计算出样本平均数分布的 $\bar{x}$ 和 $\sigma_{\bar{x}}$。

$$\mu_{\bar{x}}=\mu=40$$

$$\sigma_{\bar{x}}=\frac{\sigma}{\sqrt{n}}=\frac{10}{\sqrt{100}}=1$$

第二步:计算 Z 分数。

$$Z=\frac{\bar{x}-\mu_{\bar{x}}}{\sigma_{\bar{x}}}=\frac{42-40}{1}=2$$

第三步:查正态分布表,得出结论。

$$P(\bar{X}\geqslant 42)=P(Z\geqslant 2)=0.5-0.4772=0.0228$$

样本平均数大于 42 的概率是 15.90%,可以看出这个概率还是比较大的。

【注意】标准差和标准误的不同

标准差是测量分数和总体平均数之间的标准距离 $X-\mu$,当看到分数的分布时应使用标准差。标准误是测量样本平均数和总体平均数之间的标准距离 $\bar{X}-\mu$,当看到关于样本问题时应使用标准误。

三、t 分布

1.来源及公式

t 分布是统计分析中应用较多的一种随机变量函数的分布,是统计学者戈塞特(Willam Sealy Gosset)1908 年在以笔名“Student”发表的一篇论文中推导的一种分布。

t 分布可以看作 Z 分布的一种替代,有更广泛的应用空间。在使用 Z 分数时,需要知道总体的标准差,但在实际运用中,往往无法获取总体标准差,也就无法计算 Z 分数。但根据样本数据可以得到样本的平均数、标准差等信息,而样本在一定程度上是可以代表总体的,因此可以用样本统计量取代总体参数的作用,构造与 Z 分数拥有相同结构的分数:t 分数。

$$t=\frac{\bar{x}-\mu}{S_{\bar{x}}} \tag{2.15}$$

$$S_{\bar{x}}=\frac{S_n}{\sqrt{n-1}}=\frac{S_{n-1}}{\sqrt{n}} \tag{2.16}$$

$$S_n=\sqrt{\frac{\sum(X-\bar{X})^2}{n}} \tag{2.17}$$

$$S_{n-1}=\sqrt{\frac{\sum(X-\bar{X})^2}{n-1}} \tag{2.18}$$

其中 $S_{\bar{x}}$ 代表总体标准差，S_n 代表自由度为 n 的样本标准差，S_{n-1} 代表自由度为 $n-1$ 的样本标准差。

自由度指任何变量中可以自由变化、独立随机的量的个数，一般用 df 表示。在一个样本容量为 n 的样本中，自由度本来应该为 n。但在 t 分布中，由于样本均值已知，只要确定了 $n-1$ 个数，最后 1 个数也就确定了，它是不能自由变化的，所以 t 分布的自由度为 $n-1$，它是 t 分布的一个重要参数。

2. t 分布的特点

(1)平均值为 0，且以平均值 0 左右对称，峰态高峡；

(2)分布形态随样本容量 $n-1$ 变化而变化的一族分布；

(3)变量取值在 $-\infty\sim+\infty$ 之间；

(4)$n-1>30$ 时，t 分布接近正态分布，当样本容量趋于∞时，t 为正态分布，方差为 1；当 $n-1<30$ 时，t 分布与正态分布相差较大，且随着 $n-1$ 的减小，t 分布与正态分布的差异增大。

3. t 分布表

标准正态曲线是唯一的分布，因而能编制出一张详尽的正态分布函数表。而 t 分布的形态会随自由度 $n-1$ 变化而变化，是一族分布，即不同的自由度对应不同的形态，有一系列的分布。所以 t 分布表只列出了不同自由度时一些常用概率对应的 t 值，具体见本书后附表 2。

表 2 的最左列是不同的自由度，最顶行是双侧尾部的概率 $t_{\alpha/2}$，最尾行是单侧尾部的概率 t_{α}，可以看到单侧概率为双侧概率的一半。表中数值则是不同自由度不同概率所对应的 t 值，根据 t 分布函数计算得出。

当 $df=10$ 时，双侧概率为 0.05 时，t 值为 2.228，可写作 $t_{0.05/2}=2.228$，意思是在 t 值小于 2.228 的概率和 t 值大于 2.228 的概率之和为 0.05，设总面积为 1，0.05 即代表双侧尾部的面积占总面积的 0.05。同样，单侧概率为 0.025 时，可写作 $t_{0.025}=2.228$，意思是在 t 值小于 2.228 的概率或 t 值大于 2.228 的概率其中之一为 0.025，设总面积为 1，0.025 即代表单侧尾部的面积占总面积的 0.025。

仔细观察 t 分布表，可以发现随着自由度不断增大，t 分布越来越接近正态分布。当 $df=30$，双侧概率为 0.05 时，查阅 t 分布表 $t=2.042$，查阅标准正态分布表，$Z=1.96$，二者十分接近。再顺着 t 分布表双侧概率 0.05 这一列往下，发现 t 值越来越小，在自由度趋于无穷时，$t=1.96$。由此验证了前文的结论，自由度越大，t 分布越接近正态分布。

四、χ² 分布

1. 来源及公式

χ^2 分布由统计学家皮尔逊(Pearson)于 1899 年提出，在统计分析中应用较多，主要用于计数数据的假设检验以及样本方差与总体方差差异是否显著的检验等。

从一个正态分布总体中，随机抽取 n 个数据 $X_1, X_2, \cdots\cdots, X_n$，分别将其平方得 $X_1^2, X_2^2, \cdots\cdots, X_n^2$，求取这 n 个数据的平方和。反复抽取多次后，可获得无限多个容量为 n 的平方和，也可计算其标准分数的平方和。这无限多个平方和的分布，即为 χ^2 分布。

$$\chi^2=\sum X_i^2 (i=1,2,\cdots n) \tag{2.19}$$

$$\chi^2=\sum Z_i^2 (i=1,2,\cdots n) \tag{2.20}$$

在总体正态分布的前提下，分为总体平均数已知和总体平均数未知两种情况。当总体平均数已知时，$df=n$，χ^2 分布可写作：

$$\chi^2=\sum Z_i^2=\frac{\sum (X_i-\mu)^2}{\sigma^2} (i=1,2,\cdots n) \tag{2.21}$$

当总体平均数未知时，用样本平均数替代总体平均数，$df=n-1$，χ^2 分布可写作：

$$\chi^2=\frac{\sum (X_i-\bar{X})^2}{\sigma^2}=\frac{ns^2}{\sigma^2}=\frac{(n-1)S_{n-1}^2}{\sigma^2} (i=1,2,\cdots n) \tag{2.22}$$

从公式 2.22 可以看出，卡方分布是样本方差的精确分布。

2. χ^2 分布的特点

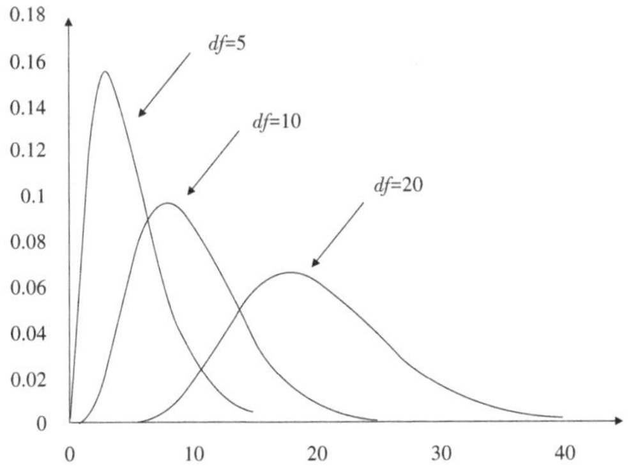

图 2-4-2 不同自由度下 χ^2 分布密度曲线

图 2-4-2 展示了在 $df=5$、10、20 三种情况下的 χ^2 分布曲线，χ^2 分布有以下特点：

(1)所有 χ^2 值均为正值。

(2)χ^2 分布为正偏态分布，右侧曲线无限延伸，但永不与 X 轴相交。

(3)χ^2 分布是一族分布，分布曲线倾斜度随自由度 $n-1$ 不同而不同，自由度越小曲线越偏斜，自由度越大，曲线越趋于对称。随着样本量趋于无穷，卡方分布会逼近正态分布。

(4)不论自由度如何，χ^2 分布曲线所围面积始终为 1。

(5)χ^2 分布具有可加性：$\sum\chi^2$ 是一个遵从 $df=df_1+df_2+\cdots+df_k$ 的 χ^2 分布，即几个相互独立的 χ^2 变量的和仍为 χ^2 分布。

3. χ^2 分布表

χ^2 分布表见书后附表 3。最左列为不同的自由度，最顶行为不同的概率值，表中数据为不同自由度不同概率值所对应的临界 χ^2 值，χ^2 检验一般采用单侧检验。

在使用时，将计算出的 χ^2 值与表中临界值比较，若前者大于后者，则表明前者对应的曲线下右侧尾部面积小于后者。若是与 $P=0.05$ 下的临界值做比较，前者大于后者，则可以做出差异显著的判断。

例如，当 $df=10$，显著性水平为 0.05 时，查 χ^2 分布表，临界值为 18.3，记为 $\chi^2_{0.05,10}=18.3$，表示在 $df=10$ 的 χ^2 分布曲线下，χ^2 值大于 18.3 的面积为 0.05。若在一道题目中，计算出 $df=10$ 时 $\chi^2=20$，大于临界值 18.3，则表明差异在 0.05 水平上显著。

五、F 分布

1. 来源及公式

F 分布由英国统计学家费希尔(Ronald A. Fisher)于 1924 年最先提出，以其姓氏的第一个字母命名，与 t 分布、χ^2 分布并称为三大抽样分布。

从两个正态分布总体中，随机抽取容量为 n_1 和 n_2 的两个样本，分别计算两个样本的 χ^2 值，然后 ${\chi_1}^2$ 与 ${\chi_2}^2$ 除以对应的自由度，再将二者(χ_1^2/df_1、χ_2^2/df_2)相比，便得到 F 值。重复这一步骤，可得到无数个 F 值，这无数个 F 值所形成的分布被称作 F 分布。

$$F=\frac{\chi_1^2/df_1}{\chi_2^2/df_2} \tag{2.23}$$

将公式 2.22 代入到公式 2.23，替换表达 χ^2，$F=\dfrac{(n_1-1)S_{n_1-1}^2/\sigma_1^2(n_1-1)}{(n_2-1)S_{n_2-1}^2/\sigma_2^2(n_2-1)}$，将 (n_1-1) 和 (n_2-1) 约分，推导出公式 2.24。

$$F=\frac{S_{n_1-1}^2/\sigma_1^2}{S_{n_2-1}^2/\sigma_2^2} \tag{2.24}$$

当假设两样本是从同一总体中抽样时，有 $\sigma_1^2=\sigma_2^2$ 成立，公式 2.24 可转换为两方差之比的形式。

$$F=\frac{S^2_{n_1-1}}{S^2_{n_2-1}} \tag{2.25}$$

2.F 分布的特点

(1)因为 F 值是两方差的比值，F 值永远为非负值。

(2)F 分布为正偏态分布。

(3)F 分布是一族分布，分布曲线倾斜度随分子自由度 df_1 以及分母自由度 df_2 的增加而逐渐趋近于正态。

(4)F 值的中数近似等于 1。

(5)当分子的自由度为 1，分母自由度取任意值时，相同概率条件下 F 值等于 t 值（双侧）的平方。

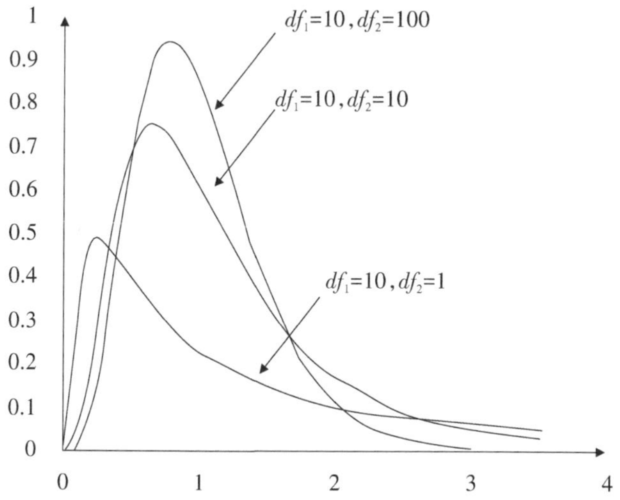

图 2-4-3　不同分母自由度下 F 分布密度曲线

3.F 分布表

F 分布表（单侧检验）见书后附表 4，最左列为分母自由度，最顶行为分子自由度，表中数字为不同分子、分母自由度对应的 F 临界值。且分为上下两行，上一行是 $\alpha=0.05$ 水平的 F 值，下一行是 $\alpha=0.01$ 水平的 F 值。

当分子自由度 $df_1=10$，分母自由度 $df_2=5$，查阅该分布表，查得两个 F 临界值。当 $\alpha=0.05$，F 临界值为 4.74，可表示为 $F_{0.05(10,5)}=4.47$，当 $\alpha=0.01$，临界值为 10.05，$F_{0.01(10,5)}=10.05$。$F_{0.05(10,5)}=4.47$ 表示，在 $df_1=10$，$df_2=5$ 时，F 分布曲线中从 4.74 往后，右侧尾部的面积占总面积的 5%。还可以说在该情况下，计算所得的值只有 5%的可能性大于 4.74，若大于 4.74，则能说在 0.05 水平上差异显著。

本章要点小结

1. 总体的理论分布包括正态分布和二项分布，样本的理论分布即抽样分布分为样本平均数的抽样分布、t 分布、x^2 分布和 F 分布四种。

2. 概率是某事件发生的次数与所有事件发生的总次数的比值，具有偶然性和规律性的特点，分为先验概率、后验概率和主观概率三种，不同种类概率的计算方法各不相同。

3. 正态分布是推断统计中最常用的一种分布，正态分布曲线单峰且对称，对称轴处 Y 值最大，曲线下的区域总面积为 1，曲线形态先向内弯曲再向外弯曲，随总体平均数(μ)和标准差(σ)大小的变化而变化。所有分布都可以通过线性转换或非线性转换将原始分布的形态转换为标准正态分布。

4. 正态分布表包括 Z 分数栏、Y 值(概率密度值)栏和 P 值栏，借助正态分布表可解决已知 Z 分数求 P 值和已知 P 值求 Z 分数两类问题。

5. 二项分布是进行 n 次相互独立试验(只能产生两个互斥的基本事件且概率保持不变)所获得的各种可能结果(复合事件)在概率上的分布。当二项分布满足 $np \geqslant 5(p < q)$，或 $nq \geqslant 5(q < p)$ 时，二项分布近似正态。

6. 样本平均数的抽样分布指从母总体中抽取出的若干个样本的平均数的抽样分布，样本平均数集中在总体平均数附近，分布形态十分接近正态分布，随样本量增大样本平均数与总体平均数越接近。样本平均数总体的标准差被称作标准误，受总体标准差与样本容量 n 的影响。

7. t 分布是未知总体标准差时对 Z 分布的一种替代，是平均值为 0、左右对称、变量取值在 $-\infty \sim +\infty$ 之间的一族分布，当 $n-1>30$ 时，t 分布接近正态分布。

8. 从一个正态分布总体中反复抽取多次 n 个数据，无限多个容量为 n 的平方和即为 χ^2 分布。χ^2 分布为正偏态分布，所有 χ^2 值均为正值，分布曲线随自由度增加而趋于对称，曲线下面积始终为 1。χ^2 分布最重要的特征就是具有可加性，几个相互独立的 χ^2 变量的和仍为 χ^2 分布。

9. F 分布是无数多个 λ_1^2/df_1 和 λ_2^2/df_2 相比得到的 F 值所形成的分布。F 分布为正偏态分布，F 值永远为非负值，中数近似等于 1，分布曲线倾斜度随 df_1 和 df_2 增加而逐渐趋近于正态。

关键术语

概率	probability
正态分布	normal distribution
二项分布	binominal distribution

抽样分布	sampling distribution
t 分布	t-distribution
χ^2 分布	chi-square distribution
F 分布	F-distribution

课后习题

1. 在学院组织的学术竞赛活动当中，共有 100 人参与，研究生 40 人，本科生 60 人，研究生中女生 10 人，本科生中女生 35 人。现随机选取一人代表参赛选手发言，问：

(1)选取到一名本科生的概率是多少？

(2)选取到一名女生的概率是多少？

(3)选取到一名研究生男生的概率是多少？

2. 在一次心理健康测试中，假设一个班级 50 人，有 5 人被定义为“心理不健康”。

(1)若随机从该班级中抽取两名同学，两位同学都为“心理不健康”的概率是多少？

(2)若随机从该班级中抽取两名同学，一位“心理健康”，一位“心理不健康”的概率是多少？

(3)若随机从该班级中抽取三名同学，前两位“心理健康”，最后一位“心理不健康”的概率是多少？

(4)若随机从该班级中抽取三名同学，两位“心理健康”，一位“心理不健康”的概率是多少？

3. 一个盒子中有 10 个红球，20 个蓝球，若随机从盒子中抽出两个球，问：

(1)采用放回抽样时，抽到两个红球的概率是多少？

(2)采用不放回抽样时，抽到两个红球的概率是多少？

(3)采用放回抽样时，抽到一红一蓝的概率是多少？

(4)采用不放回抽样时，抽到一红一蓝的概率是多少？

4. 查正态分布表。

(1)$z>2.0$ 的概率；$z<2.0$ 的概率；$z>-2.0$ 的概率；$z<-2.0$ 的概率。

(2)在 $z=2.0$ 和 $z=-2.0$ 之间的概率；在 $z=2.0$ 和 $z=1.5$ 之间的概率。

(3)$p=0.0475$(单侧)时的 z 值；$p=0.0475$(双侧)时的 z 值。

(4)$P=0.05$(单侧)时的 z 值；$p=0.05$(双侧)时的 z 值。

5. 查 t 分布表，求下列情况的 t 值。

(1)$df=25$(双侧)，$p=0.05$；$df=25$(单侧)，$p=0.05$。

(2)$df=25$(双侧)，$p=0.01$；$df=25$(单侧)，$p=0.01$。

(3)$df=30$(双侧)，$p=0.05$；$df=30$(单侧)，$p=0.05$。

6. 查 χ^2 分布表，求下列情况的 χ^2 值。

(1)$df=25$，$p=0.05$；$df=25$，$p=0.01$。

(2)$df=30$，$p=0.05$；$df=30$，$p=0.01$。

7. 查 F 分布表，求下列情况的 F 值。

(1) $df_1=10, df_2=20, p=0.05$。

(2) $df_1=10, df_2=25, p=0.05$。

8. 美国大学入学资格考试 SAT，分数分布可视为正态分布，已知 $\mu=500, \sigma=100$，问：

(1)考上 700 分的概率有多大？

(2)成绩位于 650 分至 700 分之间的考生占总人数的比例是多少？

9. 某班级进行数学随堂测验，共 30 个选择题，四个选项中只有一个正确答案，若每道题目全凭猜测，问：

(1)答对不少于 25 个题的概率是多少？

(2)答对多于 25 个题的概率是多少？

(3)答对恰好 25 个题的概率是多少？

10. 25 名大一学生在大一上学期的英语期末考试中，平均分 $\bar{x}_1=70$，在大一下学期为了提高英语成绩每天坚持参加英语角的活动，在大一下学期的英语期末考试中，$\bar{x}_2=76$，$S_{n-1}=5$，那么在 $\alpha=0.05$ 水平上参加英语角的学生英语成绩是否有所提升？

第三章

单个样本参数的假设检验

第一章中提到了推断统计这一概念，它是用样本数据做出关于总体的一般性陈述的方法，包括总体参数估计和假设检验两方面内容。其中总体参数估计在上一章的内容中有所涉及，而本书的第三章到第七章将详细讲解推断统计的假设检验部分。本章将阐述假设检验的一般过程：围绕假设检验的原理、假设检验中的两类错误、效应量概念、单侧检验与双侧检验等方面展开介绍；并通过讲解单样本情况下 z 检验、t 检验、非正态样本参数假设检验的基本原理、检验步骤、效应量计算以及单样本 t 检验的 SPSS 操作，帮助读者巩固进行假设检验的基本步骤。

第一节 假设检验概论

在实际研究中，研究者通常无法观察到整个总体的情况或是收集到总体内每个个体的数据资料，解决这一问题的有效方法往往是从总体中选择具有足够代表性的样本，借助收集到的样本数据来回答研究者探讨的关于总体的问题，这个统计过程被称作假设检验。本节围绕假设检验的原理、假设检验中的两类错误、效应量概念、单侧检验与双侧检验、假设检验的步骤这几个方面进行介绍。

一、假设检验的原理

1. 假设与假设检验

在统计学中，通过样本统计量得出的差异做出一般性结论，判断总体参数之间是否存在差异，这种推论过程称作假设检验(hypothesis testing)。假设检验是研究者使用样本数据对总体参数提出的假设进行评估。举例来讲：【例 3-1】研究者想要研究某种学习方法是否能显著提高学生的学习效果，让一批学生被试接受了该学习方法的训练。训练前，被试在学习完一段材料后接受了一次测试；训练后，被试在学习完一段相同难度材料后接受了另一次测试。

在【例 3-1】中有两个样本：(1)原始样本，即被试在学习训练之前得到的测试成绩；(2)处理后样本，即被试经过学习训练后得到的测试成绩。从假设检验角度来看，研究者希望通过比较两个样本数据，得到两者之间存在显著差异的结论(【例 3-1】中，训练后的测试成绩需要显著高于训练前的测试成绩才能说明该学习方法有效)，从而推导出两样本分别所在的总体间也存在差异。该过程存在着两种假设，陈述了研究者有关总体参数的假定说明。这两种假设在统计学中被称作备择假设(alternative hypothesis)和虚无假设(null hypothesis)。

备择假设是根据已有理论和经验，事先对研究结果做出一种预想的、希望证实的假定性陈述，也称为对立假设，记作 H_1。【例 3-1】中，研究者的目的是希望证明该学习方法能够提高学生的学习效果。若以 μ_0 表示未经训练的总体的平均测试成绩，以 μ_1 表示经过训练的总体的平均测试成绩，则该假设可表示为“$H_1:\mu_0<\mu_1$”。若能证明 H_1 的真实性，那么研究者就达到了其研究目的。但在实际研究中，很难直接证实 H_1，因为研究中的数据往往是抽样而来，难以收集到总体中每个个体的数据，因此，总体的 μ 是未知的。按照一般的推论逻辑，证明一个假设是错误的比证明它是正确的更加直接、简单。因此，

需要建立与备择假设对立的假设，称之为虚无假设，也称为无差别假设、零假设、原假设，记作 H_0。【例 3-1】中，与 H_1 对立的 H_0 为：$\mu_0 \geq \mu_1$，表示假设该学习方法不能提高学生的学习效果，即训练未能显著提升测试成绩。在假设检验中，总是运用统计方法直接检验虚无假设 H_0。若证明 H_0 为真，则 H_1 为假，研究者需要接受虚无假设，拒绝备择假设；反之若证明 H_0 为假，则 H_1 为真，研究者需要接受备择假设，拒绝虚无假设。

【注意】：统计学上的差异不显著（$\mu_0=\mu_1$），并不是指 μ_0 和 μ_1 在数值上不存在差异，而是 μ_0 和 μ_1 在数值上有一定差异，但这种差异没有达到统计上的显著性要求，不具有统计学意义。关于如何判断差异是否达到显著性要求，在之后的内容中将做介绍。

2. 假设检验中的小概率原理

小概率原理是指小概率事件在一次试验中几乎是不可能发生的。通常情况下，将概率不超过 0.05 的事件当作小概率事件。有时也定为概率不超过 0.01 或者 0.001。

在假设检验中，为了检验虚无假设，首先假定 H_0 为真，确定此时样本统计量的分布，由给定的小概率 α（$0<\alpha<1$）作为显著性水平所确定的拒绝原假设 H_0 的区间[1]，形成据以拒绝原假设的统计量的取值范围。若样本统计量位于这个区间内，此时，发生了小概率事件，表明“虚无假设为真”的假定是不正确的，应拒绝虚无假设，接受备择假设；反之，若样本统计量没有在这个区间内，则认为“虚无假设为真”的假定是正确的。

二、假设检验的两类错误

假设检验是一个利用有限的样本信息推断关于总体的一般性结论的过程。而在实际研究中，观察或测量得到的样本信息必然与客观存在的总体参数之间存在偏差，即是说样本代表总体的数据信息具有局限性。因此，当样本具有一定误导性，并不能完全作为总体的代表时，假设检验可能会导致研究者做出错误结论，分别表现为假设检验中存在的两种类型的错误。

1. Ⅰ型错误

Ⅰ型错误（type Ⅰ error）也被称为弃真错误，它发生在 H_0 实际上是正确的，但被研究者拒绝的情况下。这意味着研究处理实际上并无效果，但研究者却错误地认为其有效果。当Ⅰ型错误发生时，研究者错误地相信研究处理有效果，并以该结果进行报告或发表论文，导致之后以此研究结果构建的理论或进行的后续试验无法验证预期的实验目的，浪费研究时间与资源。

在假设检验中，可以通过控制 α 水平将Ⅰ型错误的风险最小化。α 水平即显著性水

---

[1] 该区间被称为临界域，又称否定域或拒绝域。根据小概率原理，临界域是指当 H_0 为真的情况下，由非常不可能出现的样本结果组成的区域。

平，它可以表示Ⅰ型错误的概率，也可以表示当 H_0 为真的情况下，得到样本的统计量位于临界域上的概率。临界域的划分标准符合之前提到的小概率原理，而根据小概率原理，α 的最大值为 0.05，这意味着没有处理效应时，仍有 5%的概率拒绝虚无假设并出现Ⅰ型错误。所以很多研究者倾向使用更保守的 α 水平(如 0.01，0.001)以降低出现Ⅰ型错误的风险。但过低的 α 水平会使拒绝 H_0 变得更困难，需要更大的处理效应才能将观测值推向临界区域，此时的研究处理效应没有那么容易被发现。在一般情况下，研究者可以根据自己的研究需要确定相应的显著性水平。

2. Ⅱ型错误

Ⅱ型错误(typeⅡerror)也被称为纳伪错误，它发生在 H_0 实际上是错误的，但研究者却不能拒绝的情况下。这意味着研究处理有效果，但研究者却错误地认为其没有效果。Ⅱ型错误的概率以 β 表示。当研究的处理效果相对较小时，处理的确影响了样本，但效果却不够大到将样本统计量推到临界域上，因而无法在统计判定上拒绝虚无假设 H_0，接受备择假设 H_1。当Ⅱ型错误发生时，收集到的数据并没有验证研究者的预期目的，在这种情况下，研究者可以选择更换研究方向，或是完善实验设计，以证明处理是有效的。

与Ⅰ型错误的概率 α 不同，Ⅱ型错误的概率 β 并非一个具体的、精确的值，而是样本容量、效应量与 α 三者的函数。正确拒绝虚无假设的概率为 $1-\beta$，被称作统计检验力(power of test)。

假设检验的各种可能结果如表 3-1-1 所示。由此看来，无论拒绝还是接受 H_0，都有犯错误的可能。好的检验应在样本容量一定的条件下使犯两类错误的概率 α 和 β 都尽可能地小。

表 3-1-1　假设检验的可能结果

	接受 H_0	拒绝 H_0
H_0 为真	正确	Ⅰ型错误
H_0 为假	Ⅱ型错误	正确

3. α 与 β 的关系

首先，需要明确 α 和 β 是在两个前提下出现的概率，即它们分别在 H_0 和 H_1 为真的前提下出现。如图 3-1-1 所示。

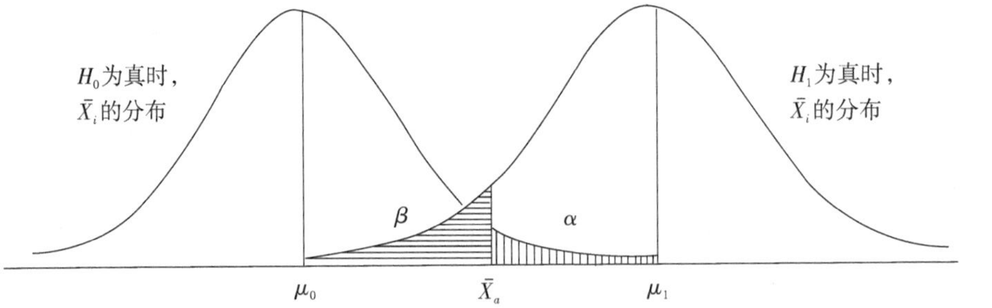

图 3-1-1　α 和 β 的关系示意图

在不改变其他条件情况下，降低 α 水平总会引起 β 的升高。相比图 3-1-1，图 3-1-2 的临界点 $\bar{X}_a$ 右移使得 α 减小，β 增大。实际研究要求在保证 α 足够小的情况下，尽量减少犯Ⅱ型错误的概率。最直接的方法是增大样本容量。样本容量的增大会使样本平均数分布变得高耸，在保证 α 不变的情况下减小 β（见图 3-1-3）。此外，增大假设值与总体真值的差、减小总体的标准差也可以在保证 α 不变的情况下减小 β。

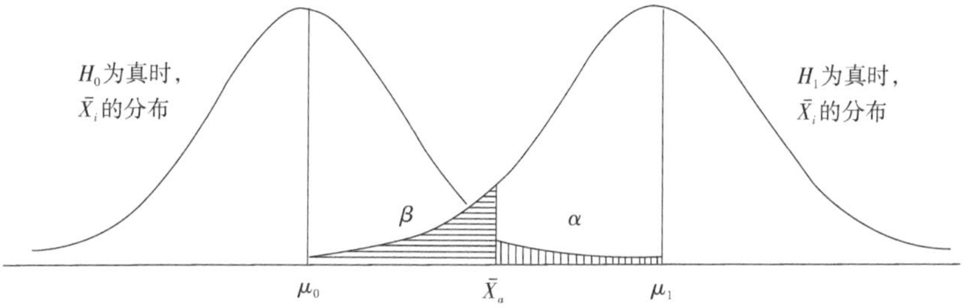

图 3-1-2　降低 α 水平引起 β 升高示意图

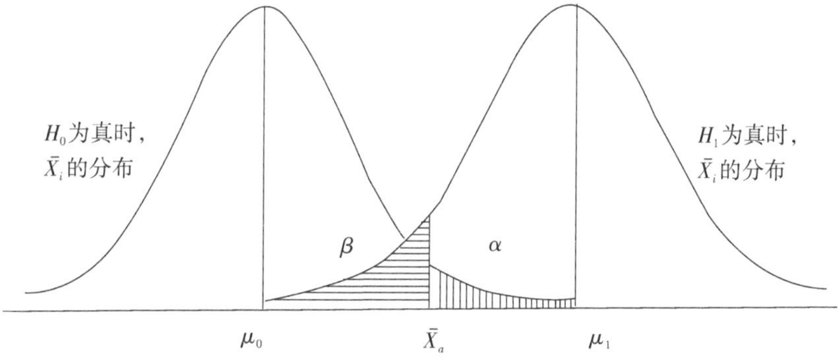

图 3-1-3　增大样本量减小 β 错误的示意图

三、效应量

研究者通过分析数据，是对处理是否有效果以及处理效果的大小感兴趣。但假设检验的局限性之一是显著性检验结果会受样本容量大小的影响。当处理具有一定效果时，检验统计量会随样本容量的增加而增大，甚至当处理没有效果时，检验统计量依然会随样本容量的增加而增大。在这种情况下，样本观测值有可能落到临界区域，从而得到研究处理有效果的结论。

该情况可由表 3-1-2 说明。假设研究者想检验某地区男性与女性的自尊感是否存在差异，收集到的数据反映男性自尊感自评得分比女性平均高 4 分，两组的样本容量都是 15，且标准差都是 9。根据假设检验的结果，男女自尊感差异不显著。当两组样本增加到 31，且平均数差异和标准差都不变时，根据假设检验的结果，男女自尊感差异仍不显著。当两组样本容量增加到 61，仍保持平均数差异和标准差都不变时，根据假设检验的结果，男女自尊感存在了显著差异。

表 3-1-2 检验统计量 t 随样本容量的增大而增大

两样本容量	平均数差异	样本标准差	t	df	临界值(α=0.05)	p
$n_1=15, n_2=15$	4	9	1.22	28	2.048	>0.05
$n_1=31, n_2=31$	4	9	1.75	60	2.000	>0.05
$n_1=61, n_2=61$	4	9	2.45	120	1.980	<0.05

不难发现,假设检验只是评估了处理效应的相对大小而非绝对大小。针对处理效应绝对大小的指标,研究者提出了效应量(the size of an effect, SE)的概念,即不依赖于样本大小、反映自变量和因变量关联强度的指标,能够衡量处理效应的大小。

研究者不仅需要注意统计上有无显著性,即 p 值问题,更应该注意效应量的大小。目前发表论文时,效应量是必须报告的指标。常用的效应量指标有:*Cohen'sd* 系数、变异性百分比 η^2 等,这些指标的适用条件和计算方法将在之后的章节中作具体介绍。

四、假设检验的方向性:单侧检验与双侧检验

1. 单侧检验

在【例 3-1】中,根据研究目的所提出的备择假设为 $H_1:\mu_0<\mu_1$,虚无假设为 $H_0:\mu_0\geq\mu_1$。研究者对学习方法训练的效果有一个期待的预测,即训练后的测试成绩显著高于训练前的测试成绩。因此对应的备择假设不仅关注了 μ_0、μ_1 之间存在差异,还做出关于效果方向的陈述,即 $\mu_0<\mu_1$。此时的临界区域位于分布中表示大于 μ_0 的右端,面积比率为 α(【例 3-1】中 $\alpha=0.05$);反之,如果研究目的需要 $\mu_0>\mu_1$,则对应的临界区域处于左端。"单侧"强调了临界区域只位于分布的一端。这种既强调差异,也强调方向性的检验叫单侧检验(one-sided test)或单尾检验(one-tailed test)。

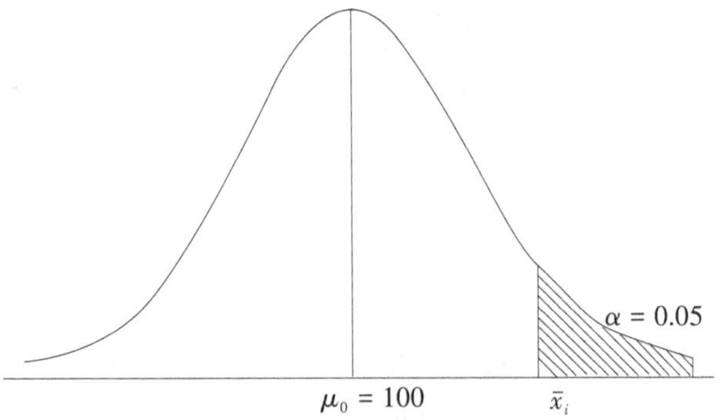

图 3-1-4 单侧检验示意图

2. 双侧检验

与单侧检验相对应的是双侧检验(two-sided test),或双尾检验(two-tailed test)。双侧检验只强调差异,不强调方向性。例如,【例 3-2】某研究者收集了 100 名男性被试和 100 名女性被试的自尊感自评量表数据,希望研究男性和女性的自尊感是否存在差异。在【例 3-2】中,若将男性的自尊感得分总体平均数设为 μ_0,将女性的自尊感得分总体平均数设为 μ_1,则根据研究目的所提出的备择假设为 $H_1:\mu_0\neq\mu_1$,即两性之间的自尊感不同,存在显著差异。虚无假设则为 $H_0:\mu_0=\mu_1$,即两性之间的自尊感不存在显著差异。根据研究目的确定的备择假设并没有对 μ_0 与 μ_1 之间的大小关系,也即差异的方向性做出陈述。在双侧检验中,"双侧"强调了临界区域位于分布的两端,两端的面积比率各为 $\frac{\alpha}{2}$。即当显著性水平 $\alpha=0.05$ 时,两端临界区域的面积比率各为 0.025。

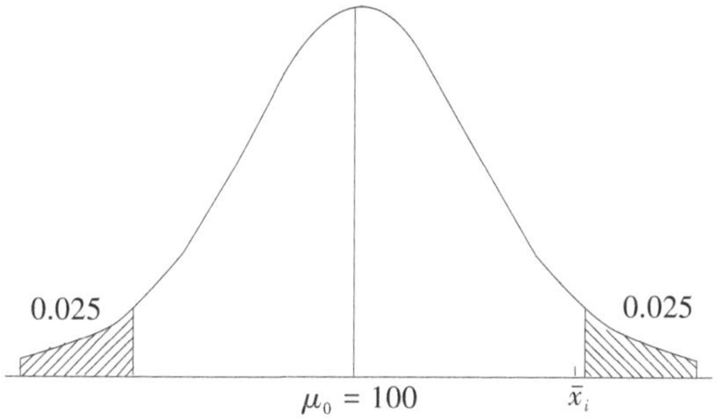

图 3-1-5 双侧检验示意图

3. 单侧检验与双侧检验的比较

单侧检验和双侧检验之间的差别主要是在临界区域的划分上,由于单侧检验临界区域的面积比率为 α,意味着当 μ_0 与 μ_1 之间存在相对较小的符合方向性要求的差异就可以拒绝 H_0,接受 H_1;而双侧检验中某一侧临界区域的面积比率为$\frac{\alpha}{2}$,因此 μ_0 与 μ_1 之间需要存在相对较大的差异才可以拒绝 H_0,接受 H_1。

五、假设检验的步骤

根据假设检验的原理和相关概念,可以归纳出假设检验的五个步骤:

1. 建立备择假设和虚无假设

根据研究目的,建立与之相对应的备择假设和虚无假设。此时,需要注意假设检验的方向性。

以平均数显著性差异检验为例:

双侧检验,$H_0:\mu_0=\mu_1$;$H_1:\mu_0\neq\mu_1$

单侧检验，$H_0:\mu_0 \leqslant \mu_1$；$H_1:\mu_0 > \mu_1$ 或 $H_0:\mu_0 \geqslant \mu_1$；$H_0:\mu_0 < \mu_1$

2.规定显著性水平 α

根据小概率事件原理，一般将 α 确定为 0.05。若要求研究结果更为精确，可将 α 设置得更小一些，如 0.01 或 0.001。

3.选择适当的检验统计量，并根据收集得到的数据进行计算

统计检验是在样本分布的基础上进行的，所以首先应该确定样本统计量的分布，主要包括：z 分布、t 分布、χ^2 分布、F 分布，相对应的检验统计量分别为：z、t、χ^2、F。【例 3-1】中，总体分布为正态，方差未知，因此选择 t 检验。

4.进行决策

根据显著性水平 α 和样本统计量分布，查相应统计表中拒绝区域的临界值，并将计算所得检验统计量的值与临界值进行比较，做出接受或拒绝虚无假设的决策。如表 3-1-2，当两样本容量均为 61 时，计算得到的检验统计量 $t=2.45$，$\alpha=0.05$ 时查表得到的临界值为 1.980，$2.45>1.980$，则 $p<0.05$，此时拒绝 H_0，即认为两性自尊感存在显著差异。

5.计算效应量

根据不同的假设检验方法选择对应的效应量进行计算，【例 3-1】适用两相关样本 t 检验，则对应的效应量可以选择估计的 *Cohen's d* 系数或变异性百分比 η^2。

第二节　方差已知时正态样本均值的 z 检验及效应量

单样本检验是对样本平均数与总体平均数之间差异进行的显著性检验，该问题多发生在：实际研究中抽样获得的单个样本的平均数，与总体常模或某一标准进行比较。在研究中，如果可以获得总体信息，如总体方差，就可以使用 z 统计量进行检验。本节主要介绍单样本情况下，z 检验（即单样本 z 检验）的基本原理、检验步骤和效应量计算。

一、单样本 z 检验的基本原理

当总体正态分布，总体方差已知时，其抽样分布服从 z 分布，因此采用单样本 z 检验来检验该样本的均值是否与总体均值有显著差异，即样本是否来自该总体。

进行 z 检验需要计算标准误，标准误测量的是一个样本均值和总体均值之间的标准距离，其计算公式如下：

$$SE_{\bar{X}}=\sigma_{\bar{X}}=\frac{\sigma}{\sqrt{n}} \tag{3.1}$$

其中 $SE_{\bar{X}}$ 或 $\sigma_{\bar{X}}$ 表示标准误，σ 是总体标准差，n 是样本量。

检验统计量 z 的计算公式为：

$$z=\frac{\bar{X}-\mu_0}{SE_{\bar{X}}}=\frac{\bar{X}-\mu_0}{\frac{\sigma}{\sqrt{n}}} \tag{3.2}$$

二、单样本 z 检验的效应量

根据公式 3.1 可以看出，标准误的大小受样本容量的影响。对于同样的差异（或效应），在小样本量时可能与总体均值无显著差异，而在样本量增大时可能就存在显著性差异了。因此，使用以下公式来衡量处理效应：

$$d=\frac{\bar{X}-\mu_0}{\sigma} \tag{3.3}$$

各参数的含义同上。

公式 3.3 即 *Cohen's d* 系数，其大小的标准由 Cohen(1988)提出，如表 3-2-1 所示：

表 3-2-1　Cohen's d 系数界定标准

估计的 *Cohen's d* 系数	解释
≤0.2	小效应
0.2～0.8	中等效应
≥0.8	大效应

三、计算步骤

【例 3-3】某校高二年级学生参与了一项情绪控制力测验，测得年级平均分 $\mu_0=87$，标准差 $\sigma_0=6$。高二 3 班的 45 名同学的平均得分 $\bar{X}=83$，问该班同学情绪控制力得分与全年级平均情绪控制力得分差异是否显著？

1. 建立虚无假设（H_0）和备择假设（H_1）

H_0：该班级的情绪控制力得分与该年级平均得分不存在显著差异（即 $\mu_{\bar{X}}=\mu_0$）；

H_1：该班级的情绪控制力得分与该地区平均得分存在显著差异（即 $\mu_{\bar{X}}\neq\mu_0$）。

【注意】在建立假设时，注意需要根据检验要求，确定是单侧检验还是双侧检验问题。【例 3-3】中未规定假设检验的方向性，该班级的情绪控制力得分平均值可高于该年级平均得分，也可低于该年级平均得分，故采用双侧检验。

2. 规定显著性水平 α

根据小概率事件原理，一般将 α 确定为 0.05 或 0.01。

3.选择适当检验统计量，并基于数据进行计算

【例3-3】中，已知总体呈正态分布且方差已知，故样本平均数服从于 z 分布，使用单样本 z 检验。同时已知，$\mu_0=87$，$\bar{X}=83$，$\sigma=6$，$n=45$，则根据公式3.2，计算得到的检验统计量 z 为：

$$z=\frac{\bar{X}-\mu_0}{\frac{\sigma}{\sqrt{n}}}=\frac{87-83}{\frac{6}{\sqrt{45}}}=4.47$$

此时，自由度 df 为：$df=45-1=44$

4.做出决策

查 z 值表(双侧)，当 $\alpha=0.05$ 时，$z_{\alpha/2}=1.96$，$z=4.47>1.96$，则在0.05显著性水平上，能够拒绝虚无假设，接受备择假设，即认为该班情绪控制力得分与该年级的平均得分存在显著差异。

5.计算效应量

根据公式3.3，计算得到的效应量 *Cohen's d* 系数为：

$$d=\frac{\bar{X}-\mu_0}{\sigma}=\frac{87-83}{6}=0.67$$

$0.2<0.67<0.8$，则处理具有中等效应。

答：该班情绪控制力得分与该年级的平均得分有显著差异，且处理具有中等效应。

【注意】SPSS只提供了单样本 t 检验的操作。对于单样本 z 检验，由于实际研究中总体方差已知的情况较少，所以主要掌握单样本 t 检验方法在SPSS中的操作即可。

第三节　方差未知时正态样本均值的 t 检验及效应量

在多数研究中很难获得有关对象总体的完整信息，比如当总体方差未知时，仅根据已有的信息无法计算出标准误，也就无法使用 z 分数进行统计检验。此时，可以用样本标准差(s_{n-1})代替总体标准差(σ)对标准误进行估计。通过估计的标准误，便可得到服从于 t 分布的检验统计量——t 分数。

【注意】当 $n\geqslant30$，t 分布常常近似为正态分布，此时可以用 z 检验代替 t 检验。但是理论上总体为正态分布，总体方差未知时，无论样本容量大小如何，均使用 t 检验更为合适。

本节主要介绍单样本情况下的 t 检验(即单样本 t 检验)的基本原理、检验步骤、效应量计算以及单样本 t 检验的SPSS操作。

一、单样本 t 检验的基本原理

单样本 t 检验与 z 检验的基本原理大致相同，不同之处在于方差未知时的标准误计算。

【例 3-4】一般来说，人的视觉反应时符合正态分布。心理学家研究发现，普通飞行员的平均视觉反应时为 170 ms。某人随机抽取 25 名飞行员进行测定，结果发现其平均视觉反应时 $\bar{X}$ 为 171.40 ms，标准差 S_{n-1} 为 5.017 ms。问：该实验结果是否验证了该心理学家的结论？

由于总体方差未知，进行标准误计算时，需要用样本标准差来代替总体标准差。根据第一章提到的无偏估计概念，引入自由度进行偏差校正，计算样本标准差时，将分母从"n"变为"$n-1$"，即计算 S_{n-1}。因此，估计标准误 $SE_{\bar{X}}$ 的计算公式为：

$$SE_{\bar{X}}=\frac{S_{n-1}}{\sqrt{n}} \tag{3.4}$$

此时，检验统计量 t 的计算公式为：

$$t=\frac{\bar{X}-\mu_0}{SE_{\bar{X}}}=\frac{\bar{X}-\mu_0}{\frac{S_{n-1}}{\sqrt{n}}} \tag{3.5}$$

二、单样本 t 检验的效应量

1. 估计的 *Cohen's d* 系数[1]

根据单样本 z 检验中的效应量 *Cohen's d* 系数（$d=\frac{\bar{X}-\mu_0}{\sigma}$），通过将样本标准差（$s_{n-1}$）代替总体标准差（$\sigma$），可得到估计的 *Cohen's d* 系数，其计算公式如下：

$$d=\frac{\bar{X}-\mu_0}{S_{n-1}} \tag{3.6}$$

界定估计的 *Cohen's d* 系数大小的标准与前一节 *Cohen's d* 系数一致。

2. 变异性百分比

另一种测量效应大小的方法是计算由处理引起的方差的百分比，记作 η^2。通过 η^2 可以反映由处理效应解释的变异占总体变异的比重，其计算公式如下：

---

[1] 原始的 *Cohen's d* 系数分母应是总体方差。但由于此时总体方差未知，分母用样本数据取代了总体数据，因此被称作估计的 *Cohen's d* 系数。

$$\eta^2=\frac{t^2}{t^2+df} \tag{3.7}$$

界定 η^2 大小的标准由 Cohen(1988)提出，如表 3-3-1 所示：

表 3-3-1　η^2 **界定标准**

η^2	解释
$\leqslant 0.01$	小效应
0.01～0.14	中等效应
$\geqslant 0.14$	大效应

【注意】样本容量大小不会影响估计的 *Cohen's d* 系数，但对 η^2 略微有影响。

三、计算步骤

1. 建立虚无假设（H_0）和备择假设（H_1）

H_0：该样本是来自总体 $\mu=170$ 的随机样本(即 $\mu_{\bar{X}}=\mu_0$)；

H_1：该样本是来自总体 $\mu\neq170$ 的随机样本(即 $\mu_{\bar{X}}\neq\mu_0$)。

2. 规定显著性水平 α

根据小概率事件原理，一般将 α 确定为 0.05 或 0.01。

3. 选择适当的检验统计量，并根据收集得到的数据进行计算

【例 3-4】中，已知总体呈正态分布，总体方差未知，故样本平均数服从于 t 分布，使用单样本 t 检验。同时已知，$\mu_0=170$，$\bar{X}=171.40$，$S_{n-1}=5.017$，$n=25$，则根据公式 3.5，计算得到的检验统计量 t 为：

$$t=\frac{\bar{X}-\mu_0}{\frac{S_{n-1}}{\sqrt{n}}}=\frac{171.40-170}{\frac{5.017}{\sqrt{25}}}=1.395$$

此时，自由度 df 为：$df=25-1=24$

4. 做出决策

根据 $df=24$，查 t 值表(双侧)，当 $\alpha=0.05$ 时，$t_{\alpha/2}=2.064$，$t=1.395<2.064$，则在 0.05 显著性水平上，接受虚无假设，拒绝备择假设，即认为该样本是来自总体 $\mu=170$ 的随机样本，实验结果能够验证该心理学家的结论。

5. 计算效应量

根据公式 3.6，计算得到的效应量估计的 *Cohen's d* 系数为：

$$d=\frac{\bar{X}-\mu_0}{S_{n-1}}=\frac{171.40-170}{5.017}=0.28$$

0.2<0.28<0.8，则处理具有中等效应。

根据公式 3.7，计算得到的效应量 η^2 为：

$$\eta^2=\frac{t^2}{t^2+df}=\frac{1.395^2}{1.395^2+24}=0.07$$

0.07>0.01，则处理具有中等效应。

答：该实验结果能够验证该心理学家的结论，且处理具有中等效应。

四、SPSS 操作

1. 案例：以本章【例 3-4】为例，探究该实验结果是否验证了该心理学家的结论？

2. 步骤：

(1)输入数据

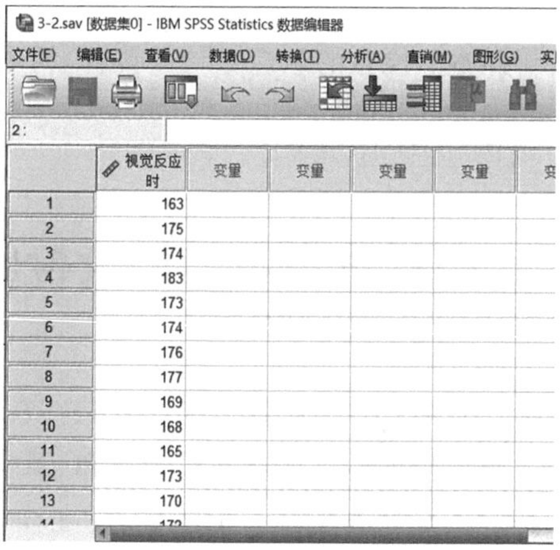

(2)单样本 t 检验：【分析】→【比较平均值】→【单样本 t 检验】

将分类变量“视觉反应时”放入检验变量中，“检验值”中输入需要比较检验的总体均值 170。点击【确定】输出结果。

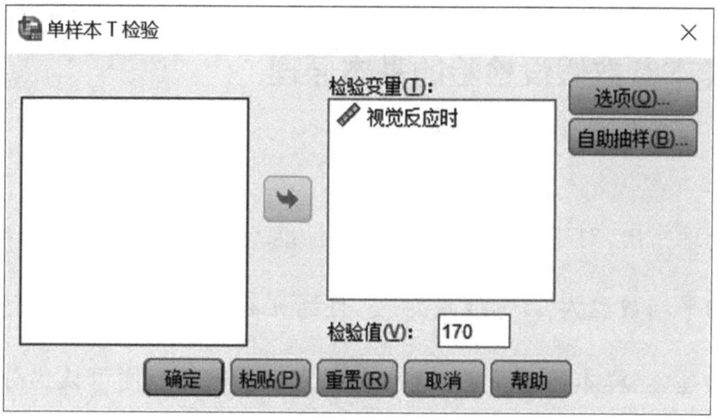

3. 结果

表 3-3-2 反映了样本的基本信息，样本量为 25，样本平均数为 171.40，样本标准差为 5.017 等。表 3-3-3 反映了单样本 t 检验的结果，$p=0.176>0.05$，应该接受虚无假设，拒绝备择假设，即说明该样本是来自总体 $\mu=170$ 的随机样本，该实验结果能够验证心理学家的结论。

表 3-3-2　**单样本统计**

个案数	平均数	标准差	标准误差平均值
25	171.40	5.017	1.003

表 3-3-3　**单样本检验**

检验值	t	自由度	显著性(双侧)
170	1.395	24	0.176

【注意】:SPSS 未提供单样本 t 检验的效应量计算操作，可根据相应公式自行计算。

第四节　非正态样本参数的假设检验及效应量

前面学习了总体呈正态分布时，单个样本的假设检验。在实际研究中，数据来自的总体也可能呈非正态分布。若某变量的总体并非正态分布，原则上不能进行 z 检验或者 t 检验。但当样本容量足够大时，尽管总体分布为非正态，其抽样分布可逼近于正态分布并进行进一步分析。而当样本容量过小时，抽样分布便无法近似正态分布，也就无法进行 z 检验或 t 检验。本节主要介绍单个非正态样本参数的假设检验基本原理、检验步骤和效应量计算。

一、非正态样本参数假设检验的基本原理

1. 样本容量 $n\geq30$

中心极限定理指出：对于任意平均数为 μ、标准差为 σ 的总体，其样本容量为 n 的样本平均数分布的平均数也为 μ，标准差为 $\frac{\sigma}{\sqrt{n}}$，且当 n 趋于无穷大时，分布逐渐趋于正态分布。值得注意的是，当样本容量 $n\geq30$（也有认为 $n\geq50$）时，便可认为分布已趋于正态。此时，平均数的显著性检验可近似使用 z 检验，被称为 z' 检验。

当总体标准差 σ 已知时，检验统计量 z' 的计算公式为：

$$z'=\frac{\bar{X}-\mu_0}{\frac{\sigma_0}{\sqrt{n}}} \tag{3.8}$$

当总体标准差 σ 未知时，使用样本标准差 S_{n-1} 代替总体标准差 σ 进行计算，检验统计量 z'的计算公式为：

$$z'=\frac{\bar{X}-\mu_0}{\frac{S_{n-1}}{\sqrt{n}}} \tag{3.9}$$

2. 样本容量 $n<30$

当总体为非正态分布且样本容量 $n<30$ 时，既不能使用 z 检验也不能使用 t 检验，要么使用非参数检验分析，要么采用变量变换的方法，将不服从正态分布的数据转化为正态分布进行分析。

二、效应量

z'检验中计算 *Cohen's d* 系数的方法与单样本 z 检验和 t 检验一致。

当总体标准差 σ 已知时，*Cohen's d* 系数的计算公式为：

$$d=\frac{\bar{X}-\mu_0}{\sigma} \tag{3.10}$$

当总体标准差 未知时，使用样本标准差 S_{n-1} 代替总体标准差 σ 进行计算，估计的 *Cohen's d* 系数的计算公式为：

$$d=\frac{\bar{X}-\mu_0}{S_{n-1}} \tag{3.11}$$

界定 *Cohen's d* 系数与估计的 *Cohen's d* 系数大小的标准与上两节一致。

三、计算步骤

【例 3-5】已知某学校高二年级某次数学成绩呈偏态分布，总平均分为 68.5 分。高二(一)班的学生共 61 人，平均分为 73.5 分，标准差 S_{n-1} 为 19，试问该班级的平均分与该年级平均分有无显著性差异？

1. 建立虚无假设和备择假设

$H0$：该班级的平均分与该年级平均分不存在显著性差异（即 $\mu_{\bar{X}}=\mu_0$）；

$H1$：该班级的平均分与该年级平均分存在显著性差异（即 $\mu_{\bar{X}}\neq\mu_0$）。

2. 规定显著性水平 α

根据小概率事件原理，一般将 α 确定为 0.05 或 0.01。

3.选择适当的检验统计量，并根据收集得到的数据进行计算

【例 3-5】中，已知总体呈偏态分布，总体方差未知，但样本容量>30，故样本平均数近似服从于 z 分布，使用单样本 z' 检验。同时已知 $\mu_0=68.5$，$\bar{X}=73.5$，$S_{n-1}=19$，$n=61$，根据公式 3.11，计算得到的检验统计量 z' 为：

$$z'=\frac{\bar{X}-\mu_0}{\frac{S_{n-1}}{\sqrt{n}}}=\frac{73.5-68.5}{\frac{19}{\sqrt{61}}}=2.06$$

此时，自由度 $df=25\text{-}1=24$

4.做出决策

查 z 值表(双侧)，当 $\alpha=0.05$ 时，$z_{\alpha/2}=1.96$，$z'=2.06>1.96$，则在 0.05 显著性水平上，可以拒绝虚无假设，接受备择假设，即认为该样本不是来自总体 $\mu=68.5$ 的随机样本，该班级平均分与年级平均分有显著性差异。

5.计算效应量

根据公式 3.11，计算得到估计的 *Cohen's d* 系数为：

$$d=\frac{\bar{X}-\mu_0}{S_{n-1}}=\frac{73.5-68.5}{19}=0.26$$

$0.2<0.26<0.8$，则处理具有中等效应。

答：该班级平均分与年级平均分有显著性差异，且处理具有中等效应。

本章要点小结

1.通过样本统计量得出的差异做出一般性结论，判断总体参数之间是否存在差异，这种推论过程称作假设检验。假设检验是研究者使用样本数据来对关于总体参数提出的假设进行评估。

2.备择假设是根据已有的理论和经验，事先对研究结果做出一种预想的希望证实的假定性陈述，记作 H_1。与备择假设对立的假设，称为虚无假设，记作 H_0。

3.假设检验的两类错误是Ⅰ型错误和Ⅱ型错误，Ⅰ型错误发生在研究者拒绝虚无假设 H_0，但 H_0 实际上是正确的，需要被接受的情况下；Ⅱ型错误发生在研究者不能拒绝虚无假设 H_0，但 H_0 实际上是错误的，需要被拒绝的情况下。α 用来表示Ⅰ型错误的概率，β 用来表示Ⅱ型错误的概率。好的检验应在样本容量一定的条件下使犯两类错误的概率 α 和 β 都尽可能地小。

4.假设检验只是评估了处理效应的相对大小而不是绝对大小。而针对处理效应绝对大小的表示，研究者提出了效应量的概念。效应量反映了不同处理下的总体平均数之间差异的大小，它不受样本容量的影响。

5.单样本检验是指样本的平均数与总体平均数之间差异进行显著性检验，根据总体

是否服从正态分布、总体方差是否已知可以将单样本检验分为单样本 z 检验、单样本 t 检验以及单样本 z' 检验。研究者根据实际研究情况选择适用的单样本检验方法。

6. 单样本 z 检验下使用 *Cohen's d* 系数作为效应量，单样本 t 检验下使用估计的 *Cohen's d* 系数或变异性百分比 η^2 作为效应量，单样本 z' 检验根据总体方差是否已知选择使用 *Cohen's d* 系数或估计的 *Cohen's d* 系数作为效应量。

7. *Cohen's d* 系数以及估计的 *Cohen's d* 系数界定效果大小的判断标准为：$d \leqslant 0.2$ 是小效应，$0.2 < d < 0.8$ 是中等效应，$d \geqslant 0.8$ 是大效应；η^2 界定效果大小的判断标准为：$\eta^2 \leqslant 0.01$ 是小效应，$0.01 < \eta^2 < 0.14$ 是中等效应，$\eta^2 \geqslant 0.14$ 是大效应。

关键术语

假设检验	hypothesis testing	参数检验	parametric testing
非参数检验	nonparametric testing	虚无假设	null hypothesis
备择假设	alternative hypothesis	单侧检验	one-tailed test
双侧检验	two-tailed test	效应量	effect size
z 检验	z-test	t 检验	t-test
显著性水平	significance level		

课后习题

1. 回答下列问题：

(1) 当降低 α 水平时，临界值和 β 将会怎样变化？

(2) 在单样本 t 检验中，α 水平一定时，随着 df 增大，临界值将会怎样变化？

2. 如何确定 α 水平是 0.05 还是 0.01？根据各自的优势劣势进行说明。

3. 为什么研究结果既需要报告统计上的显著，也应该报告效应量大小？

4. 假设检验中的Ⅰ型错误是(　)。

A. H_0 为真而被接受　　B. H_0 为真而被拒绝

C. H_0 为假而被接受　　D. H_0 为假而被拒绝

5. 假设检验中的Ⅱ型错误是(　)。

A. H_0 为真而被接受　　B. H_0 为真而被拒绝

C. H_0 为假而被接受　　D. H_0 为假而被拒绝

6. 单侧检验与双侧检验的区别不包括(　)。

A. 问题的问法不同　　B. 建立假设的形式不同

C. 显著性水平不同　　D. 拒绝域不同

7. 统计推论的出发点是(　)。

A. 虚无假设　　B. 对立假设　　C. 备择假设　　D. 假设检验

8. 以下说法正确的是(　)。

A. 如果 H_0 在 $\alpha=0.05$ 的单侧检验中被接受，那么 H_0 在 $\alpha=0.05$ 的双侧检验中一定会被接受。

B. 如果计算得到的统计量 t 大于临界值，一定可以拒绝 H_0。

C. 如果 H_0 在 $\alpha=0.01$ 的水平上被拒绝，则 H_0 在 $\alpha=0.05$ 的水平上一定会被拒绝。

D. 在某一次实验中，如果实验者甲用 $\alpha=0.05$ 的标准，实验者乙用 $\alpha=0.01$ 的标准，则实验者甲犯Ⅱ型错误的概率一定会大于实验者乙。

9. 有研究者报告了自己研究采用单样本 t 检验的结果为 $t=1.93$，$df=40$。问：

(1)该研究采集了多少个被试的样本数据？

(2)研究者能否得出样本与总体之间差异显著的结论？(双尾检验，$\alpha=0.05$)

(3)研究者能否得出样本与总体之间差异显著的结论？(单尾检验，$\alpha=0.05$)

10. 某研究团队试图研究纯音乐背景是否能提高学生对英语材料的记忆力，研究者在一所学校展开实验，测得无音乐背景下学校学生的记忆测验分数平均数为 82。再在学校选出一组学生样本，样本人数为 30 人，测得纯音乐背景下学生样本记忆测验分数的平均数为 86，标准差 S_{n-1} 为 3。问：纯音乐背景能否提高学生对英语材料的记忆力？

第四章

两样本间参数的假设检验

上一章介绍了如何对单样本与总体之间的差异进行差异检验，但是在多数实际心理学研究中，研究者往往需要收集两组甚至是多组数据。例如，心理学家想要比较男性与女性究竟谁的自尊感更强？或是通过前后测实验设计检验某一种学习方法是否有效等。这些研究都需要通过比较两组样本平均数之间的差异从而检验各自代表的两个总体之间的差异。本章将围绕如何比较两组样本平均数之间的差异这一问题进行详细阐述，具体涉及两独立样本以及两相关样本的平均数差异检验、效应量计算以及对应的SPSS操作。涉及比较多组样本平均数的差异则主要在第五章进行讲解。

第一节　两独立样本的平均数差异检验及效应量

正如本章引言中提到的，心理学研究多是通过比较两组样本平均数之间的差异从而检验各自代表的两个总体之间的差异。在对收集来的两组样本数据进行分析之前，我们需要判断这两组样本的关系性质选择对应的平均数差异检验方法，根据两组样本数据之间是否存在一一对应的关系，可以将它们的关系定义为独立样本或相关样本。本节内容将介绍两独立样本的平均数差异检验及效应量计算。

一、独立测量设计与独立样本

1.独立测量设计

独立测量设计指对每种处理条件使用一个独立样本，也叫作组间设计。比如研究者分别让一组男性被试与一组女性被试接受自尊问卷测验，这种实验设计就叫作独立测量设计。

2.独立样本

独立样本指两个样本是从两个相互独立的总体中抽取的，即一个样本中的元素与另一个样本中的元素相互独立。在探究两性究竟谁的自尊感更强这一问题上，研究者收集到的男女两组问卷分数就是来自男性和女性两个不同的总体。

二、两独立样本平均数差异检验的适用条件

两独立样本的平均数差异检验需要考虑多方面条件来选择合适的公式和检验统计量。

(1)判断两组样本的关系性质。

(2)考虑总体方差是已知还是未知。因为在总体方差已知情况下，两样本平均数之差的抽样分布服从 z 分布，需要选 z 作为检验统计量；而在总体方差未知情况下，两样本平均数之差的抽样分布服从 t 分布，需要选 t 作为检验统计量。

(3)考虑总体是否服从正态分布。这一点同其他参数检验一致，两独立样本平均数差异检验也需要样本来自正态分布的总体。在心理学研究中，一般假定总体为正态分布。当不确定总体是否为正态分布时，可进行正态性检验。确定总体为非正态分布时，可采用非参数检验，或将数据转换为正态分布数据。

(4)考虑两总体方差是否齐性[2]。平均数差异检验要求两组间的方差齐性或同质。若两组方差不齐,无法区分两组差异究竟是由实验设计处理造成的还是由分组本身造成的。因此,当方差不齐时,需要对检验结果进行校正,或选用非参数检验方法处理。判断两总体方差是否齐性,通常采用 F 检验的方法,即以两样本中较大的方差为分子,较小的方差为分母,求其比值(F 值),将求得的 F 值与相应 F 分布中的临界值比较,得出结论。

三、两独立样本间的方差齐性检验

方差齐性检验通常是通过比较样本方差 S_1^2、S_2^2 之间是否存在差异从而推断其所在总体 σ_1^2、σ_2^2 是否存在差异。在前文中也提到两样本方差齐性检验最常用的方法是 F 检验,其检验步骤如下:

(1)计算出两样本各自的方差:S_1^2、S_2^2

(2)比较 S_1^2、S_2^2 大小,计算检验统计量 $F_{\max}$

$$F_{\max}=\frac{S_{大}^2}{S_{小}^2} \tag{4.1}$$

(3)选取临界值

如果 S_1^2、S_2^2 之间不存在差异,那么 $F_{\max}$ 的值应该在 1 附近波动,如果值过大则无法说明两方差齐性。$\frac{S_{大}^2}{S_{小}^2}$服从 F 分布,将计算得到的 $F_{\max}$ 值与查表得到的临界值进行比较,如果 $F_{\max}>F_{\alpha/2}$ 则可以得出两总体方差不齐的结论,如果 $F_{\max}<F_{\alpha/2}$ 则可以得出两总体方差齐性的结论。

四、两独立样本的平均数差异检验

(一)两个总体都是正态分布,方差已知

1.独立样本 z 检验的虚无假设和备择假设

对两个独立样本进行 z 检验,实际上是利用来自两个已知方差总体的独立样本,推断这两个总体的平均数间是否存在显著差异。因而虚无假设提出两总体之间不存在差异,即 H_0 为:$\mu_1=\mu_2$。相对应的备择假设则提出两总体之间存在显著差异,即 H_1 为:$\mu_1\neq\mu_2$。

2.独立样本 z 检验的计算公式

从一个平均数为 μ_1 的正态分布总体中抽取一个样本算出其平均数 $\bar{X}_1$,从另一个平

[2] SPSS 可提供对总体方差是否齐性的检验结果,在本节的 SPSS 操作解读中将做介绍。

均数为 μ_2 的正态分布总体中抽取一个样本算出其平均数 $\bar{X}_2$。这两个样本平均数的差异为 $D_{\bar{X}}=\bar{X}_1-\bar{X}_2$。根据平均数的抽样分布理论可知，当两个总体都为正态分布时，$D_{\bar{X}}$ 的分布仍然为正态分布。将 $D_{\bar{X}}$ 的总体平均数定为 $\mu_{D_{\bar{X}}}$，容易证明 $\mu_{D_{\bar{X}}}=\mu_1-\mu_2$。此时两个样本平均数 $\bar{X}_1$、$\bar{X}_2$ 的差异检验实际上就转化为了 $D_{\bar{X}}$ 与 $\mu_{D_{\bar{X}}}$ 的差异检验。

由于方差具有可加性，两独立样本平均数差异 $D_{\bar{X}}$ 的方差可表示为：

$$\sigma^2_{D_{\bar{X}}}=SE^2_{D_{\bar{X}}}=SE^2_{\bar{X}_1}+SE^2_{\bar{X}_2} \tag{4.2}$$

推导出 $D_{\bar{X}}$ 的标准误为：

$$SE_{D_{\bar{X}}}=\sqrt{\frac{\sigma_1^2}{n_1}+\frac{\sigma_2^2}{n_2}} \tag{4.3}$$

则检验统计量 z 的计算公式为：

$$Z=\frac{(\bar{X}_1-\bar{X}_2)-(\mu_1-\mu_2)}{SE_{D_{\bar{X}}}} \tag{4.4}$$

3.独立样本 z 检验的计算步骤

【例 4-1】某校 16 名男性学生被试与 16 名女性学生被试接受了自尊问卷测验，男性学生被试组的自尊问卷平均分数为 87 分，女性被试组的自尊问卷平均分数为 78 分。根据以往资料，采用相同自尊问卷测验，该校男性学生得分标准差为 2.5，女性学生得分标准差为 3。试探究校内学生哪一性别的自尊感更强？

(1)提出假设

H_0：该校男性学生与女性学生的自尊感不存在显著差异，即 $\mu_1=\mu_2$。

H_1：该校男性学生与女性学生的自尊感存在显著差异，即 $\mu_1\neq\mu_2$。

(2)方差齐性检验

根据公式 4.1 可得：

$$F_{max}=\frac{S^2_{大}}{S^2_{小}}=\frac{9}{6.25}=1.44$$

给定 $\alpha=0.05$，$df_1=16\text{-}1=15$，$df_2=16\text{-}1=15$，查 F 分布表得临界值为 2.40，$F_{max}<2.40$，表明两总体方差齐性。

(3)计算检验统计量

由于 H_0 假设 $\mu_1=\mu_2$，则 $\mu_1-\mu_2=0$。

根据公式 4.4 可得：

$$z=\frac{(\bar{X}_1-\bar{X}_2)-(\mu_1-\mu_2)}{SE_{D\bar{X}}}=\frac{(\bar{X}_1-\bar{X}_2)}{\sqrt{\frac{\sigma_1^2}{n_1}+\frac{\sigma_2^2}{n_2}}}=\frac{87-78}{\sqrt{\frac{9}{16}+\frac{6.25}{16}}}\approx 9.22$$

(4)选取临界值

给定 $\alpha=0.05$，查 z 分布表得临界值为 1.96，$z>1.96$，应拒绝虚无假设，即认为该校男性学生与女性学生的自尊感存在显著差异。并且通过两组样本平均数的大小(87>78)可知男性组被试的自尊感更强。

答:该校男性学生与女性学生的自尊感存在显著差异,男性组被试的自尊感更强。

(二)两个总体都是正态分布,方差都未知,且两总体方差齐性

1. 独立样本 t 检验的基本原理

(1)适用条件

在对两独立样本进行 t 检验时,需要满足 3 个前提:两个样本之间须是相互独立的;两个样本来自的总体满足正态分布;两总体方差齐性。

(2)独立样本 t 检验的虚无假设和备择假设

对两个独立样本进行 t 检验,实际上是利用来自两个未知方差总体的独立样本,推断这两个总体的平均数间是否存在显著差异。因而虚无假设提出两总体之间不存在差异,即 $H_0:\mu_1=\mu_2$。相对应的备择假设则提出两总体之间存在显著差异,即 $H_1:\mu_1\neq\mu_2$。

2. 独立样本 t 检验的计算公式

独立样本 t 检验的统计量计算与第三章提到的单样本 t 检验中的统计量计算结构基本相似。但由于此时有两个样本,来自每个样本的数据都会存在抽样标准误问题,如:$S^2_{n_1-1}$ 和 $S^2_{n_2-1}$ 分别为各自总体方差的无偏估计统计量[3],此时需要考虑两个样本的联合方差:

$$S_p^{\ 2}=\frac{(n_1-1)S^2_{n_1-1}+(n_2-1)S^2_{n_2-1}}{(n_1-1)+(n_2-1)} \tag{4.5}$$

通过联合方差推导联合标准误得:

$$SE_{D\bar{X}}=\sqrt{S_p^{\ 2}\times(\frac{1}{n_1}+\frac{1}{n_2})}=\sqrt{\frac{(n_1-1)S^2_{n_1-1}+(n_2-1)S^2_{n2-1}}{(n_1-1)+(n_2-1)}\times(\frac{1}{n_1}+\frac{1}{n_2})} \tag{4.6}$$

特别的,当 $n_1=n_2$ 时:

$$SE_{D\bar{X}}=\sqrt{\frac{S^2_{n_1-1}+S^2_{n_2-1}}{n}} \tag{4.7}$$

此时,检验统计量 t 的计算公式为:

$$t=\frac{(\bar{X}_1-\bar{X}_2)-(\mu_1-\mu_2)}{SE_{D\bar{X}}} \tag{4.8}$$

[3] 无偏估计的概念在第一章第四节"差异量数"中有所介绍。

3. 独立样本 t 检验的效应量

(1)估计的 *Cohen's d* 系数[4]

$$d=\frac{\bar{X}_1-\bar{X}_2}{\sqrt{S_p{}^2}} \tag{4.9}$$

界定估计的 *Cohen's d* 系数大小的标准由 Cohen(1988)提出，如表 4-1-1 所示：

表 4-1-1 估计的 *Cohen's d* 系数界定标准

估计的 *Cohen's d* 系数	解释
≤0.2	小效应
0.2～0.8	中等效应
≥0.8	大效应

(2)变异性百分比

$$\eta^2=\frac{t^2}{t^2+df} \tag{4.10}$$

η^2 界定大小的标准由 Cohen(1988)提出，如表 4-1-2 所示：

表 4-1-2 η^2 界定标准

η^2	解释
≤0.01	小效应
0.01～0.14	中等效应
≥0.14	大效应

4. 独立样本 t 检验的计算步骤

【例 4-2】分别让 7 名男性被试与 7 名女性被试接受自尊问卷测验，测得其问卷得分如表 4-1-3 所示。试探究不同性别的被试哪一组自尊感更强？

表 4-1-3 两组被试的自尊问卷得分

男性	82	80	85	78	87	82	85
女性	75	76	80	77	80	73	74

(1)提出假设

H_0：男性与女性的自尊感不存在显著差异，即 $\mu_1=\mu_2$。

H_1：男性与女性的自尊感存在显著差异，即 $\mu_1\neq\mu_2$。

(2)方差齐性检验

根据公式 4.1 可得：

$$F_{\max}=\frac{s^2_{大}}{s^2_{小}}=\frac{9.90}{7.62}\approx 1.3$$

---

[4] 原始的 *Cohen's d* 系数分母应是总体的联合方差。但由于此时总体方差未知，分母用样本数据取代了总体数据，因此被称作估计的 *Cohen's d* 系数。

给定 $\alpha=0.05$，$df_1=7-1=6$，$df_2=7-1=6$，查 F 分布表的临界值为 4.28，$F_{max}<4.28$，则两总体方差齐性。

(3)计算检验统计量

根据公式 4.8 可得：

$$t=\frac{(\bar{X}_1-\bar{X}_2)-(\mu_1-\mu_2)}{SE_{D\bar{X}}}=\frac{(\bar{X}_1-\bar{X}_2)}{\sqrt{\frac{S_{n_1-1}^2+S_{n_2-1}^2}{n}}}=\frac{82.71-76.43}{\sqrt{\frac{9.90+7.62}{7}}}\approx 3.97$$

(4)选取临界值

给定 $\alpha=0.05$，$df=7+7-2=12$，查 t 分布表得 $t_{\frac{0.05}{2}(12)}=2.179$，$t>2.179$，应拒绝虚无假设，即认为男性、女性的自尊感存在显著差异。通过两组样本平均数的大小(82.71>76.43)可知，男性组被试的自尊感更强。

(5)计算效应量

由公式 4.9 与 4.10 可得：

$$d=\frac{\bar{X}_1-\bar{X}_2}{\sqrt{S_p{}^2}}=\frac{\bar{X}_1-\bar{X}_2}{\sqrt{\frac{(n_1-1)S_{n_1-1}^2+(n_2-1)S_{n_2-1}^2}{(n_1-1)+(n_2-1)}}}=\frac{82.71-76.43}{\sqrt{\frac{6\times 9.90+6\times 7.62}{12}}}\approx 2.12$$

2.12>0.8，根据性别分组的实验处理具有大效应。

$$\eta^2=\frac{t^2}{t^2+df}=\frac{3.97^2}{3.97^2+12}\approx 0.57$$

0.57>0.14，根据性别分组的实验处理具有大效应。

答：男性组被试的自尊感更强，且根据性别分组的实验处理具有大效应。

（三）两个总体都是正态分布，方差都未知，且两总体方差不齐

当两个总体方差不齐时，检验统计量不再服从 z 分布和 t 分布，无法选择合适的临界值与之进行比较。针对这一问题，柯克兰和柯克斯提出一种新的检验方法，被称为柯克兰-柯克斯 t' 检验，其检验统计量 t' 的计算公式为：

$$t'=\frac{\bar{X}_1-\bar{X}_2}{\sqrt{\frac{S_{n_1-1}^2}{n_1}+\frac{S_{n_2-1}^2}{n_2}}} \tag{4.11}$$

然而，由于 t' 只是近似服从 t 分布，无法在 t 分布表中查到与之对应的临界值，因此，t 的临界值需要单独计算，其公式为：

$$t'_\alpha=\frac{SE_{\bar{X}_1}^2\cdot t_{1(\alpha)}+SE_{\bar{X}_2}^2\cdot t_{2(\alpha)}}{SE_{\bar{X}_1}^2+SE_{\bar{X}_2}^2} \tag{4.12}$$

其中，$t_{1(\alpha)}$、$t_{2(\alpha)}$ 分别为 α 水平下 t 分布表中 df_1（样本 1 的自由度）与 df_2（样本 2 的自由度）对应的 t 值。

五、独立样本 t 检验的 SPSS 操作[5]

案例：以本章【例 4-2】为例，探究两组不同性别的被试哪一组自尊感更强？

1. 步骤

(1)输入数据：将 14 名被试的自尊问卷得分放在变量 1(自尊问卷得分)下。在变量视图通过【值】对男性、女性进行赋值。利用【值】在变量 2(性别)下对问卷得分标明分组。

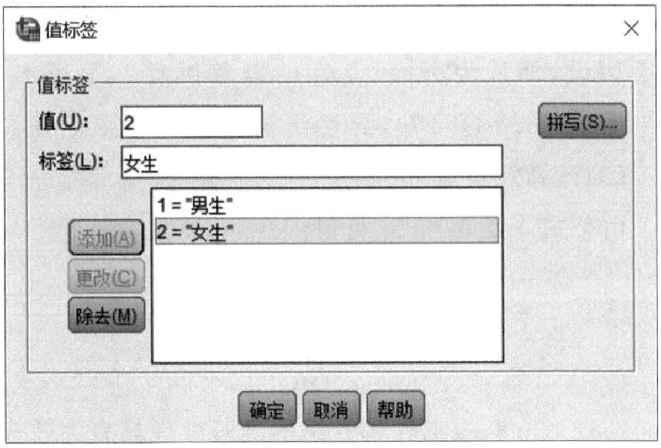

(2)独立样本 t 检验：【分析】→【比较平均值】→【独立样本 t 检验】

将测验分数放入检验变量列表中，将方法放入分组变量列表中。

点击【定义组】，将分组的值(1、2)填入对应的组(组 1、组 2)中，点击【继续】返回独立样本 t 检验窗口。

点击确定输出结果。

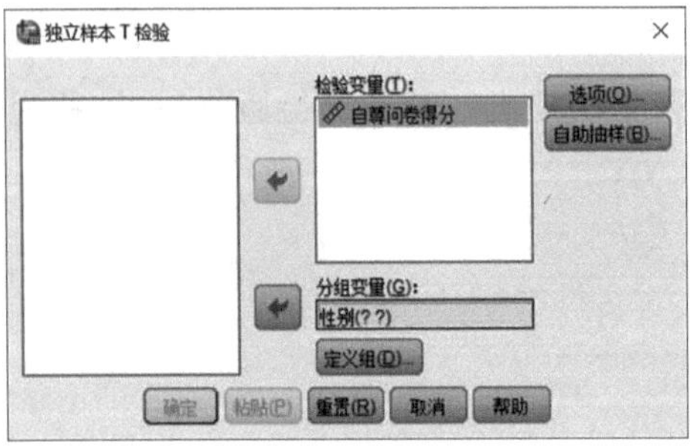

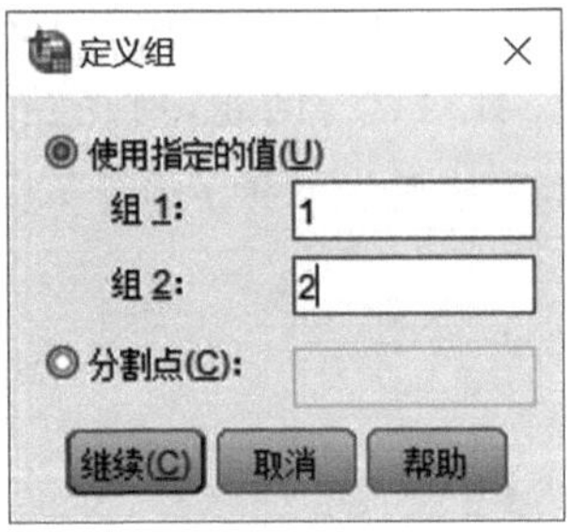

[5] SPSS 只提供了独立样本 t 检验的操作。对于独立样本 z 检验，由于实际研究中总体方差已知的情况较少，所以主要掌握独立样本 t 检验方法在 SPSS 中的操作即可。

2. 结果

表 4-1-4 组统计

	性别	个案数	平均值	标准差	标准误差平均值
自尊问卷得分	男生	7	82.71	3.147	1.190
	女生	7	76.43	2.760	1.043

表 4-1-5 独立样本检验

		F	显著性	t	自由度	显著性(双尾)
自尊问卷得分	假定等方差	.170	.687	3.973	12	.002
	不假定等方差			3.973	11.799	.002

(3)分析数据信息

表 4-1-4 反映了本例的基本信息，包括男性、女性各组被试量，各组自尊问卷得分均值、标准差以及均值标准误。

(4)两独立样本 t 检验结果

表 4-1-5 首先反映了方差齐性分析结果，本例中 $F=0.17$，$p=0.687>0.05$，说明两总体方差齐性，需要查看第一行结果。如果 $p<0.05$，即两总体方差不齐，则需查看第二行结果。第一行的数据反映本例两独立样本 t 检验结果，t 值为 3.973，与用公式计算得到的结果相同。$p=0.002<0.05$，说明男性与女性的自尊感存在显著差异。结合表 4-1-4 反映的各组测验分数的均值来看(82.71>76.43)，男性组被试的自尊感更强。

【注意】：SPSS 未提供两独立样本 t 检验的效应量计算操作，可根据前面提到的公式自行计算。

第二节　两相关样本的平均数差异检验及效应量

上一节介绍了利用独立样本 z 检验和独立样本 t 检验解决两独立样本间的平均数差异比较问题。在前一节的引言中也提到了在进行两个样本的平均数差异检验前需要判断两组样本的关系性质，除一独立样本关系外还存在着相关样本关系，即两组样本数据之间存在着一一对应的关系，比如研究者通过前后测实验设计检验某一种学习方法是否有效等。本节内容将介绍两相关样本的平均数差异检验及效应量计算。

一、重复测量设计与相关样本

1. 重复测量设计

重复测量设计指对所有的处理条件使用相同的样本，也叫作组内设计。例如：让 7 名被试学习一组材料并测试其成绩（前测），之后令他们接受某种学习方法训练，学习了另一组难度相同的材料并再次对他们进行测试（后测），通过比较前后测的成绩差异来考察该种学习方法训练的有效性。

2. 相关样本

相关样本指两个样本分别来自两个相关的总体或同一个总体，这种数据的特点是一个样本中的元素与另一个样本中的元素一一对应，在研究设计中一般指被试内设计获得的数据。在评价一种学习方法是否有效的问题上，研究者需要收集利用该方法学习前和学习后的两组测验分数，这两组测验分数来自相同的总体。

二、两相关样本平均数差异检验的适用条件

与两独立样本的平均数差异检验一致，两相关样本的平均数差异检验同样需要考虑多方面条件来选择合适的检验统计量：(1)判断两组样本的关系性质。(2)考虑总体方差已知还是未知。(3)考虑总体是否服从正态分布。

但与两独立样本的平均数差异检验不同的是，两相关样本的平均数差异检验无须进行方差齐性检验，因为相关样本的两组数据存在着一一对应关系，因此可将两相关样本平均数差异（$\bar{X}_1$-$\bar{X}_2$）的显著性检验转化为对 $\bar{d}$ 的显著性检验。

三、两相关样本平均数的差异检验

（一）两个总体都是正态分布，方差已知

1. 相关样本 z 检验的虚无假设和备择假设

对两个相关样本进行 z 检验，实际上是利用来自两个已知方差总体的独立样本，推断这两个总体的平均数间是否存在显著差异。因而虚无假设提出两总体之间不存在差异，即 $H_0:\mu_1=\mu_2$。相对应的备择假设则提出两总体之间存在显著差异，即 $H_1:\mu_1\neq\mu_2$。

2. 相关样本 z 检验的计算公式

记两个变量的相关系数为 r，则两个变量之差的方差为 $\sigma^2{}_{(X-Y)}=\sigma^2{}_X-2r\sigma_X\sigma_Y+\sigma_r{}^2$。因此，可以推导出 $D_{\bar{X}}$ 的标准误为：

$$SE_{D_{\bar{X}}}=\sqrt{SE^2_{D\bar{X}}}=\sqrt{\frac{\sigma_1^2}{n}+\frac{\sigma_2^2}{n}-2r\frac{\sigma_1}{\sqrt{n}}\cdot\frac{\sigma_2}{\sqrt{n}}} \tag{4.13}$$

检验统计量 Z 的计算公式为：

$$z=\frac{(\bar{X}_1-\bar{X}_2)-(\mu_1-\mu_2)}{SE_{D_{\bar{X}}}} \tag{4.14}$$

3.相关样本 z 检验的计算步骤

【例 4-3】某校 30 名学生在入校前接受了斯坦福-比奈智力测验，第一次测得平均分数为 104 分，一学期后再对这 30 名学生施测，第二次测得平均分数为 107 分。已知两次测验结果的相关系数 $r=0.82$，问该批数据能否说明随着一学期的教育学生的智商得到了显著提高？

(1)提出假设［注意：该例题为单侧检验］

H_0：经过一学期的教育学生的智商没有得到显著提高，即 $\mu_1\geqslant\mu_2$。

H_1：经过一学期的教育学生的智商得到显著提高，即 $\mu_1<\mu_2$。

(2)计算检验统计量

由于 H_0 假设 $\mu_1=\mu_2$，即 $\mu_1-\mu_2=0$。

根据公式 4.14 可得：

$$z=\frac{(\bar{X}_1-\bar{X}_2)-(\mu_1-\mu_2)}{SE_{D\bar{X}}}=\frac{(\bar{X}_1-\bar{X}_2)}{\sqrt{\frac{\sigma^1}{n}+\frac{\sigma_2^2}{n}-2r\cdot\frac{\sigma_1}{\sqrt{n}}\cdot\frac{\sigma_2}{\sqrt{n}}}}$$

$$=\frac{104-107}{\sqrt{\frac{16^2}{30}+\frac{16^2}{30}+2\times0.82\times\frac{16}{\sqrt{30}}\times\frac{16}{\sqrt{30}}}}\approx-0.35$$

(3)选取临界值

给定 $\alpha=0.05$，查得 0.05 水平 z 值单侧临界值为 1.65，$|Z|=0.35<1.65$，应接受虚无假设，即认为经过一学期的教育学生的智商没有得到显著提高。

答：经过一学期的教育学生的智商未能得到显著提高。

(二)两个总体都是正态分布，方差都未知

1.未知相关系数下，相关样本 t 检验的计算公式

设两个相关样本的数据分别为 X_{1i} 和 X_{2i}，$i=1,2,3,\cdots,n$，两样本之差 $d=X_{1i}-X_{2i}$ 服从 t 分布，此时可计算得到：$\bar{d}=\frac{\sum d_i}{n}=\bar{X}_1-\bar{X}_2$，$S_d^2=\frac{\sum(d_i-\bar{d})^2}{n}$。因此，有

$$SE_{D_{\bar{X}}}=\frac{S_d}{\sqrt{n-1}} \tag{4.15}$$

检验统计量 t 的计算公式为：

$$t=\frac{(\bar{X}_1-\bar{X}_2)-(\mu_1-\mu_2)}{SE_{D_{\bar{X}}}}=\frac{\bar{X}_1-\bar{X}_2}{\sqrt{\frac{\frac{\sum(d_i-\bar{d})^2}{n}}{n-1}}}=\frac{\bar{X}_1-\bar{X}_2}{\sqrt{\frac{\sum d_i^2-\frac{(\sum d_i)^2}{n}}{n(n-1)}}} \tag{4.16}$$

此时 $df=n-1$。

2. 已知相关系数下，相关样本 t 检验的计算公式

已知两样本相关系数 r 时，$S_d^2=S_1^2+S_2^2-2rS_1S_2$

此时标准误 $SE_{D_{\bar{X}}}$ 的计算公式为：

$$SE_{D_{\bar{X}}}=\sqrt{\frac{S_1^2+S_2^2-2rS_1S_2}{n-1}} \tag{4.17}$$

检验统计量 t 的计算公式为：

$$t=\frac{(\bar{X}_1-\bar{X}_2)-(\mu_1-\mu_2)}{SE_{D_{\bar{X}}}}=\frac{\bar{X}_1-\bar{X}_2}{\sqrt{\frac{S_1^2+S_2^2-2rS_1S_2}{n-1}}} \tag{4.18}$$

3. 相关样本 t 检验的效应量

(1)估计的 *Cohen's d* 系数

$$d=\frac{\bar{d}}{S_d} \tag{4.19}$$

(2)变异性百分比

$$\eta^2=\frac{t^2}{t^2+df} \tag{4.20}$$

估计的 *Cohen's d* 系数和 η^2 界定大小的标准见前一节相关内容。

4. 未知相关系数下，相关样本 t 检验的计算步骤

【例 4-4】7 名被试在自主学习完一组材料后接受了测验，得到了一组测验分数。在完成某一学习方法训练后，他们被要求利用该方法学习了另一组难度相同的材料并再次接受测验，得到了第二组测验分数。问该学习训练方法是否能有效提高学生的学习效果？

表 4-2-1 两次测验结果

前测分数	75	76	80	77	80	74	81
后测分数	79	80	84	78	83	79	85

(1)提出假设

H_0：该学习方法没有效果，即 $\mu_1 \geq \mu_2$。

H_1：该学习方法有效果，即 $\mu_1 < \mu_2$。

(2)计算检验统计量

根据公式 4.16 可得:

$$t=\frac{\bar{X}_1-\bar{X}_2}{\sqrt{\frac{\sum d_i^2-\frac{(\sum d_i)^2}{n}}{n(n-1)}}}=\frac{77.57-81.14}{\sqrt{\frac{99-\frac{625}{7}}{42}}}\approx -7.43$$

(3)选取临界值

给定 $\alpha=0.05$,查得 0.05 水平下,当 $df=7\text{-}1=6$ 时,t 值单侧临界值为 1.943,$|t|=7.43>1.943$,应拒绝虚无假设,即认为该学习方法有效地提高了学生的学习效果。

(4)计算效应量

由公式 4.16、4.9 可得:

$$d=\frac{\bar{d}}{S_d}=\frac{-3.57}{1.27}\approx -2.80$$

$|2.80|>0.8$,该学习方法具有大效应。

$$\eta^2=\frac{t^2}{t^2+df}=\frac{(-7.43)^2}{(-7.43)^2+6}\approx 0.90$$

$0.90>0.14$,该学习方法具有大效应。

答:该学习方法有效地提高了学生的学习效果。

5. 已知相关系数下,相关样本 t 检验的计算步骤

运用公式对【例 4-4】进行检验。

(1)提出假设

H_0:该学习方法没有效果,即 $\mu_1\geq\mu_2$。

H_1:该学习方法有效果,即 $\mu_1<\mu_2$。

(2)计算检验统计量

$$\bar{X}_1=77.57, \bar{X}_2=81.14, S_1=2.76, S_2=2.79, r=0.90$$

根据公式 4.15 可得:

$$t=\frac{(\bar{X}_1-\bar{X}_2)-(\mu_1-\mu_2)}{SE_{D_{\bar{X}}}}\approx -7.04$$

(3)选取临界值

给定 $\alpha=0.05$,查得 0.05 水平下,当 $df=7\text{-}1=6$ 时,t 值单侧临界值为 1.943,$|t|=7.04>1.943$,应拒绝虚无假设,即认为该学习方法有效地提高了学生的学习效果。

(4)计算效应量

由公式 4.16、4.9 可得:

$$d=\frac{\bar{d}}{S_d}=\frac{-3.57}{1.27}\approx -2.80$$

|2.80|> 0.8,该学习方法具有大效应。

$$\eta^2=\frac{t^2}{t^2+df}=\frac{(-7.04)^2}{(-7.04)^2+6}\approx 0.89$$

0.89> 0.14,该学习方法具有大效应。

答:该学习方法有效地提高了学生的学习效果。

四、相关样本 t 检验的 SPSS 操作

案例:以本章【例 4-4】为例,探究该学习训练方法是否能有效提高学生的学习效果。

1. 步骤

(1)输入数据:将 7 名学生的两组测验分数分别放在变量 1(前测分数)和变量 2(后测分数)下。

(2)相关样本 t 检验:【分析】→【比较平均值】→【成对样本 t 检验】

将前测分数和后测分数放入配对变量列表中。点击【确定】输出结果。

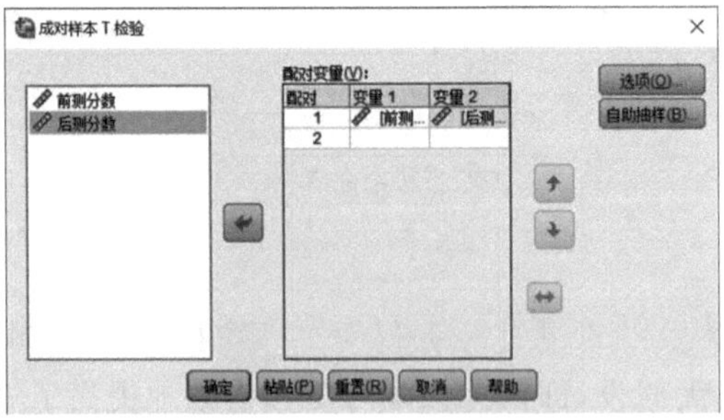

2.结果

(1)分析数据信息

表 4-2-2 反映了本例的基本信息,包括被试量,前、后测分数的均值,标准差以及均值标准误。表 4-2-3 反映了两组相关样本的相关性,前、后测验的相关系数 $r=0.895$,$p=0.006<0.01$,表明前、后测验相关显著。

(2)两相关样本 t 检验结果

表 4-2-4 反映了两相关样本 t 检验结果,t 值结果为-7.426,与公式计算得到的结果相同。$p<0.01$,说明该种方法对于提高学习的效果显著。

【注意】:SPSS 未提供两相关样本 t 检验的效应量计算操作,可根据前面提到的公式自行计算。

表 4-2-2 相关样本统计

		平均值	个案数	标准差	标准误差平均值
配对 1	前测分数	77.57	7	2.760	1.043
	后测分数	81.14	7	2.795	1.056

表 4-2-3 相关样本相关性

		个案数	相关性	显著性
配对 1	前测分数 & 后测分数	7	.895	.006

表 4-2-4 相关样本检验

		平均值	标准差	标准误差平均值	自由度	t	显著性(双尾)
配对 1	前测分数 & 后测分数	-3.571	1.272	.481	6	-7.426	.000

本章要点小结

1.通过比较两样本平均数之间是否存在差异可以推断各自代表的两个总体之间的平均数是否存在差异。

2.根据两组样本数据之间是否存在一一对应的关系可以将两组样本的关系定义为独立样本或相关样本。独立样本指两个样本是从两个相互独立的总体中抽取的,即一个样本中的元素与另一个样本中的元素相互独立;而相关样本指两个样本分别来自两个相关的总体或同一个总体,这种数据的特点是一个样本中的元素与另一个样本中的元素一一对应。

3. 两独立样本的平均数差异检验需要考虑多方面条件来选择合适的公式和检验统计量：(1)总体方差已知还是未知；(2)总体是否服从正态分布；(3)两总体方差是否齐性。两样本方差齐性检验一般采用 F 检验的方法，SPSS 也为研究者提供了方差齐性检验的结果。

4. 独立样本 t 检验和相关样本 t 检验的效应量为估计的 *Cohen's d* 系数和变异性百分比 η^2，估计的 *Cohen's d* 系数界定效果大小的判断标准为：$d \leqslant 0.2$ 是小效应，$0.2 < d < 0.8$ 是中等效应，$d \geqslant 0.8$ 是大效应；η^2 界定效果大小的判断标准为：$\eta^2 \leqslant 0.01$ 是小效应，$0.01 < \eta^2 < 0.14$ 是中等效应，$\eta^2 \geqslant 0.14$ 是大效应。

关键术语

被试间设计	between-subjects design
被试内设计	within-subjects design
独立样本	independent samples
相关样本	paired samples

课后习题

1. 请说明独立样本 t 检验的适用条件。

2. 对于两个样本平均数的差异检验，如何选择合适的检验统计量？

3. 请说明估计的 *Cohen's d* 系数和 r^2 界定效果大小的判断标准。

4. 两个不相关样本（$N_1=20, N_2=20$）的平均数之差为 2.5，其自由度为（　）。

A. 39　　B. 38　　C. 18　　D. 19

5. 两个相关样本（$N_1=20, N_2=20$）的平均数之差为 2.5，其自由度为（　）。

A. 39　　B. 38　　C. 18　　D. 19

6. 在什么情况下需要使用柯克兰-柯克斯 t' 检验方法？（　）

A. 两样本为独立样本，两个总体都是正态分布，方差都未知，且两总体方差不齐。

B. 两样本为相关样本，两个总体都是正态分布，方差都未知，且已知相关系数。

C. 两样本为相关样本，两个总体都是正态分布，方差都未知，且未知相关系数。

D. 两样本为独立样本，两个总体都是正态分布，方差都未知，两总体方差齐性。

7. 什么因素可以决定在假设检验中使用 t 检验还是 z 检验？（　）

A. 两样本的关系性质　　B. 两总体方差是否齐性

C. 总体方差已知还是未知　　D. 两总体是否服从正态分布

8. 有研究者报告了自己研究采用独立样本 t 检验的结果为 $t=3.48, df=30$。问：

(1)该研究采集了多少个被试的样本数据？

(2)研究者能否得出两样本差异显著的结论？（双尾检验，$\alpha=0.05$）

(3)研究者能否得出两样本差异显著的结论?(单尾检验,$\alpha=0.05$)

9.有研究者报告了自己重复测量设计的研究采用相关样本 t 检验的结果为 $t=1.87$,$df=25$。问:

(1)该研究采集了多少个被试的样本数据?

(2)研究者能否得出两样本差异显著的结论?(双尾检验,$\alpha=0.05$)

(3)研究者能否得出两样本差异显著的结论?(单尾检验,$\alpha=0.05$)

10.一研究团队希望能够探讨宠物陪伴是否能够提高老年人自身幸福感,对拥有宠物的老年人和没有宠物的老年人进行幸福感施测得到的数据结果如下,问研究人员能否通过收集得来的数据验证他们的研究目的?

拥有宠物	87	83	92	84	86	79	81
没有宠物	78	75	79	73	82	72	74

第五章

方差分析

假设现有三个样本，若仍然使用 t 检验的话，需要在两两之间进行显著性检验，一共做三次。但这样得到的检验结果是有误差的，会增大犯一类错误的风险。假设现有三组数据，两两进行 t 检验共需三次，一次 t 检验犯一类错误的概率是 α，如 0.05，则存真的概率为 0.95。三次 t 检验存真的概率为 $0.95^3=0.86$，实际犯一类错误的概率会增加到 0.14。

因此，在处理三个样本及以上的问题，需要引入一种新的推论统计方法，就是本章所介绍的内容——方差分析。

方差分析又名变异分析（analysis of variance，ANOVA），是由斯内德克提出的一种统计方法。和 t 检验相同的是，同样基于抽样分布理论和小概率事件原理进行检验。和 t 检验不同的是，方差分析能同时检验三个及以上样本之间的差异，能够分离出不同来源的变异对总变异的贡献并进行比较。

本章除了介绍经典的单因素、两因素方差分析以及 SPSS 操作外，还将介绍贝叶斯方差分析及对应的数据处理软件操作，最后给出了样本量的计算内容。

第一节　单因素方差分析

一、方差分析的基本原理

1. 变异的可分解性

(1)平方和的分解

【例 5-1】某研究者随机抽取农村、乡镇、城市三种生源地类型的大学生各 5 名，使用 Rosenberg 自尊量表测量他们的自尊水平，具体得分如表 5-1-1 所示。

表 5-1-1　不同生源地背景大学生的自尊水平

	农村	乡镇	城市	$k=3$
$n=5$	$X_{11}=31$	$X_{12}=26$	$X_{13}=11$	
	$X_{21}=25$	$X_{22}=16$	$X_{23}=15$	
	$X_{31}=32$	$X_{32}=23$	$X_{33}=13$	
	$X_{41}=35$	$X_{42}=18$	$X_{43}=24$	
	$X_{51}=27$	$X_{52}=22$	$X_{53}=12$	
	$\bar{X}_1=30$	$\bar{X}_2=21$	$\bar{X}_3=15$	$\bar{X}_t=22$

在表 5-1-1 中，$k=3$ 表示被试按自变量水平共分为 3 组，$n=5$ 代表每组中各有 5 名被试，总人数 $N=nk=15$。X_{ij} 代表第 j 组第 i 个个体，例如表中 X_{12} 代表第 2 组第 1 个个体，自尊得分为 26，X_{21} 代表第 1 组第 2 个个体，自尊得分为 25。最底行为组平均数，例如 $\bar{X}_1$ 代表农村被试的自尊平均得分为 30。 $\bar{X}_t$ 为总平均数，在该例中，总平均数为 22。

方差的可分解性，也可称作变异的可分解性，指的是将数据的总变异分解为几个不同来源的变异。方差是离均差平方和后的平均数，因此方差可分解性也可以理解为将总平方和分解为几个不同来源的平方和。下面通过离均差平方和公式来推导方差的可分解性这一性质。

$(X_{ij}-\bar{X}_t)$代表每个个体分数与总平均数之间的差异，$(X_{ij}-\bar{X}_j)$代表各组内分数与该组平均数之间的差异，即随机误差，$(\bar{X}_j-\bar{X}_t)$代表各组平均数与总平均数之间的差异，即处理效应。每一分数与总平均数的差异等于其与该组平均数之间的差异，再加上该组平均数与总平均数之间的差异，即：

$$X_{ij}-\bar{X}_t=(X_{ij}-\bar{X}_j)+(\bar{X}_j-\bar{X}_t) \quad (5.1)$$

求所有分数与总平均数的离均差平方和，将上式转换为：

$$\sum_{j=1}^{k}\sum_{i=1}^{n}(X_{ij}-\bar{X}_t)^2=\sum_{j=1}^{k}\sum_{i=1}^{n}[(X_{ij}-\bar{X}_j)+(\bar{X}_j-\bar{X}_t)]^2$$

$$=\sum_{j=1}^{k}\sum_{i=1}^{n}[(X_{ij}-\bar{X}_j)^2+2\times(X_{ij}-\bar{X}_j)(\bar{X}_j-\bar{X}_t)+(\bar{X}_j-\bar{X}_t)^2]$$

$$=\sum_{j=1}^{k}\sum_{i=1}^{n}(X_{ij}-\bar{X}_j)^2+2\times(X_j-\bar{X}_t)\sum_{j=1}^{k}\sum_{i=1}^{n}(\bar{X}_{ij}-X_t)+\sum_{j=1}^{k}\sum_{i=1}^{n}(\bar{X}_j-\bar{X}_t)^2$$

$$=\sum_{j=1}^{k}\sum_{i=1}^{n}(X_{ij}-\bar{X}_j)^2+\mathrm{n}\sum_{j=1}^{k}(\bar{X}_j-\bar{X}_t)^2 \tag{5.2}$$

SS 代表离均差平方和，简称平方和。$\sum_{j=1}^{k}\sum_{i=1}^{n}(X_{ij}-\bar{X}_t)^2$ 是所有个体分数的总变异，称为总平方和，用 SS_t 表示，下标 t 代表全部(total)。$\sum_{j=1}^{k}\sum_{i=1}^{n}(X_{ij}-\bar{X}_j)^2$ 是各分数与其所在组平均数的离差平方和，反映的是组内变异情况，用 SS_w 表示，下标 w 代表组内(within group)。$n\sum_{j=1}^{k}(\bar{X}_j-\bar{X}_t)^2$ 可理解为将组内各分数全部替换为组平均数，再与总平均数相比求离差平方和，反映的是组间变异情况，用 SS_b 表示，下标 b 代表组间(between groups)。因此，上式还可表示为：

$$SS_t=SS_w+SS_b \tag{5.3}$$

该公式表明总平方和可分解为组内平方和加组间平方和，其推导过程直观反映了平方和可分解性这一特点，这也是方差分析的基础。

$$SS_t=\sum_{j=1}^{k}\sum_{i=1}^{n}(X_{ij}-\bar{X}_t)^2 \tag{5.4}$$

$$SS_b=n\sum_{j=1}^{k}(\bar{X}_j-\bar{X}_t)^2 \tag{5.5}$$

$$SS_w=\sum_{j=1}^{k}\sum_{i=1}^{n}(X_{ij}-\bar{X}_j)^2 \tag{5.6}$$

也可以不计算组平均数、总平均数，直接利用原始数据进行计算：

$$SS_t=\sum\sum X^2-\frac{(\sum\sum X)^2}{nk} \tag{5.7}$$

$$SS_b=\sum\frac{(\sum X)^2}{n}-\frac{(\sum\sum X)^2}{nk} \tag{5.8}$$

$$SS_w=\sum\sum X^2-\sum\frac{(\sum X)^2}{n} \tag{5.9}$$

(2)自由度的分解

平方和的大小与组数 k 和每组数据个数 n 相关，平方和会随着 k 和 n 的增加而增加。若使用平方和比较组间和组内影响大小，则会受到 n、k 的影响。同时 F 本质是两方差之比，而非两和方之比。因此，需要使用平方和除以对应自由度得到方差，会更加准确。

组间自由度，用 df_b 表示，因为有 k 组数据，所以 $df_b=k-1$。组内自由度，用 df_w 表示，因为一组有 n 个数据，一共有 k 组，所以 $df_w=k(n-1)$。总自由度，用 df_t 表示，因为一共有 nk 个数据，所以 $df_t=nk-1$。可以发现：

$$df_t=df_b+df_w \tag{5.10}$$

该公式说明总自由度也是可以分解的，可分解为组间自由度和组内自由度。

(3)均方

在方差分析中,我们使用均方(Mean Square, MS)来代表方差的估计量。用平方和除以对应的自由度,即可得到相应的均方,即方差。因总体、组间、组内平方和对应的自由度各不相同,所以均方不均有分解性。

$$MS_t = \frac{SS_t}{df_t} \tag{5.11}$$

$$MS_b = \frac{SS_b}{df_b} \tag{5.12}$$

$$MS_w = \frac{SS_w}{df_w} \tag{5.13}$$

2. F 检验

(1)虚无假设与备择假设

在方差分析中,虚无假设为实验处理未产生影响,各组平均数无显著差异,来自同一总体,可表示为:

$$H_0: \mu_1 = \mu_2 = \cdots = \mu_k$$

方差分析是一个整体性检验,只要有一对平均数之间有显著差异就会拒绝虚无假设,因此在方差分析中,备择假设不是所有平均数之间都有显著差异,而是:

H_1:至少有一对平均数不相等

(2) F 检验

在方差分析中,关心的主要问题是组间均方是否显著大于组内均方,即处理效应是否显著大于随机误差。

$$F = \frac{MS_b}{MS_w} \tag{5.14}$$

如果 $F<1$,代表组间均方小于组内均方,说明数据的总变异主要来自个体间差异和实验误差,而不是处理间的差异即是说在该实验中处理无效。

如果 $F>1$,则需要查单侧 F 分布表,与 0.05 或 0.01 显著水平下对应的 F 临界值相比。若 F 值小于临界值,则说明虽然组间均方大于组内均方,但未达到显著性水平,在该实验中处理仍然无效。若 F 值大于临界值,则说明组间均方显著大于组内均方,数据的总变异主要来自组与组之间,在该情况下实验处理有效。

3. 方差分析的适用条件

方差分析属于参数检验,只有在同时满足以下几个条件时才能使用。

(1)总体服从正态分布

方差分析同其他参数检验一样,需要满足数据样本来源于正态分布总体时才能使用。在心理学研究中,一般假定总体为正态分布。当不确定总体是否为正态分布时,可进行正态性检验。当总体分布为非正态分布时,需要采用非参数检验,或将数据转换为正态分布数据。

(2)变异之间相互独立

方差分析的逻辑基础是平方和的可分解性 $SS_t = SS_w + SS_b$，若变异之间有所关联，即不相互独立，则违背了该逻辑。通常，心理学研究都能满足这一点。

(3)方差齐性/同质

在进行方差分析时，要求各处理组之间的方差齐性或同质，即每组的组内均方之间无显著性差异。通常采用哈特莱(Hartley)最大 F 比率法(maximum F-ratio)进行检验，见附表 6。若对照组和实验组的方差不齐，则无法区分实验组和对照组的差异究竟是由实验处理造成的还是由分组本身造成的。因此，当方差不齐时，原则上不能再进行方差分析。此时可选用非参数检验方法处理。

二、单因素完全随机方差分析

单因素方差分析也被称为单向方差分析(one-way ANOVA)，指只有一个自变量的方差分析，该自变量有三种及三种以上的水平。根据实验设计的不同，分为单因素完全随机方差分析、单因素随机区组方差分析、单因素重复测量方差分析。

1. 逻辑基础

完全随机设计指的是将被试随机取样后又随机分组到不同处理条件下。不同的组别接受不同的实验处理且每组只接受一个水平的实验处理，因此又被称为组间设计。

理论上，在接受实验处理前，各组被试无差异，若接受处理后差异显著，则说明是实验处理起了作用。它的缺点是无法将个体差异从组内变异中分离出来，使得其检验效率受限。

单因素完全随机是实验设计中最简单的一种，单因素完全随机方差分析也是方差分析中最基础的一种。在进行平方和分解时，总平方和一般被分解为组间平方和 SS_b 和组内平方和 SS_w。如图 5-1-1 所示。在单因素完全随机方差分析中，SS_b 代表处理效应，SS_w 代表误差效应，本质上是由抽样所引起的误差。

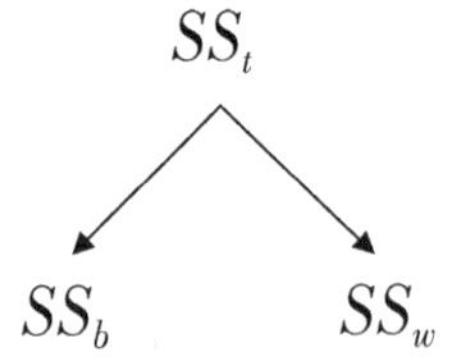

图 5-1-1 单因素完全随机方差分析的和方分解

单因素完全随机方差分析的自由度分解如图 5-1-2 所示。

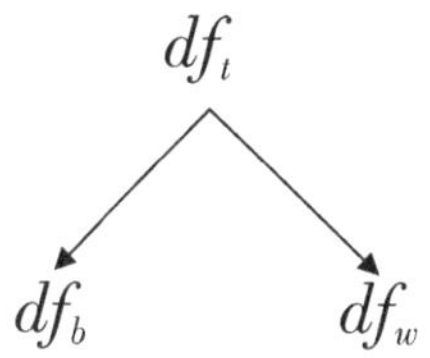

图 5-1-2　单因素完全随机方差分析的自由度分解

2. 基本过程

【例 5-2】为了比较三种教学方法 A、B、C 教学效果是否有所不同，从六年级随机选出 24 名学生并随机分为 3 组，分别接受三种教学方法。随后进行测试，得分如表 5-1-2 所示。

表 5-1-2　三种教学方法下学生测试成绩

	教学方法 A	教学方法 B	教学方法 C	$k=3$
$n=8$	7	4	14	
	9	5	16	
	4	9	9	
	3	6	13	
	7	5	8	
	5	8	12	
	2	6	13	
	3	7	11	
$\sum_{i=1}^{n} X$	40	50	96	$\sum\sum X=186$
$\sum_{i=1}^{n} X^2$	242	332	1200	$\sum\sum X^2=1774$

解：

第一步：建立假设

$H_0:\mu_A=\mu_B=\mu_C$；

H_1：至少有一对平均数不相等，即至少有两种教学方法教学效果不一致。

第二步：计算平方和

$$SS_t=\sum\sum X^2-\frac{(\sum\sum X)^2}{nk}=1774-1441.5=332.5$$

$$SS_b=\sum\frac{(\sum X)^2}{n}-\frac{(\sum\sum X)^2}{nk}=(40^2+50^2+96^2)/8-1441.5=1664.5-1441.5=223$$

$$SS_w=\sum\sum X^2-\sum\frac{(\sum X)^2}{n}=109.5$$

第三步：计算自由度

$$df_t=nk-1=23$$

$$df_b = k\text{-}1 = 2$$

$$df_w = k(n\text{-}1) = 21$$

$$\text{或} df_w = df_t\text{-}df_b = 23\text{-}2 = 21$$

第四步：计算均方

$$MS_t = \frac{SS_t}{df_t} = \frac{332.5}{23} = 14.46$$

$$MS_b = \frac{SS_b}{df_b} = \frac{223}{2} = 111.5$$

$$MS_w = \frac{SS_w}{df_w} = \frac{109.5}{21} = 5.21$$

第五步：计算 F 值，并与临界值比较做出推断结论

$$F = \frac{MS_b}{MS_w} = \frac{111.5}{5.21} = 21.38$$

查 F 分布表（单侧），$F_{.05(2,21)} = 3.47$，$F_{.01(2,21)} = 5.78$，$F_{(2,21)} = 21.38 > 5.78$，所以实验结果在 0.01 水平上差异显著，不同教学方法的教学效果有所不同。

第六步：陈列方差分析表

将上述结果整理为方差分析表，如表 5-1-3 所示。

表 5-1-3　例 5-2 的方差分析表

变异源	平方和	自由度	均方	F	p
组间	223	2	111.5	21.38	<0.01
组内	109.5	21	5.21		
合计	332.5	23			

【注意】这六大步骤也是解所有方差分析题的基本步骤。除此之外，还可以在建立假设后，先检验方差是否齐性，在陈列方差分析表后再进行事后检验。从该例中可以看出，总平方和、总均方在方差分析中作用不大，主要是求出组间均方和组内均方，再将二者相比求得 F 值，最后与临界值比较得到结论。

三、单因素随机区组方差分析

1. 逻辑基础

随机区组设计，又称匹配组设计。在实验前，研究者根据前人研究结果，推测被试的某种特征（如年龄、智商等）会对实验结果产生影响，于是测量了该种特征，并根据测量分数将被试分为若干个区组，使得同一区组内的被试尽量同质，不同区组间的被试尽量异质，再将每一区组内的被试随机分配到各种处理条件下。通常，每一区组内的被试数量是处理组数的整数倍，至少为 1 倍。例如，当处理组数 $k=3$，区组数 $a=4$，如表 5-1-4 所示，可以看到每个区组内均有 9 名被试，这 9 名被试被随机分配到 3 种实验条件下，区组 2、3、4 同理。每种处理条件下都分配到了 12 名被试，可以认为各处理之间的被试经过匹配是无差异的。

表 5-1-4　单因素随机区组模式图

	处理 1	处理 2	处理 3
区组 1	$S_{11}S_{12}S_{13}$	$S_{14}S_{15}S_{16}$	$S_{17}S_{18}S_{19}$
区组 2	$S_{21}S_{22}S_{23}$	$S_{24}S_{25}S_{26}$	$S_{27}S_{28}S_{29}$
区组 3	$S_{31}S_{32}S_{33}$	$S_{34}S_{35}S_{36}$	$S_{37}S_{38}S_{39}$
区组 4	$S_{41}S_{42}S_{43}$	$S_{44}S_{45}S_{46}$	$S_{47}S_{48}S_{49}$

设区组数为 m，每区组内被试数为 n，类比组间平方和计算方法，SS_m 计算公式如下：

$$SS_m=\sum_1^m\frac{(\sum_1^n X)^2}{n}-\frac{(\sum\sum X)^2}{N} \tag{5.15}$$

区组的自由度同样可以类比组间自由度，得到：

$$df_m=m-1 \tag{5.16}$$

随机区组设计能将被试的个体差异从组内变异中分离出来，此时组内变异为区组变异 SS_m 和其他实验误差 SS_e 之和。单因素随机区组方差分析的和方分解如图 5-1-3 所示。

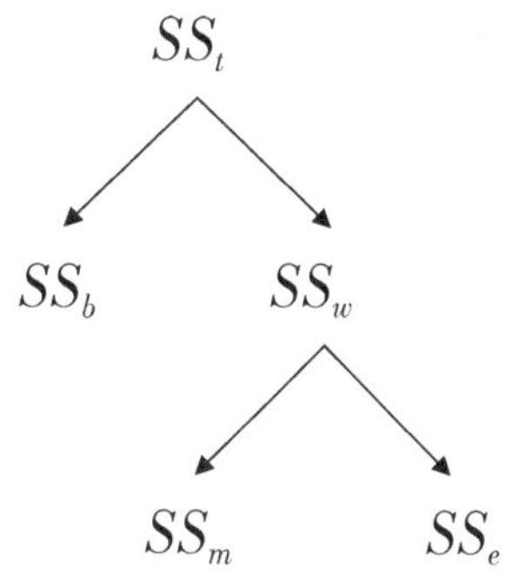

图 5-1-3　单因素随机区组方差分析的和方分解

单因素随机区组方差分析的自由度分解如图 5-1-4 所示。

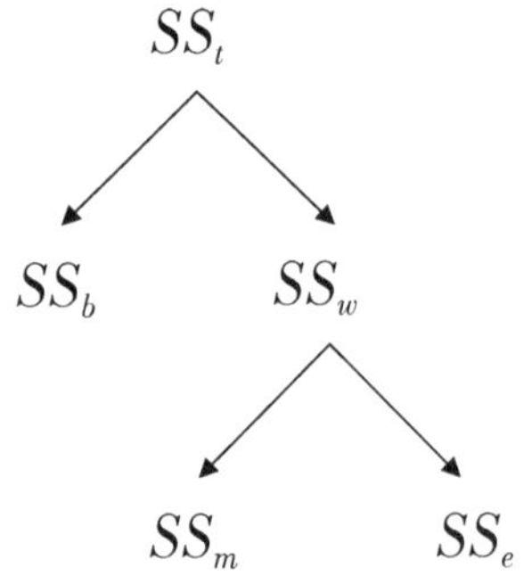

图 5-1-4　单因素随机区组方差分析的自由度分解

对于同样的数据，采用随机区组方差分析能将个体差异从组内变异也就是 F 值的分母中分离出来。分母减小，F 值增大，因此采用该分析方法能得到比完全随机方差分析更显著的结果。

2. 基本过程

【例 5-3】为了研究睡眠剥夺对智力的影响，随机选择了 15 名被试，按照年龄大小，将其分为了小学生组、中学生组、大学生组、中年组和老年组 5 组，各组内均有 3 名被试。再将每年龄组的被试随机分配至睡眠剥夺 12 小时、24 小时、36 小时的实验处理水平下。因变量为 5 分钟内被试做对的算术题目数量，实验结果如表 5-1-5 所示：

表 5-1-5　睡眠剥夺后 5 分钟内答对的算术题目数量

	12 小时组	24 小时组	36 小时组	$\sum X$
区组 1：小学生组	6	7	3	16
区组 2：中学生组	7	8	4	19
区组 3：大学生组	10	8	6	24
区组 4：中年组	6	4	3	13
区组 5：老年组	5	2	3	10
$\sum X$	34	29	19	$\sum\sum X=82$
$\sum X^2$	246	197	79	$\sum\sum X^2=522$

解：

第一步：建立假设

$H_0:\mu_1=\mu_2=\mu_3$；

H_1：至少有一对平均数不相等，即至少有两种睡眠剥夺时间下算术题正确数量不一致。

第二步：计算平方和

$$SS_t=\sum\sum X^2-\frac{(\sum\sum X)^2}{N}=522-\frac{82^2}{15}=73.73$$

$$SS_b=\sum\frac{(\sum X)^2}{n}-\frac{(\sum\sum X)^2}{N}=\frac{34^2+29^2+19^2}{5}-\frac{82^2}{15}=23.33$$

$$SS_m=\sum_1^m\frac{(\sum_1^n X)^2}{n}-\frac{(\sum\sum X)^2}{N}=\frac{16^2+19^2+24^2+13^2+10^2}{3}-\frac{82^2}{15}=39.07$$

$$SS_e=SS_t-SS_b-SS_m=11.33$$

第三步:计算自由度

$$df_t=mk-1=14$$

$$df_b=k-1=2$$

$$df_m=m-1=4$$

$$df_e=df_t-df_b-df_m=8$$

第四步:计算均方

$$MS_b=\frac{SS_b}{df_b}=11.67$$

$$MS_m=\frac{SS_m}{df_m}=9.77$$

$$MS_e=\frac{SS_e}{df_e}=1.42$$

第五步:计算 F 值,并与临界值比较做出推断结论

$$F_b=\frac{MS_b}{MS_e}=8.24$$

$$F_m=\frac{MS_m}{MS_e}=6.89$$

查 F 分布表(单侧),$F_{.05(2,8)}=4.46$,$F_{.01(2,8)}=8.65$,$F_b=8.24$ 大于 4.46,小于 8.65,所以实验结果在 0.05 水平上差异显著,即不同睡眠剥夺条件下算术题正确数量差异显著。

查 F 分布表(单侧),$F_{.05(4,8)}=3.84$,$F_{.01(4,8)}=7.01$,$F_m=6.89$ 大于 3.84,小于 7.01,所以区组效应在 0.05 水平上差异显著,即不同年龄组之间算术题正确数量差异显著,进行区组划分是非常有必要的。

第六步:陈列方差分析表

将上述结果整理为方差分析表,如表 5-1-6 所示。

表 5-1-6 例 5-3 的方差分析表

变异源	平方和	自由度	均方	F	p
组间	23.33	2	11.67	8.24	<0.05
区组	39.07	4	9.77	6.89	<0.05
残差	11.33	8	1.42		
合计	73.73	14			

与单因素完全随机方差分析相比，除了要检验实验处理是否有效之外，还需检验区组效应是否显著，即划分是否有必要。

四、单因素重复测量方差分析

1.逻辑基础

重复测量设计是随机抽取的被试均要接受所有水平处理的一种实验设计，所需被试数量更少，也能更好消除被试个体差异对实验结果的影响。

重复测量设计是随机区组设计的一个特例，当每个区组内只有 1 个被试时，所有的被试都要接受所有水平的实验处理，此时的随机区组设计就是重复测量设计。单因素重复测量方差分析中的被试间平方和，就是单因素随机区组方差分析中的区组平方和，即 $SS_b = SS_m$。

SS_w 分解为被试内因素 A 的处理效应 SS_A 和残差变异 SS_e 两部分，SS_A 的计算公式和其对应自由度的计算公式如下所示：

$$SS_A = \sum_1^k \frac{(\sum_1^n X)^2}{n} - \frac{(\sum\sum X)^2}{N} \qquad (5.17)$$

$$df_A = n-1 \qquad (5.18)$$

单因素重复测量的和方分解、自由度分解也与单因素随机区组方差分析类似，如图 5-1-5 和图 5-1-6 所示。

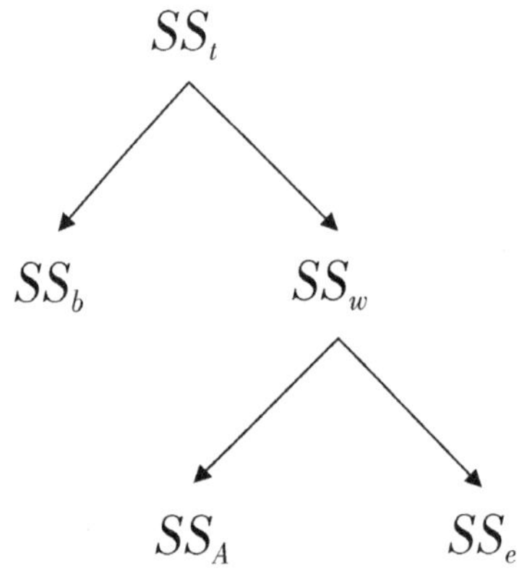

图 5-1-5 单因素重复测量方差分析的和方分解

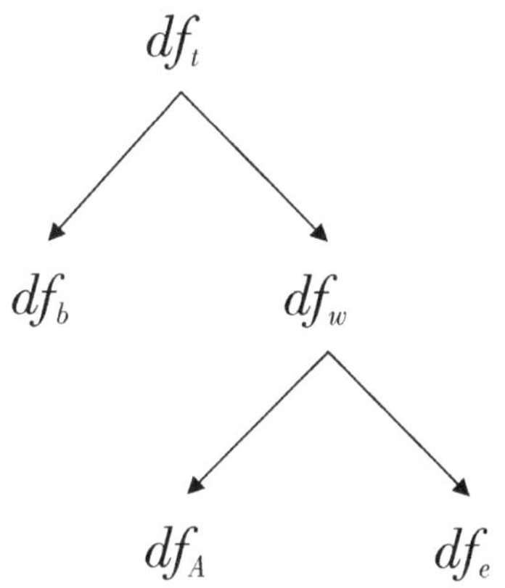

图 5-1-6 单因素重复测量方差分析的自由度分解

2. 基本过程

【例 5-4】在研究瞬时记忆容量时有三种报告方法——全部报告法、部分报告法、延时部分报告法，现将 12 个字母分为 3 行，每行 4 个字母。随机选取 6 名被试检验在三种报告方法下的瞬时记忆容量(已采用拉丁方设计平衡顺序效应，且后两种方法结果已乘 3 转换为真正回忆量)，结果如表 5-1-7 所示。问三种报告方法对测量的瞬时记忆容量是否有所不同？

表 5-1-7 三种报告方法下的瞬时记忆容量

	全部报告法	部分报告法	延时部分报告法	$\sum_{j=1}^{k} X$
1	3	5	4	12
2	7	7	2	16
3	2	7	3	12
4	5	4	5	14
5	4	8	4	16
6	4	5	2	11
$\sum_{i=1}^{n} X$	25	36	20	$\sum\sum X=81$
$\sum_{i=1}^{n} X^2$	119	228	74	$\sum\sum X^2=421$

解：

第一步：建立假设

$H_0: \mu_1=\mu_2=\mu_3$；

H_1：至少有一对平均数不相等，即至少有两种报告方法下的瞬时记忆容量不相等。

第二步：计算平方和

$$SS_t=\sum\sum X^2-\frac{(\sum\sum X)^2}{nk}=421-\frac{81^2}{18}=421-364.5=56.5$$

$$SS_b=\sum\frac{(\sum X)^2}{k}-\frac{(\sum\sum X)^2}{nk}=\frac{12^2+16^2+12^2+14^2+16^2+11^2}{3}-\frac{81^2}{18}=7.83$$

$$SS_A=\sum_1^k\frac{(\sum_1^n X)^2}{n}-\frac{(\sum\sum X)^2}{N}=\frac{25^2+36^2+20^2}{6}-\frac{81^2}{18}=22.33$$

$$SS_e=SS_t-SS_b-SS_A=26.33$$

第三步：计算自由度

$$df_t=nk-1=17$$

$$df_b=k-1=5$$

$$df_A=n-1=2$$

$$df_e=df_t-df_b-df_A=10$$

第四步：计算均方

$$MS_b=\frac{SS_b}{df_b}=1.57$$

$$MS_A=\frac{SS_A}{df_A}=11.17$$

$$MS_e=\frac{SS_e}{df_e}=2.63$$

第五步：计算 F 值，并与临界值比较做出推断结论

$$F_b=\frac{MS_b}{MS_e}=0.60$$

$$F_A=\frac{MS_A}{MS_e}=4.24$$

$F_b=0.60<1$，所以不查 F 分布表也能知道 F_a 不显著，即被试间不存在显著的个体差异。查 F 分布表（单侧），$F_{.05(2,10)}=4.10$，$F_{.01(2,10)}=7.56$，$F_{(2,10)}=4.23>4.10$，$F_{(2,10)}=4.23<7.56$。所以实验结果在 0.05 水平上差异显著，即不同报告方法下瞬时记忆的容量是不同的。

第六步：陈列方差分析表

将上述结果整理为方差分析表，如表 5-1-8 所示。

表 5-1-8 例 5-4 的方差分析表

变异源	平方和	自由度	均方	F	p
被试间	7.83	5	1.57	0.59	>0.05
因素 A	22.33	2	11.17	4.23	<0.05
残差	26.24	10	2.64		
合计	56.49	17			

注：由于公式计算会进行四舍五入，所以和 SPSS 输出结果略有差异，并不代表计算有误。

与单因素随机区组方差分析相比，重复测量方差分析唯一的不同是在和方分解上，由被试间平方和替换了区组平方和，体现在方差分析表中就是第三行由“区组”变为了“被试间”。

五、单因素方差分析的效应量

在方差分析中，实验结果显著并不代表实验效应也显著，因为显著性检验结果会受到样本容量的影响，我们需要使用另外一个指标——效应量，来衡量实验效应的大小。

效应量可分为两类，一类是以科恩 d 值(Cohen's d)为代表的标准均值类，主要用于 t 检验进行两组之间的差异比较(见第四章)；一类是以 η_p^2 为代表的方差类，主要用于方差分析进行多组之间的差异比较。

1. η^2 和 η_p^2

η^2 可定义为总体差异中有多少比例的差异是可以被组间差异所解释的，用处理效应平方和除以总平方和，公式表示为：

$$\eta^2=\frac{SS_b}{SS_t} \tag{5.19}$$

在同一个研究中，可以使用 η^2 比较效应量大小。因为 SS_t 取决于研究的设计，且在操纵其他变量时会改变 SS_t，因此在比较不同研究的效应量大小不能使用 η^2，Keppel(1991)建议改为使用偏 η^2，即 η_p^2。η_p^2 被定义为处理效应占处理效应和与该处理效应相关的误差和的比例，在 SPSS 中输出的即为该指标。

$$\eta_p^2=\frac{SS_b}{SS_b+SS_e} \tag{5.20}$$

但 η_p^2 也有一定的局限性，只能用于比较两个实验设计相似的研究效应量大小。同一自变量在被试间和被试内对应的误差项不同，求得的 η_p^2 也会随之不同，η_p^2 不能实现跨研究设计的效应量大小比较。

η^2 值越大，表示各组差异越大；η^2 值越小，表示各组差异越小。Cohen(1988)给出了 η^2 大小的标准，如表 5-1-9 所示。该标准同样适用于 η_p^2。

表 5-1-9　η^2 大小标准

$\eta^2(\eta_p^2)$	解释
0.01～0.05	小效应
0.06～0.13	中等效应
≥0.14	大效应

在例 5-2 中，$\eta^2=223/332.5=0.67$，远远超过标准 0.14，实验处理是大效应量。$\eta_p^2=233/(233+109.5)=0.67$，此时 η^2 与 η_p^2 值相等。在例 5-3 中，$\eta^2=\frac{SS_b}{SS_t}$

$=23.33/73.73=0.32$，大于 0.14，也属于大效应量，$\eta_p^2=23.33/(23.33+11.33)=0.67$，比 η^2 值更大。

2. η_p^2 的置信区间

在报告效应量时，还需报告效应量的置信区间，能够得到更丰富的信息，促进元分析研究。目前，越来越多的研究都会报告效应量，但效应量的置信区间应用还不够广泛。这可能是因为研究者对效应量的置信区间了解不多，重视程度不够，且不知如何使用统计软件输入该指标。

SPSS 并没有常用效应量指标置信区间输出的选项可供选择，但通过 Smithson 在个人网站（http://core.ecu.edu/psyc/wuenschk/SPSS/SPSS-Programs.htm）上提供的程序脚本，选择下载相应脚本也能在 SPSS 中实现 η_p^2 的置信区间的输出（参见本节第十部分操作）。

进行差异显著性检验和计算效应量时，可能会出现以下四种情况，每种情况对应不同的处理方法：

（1）差异显著、大效应量：说明结论可信度高，我们应该接受结论；

（2）差异显著、小效应量：说明结论的可靠性较低，研究结果推广时要慎重；

（3）差异不显著、大效应量：可适当增加样本，再次进行分析；

（4）差异不显著、小效应量：说明研究价值不高，可考虑重新设计实验或放弃该研究。

六、方差分析的事后检验

在进行方差分析后，若结果显著，则拒绝虚无假设 $H_0: \mu_1=\mu_2=\cdots=\mu_k$。该结果只表明各组之间有差异，但差异具体在哪些组之间并不清楚。例如在例 5-2 中，一共有三种教学方法 A、B、C，$F_{(2,21)}=21.38>5.78$，$p<0.01$，差异显著，表明三种教学方法教学效果有所不同，但无法知晓三种教学方法是否两两之间都存在差异。因此，需要进行事后检验，来确定究竟是哪些组之间存在差异。

1. Tuker 可靠显著性差异检验（Tuker′s Honestly Significant Difference，HSD）

HSD 是一种较敏感的事后检验方法，使用的前提条件是各组样本容量相同。计算公式如下：

$$HSD_\alpha=q_\alpha\sqrt{MS_w/n} \qquad (5.21)$$

α 代表显著性水平，一般有 0.05 和 0.01 两种，q 值代表标准化的全距统计量，可以通过查阅附表 5 获得，对应的自由度为 df_w，n 为单组样本容量。将两组平均数相减得到的绝对值与求得的 HSD_α 临界值进行比较，若前者大于后者，则差异显著。

在例 5-2 中，$df_w=21$，$MS_w=5.21$，$k=3$，$n=8$，$\bar{X}_A=5$，$\bar{X}_B=6.25$，$\bar{X}_C=12$。（由于表中未列出 $df_w=21$ 情况，所以近似采用了 $df_w=20$ 的 q 值）。

$HSD_{.05}=q_{.05}\sqrt{MS_w/n}=3.58\sqrt{5.21/8}=2.889$

$HSD_{.01}=q_{.01}\sqrt{MS_w/n}=4.64\sqrt{5.21/8}=3.744$

$\bar{X}_B-\bar{X}_A=1.25<2.889$

$\bar{X}_C-\bar{X}_B=5.75>3.744$

$\bar{X}_C-\bar{X}_A=7>3.744$

由结果可知，教学方法 A 和教学方法 B 之间差异不显著，教学方法 C 与教学方法 A、教学方法 B 均差异显著，$p<0.01$。

2. Fisher 最小显著性差异检验（Fisher′s Least Significant Difference, LSD）

LSD 是最有力的一种检验方法，在拒绝虚无假设（$H_0:\mu_1=\mu_2$）时更有信心。在进行检验时，宁愿犯一型错误，也不愿意犯二型错误，也就是说宁愿拒绝一些真的虚无假设，也不愿意接受一些假的备择假设。

LSD 计算公式如下：

$$LSD_{\alpha}=t_{\alpha}\sqrt{MS_w(\frac{1}{n_1}+\frac{1}{n_2})} \tag{5.22}$$

t 值可以通过查阅附表 2 得到，对应的自由度为 df_w，n_1 和 n_2 是想要比较的两组的样本容量。从该公式中也可看出，LSD 对于样本容量不等的情况也能进行处理。将两组平均数相减得到的绝对值与计算所得的 LSD 相比，若前者大于后者，则说明两组之间存在差异。

在例 5-2 中，$df_w=21$，$MS_w=5.21$，$n_A=n_B=n_C=8$，$\bar{X}_A=5$，$\bar{X}_B=6.25$，$\bar{X}_C=12$。

$LSD_{.05}=t_{.05}\sqrt{MS_w(\frac{1}{n_A}+\frac{1}{n_B})}=2.080\sqrt{5.21/4}=2.374$

$LSD_{.01}=t_{.01}\sqrt{MS_w(\frac{1}{n_A}+\frac{1}{n_B})}=2.831\sqrt{5.21/4}=3.231$

$\bar{X}_B-\bar{X}_A=1.25<2.373$

$\bar{X}_C-\bar{X}_B=5.75>3.231$

$\bar{X}_C-\bar{X}_A=7>3.231$

事后检验结果解释同 HSD。

3. Scheffe 检验

Scheffe 检验是一种最保守最安全的事后检验方法，可用于各组样本容量不等的情况。

同方差分析一样，仍然采用 F 检验。不同的是，一次只取其中两组进行比较，计算出只涉及比较的两组数据的处理间和方。但在计算 F 值时，仍然使用全部数据得到的 MS_w 和 df_b。将计算出的 F 值与临界值相比，即可做出显著性判断。

在例 5-2 中，$df_b=2$，$df_w=21$，$MS_w=5.21$，$n_B=n_C=8$，$\bar{X}_B=6.25$，$\bar{X}_C=12$。比较教学方法

B与教学方法C的教学效果差距。(由于表中未列出 $df_w=21$ 情况,所以近似采用了 $df_w=20$ 的 F 值。)

$SS_{B-C}=50^2/8+96^2/8-146^2/16=1464.5-1332.25=132.25$

$MS_{B-C}=132.25/2=66.125$

$F_{B-C}=66.125/5.21=12.692$

查F分布表(双侧),$F_{.05(2,20)}=4.46$,$F_{.01(2,20)}=6.99$,$12.692>6.99$,$P<0.01$,教学方法B与教学方法C的教学效果显著。同理可求得另外两对之间的显著性差异。

4. bonferroni 检验

bonferroni 检验是一种非常严格的事后检验方法。在多组之间多次进行两两比较,会增大犯I类错误的概率。而 bonferroni 检验能通过修正每次两两比较的检验概率,从总体上控制I类错误的发生概率。假设总体检验的I类错误为 α,进行 n 次两两比较,每次两两比较的检验概率由 α 修正为 α/n,把总体犯I类错误的概率控制在水平 α 之下。

$$\alpha_B=\frac{\alpha}{n} \tag{5.23}$$

再将两两比较 t 检验的 p 值与 α_B 相比较,若前者小于后者,则说明两组之间差异显著。在例5-2中,$\alpha_B=0.05/3=0.017$,通过SPSS输出 bonferroni 检验结果。从表5-1-10可知,教学方法A与教学方法B的t检验显著性 p 值为 $0.858>0.017$,两者之间差异不显著。教学方法A与教学方法C的t检验显著性 $p<0.001$,同样 <0.017,两者之间差异显著。教学方法B与教学方法C同理。

表 5-1-10 **例** 5-2 **的** bonferroni **检验**

多重比较

因变量:测试成绩

邦弗伦尼

(I)教学方法	(J)教学方法	平均值差值(I—J)	标准误差	显著性	95%置信区间	
					下限	上限
1	2	−1.250	1.142	.858	−4.22	1.72
	3	−7.000*	1.142	.000	−9.97	−4.03
2	1	1.250	1.142	.858	−1.72	4.22
	3	−5.750*	1.142	.000	−8.72	−2.78
3	1	7000*	1.142	.000	4.03	9.97
	2	5.750*	1.142	.000	2.78	8.72

* 平均值差值的显著性水平为0.05。

七、单因素完全随机方差分析 SPSS 操作

1. 案例：以例 5-2 三种教学方法为例，演示单因素完全随机方差分析的 SPSS 过程。

2. 步骤

(1)打开分析数据：第一列的 1、2、3 分别代表教学方法 A、B、C，第二列为 24 名六年级学生的测试成绩。

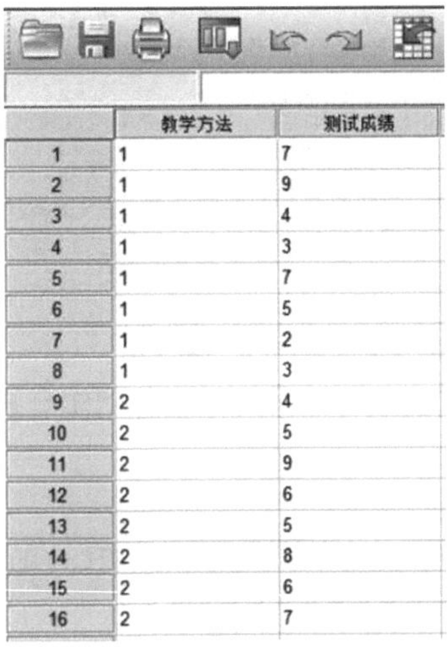

	教学方法	测试成绩
1	1	7
2	1	9
3	1	4
4	1	3
5	1	7
6	1	5
7	1	2
8	1	3
9	2	4
10	2	5
11	2	9
12	2	6
13	2	5
14	2	8
15	2	6
16	2	7

(2)启动分析过程：点击【分析】→【一般线性模型】→【单变量】菜单命令。

(3) 设置分析变量：将“测试成绩”选入“因变量”框中，将“教学方法”选入“固定因子”框中。

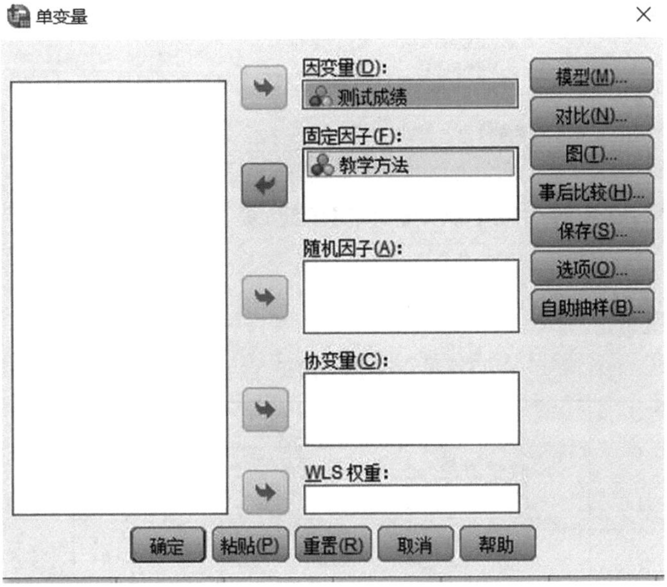

(4)设置多重比较:在主对话框里单击【事后比较】按钮,将“教学方法”选入右侧“下列各项的事后检验”框中,在下方勾选最常用的“LSD”方法。

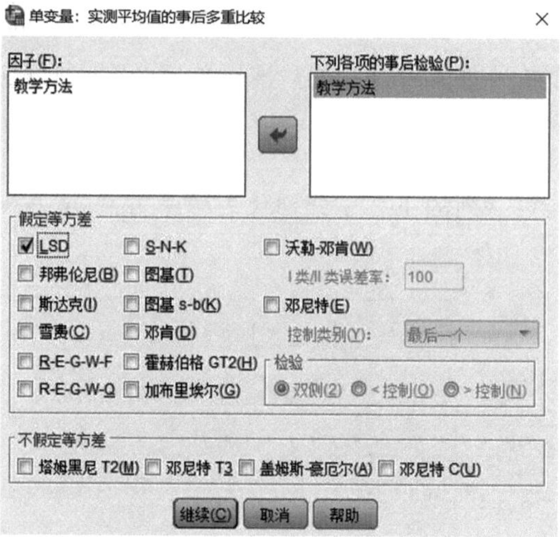

(5)设置输出统计量:在主对话框单击【选项】按钮,打开“选项”对话框,将“教学方法”选入右侧框中,在下方勾选常用的“描述统计”“效应量估计”“实测幂”“齐性检验”四项。

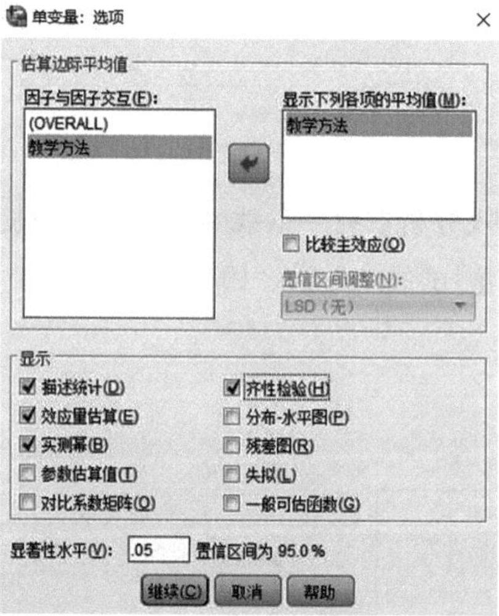

(6)输出结果:在主对话框中点击【确定】按钮,提交执行,输出结果。

3. 结果

(1)主体间因子

主体间因子

		个案数
教学方法	1	8
	2	8
	3	8

从主体间因子表中可以看出各处理组中有多少名被试，在本例中，三种教学方法下均有 8 名学生。

(2)描述统计

描述统计

因变量：测试成绩

教学方法	平均值	标准偏差	个案数
1	5.00	2.449	8
2	6.25	1.669	8
3	12.00	2.619	8
总计	7.75	3.802	24

从该表中可以看出三种教学方法下以及总体的测试成绩的平均值、标准差、个案数等情况。例如对于接受教学方法 B 的 8 名学生来说，他们的测试成绩平均值为 6.25，标准差为 1.699。

(3) 方差齐性检验

误差方差的莱文等同性检验[a]

因变量：测试成绩

F	自由度 1	自由度 2	显著性
.834	2	21	.448

检验"各个组中的因变量误差方差相等"这一原假设。

a. 设计：截距＋教学方法。

该表为方差齐性检验结果，$p=0.448>0.05$，表明各组方差在 $\alpha=0.05$ 水平上没有显著性差异，即方差齐性。符合方差分析的前提假设，可以进行下一步分析。

(4)方差分析表

主体间效应检验

因变量：测试成绩

源	Ⅲ类平方和	自由度	均方	F	显著性	偏 Eta 平方	非中心参数	实测幂[b]
修正模型	223.000[a]	2	111.500	21.384	.000	.671	42.767	1.000
截距	1441.500	1	1441.500	276.452	.000	.929	276.452	1.000
教学方法	223.000	2	111.500	21.384	.000	.671	42.767	1.000
误差	109.500	21	5.214					
总计	1774.000	24						
修正后总计	332.500	23						

a. R 方=.671(调整后 R 方=.639)。

b. 使用 Alpha=.05 进行计算。

由该表可知，教学方法 $F=21.384$，$p<0.001$，拒绝 H_0，η_p^2 为 $0.671>0.14$，属于大效应量。我们可以得出结论：三种教学方法中至少有一种教学方法与其他教学方法存在显著性差异，该结论可靠性较高。

(5)估算边际平均值

教学方法

因变量:测试成绩

教学方法	平均值	标准误差	95%置信区间	
			下限	上限
1	5.000	.807	3.321	6.679
2	6.250	.807	4.571	7.929
3	12.000	.807	10.321	13.679

从该表中能得到标准误、各教学方法的测试成绩平均值、95%置信区间上下限等信息。例如接受教学方法C的学生测试成绩平均值为12.000，在标准误为0.807的情况下95%置信区间下限为10.321，上限为13.679。

(6)多重比较表

多重比较

因变量:测试成绩

LSD

(I)教学方法	(J)教学方法	平均值差值(I-J)	标准误差	显著性	95%置信区间	
					下限	上限
1	2	−1.25	1.142	.286	−3.62	1.12
	3	−7.00*	1.142	.000	−9.37	−4.63
2	1	1.25	1.142	.286	−1.12	3.62
	3	−5.75*	1.142	.000	−8.12	−3.38
3	1	7.00*	1.142	.000	4.63	9.37
	2	5.75*	1.142	.000	3.38	8.12

基于实测平均值

误差项是均方(误差)=5.214。

*平均值差值的显著性水平为.05。

第一行是教学方法A与教学方法B的比较，平均值差值为-1.250，对应的p值为0.286>0.05，接受H_0。也就是说虽然教学方法B的测试成绩高于教学方法A，但二者无显著性差异。同理，从表中我们可以看出教学方法C显著由于教学方法A、教学方法B。

通过这六部分的结果，我们可以得出一个总结论：对三种教学方法下的学生测试成绩进行方差分析，方差齐性，满足前提假设。$p<0.001$，三种教学方法差异显著，该结论可靠性较高。进行事后检验时候发现总差异主要由教学方法C与教学方法A、教学方法C与教学方法B之间的差异引起。

八、单因素随机区组方差分析 SPSS 操作

1. 案例：以例 5-3 睡眠剥夺对智力影响为例，演示单因素完全随机方差分析的 SPSS 过程。

2. 步骤

(1)打开分析数据：第一列为年龄区组，分为小学生、中学生、大学生、中年、老年 5 个区组，分别用 1、2、3、4、5 表示。第二列为睡眠剥夺时间，分为剥夺 12 小时、24 小时、36 小时三组，分别用 1、2、3 表示。第三列为被试在 5 分钟内做对的算术题数量。

	年龄	睡眠剥夺时间	算术题数量
1	1	1	6
2	1	2	7
3	1	3	3
4	2	1	7
5	2	2	8
6	2	3	4
7	3	1	10
8	3	2	8
9	3	3	6
10	4	1	6
11	4	2	4
12	4	3	3
13	5	1	5
14	5	2	2
15	5	3	3

(2)启动分析过程：点击【分析】→【一般线性模型】→【单变量】菜单命令。

(3) 设置分析变量：在左边变量列表中将“算术题数量”点选至“因变量”框中，将“睡眠剥夺时间”点选至“固定因子”框中，将区组变量“年龄”点选至“随机因子”框中。

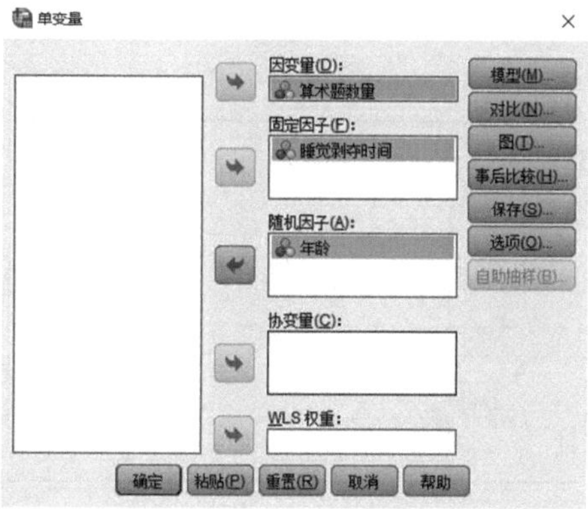

(4)设置输出统计量：在主对话框中单击【选项】按钮，打开“选项”对话框。将“睡眠

剥夺时间”点选至右侧框内，下面勾选“描述统计”“效应量估计”“实测幂”三个复选框。

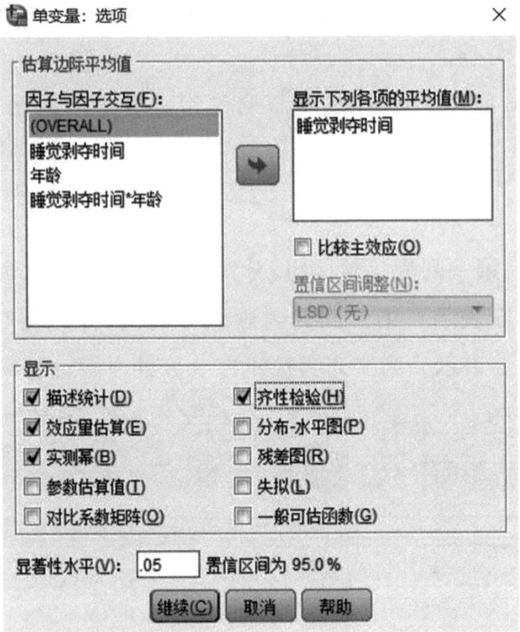

(5)输出结果：在主对话框中点击【确定】按钮，提交执行，输出结果。

3. 结果

(1)描述统计

描述统计

因变量：算术题数量

睡眠剥夺时间	年龄	平均值	标准偏差	个案数
1	1	6.00	—	1
	2	7.00	—	1
	3	10.00	—	1
	4	6.00	—	1
	5	5.00	—	1
	总计	6.80	1.924	5
2	1	7.00	—	1
	2	8.00	—	1
	3	8.00	—	1
	4	4.00	—	1
	5	2.00	—	1
	总计	5.80	2.683	5

续表

睡眠剥夺时间	年龄	平均值	标准偏差	个案数
3	1	3.00	—	1
	2	4.00	—	1
	3	6.00	—	1
	4	3.00	—	1
	5	3.00	—	1
	总计	3.80	1.304	5
总计	1	5.33	2.082	3
	2	6.33	2.082	3
	3	8.00	2.000	3
	4	4.33	1.528	3
	5	3.33	1.528	3
	总计	5.47	2.295	15

从该表中可以看出在3种睡眠剥夺情况下，各区组以及总体的平均值、标准差、个案数等情况。如在剥夺睡眠24小时的情况下，5名被试的5分钟计算正确的算术题数目平均值为5.80，标准差为2.683。

（2）方差分析表

主体间效应检验

因变量：算术题数量

源		Ⅲ类平方和	自由度	均方	*F*	显著性	偏 Eta 平方	非中心参数	实测幂[d]
截距	假设	448.267	1	448.267	44.898	.002	.920	45.898	.998
	误差	39.067	4	9.767[a]					
睡眠剥夺时间	假设	23.333	2	11.667	8.235	.011	.673	16.471	.853
	误差	11.333	8	1.417[b]					
年龄	假设	39.067	4	9.767	6.894	.010	.775	27.576	.896
	误差	11.333	8	1.417[b]					
睡眠剥夺时间 * 年龄	假设	11.333	8	1.417	.	.	1.000	.	.
	误差	.000	0	.[c]					

a. MS(年龄)

b. MS(睡眠剥夺时间 * 年龄)

C. MS(错误)

主体间效应检验

因变量:算术题数量

源		Ⅲ类平方和	自由度	均方	F	显著性	偏 Eta 平方	非中心参数	实测幂[d]
截距	假设	448.267	1	448.267	45.898	.002	.920	45.898	.998
	误差	39.067	4	9.767[a]					
睡眠剥夺时间	假设	23.333	2	11.667	8.235	.011	.673	16.471	.853
	误差	11.333	8	1.417[b]					
年龄	假设	39.067	4	9.767	6.894	.010	.775	27.576	.896
	误差	11.333	8	1.417[b]					
睡眠剥夺时间 * 年龄	假设	11.333	8	1.417			1.000		
	误差	.000	0	o					

a. MS(年龄)

b. MS(睡眠剥夺时间 * 年龄)

C. MS(误差)

d. 使用 Alpha=.05 进行计算

根据第五、六栏的 F 值、显著性水平,睡眠剥夺时间所对应的 p 值为 0.011<0.05,拒绝 H_0,根据第七栏的偏 Eta 平方,睡眠剥夺时间所对应的 $\eta_p^2=0.673>0.14$,属于大效应量。可得出结论:睡眠剥夺时间至少有一个组的均值与其他组存在显著差异,该结论可靠性高。

年龄对应的 p 值也为 0.010<0.05,拒绝 H_0,$\eta_p^2=0.775>0.14$,说明年龄能显著影响智力水平,对年龄设置区组是有意义的。

九、单因素重复测量方差分析 SPSS 操作

1. 案例:以例 5-4 瞬时记忆容量为例,演示单因素重复测量方差分析的 SPSS 过程。

2. 步骤

(1)打开分析数据:第一、二、三列分别是全部报告法、部分报告法、延时部分报告法各被试的字母回忆量,一行代表一个被试的所有数据。

(2)启动分析过程:点击【分析】→【一般线性模型】→【重复测量】菜单命令。

(3)设置分析变量:在"主体内因子名"框中输入"报告方法","级别数"填"3"。点击【添加】按钮,左下角的【定义】按钮被激活。点击【定义】按钮进入主对话框,将左侧变量点选至"主体内变量"框中。

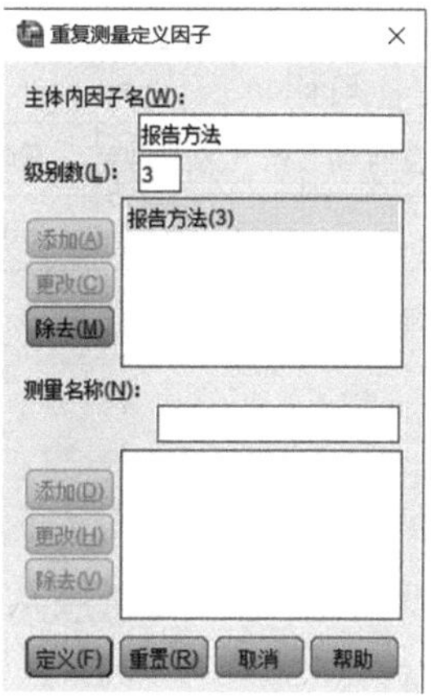

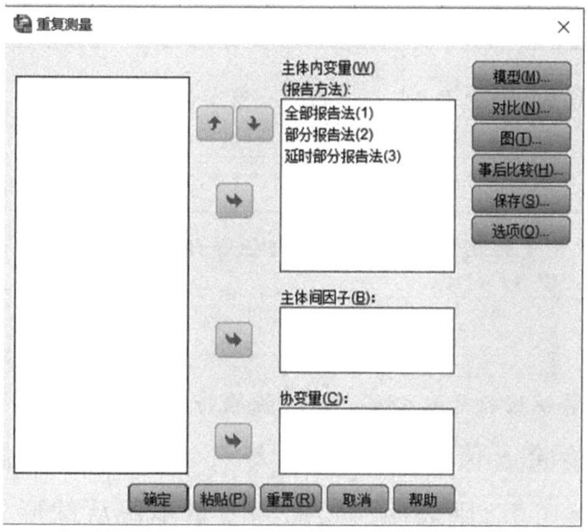

(4)设置输出统计量:在主对话框中单击【选项】按钮,打开"选项"对话框。将"睡眠剥夺时间"点选至右侧框内,勾选"比较主效应"。下面勾选"描述统计""效应量估计""实测幂"" 齐性检验"四个复选框。

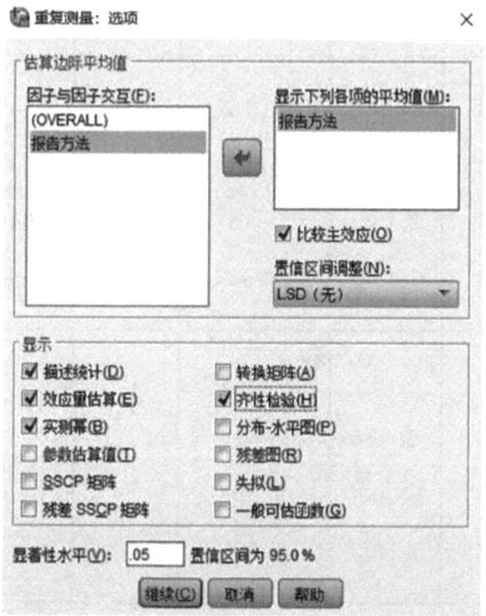

(5)输出结果:在主对话框中点击【确定】按钮,提交执行,输出结果。

3. 结果

(1)描述统计

描述统计

	平均值	标准偏差	个案数
全部报告法	4.17	1.722	6
部分报告法	6.00	1.549	6
延时部分报告法	3.33	1.211	6

该表反映了3种报告方法下回忆量的平均值、标准差、个案数等情况。如在采用全部报告法时，6名被试回忆量的平均值为4.17，标准差为1.722。

(2)莫奇来球形检验

莫奇来球形度检验[a]

测量：MEASURE_1

主体内效应	莫奇来 W	近似卡方	自由度	显著性	Epsilon[b]		
					格林豪斯・盖斯勒	辛・费德特	下限
报告方法	.999	.006	2	.997	.999	1.000	.500

检验"正交化转换后因变量的误差协方差矩阵与恒等矩阵成比例"这一原假设。

a. 设计：截距

主体内设计：报告方法

b. 可用于调整平均显著性检验的自由度。修正检验将显示在"主体内效应检验"表中。

该表中，球形检验 p 值为0.997，远大于0.05，接受原假设，所检验因变量服从球形分布。若 p 值小于0.05，则表明所检验因变量不服从球形分布。

(3)方差分析表

主体内效应检验

测量：MEASURE_1

源		Ⅲ类平方和	自由度	均方	F	显著性	偏 Eta 平方	非中心参数	实测幂[a]
报告方法	假设球形度	22.333	2	11.167	4.241	.046	.459	8.481	.601
	格林豪斯・盖斯勒	22.333	1.997	11.183	4.241	.046	.459	8.469	.601
	辛・费德特	22.333	2.000	11.167	4.241	.046	.459	8.481	.601
	下限	22.333	1.000	22.333	4.241	.095	.459	4.241	.386
误差(报告方法)	假设球形度	26.333	10	2.633					
	格林豪斯・盖斯特	26.333	9.986	2.637					
	辛・费德特	26.333	10.000	2.633					
	下限	26.333	5.000	5.267					

a. 使用 Alpha=.05 进行计算。

该例中变量服从球形分布，应报告第一行结果。实验处理的 F 值为4.241，$p=0.046<0.05$，拒绝 H_0，$\eta_p^2=0.459>0.14$，可以得出结论：报告方法对瞬时记忆容量有显著影响，该结论可靠性较高。若变量不服从球形分布，则汇报第二行结果，即格林豪斯-盖斯勒结果。

(4)多重比较表

成对比较

测量:MEASURE_1

(I)报告方法	(J)报告方法	平均值差值(I-J)	标准误差	显著性[b]	差值的 95%置信区间[b]	
					下限	上限
1	2	−1.833	.946	.110	−4.264	.598
	3	.833	.946	.419	−1.598	3.264
2	1	1.833	.946	.110	−.598	4.264
	3	2.667*	.919	.034	.304	5.029
3	1	−.833	.946	.419	−3.264	1.598
	2	−2.667*	.919	.034	−5.029	−.304

基于估算边际平均值。

* 平均值差值的显著性水平为.05。b. 多重比较调节:最低显著差异法(相当于不进行调整)。

由结果可知,第二种报告方法(部分报告法)和第三种报告方法(延时部分报告法)差异显著,平均值差值为 2.667,对应的 p 值为 $0.034<0.05$,拒绝 H_0。可以得出结论:部分报告法字母回忆量显著多于延时部分报告法。

通过以上结果,我们可以得出一个总结论:对不同报告方法对瞬时记忆容量的影响进行方差分析,变量服从球形分布,报告方法对瞬时记忆容量有显著影响(可靠性较高),主要体现在部分报告法和延时部分报告法之间。

十、η_p^2 置信区间的 SPSS 操作

1. 案例:以例 5-2 三种教学方法为例,演示 η_p^2 置信区间的 SPSS 输出过程。

2. 步骤

(1)新建数据文件:1~4 列依次填入 F 值、F 检验中的分子自由度、F 检验中的分母自由度、置信区间(一般设定为 90%)。注意:变量名不可更改,否则后续脚本会运行错误。

	fval	df1	df2	conf
1	21.3840	2	21	.9000
2				

(2)打开脚本文件:【文件】→【打开】→【语法】,选择“η^2 置信区间语法. sps”。

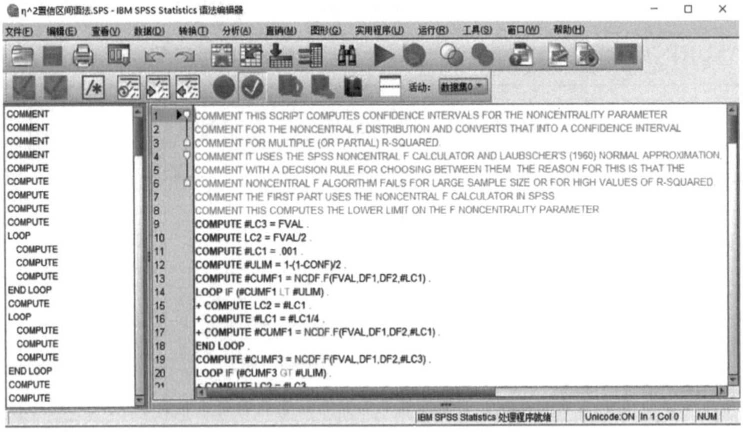

(3)运行脚本文件:【运行】→【全部】,结果已输出至数据文件。

3. 结果

R2	LR2	UR2
.67	.41	.76

R2 代表效应量 η_p^2,LR2 表示 90%置信区间上限,UR2 表示 90%置信区间下限。在本研究中,效应量 0.67,置信区间[0.41,0.76]。

第二节　两因素方差分析

上一节介绍了单因素方差分析的几种情况,但在实际研究中,往往更加复杂,自变量通常也不止一个。多个自变量的方差分析与单因素方差分析差别较大。本节将着重介绍两因素方差分析的基本概念、逻辑原理、计算过程、效应量、事后多重比较、简单效应分析及 SPSS 操作等,最后通过一个例题简单介绍三因素方差分析。

一、基本概念

通过下面研究实例来介绍两因素方差分析的基本概念。

【例 5-5】假设采用“辣酱分配法”研究外显自尊(A)、内隐自尊(B)对攻击行为的影响。“辣酱分配法”是让被试在不知道对方是否喜欢吃辣的情况下,给对方分配一定数量的辣酱,分配的辣酱越多,表明攻击行为越强。外显和内隐自尊均分为高低两个水平,20 名被试被随机分配到其中一种条件下,每种条件下均有 5 人。因此,这是一个 2×2 被试间实验设计,共有四种实验条件。

1. 因素（factor）

因素，即自变量，一般用大写字母 A、B、C 等表示。本例中，自变量外显自尊记作因素 A、自变量内隐自尊记作因素 B。

因素可以是分类变量，也可以是连续变量，但若是连续变量，则需要将其转换为分类变量再进行方差分析。本例中，两个因素都是连续变量，在分别测量了所有被试的外显和内隐自尊后，按一定标准将其划分为高分组和低分组，将原本是连续变量的自尊转换为高低两个水平的分类变量。

2. 水平（level）

水平指因素的不同情况。因素 A 外显自尊有高低两个水平，记作 $a=2$，具体的因素水平可用 a_1、a_2 表示。因素 B 内隐自尊也有高低两个水平，记作 $b=2$，b_1 表示高内隐自尊，b_2 表示低内隐自尊。本例中有两个因素，每个因素有两个水平，是一个 2×2 实验设计。若在另一个实验中，有 3 个因素，3 个因素分别有 2、3、4 个水平，那么就是一个 2×3×4 实验设计。

3. 处理

处理代表的是所有因素所有水平的组合情况，一个处理就是一种情况。在本例中，一共能组成 4 个处理，也就是有 4 种不同的因素水平组合情况。处理可用代表水平 a_1、a_2、b_1、b_2 等小写字母的组合进行表示，例如 a_1b_2 代表的就是高外显低内隐，另外 3 个处理同理。在每个处理下有 5 个被试，也就会有 5 个实验数据。

4. 主效应（main effect）

主效应指在不考虑其他自变量以及交互作用时，某个自变量对因变量单独影响的差异大小。例如在本例中，若不考虑内隐自尊以及外显和内隐自尊间的交互作用，只分析不同的外显自尊水平对辣酱分配的影响，则考察的是因素 A 外显自尊的主效应。同理，若不考虑外显自尊以及内隐和外显自尊间的交互作用，只关注内隐自尊对辣酱分配的影响，则考察的是因素 B 内隐自尊的主效应。

若因素 A 的主效应显著，则说明高外显自尊和低外显自尊水平的被试在辣酱分配量上存在显著差异，也就是他们的攻击行为存在显著差异。若某因素有 3 个及以上水平时，就需要进行事后检验以明确哪些水平之间存在差异。

5. 交互作用（interaction effect）

在两因素方差分析中，除主效应外，还可以分析交互作用的影响。分析交互作用，能让我们发现更多珍贵信息，让我们对一个心理学现象有更深入的了解。

交互作用指一个因素在另一个因素不同水平上表现不一致的情况。若因素 A 与因素 B 相互独立，则不论一个因素处于什么水平，另一因素不同水平均值间的差异保持一致，此时二者之间不存在交互作用。若二者相互依赖，则二者之间存在交互作用。

本例中，若不论内隐自尊的高低，高外显自尊组分配辣酱量都是低外显自尊组的 2 倍，则不存在交互作用。若在低内隐自尊时，高外显自尊组分配辣酱量是低外显自尊组的 2 倍，在高内隐自尊时，高外显自尊组分配辣酱量仅略高于或低于低外显自尊组，则可能存在交互效应，也就是说外显自尊对辣酱分配量的影响因内隐自尊而有所不同。

二、主效应和交互作用图示

在研究两因素方差分析的主效应及交互作用时，往往采用图示的方式表示，更直观地展示主效应和交互作用。以例 5-5 为例，以因素 B 为横轴，因素 A 做折线，列举了可能会出现的七种情况，见图 5-2-1。

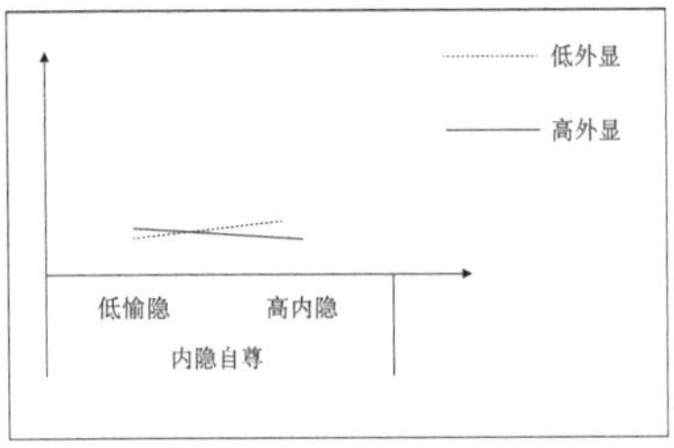

(a)主效应、交互作用均不显著

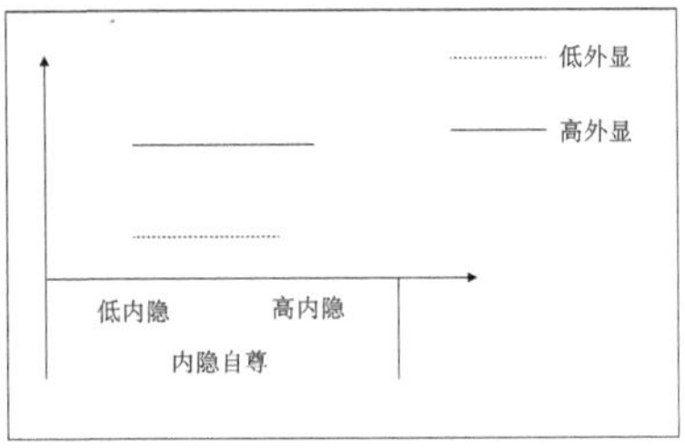

(b)因素 A 的主效应显著

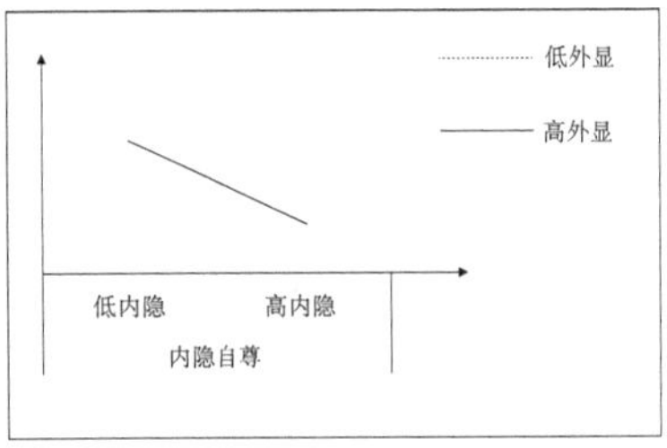

(c)因素 B 的主效应显著

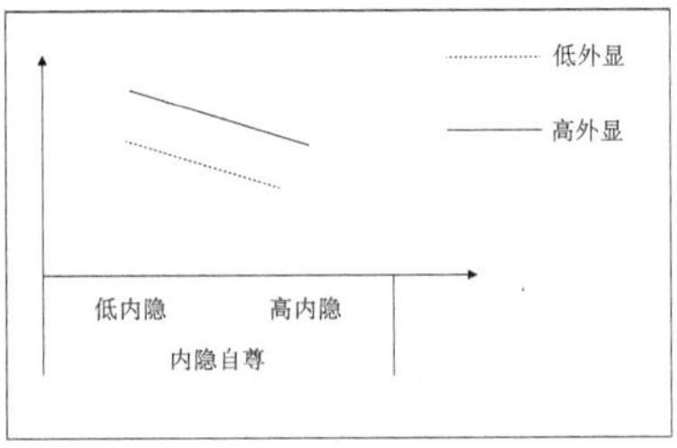

(d)因素 A 和因素 B 的主效应显著

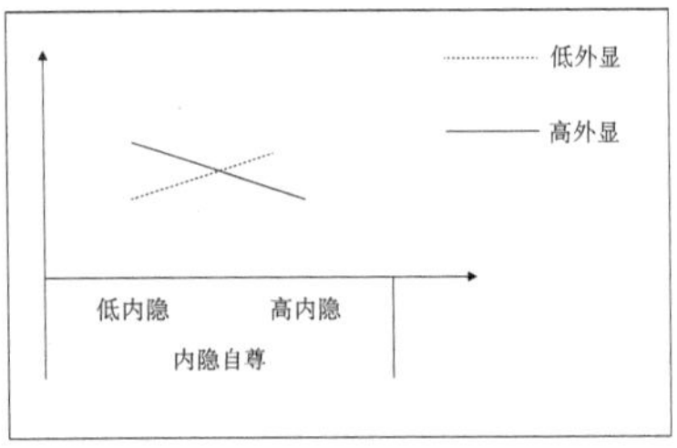

(e)交互作用显著

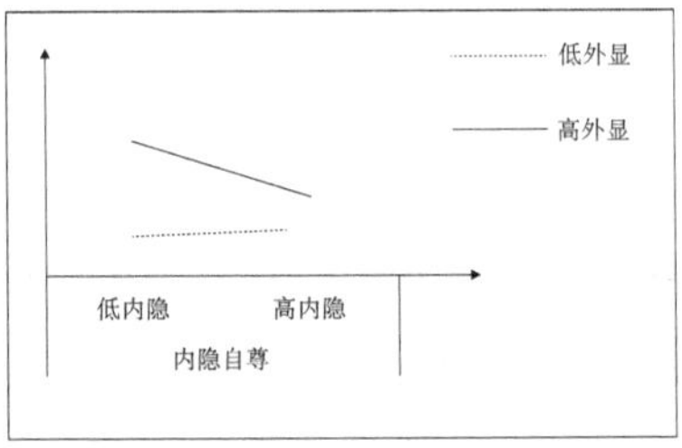

(f)交互作用和一个主效应显著

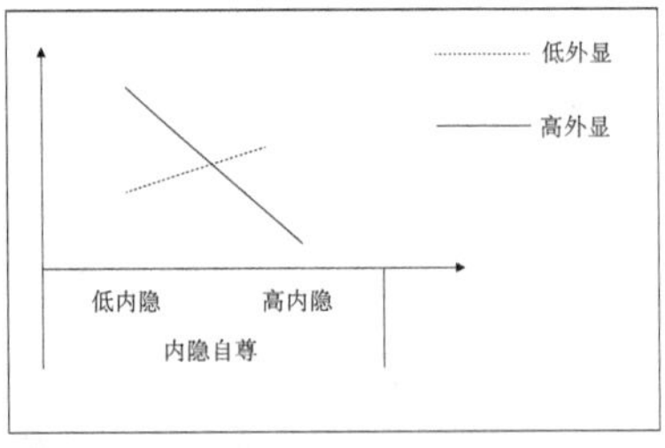

(g)交互作用和两个主效应均显著

图 5-2-1　两因素方差分析可能出现的七种结果图示

图 a 表示主效应和交互效应都不显著，说明外显自尊、内隐自尊及其交互在攻击行为上没有差异，实验需要重新设计。

图 b 两条线段水平且平行，表示因素 A 主效应显著，高外显比低外显产生更多攻击行为。因素 B 主效应不显著，高内隐和低内隐均值相同。两者之间无交互作用，不论是低内隐还是高内隐，高外显产生的攻击行为均多于低外显。

图 c 两条线段完全重合，表示因素 B 主效应显著，低内隐比高内隐产生更多的攻击行为。因素 A 主效应不显著，高外显和低外显产生的攻击行为是一致的。两者之间无交互作用，不论外显自尊的高低，低内隐产生的攻击行为均多于高内隐。

图 d 两条线段倾斜且平行，表示因素 A 和因素 B 两个变量的主效应都显著，二者都会影响攻击行为。无交互作用，在内隐自尊的两个水平上，高外显和低外显导致攻击行为的差异相同，在外显自尊上，攻击行为随内隐自尊水平的变化也相同。

图 e 表示交互作用显著，不同的内隐自尊水平在外显自尊不同时产生的攻击行为也会发生变化。在低内隐水平，高外显会产生更多攻击行为；但在高内隐水平，反而低外显会产生更多攻击行为。无主效应，低内隐和高内隐的均值相等，低外显和高外显的均值也相等。

图 f 表示交互作用显著，因素 A 主效应显著，外显自尊能影响攻击行为，且在内隐自尊的不同水平上，表现有所不同。因素 B 的主效应不显著，内隐自尊不能影响攻击行为。这种有相交趋势但两条线段又未相交的交互作用被称为按序的交互作用。

图 g 表示交互作用显著，因素 A 和因素 B 的主效应均显著，外显自尊和内隐自尊都能影响攻击行为，且在一因素的不同水平上，另一因素对攻击行为的影响会发生改变。

【注意】对于两因素方差分析，可通过绘制交互作用图初步判断可能存在的主效应、交互作用，但是否真的存在如图所示的效应，还需要经过统计检验才能确定。

三、两因素完全随机方差分析的逻辑基础

两因素完全随机方差分析与单因素方差分析过程大致相同，也有其不同之处。两者都是先通过计算平方和、自由度求得均方，将两个均方相比得到 F 值，最后查 F 分布表与临界值比较，确定显著性。不同则体现在假设的建立以及平方和分解两个方面。

1.假设的建立

单因素方差分析的研究假设只有 1 个，而两因素方差分析有 3 个研究假设，仍以例 5-5 为例，三个研究假设分别如下所示。

(1) $H_0:\mu a_1=\mu a_2$，外显自尊的主效应不显著；

(2) $H_0:\mu b_1=\mu b_2$，内隐自尊的主效应不显著；

(3) H_0：因素 A 和因素 B 的交互作用不显著。

2. 变异源分解

(1)平方和的分解

两因素方差分析的平方和分解首先将总变异分解为组间和组内平方和。与单因素方差分析不同,在两因素中又将组间平方和分解为因素 A 平方和、因素 B 平方和、以及 A、B 交互作用平方和三部分,如图 5-2-2 所示。

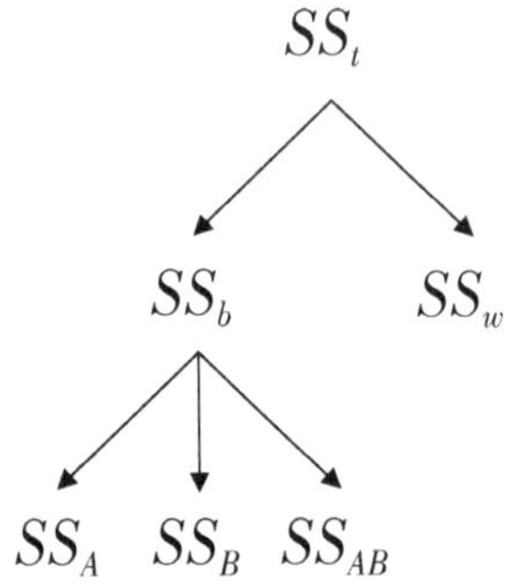

图 5-2-2 **两因素完全随机方差分析的和方分解**

SS_t、SS_b 和 SS_w 计算与单因素方差分析公式一致。因素 A 有 a 个水平，因素 B 有 b 个水平,一共有 ab 种处理,所以在两因素方差分析中,有 $k=ab$。

$$SS_t=\sum\sum X^2-\frac{(\sum\sum X)^2}{nk} \tag{5.24}$$

$$SS_b=\sum\frac{(\sum X)^2}{n}-\frac{(\sum\sum X)^2}{nk} \tag{5.25}$$

$$SS_w=\sum\sum X^2-\sum\frac{(\sum X)^2}{n} \tag{5.26}$$

SS_A 表示因素 A 的主效应的平方和,即不考虑因素 B,只考虑因素 A。因此,因素 A 有几个水平就将数据分为几组,类比 SS_b 公式求得 SS_A。SS_B 同理。利用 SS_b 减去 SS_A 和 SS_B,就能得到 SS_{AB}。

$$SS_A=\sum_{i=1}^{a}\frac{(\sum_{j=1}^{b}\sum_{l=1}^{n}X_{ijl})^2}{nb}-\frac{(\sum\sum X)^2}{nab} \tag{5.27}$$

$$SS_B=\sum_{j=1}^{b}\frac{(\sum_{i=1}^{a}\sum_{l=1}^{n}X_{ijl})^2}{na}-\frac{(\sum\sum X)^2}{nab} \tag{5.28}$$

$$SS_{AB}=SS_b-SS_A-SS_B \tag{5.29}$$

(2)自由度的分解

因素 A 自由度可用 df_A 表示,因素 A 有 a 个水平,因此 $df_A=a-1$,同理 $df_B=b-1$。因素 A 和 B 的交互作用自由度为 df_{AB},$df_{AB}=(a-1)(b-1)$。组间自由度 $df_b=ab-1$。两因素完全随机方差分析的自由度分解如图 5-2-3 所示。

$$df_b=df_A+df_B+df_{AB} \tag{5.30}$$

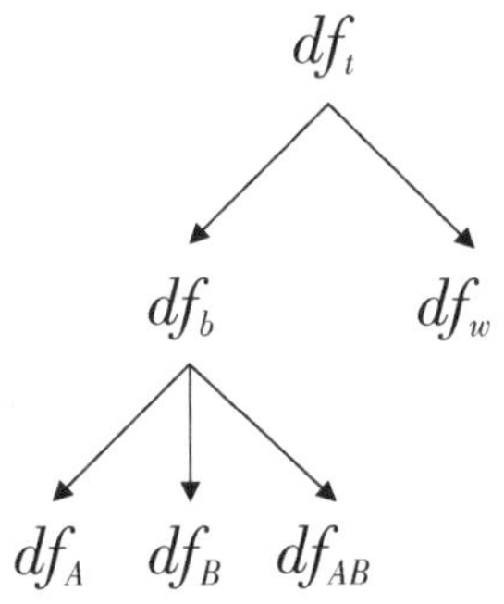

图 5-2-3 两因素完全随机方差分析的自由度分解

(3)均方

在两因素方差分析中,同样采用平方和除以自由度得到相应的均方。组内均方、因素 A、因素 B 及其交互作用的均方分别为:

$$MS_w = \frac{SS_w}{df_w} \tag{5.31}$$

$$MS_A = \frac{SS_A}{df_A} \tag{5.32}$$

$$MS_B = \frac{SS_B}{df_B} \tag{5.33}$$

$$MS_{AB} = \frac{SS_{AB}}{df_{AB}} \tag{5.34}$$

3. F 检验

在单因素完全随机方差分析中,只需进行一次 F 检验。在单因素随机区组方差分析中,需进行两次 F 检验。在两因素方差分析中,需进行 3 次 F 检验,分别对应 3 个研究假设。

$$F_A = \frac{MS_A}{MS_w} \tag{5.35}$$

$$F_B = \frac{MS_B}{MS_w} \tag{5.36}$$

$$F_{AB} = \frac{MS_{AB}}{MS_w} \tag{5.37}$$

在两因素方差分析中,MS_w 被看作由偶然因素或随机误差造成的变异,将 MS_A 除以 MS_w 得到 F 值,就是想要检验因素 A 造成的变异是否显著大于随机误差造成的变异。其余公式意义相同。

在求得因素 A 的 F 值后,查对应分子分母自由度的 F 临界值,进行判断。若前者大于后者,则说明因素 A 的主效应显著。同理,可得因素 B 的主效应及二者的交互作用是否显著。

四、两因素完全随机方差分析的计算过程

【例 5-6】为了了解初中生的心理健康状况，设计了一个 3×2 的实验，年级有初一、初二、初三 3 个水平，性别有男、女两个水平。采用王极盛编制的中学生心理健康量表，测量了 36 名学生的心理健康水平，每种处理下各 6 名学生。得分越高表示心理健康水平越差，具体实验数据如表 5-2-1 所示。试分析性别、年级对初中生心理健康状况的影响。

表 5-2-1　初中生心理健康水平

	男			女			
	初一	初二	初三	初一	初二	初三	
	74	79	90	79	86	83	
	71	83	89	80	85	86	
	75	86	83	77	80	90	
	80	81	78	77	82	91	
	77	81	84	76	84	88	
	73	80	86	81	83	92	
$\sum_{l=1}^{n} X$	450	490	510	470	500	530	$\sum\sum X=2950$
$\sum_{l=1}^{n} X^2$	33800	40048	43446	36836	41690	46874	$\sum\sum X^2=242694$

解：

第一步：建立假设

设性别为因素 A，年级为因素 B，则

$H_0:\mu a_1=\mu a_2$；

$\mu_{b1}=\mu b_2=\mu b_3$；

因素 A 和因素 B 的交互作用不显著。

$H_1:\mu a_1\neq\mu a_2$，即男生女生之间心理健康水平存在差异；

至少有两个年级之间心理健康水平不一样；

因素 A 性别和因素 B 年级的交互作用显著，即性别对心理健康水平的影响会随年级而变化。

第二步：计算平方和

$$SS_t=\sum\sum X^2-\frac{(\sum\sum X)^2}{nk}=242694-\frac{2950^2}{36}=957.89$$

$$SS_b=\sum\frac{(\sum X)^2}{n}-\frac{(\sum\sum X)^2}{nk}=\frac{450^2+490^2+510^2+470^2+500^2+530^2}{6}-2950^2/36=$$

680.56

$$SS_w=\sum\sum X^2-\sum\frac{(\sum X)^2}{n}=277.33$$

$$SS_A=\sum_{i=1}^{a}\frac{(\sum_{j=1}^{b}\sum_{l=1}^{n}X_{ijl})^2}{nb}-\frac{(\sum\sum X)^2}{nab}$$

$$=\frac{[(450+490+510)^2+(470+500+530)^2]}{18}-\frac{2950^2}{36}=69.44$$

$$SS_B=\sum_{j=1}^{b}\frac{(\sum_{i=1}^{a}\sum_{l=1}^{n}X_{ijl})^2}{na}-\frac{(\sum\sum X)^2}{nab}$$

$$=\frac{[(450+470)^2+(490+500)^2+(510+530)^2]}{12}-\frac{2950^2}{36}=605.56$$

$$SS_{AB}=SS_b-SS_A-SS_B=5.56$$

第三步:计算自由度

$df_t=nk-1=35$

$df_b=k-1=5$

$df_w=k(n-1)=30$

$df_A=a-1=1$

$df_B=b-1=2$

$df_{AB}=(a-1)(b-1)=2$

第四步:计算均方

$$MS_w=\frac{SS_w}{df_w}=\frac{277.33}{30}=9.24$$

$$MS_A=\frac{SS_A}{df_A}=\frac{69.44}{1}=69.44$$

$$MS_B=\frac{SS_B}{df_B}=\frac{605.56}{2}=302.78$$

$$MS_{AB}=\frac{SS_{AB}}{df_{AB}}=\frac{5.56}{2}=2.78$$

第五步:计算 F 值,并与临界值比较做出推断结论

$$F_A=\frac{MS_A}{MS_w}=\frac{69.44}{9.24}=7.51$$

查 F 分布表(单侧),$F_{.05(1,30)}=4.17$,$F_{.01(1,30)}=7.56$,$F_{(1,30)}=7.51$ 大于 4.17,略小于 7.56,因此 A 因素的主效应在 0.05 水平上显著,表明男生和女生心理健康水平存在差异。

$$F_B=\frac{MS_B}{MS_w}=302.78/9.24=32.75$$

查 F 分布表(单侧),$F_{.05(2,30)}=3.32$,$F_{.01(2,30)}=5.39$,$F_{(2,30)}=32.75$ 远大于二者,因此 B 因素的主效应在 0.01 水平上显著,即不同年级之间心理健康水平存在

差异。

$$F_{AB}=\frac{MS_{AB}}{MS_w}=2.78/9.24=0.30<1$$

由于 $F_{AB}<1$，所以不用查 F 分布表，也可以得出交互作用不显著的结论。

第六步：陈列方差分析表

将上述结果整理为方差分析表，如表 5-2-2 所示。

表 5-2-2 例 5-6 的方差分析表

变异源	平方和	自由度	均方	F	p
组间	680.56	5			
A 的主效应	69.44	1	69.44	7.51	<0.05
B 的主效应	605.56	2	302.78	32.75	<0.01
交互作用	5.56	2	2.78	0.30	>0.05
组内	277.33	30	9.24		
合计	957.89	35			

方差分析结果显示，性别显著影响初中生的心理健康水平，年级显著影响其心理健康水平，但性别和年级之间无交互作用，性别对心理健康水平的影响不会随年级而变化。

五、两因素混合实验设计方差分析

1. 逻辑基础

两因素混合实验设计指的是在一个两因素实验设计中，一个因素是被试内因素，另一个因素是被试间因素。两因素混合实验设计在心理学研究中应用十分广泛，因为它兼具完全随机实验设计和重复测量实验设计的优点，既能在一定水平控制个体差异，又能避免重复测量的长期效应。

两因素混合实验设计的平方和分解与两因素完全随机有所不同。假设因素 A 为被试间因素，因素 B 为被试内因素。SS_t 仍分解为 SS_b 和 SS_w，SS_b 进一步分解为 SS_A 和 $SS_{e(b)}$，SS_w 进一步分解为 SS_B、因素 A 与因素 B 的交互作用 SS_{AB} 和 $SS_{e(w)}$，如图 5-2-4 所示。其中，$SS_{e(b)}$ 表示和被试间因素有关的残差，$SS_{e(w)}$ 表示和被试内因素有关的残差。

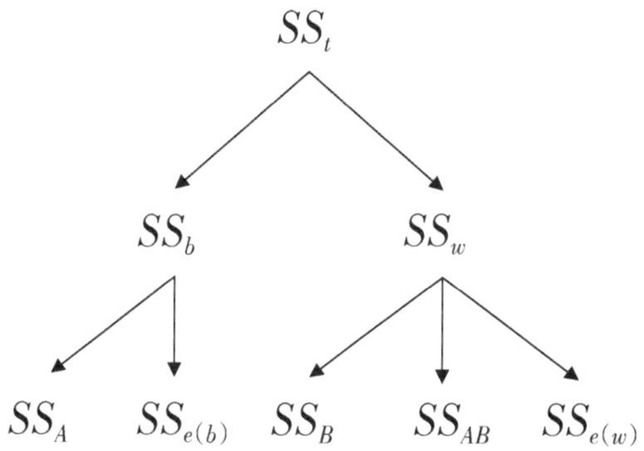

图 5-2-4　两因素混合实验设计方差分析的和方分解图

假设因素 A 有 a_1、a_2 两个水平，因素 B 有 b_1、b_2、b_3 三个水平，$n=4$，如表 5-2-3 所示。X_{lij} 表示第一个被试在 a_ib_j 组合实验处理条件下的得分情况。

表 5-2-3　两因素混合实验设计被试分配表

		b_1	b_2	b_3
a_1	S_1	X_{111}	X_{112}	X_{113}
	S_2	X_{211}	X_{212}	X_{213}
	S_3	X_{311}	X_{312}	X_{313}
	S_4	X_{411}	X_{412}	X_{413}
a_2	S_5	X_{521}	X_{522}	X_{523}
	S_6	X_{621}	X_{622}	X_{623}
	S_7	X_{721}	X_{722}	X_{723}
	S_8	X_{821}	X_{822}	X_{823}

在计算 SS_b 时，需要将该表转换为 AS 表，将同一被试的分数相加得到 M_{ni}，例如 $M_{52}=X_{521}+X_{522}+X_{523}$，表示第 5 名被试在 a_2 条件下的所有得分。

表 5-2-4　AS 表

a_1	a_2
n=4	
M_{11}	M_{52}
M_{21}	M_{62}
M_{31}	M_{72}
M_{41}	M_{82}

$$SS_b=\sum\frac{(\sum M_i)^2}{n}-\frac{(\sum\sum M_{ni})^2}{na} \tag{5.38}$$

在上面的公式中，M 的下标 i 表示第几组，n 表示每一组的人数，a 表示因素 A 有几种实验处理。在两因素混合实验中，SS_A 和 SS_B 的计算公式与两因素完全随机计算公式一致。

$$SS_A=\sum_{i=1}^{a}\frac{(\sum_{j=1}^{b}\sum_{l=1}^{n}X_{ijl})^2}{nb}-\frac{(\sum\sum X)^2}{nab} \tag{5.39}$$

$$SS_B=\sum_{j=1}^{b}\frac{(\sum_{i=1}^{a}\sum_{l=1}^{n}X_{ijl})^2}{na}-\frac{(\sum\sum X)^2}{nab} \tag{5.40}$$

在计算 SS_{AB} 时需要将原始数据转换为 AB 表的形式进行计算，将所有位于同一处理下的 n 个被试分数相加得到 V_{ij}，例如 $V_{12}=X_{112}+X_{212}+X_{312}+X_{412}$，表示在 a_1b_2 条件下的所有被试分数之和。

表 5-2-5　AB **表**

	b_1	b_2	b_3
	【$n=4$】		
a_1	V_{11}	V_{12}	V_{13}
a_2	V_{21}	V_{22}	V_{23}

$$SS_{[AB]}=\sum\frac{(\sum V)^2}{n}-\frac{(\sum\sum X)^2}{N} \tag{5.41}$$

$$SS_{AB}=SS_{[AB]}-SS_A-SS_B \tag{5.42}$$

从和方分解图可以轻易看出 SS_{e1}、SS_{e2} 计算公式：

$$SS_{e(b)}=SS_b-SS_A \tag{5.43}$$

$$SS_{e(w)}=SS_w-SS_B-SS_{AB} \tag{5.44}$$

两因素混合实验设计中，df_t、df_A、df_B、df_{AB} 的计算公式与两因素完全随机方差分析一致，但 df_b 发生了变化：

$$df_b=na-1 \tag{5.45}$$

新增的两个平方和 SS_{e1}、SS_{e2} 对应的自由度计算公式如下：

$$df_{e(b)}=a(n-1) \tag{5.46}$$

$$df_{e(w)}=a(n-1)(b-1) \tag{5.47}$$

两因素混合实验设计方差分析的自由度分解情况如图 5-2-5 所示。

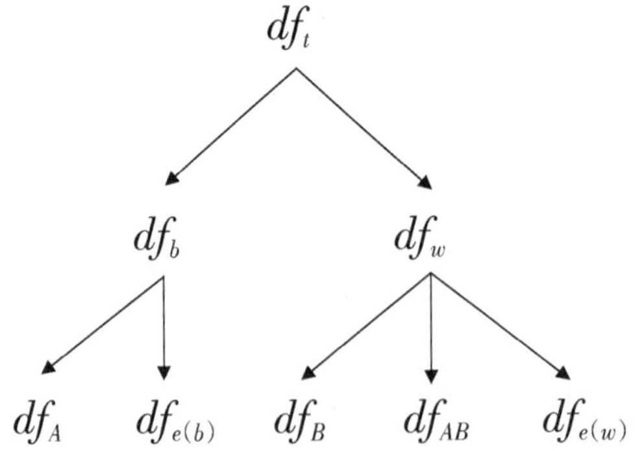

图 5-2-5　**两因素混合实验设计方差分析的自由度分解图**

$MS_{e(b)}$是因素 A 的 F 检验误差项,$MS_{e(w)}$是因素 B 和 AB 交互作用的 F 检验误差项。

$$F_A=\frac{MS_A}{MS_{e(b)}} \tag{5.48}$$

$$F_B=\frac{MS_B}{MS_{e(w)}} \tag{5.49}$$

$$F_{AB}=\frac{MS_{AB}}{MS_{e(w)}} \tag{5.50}$$

2. 基本过程

【例 5-7】采用译码任务研究任务难度和期望水平对工作绩效的影响。实验为 2×2 的两因素混合实验设计,任务难度分为简单、困难两个水平,是被试内因素,期望水平分为高期望和低期望,是被试间因素。12 名大学生参与实验,每分钟译码个数情况如表 5-2-6 所示。请问任务难度和期望水平如何影响工作绩效?

表 5-2-6 每分钟译码个数情况

	高期望		低期望		
	简单	困难	简单	困难	
	35	45	37	33	
	29	36	43	39	
	31	41	47	34	
	32	33	44	43	
	30	36	39	39	
	43	49	40	42	
$\sum_{l=1}^{n}X$	200	240	250	230	$\sum\sum X=920$
$\sum_{l=1}^{n}X^2$	6800	9788	10484	8900	$\sum\sum X^2=35972$

解:

第一步:建立假设

设被试间因素期望水平为 A,被试内因素任务难度为 B,则

$H_0:\mu a_1=\mu a_2$;

$\mu b_1=\mu b_2$;

因素 A 期望水平和因素 B 任务难度的交互作用不显著。

$H_1:\mu a_1\neq\mu a_2$,即高低期望之间每分钟译码个数存在差异;

$\mu b_1\neq\mu b_2$,即简单任务与困难任务之间每分钟译码个数存在差异;

因素 A 期望水平和因素 B 任务难度的交互作用显著,即期望水平对每分钟译码个数

的影响会随任务难度而变化。

第二步:计算平方和

$SS_t=35972\text{-}920^2/24=705.33$

根据表 5-2-7 的 AS 表计算 SS_b:

$SS_b=70666.67-70533.33=133.33$

$SS_w=705.33\text{-}411.33=264.00$

$$SS_A=\frac{[(200+240)^2+(250+230)^2]}{12}\text{-}\frac{920^2}{24}=66.67$$

$$SS_B=\frac{[(200+250)^2+(240+230)^2]}{12}\text{-}\frac{920^2}{24}=16.67$$

根据表 5-2-8 的 AB 表计算 SS_{AB}:

$$SS_{AB}=\frac{213000}{6}\text{-}920^2/24\text{-}66.67\text{-}16.67=150.00$$

$SS_{e(b)}=411.34\text{-}66.67=374.70$

$SS_{e(w)}=267\text{-}16.67\text{-}150=97.33$

表 5-2-7 例 5-7 的 AS 表

高期望	低期望
n=6	
80	70
65	82
72	81
65	87
66	78
92	82

表 5-2-8 例 5-7 的 AB 表

	简单	困难	
	【$n=6$】		
高期望	200	240	
低期望	250	230	
$\sum V_i^2$	102500	110500	$\sum\sum V_{ij}^2=213000$

第三步:计算自由度

$df_t=nab\text{-}1=23$

$df_b=na\text{-}1=11$

$df_w=na(b\text{-}1)=12$

$df_A=a\text{-}1=1$

$df_{e(b)}=a(n-1)=10$

$df_B=b-1=1$

$df_{AB}=(a-1)(b-1)=1$

$df_{e(w)}=a(n-1)(b-1)=10$

第四步：计算均方

$MS_A=66.67/1=66.67$

$MS_B=16.67/1=16.67$

$MS_{AB}=150.00/1=150.00$

$MS_{e(b)}=374.70/10=37.47$

$MS_{e(w)}=97.33/10=9.73$

第五步：计算 F 值，并与临界值比较做出推断结论

$F_A=66.67/37.47=1.78$

$F_B=16.67/9.73=1.71$

$F_{AB}=150.00/9.73=15.42$

查 F 分布表（单侧），$F_{.05(1,10)}=4.96$，$F_{.01(1,10)}=10.04$，$F_{A(1,10)}=1.78$ 小于 4.96，因此 A 因素的主效应不显著，高低期望之间每分钟译码个数不存在差异。

$F_{B(1,10)}=1.17$ 小于 4.96，因此 B 因素的主效应不显著，简单任务与困难任务之间每分钟译码个数不存在差异。

$F_{AB(1,10)}=15.42$ 大于 10.04，因此 A 因素和 B 因素的交互作用显著，期望水平对每分钟译码个数的影响会随任务难度而变化。

第六步：陈列方差分析表

将上述结果整理为方差分析表，如表 5-2-9 所示。

表 5-2-9 例 5-7 的方差分析表

变异源	平方和	自由度	均方	F	p
组间	441.33	11			
A 的主效应	66.67	1	66.67	1.78	>0.05
组间残差	374.70	10	37.47		
组内	264.00	12			
B 的主效应	16.67	1	16.67	1.71	>0.05
交互作用	150.00	1	150.00	15.42	<0.01
组内残差	97.33	10	9.73		
合计	705.33	23			

方差分析结果显示，期望水平和任务难度不能显著影响每分钟译码个数，但二者存在显著的交互作用，即期望水平对每分钟译码个数的影响随任务难度而变化。

六、两因素重复测量方差分析

1. 逻辑基础

在一个两因素的实验设计中，两个因素都是重复测量就被称为两因素重复测量设计。其优点是能分离出所有由被试个体差异引起的变异，达到减少实验误差，提高结果精度的目的。

两因素重复测量的平方和分解第一步仍为 SS_t 分解为 SS_b 和 SS_w，因为两个因素都是被试内因素，所以 SS_b 不再分解。SS_A、SS_B 和 SS_{AB} 分别有对应的残差项，均在 SS_w 下。两因素重复测量的和方分解如图 5-2-6 所示。

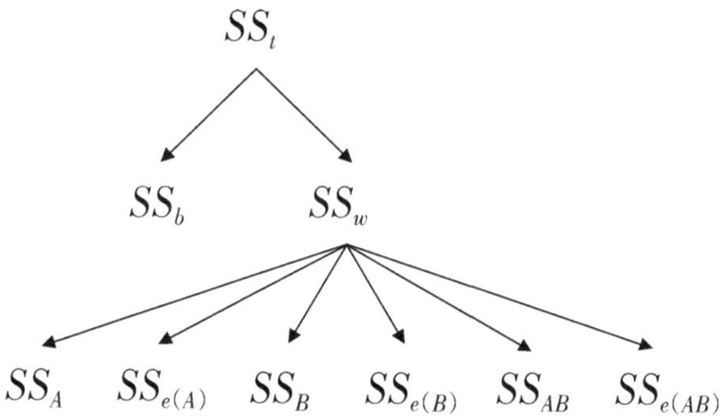

图 5-2-6　两因素重复测量方差分析的和方分解

仍假设因素 A 有 a_1、a_2 两个水平，因素 B 有 b_1、b_2、b_3 三个水平，$n=4$，此时因素 A 和因素 B 均为被试内因素，如表 5-2-10 所示。X_{lij} 表示第一个被试在 a_ib_j 组合实验处理条件下的得分情况。

表 5-2-10　两因素重复测量实验设计被试分配表

	a_1b_1	a_1b_2	a_1b_3	a_2b_1	a_2b_2	a_2b_3
S_1	X_{111}	X_{112}	X_{113}	X_{121}	X_{122}	X_{123}
S_2	X_{211}	X_{212}	X_{213}	X_{221}	X_{222}	X_{223}
S_3	X_{311}	X_{312}	X_{313}	X_{321}	X_{322}	X_{323}
S_4	X_{411}	X_{412}	X_{413}	X_{421}	X_{422}	X_{423}

SS_t 不变，和其他方差分析的 SS_t 计算公式一致。此时的 SS_b 体现为每个被试之间的差异，需要将每个被试的所有得分相加得到 S_i 在进行计算。SS_w 用 SS_t 减去 SS_b 就能得到。SS_A 和 SS_B 的计算方式同两因素完全随机方差分析，SS_{AB} 的计算在构造 AB 表后求得 $SS_{[AB]}$，再减去 SS_A 和 SS_B。

$$SS_t=\sum\sum X^2-\frac{(\sum\sum X)^2}{nab} \tag{5.51}$$

$$SS_b = \sum\frac{(\sum S)^2}{ab} - \frac{(\sum\sum X)^2}{N} \tag{5.52}$$

$$SS_w = SS_t - SS_b \tag{5.53}$$

$$SS_{[AB]} = \sum\frac{(\sum V)^2}{n} - \frac{(\sum\sum X)^2}{N} \tag{5.54}$$

$$SS_{AB} = SS_{[AB]} - SS_A - SS_B \tag{5.55}$$

求 $SS_{e(A)}$ 需要构造 AS 表，将因素 A 同一水平下的各被试分数分别相加得到 M_{ni}，例如 $M_{21} = X_{211} + X_{212} + X_{213}$，表示第 2 名被试在 a_1 水平下的得分之和。如表 5-2-11 所示。BS 表同理，将因素 B 同一水平下的各被试分数分别相加得到 N_{nj}。

表 5-2-11　AS **表**

a_1	a_2
M_{11}	M_{12}
M_{21}	M_{22}
M_{31}	M_{33}
M_{41}	M_{44}

$$SS_{[AS]} = \sum\frac{(\sum M)^2}{b} - \frac{(\sum\sum X)^2}{N} \tag{5.56}$$

$$SS_{e(A)} = SS_{[AS]} - SS_A - SS_b \tag{5.57}$$

$$SS_{[BS]} = \sum\frac{(\sum N)^2}{a} - \frac{(\sum\sum X)^2}{N} \tag{5.58}$$

$$SS_{e(B)} = SS_{[BS]} - SS_B - SS_b \tag{5.59}$$

$$SS_{e(AB)} = SS_w - SS_A - SS_B - SS_{AB} - SS_{e(A)} - SS_{e(B)} \tag{5.60}$$

两因素重复测量各部分的自由度计算公式如下，自由度分解如图 5-2-7 所示。

$$df_t = nab - 1 \tag{5.61}$$

$$df_b = n - 1 \tag{5.62}$$

$$df_w = n(ab - 1) \tag{5.63}$$

$$df_A = a - 1 \tag{5.64}$$

$$df_{e(A)} = (n-1)(a-1) \tag{5.65}$$

$$df_B = b - 1 \tag{5.66}$$

$$df_{e(B)} = (n-1)(b-1) \tag{5.67}$$

$$df_{AB} = (a-1)(b-1) \tag{5.68}$$

$$df_{e(AB)} = (n-1)(a-1)(b-1) \tag{5.69}$$

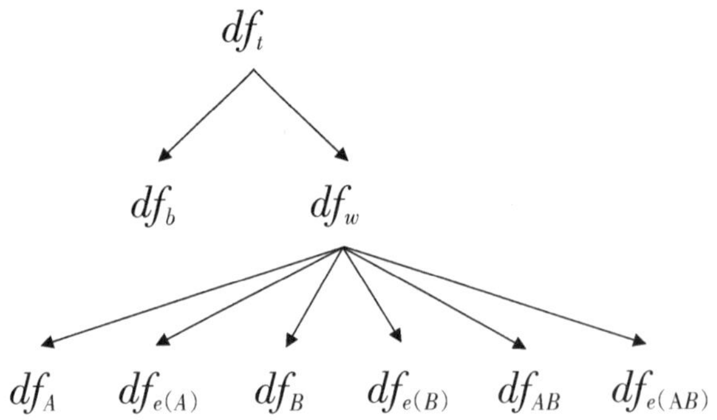

图 5-2-7　两因素重复测量方差分析的自由度分解

F_A、F_B 和 F_{AB} 在计算时，都有自己对应的残差项，计算公式如下：

$$F_A = \frac{MS_A}{MS_{e(A)}} \tag{5.70}$$

$$F_B = \frac{MS_B}{MS_{e(B)}} \tag{5.71}$$

$$F_{AB} = \frac{MS_{AB}}{MS_{e(AB)}} \tag{5.72}$$

2. 基本过程

【例 5-8】利用心理实验台重复 Cooper 的表象的心理旋转实验，这是一个 2×6 的被试内实验设计，正 R 和反 R 分别以 0°、60°、120°、180°、210°、300°共 6 种角度呈现，被试任务是在无提示情况下又快又好判断 R 的正反情况。6 名随机选取的被试在 12 种处理下的平均反应时(毫秒)如表 5-2-12 所示(为方便计算，表中呈现数据为实际数据的 1/10 且取整)。请问该结果是否能验证心理旋转现象的存在？

表 5-2-12　心理旋转实验平均反应时

	正 R						反 R						$\sum_1^{ab} X$
	0°	60°	120°	180°	240°	300°	0°	60°	120°	180°	240°	300°	
	46	54	92	122	78	49	52	73	92	122	89	68	937
	54	59	82	113	85	51	66	61	95	134	87	73	960
	49	66	103	97	69	64	61	71	105	121	84	60	950
	56	58	89	119	83	53	48	82	91	102	106	66	953
	48	61	99	105	89	47	54	65	107	128	82	57	942

续表

	正 R						反 R						$\sum_{1}^{ab} X$
	47	52	85	94	76	56	59	68	110	113	92	76	928
$\sum_{l=1}^{n} X$	300	350	540	650	480	320	340	420	600	720	540	400	$\sum\sum X=5670$
$\sum_{l=1}^{n} X^2$	15082	20542	50744	71084	38656	17252	19482	29664	60344	87038	48970	26934	$\sum\sum X^2=485792$

解：

第一步：建立假设

设 R 的正反为 A，旋转角度为 B，则

$H_0: \mu a_1 = \mu a_2$；

$\mu b_1 = \mu b_2 = \mu b_3 = \mu b_4 = \mu b_5 = \mu b_6$；

因素 A 和因素 B 的交互作用不显著。

$H_1: \mu a_1 \neq \mu a_2$，正 R 和反 R 的反应时存在差异；

六种旋转角度至少有一对平均数不相等，即至少有两种旋转角度下的反应时不相等；

因素 A 和因素 B 的交互作用显著，即 R 的正反对反应时的影响会随旋转角度而变化。

第二步：计算平方和

$SS_t = 485792 - 5670^2/72 = 39279.50$

$SS_b = (937^2 + 960^2 + 950^2 + 953^2 + 942^2 + 928^2)/12 - 5670^2/72 = 56.33$

$SS_w = 39279.50 - 56.33 = 39223.17$

$SS_A =$

$$\frac{[(300+350+540+650+480+320)^2+(340+420+600+720+540+400)^2]}{36}-\frac{5670^2}{72} = 1901.39$$

根据表 5-2-13 的 AS 表计算 $SS_{e(A)}$：

$$SS_{e(A)} = 2692460/6 - \frac{5670^2}{72} - 1901.39 - 56.33 = 273.11$$

$SS_B = \frac{[(300+340)^2+(350+420)^2+(540+600)^2+(650+720)^2+(480+540)^2+(320+400)^2]}{12} - \frac{5670^2}{72} = 33545.83$

根据表 5-2-14 的 BS 表计算 $SS_{e(B)}$：

$SS_{e(B)} = 964002/2 - \frac{5670^2}{72} - 33545.83 - 56.33 = 1886.33$

根据表 5-2-15 的 AB 表计算 SS_{AB}：

$SS_{AB} = \frac{2892300}{6} - \frac{5670^2}{72} - 1901.39 - 33545.83 = 90.28$

$SS_{e(AB)} = 39223.17 - 1901.39 - 273.11 - 33545.83 - 1886.33 - 90.28 = 1526.22$

表 5-2-13 例 5-8 的 AS 表

	正 R	反 R	
	n=6		
	441	496	
	444	516	
	448	502	
	458	495	
	449	493	
	410	518	
$\sum M_l^2$	1171786	1520674	$\sum\sum M_{li}^2 = 2692460$

表 5-2-14 例 5-8 的 BS 表

	0°	60°	120°	180°	210°	300°	
	98	127	184	244	167	117	
	120	120	177	247	172	124	
	110	137	208	218	153	124	
	104	140	180	221	189	119	
	102	126	206	233	171	104	
	106	120	195	207	168	132	
$\sum M_l^2$	68560	99174	221310	314048	174068	86842	$\sum\sum M_{li}^2 = 964002$

表 5-2-15 例 5-8 的 AB 表

	0°	60°	120°	180°	210°	300°	
正 R	300	350	540	650	480	320	
反 R	340	420	600	720	540	400	
$\sum V_i^2$	205600	298900	662500	940900	522000	262400	$\sum\sum V_{ij}^2=2892300$

第三步:计算自由度

$df_t=nab-1=71$

$df_b=n-1=5$

$df_w=n(ab-1)=66$

$df_A=a-1=1$

$df_{e(A)}=(n-1)(a-1)=5$

$df_B=b-1=5$

$df_{e(B)}=(n-1)(b-1)=25$

$df_{AB}=(a-1)(b-1)=5$

$df_{e(AB)}=(n-1)(a-1)(b-1)=25$

第四步：计算均方

$MS_A=1901.39/1=1901.39$

$MS_B=33545.83/5=6709.17$

$MS_{AB}=90.28/5=18.06$

$MS_{e(A)}=273.11/5=54.62$

$MS_{e(B)}=1886.33/25=75.45$

$MS_{e(AB)}=1526.22/25=61.05$

第五步:计算 F 值,并与临界值比较做出推断结论

$F_A=1901.39/54.62=34.81$

$F_B=6709.17/75.45=88.92$

$F_{AB}=18.06/61.05=0.30$

查 F 分布表(单侧),$F_{.05(1,5)}=6.61$,$F_{.01(1,5)}=16.26$,$F_{A(1,5)}=34.81$ 大于 16.26,因此 A 因素的主效应在 0.01 水平显著,即正 R 和反 R 的反应时存在差异。

查 F 分布表(单侧),$F_{.05(5,25)}=2.60$,$F_{.01(5,25)}=3.86$,$F_{B(5,25)}=88.92$ 大于 3.86,因此 B 因素的主效应在 0.01 水平显著,即至少有两个旋转角度之间的反应时存在差异。$F_{AB(5,25)}=0.30<2.60$,因此 A 因素和 B 因素的交互作用不显著,R 的正反对反应时的影响不会随旋转角度而变化。

第六步:陈列方差分析表

将上述结果整理为方差分析表,如表 5-2-16 所示。

表 5-2-16 例 5-8 的方差分析表

变异源	平方和	自由度	均方	F	p
组间	56.33	5			
组内	39223.17	66			
A 的主效应	1901.39	1	1901.39	34.81	<0.01
A 的残差	273.11	5	54.62		
B 的主效应	33545.83	5	6709.17	88.92	<0.01
B 的残差	1886.33	25	75.45		
交互作用	90.28	5	18.06	0.30	>0.05
交互作用的残差	1526.22	25	61.05		
合计	39279.50	71			

方差分析结果显示，R 的正反和旋转角度都能显著影响被试反应时，但二者不存在交互作用，即 R 的正反对反应时的影响不会随旋转角度而变化。

七、两因素方差分析的效应量

两因素方差分析计算效应量的方法与单因素方差分析大致相同。但在单因素中只需计算一个效应量，而在两因素中，需计算 A 因素的效应量、B 因素的效应量以及交互作用的效应量。

1. η^2

η_A^2、η_B^2、η_{AB}^2 分别用对应的平方和除以总平方和即可求得，公式如下：

$$\eta_A^2 = \frac{SS_A}{SS_t} \tag{5.73}$$

$$\eta_B^2 = \frac{SS_B}{SS_t} \tag{5.74}$$

$$\eta_{AB}^2 = \frac{SS_{AB}}{SS_t} \tag{5.75}$$

$\eta_{p(A)}^2$、$\eta_{p(B)}^2$、$\eta_{p(AB)}^2$ 在计算时，则需要注意选取与处理效应相关的残差项 SS_e。在两因素完全随机方差分析中：

$$\eta_{p(A)}^2 = \frac{SS_A}{SS_A + SS_w} \tag{5.76}$$

$$\eta_{p(B)}^2 = \frac{SS_B}{SS_B + SS_w} \tag{5.77}$$

$$\eta_{p(AB)}^2 = \frac{SS_{AB}}{SS_{AB} + SS_w} \tag{5.78}$$

在两因素混合实验设计方差分析中，

$$\eta^2_{p(A)}=\frac{SS_A}{SS_A+SS_{e(b)}} \tag{5.79}$$

$$\eta^2_{p(B)}=\frac{SS_B}{SS_B+SS_{e(w)}} \tag{5.80}$$

$$\eta^2_{p(AB)}=\frac{SS_{AB}}{SS_{AB}+SS_{e(w)}} \tag{5.81}$$

在两因素重复测量方差分析中，

$$\eta^2_{p(A)}=\frac{SS_A}{SS_A+SS_{e(A)}} \tag{5.82}$$

$$\eta^2_{p(B)}=\frac{SS_B}{SS_B+SS_{e(B)}} \tag{5.83}$$

$$\eta^2_{p(AB)}=\frac{SS_{AB}}{SS_{AB}+SS_{e(AB)}} \tag{5.84}$$

例如在例 5-8 中，分别计算 $\eta^2_{p(A)}$、$\eta^2_{p(B)}$ 和 $\eta^2_{p(AB)}$。

$\eta^2_{p(A)}=\frac{1901.39}{1901.39+273.11}=0.87$，大于 0.14，属于大效应量；

$\eta^2_{p(B)}=\frac{33545.83}{33545.83+1886.33}=0.95$，大于 0.14，属于大效应量；

$\eta^2_{p(AB)}=\frac{90.28}{90.28+1526.22}=0.06$，大于 0.05，属于中等效应。

η^2_p 的置信区间同样可以通过 Smithson 提供的脚本在 SPSS 中输出，详见本章第一节。

八、事后多重比较与简单效应检验

1. 事后多重比较

主效应显著时，若该因素只有两个水平，则可以直接根据两个水平均值的高低做出判断。例如在例 5-6 中，性别的主效应显著，说明男生的心理健康水平显著优于女生。若该因素有三个水平及以上，就需要进行事后多重比较以确定哪些水平之间有差异，哪些水平之间无差异。类似于单因素方差分析的事后多重比较，一般有 HSD、LSD、Scheffe、bonferron 检验等方法，具体请参见本章第一节“方差分析的事后检验”。

2. 简单效应检验

主效应显著需要进行事后多重比较，交互作用显著则需要进行简单效应检验。简单效应指的是一个因素在另一个因素某个水平上差异显著的处理效应。进行简单效应检验，能让我们确定差异究竟来自哪一部分，获得更深入的研究结果。

在例 5-7 中交互作用显著，需要检验在因素 B 的 b_1 水平上，因素 A 的不同水平之间是否差异显著，以及在因素 B 的 b_2 水平上，因素 A 的不同水平之间是否差异显著。同理，可以检验在因素 A 某水平上，因素 B 是否存在显著性差异。

简单效应检验也是基于 F 检验，需要重新计算平方和、自由度、均方后，用新均方除以对应的残差均方得到 F 值，查表判断显著性。例 5-7 的 AB 表如表 5-2-17 所示。

表 5-2-17 例 5-7 的 AB 表

	简单b_1	困难b_2	$\sum V_j$
	【$n=6$】		
高期望a_1	200	240	440
低期望a_2	250	230	480
$\sum V_i$	450	470	$\sum\sum V_{ij}=920$
$\sum V_i^2$	102500	110500	$\sum\sum V_{ij}^2=213000$

在判断因素 A 在因素 B 两个水平上是否存在显著性差异时，有：

$SS_{Ab_1}=\sum\frac{(\sum V)^2}{n}-\frac{(\sum V_{i1})^2}{nk}=(200^2+250^2)/6-450^2/12=208.3$，$df_{Ab_1}=2-1=1$，$MS_{Ab_1}=208.33$

$SS_{Ab_2}=(240^2+230^2)/6-470^2/12=8.33$，$df_{Ab_1}=2-1=1$，$MS_{Ab_1}=8.33$

新均方 MS_{Ab_1}、MS_{Ab_1} 再除以对应的残差均方 $MS_{e(b)}$，即可得到对应的 F 值：

$F_{Ab_1}=208.33/37.47=5.56$，$F_{Ab_2}=8.33/37.47=0.22$

查 F 分布表(单侧)，$F_{.05(1,10)}=4.96$，$F_{.01(1,10)}=10.04$，$F_{Ab_1}=5.56>4.96$，$F_{Ab_2}=0.22<4.96$，所以因素 A 在 b_1 水平上差异显著，在 b_2 水平上无显著差异，即当任务难度为简单任务时，每分钟译码个数在期望水平高低上存在显著性差异。

同理，判断因素 B 在因素 A 两个水平上是否存在显著性差异时，有：

$SS_{Ba_1}=(200^2+240^2)/6-440^2/12=133.33$，$df_{Ab_1}=2-1=1$，$MS_{Ab_1}=133.33$

$SS_{Ba_2}=(250^2+230^2)/6-480^2/12=33.33$，$df_{Ab_1}=2-1=1$，$MS_{Ab_1}=33.33$

$F_{Ba_1}=133.33/9.73=13.70$，$F_{Ba_2}=33.33/9.73=3.46$

已知 $F_{.05(1,10)}=4.96$，$F_{.01(1,10)}=10.04$，$F_{Ba_1}=13.70>10.04$，$F_{Ba_2}=3.46<4.96$，所以因素 B 在 a_1 水平上差异显著，在 a_2 水平上无显著差异，即在高期望水平时，任务难度会对每分钟译码个数产生显著影响。

九、两因素完全随机方差分析的 SPSS 操作

1.案例：以例 5-6 初中生的心理健康状况为例，演示两因素完全随机方差分析的 SPSS 过程。

2. 步骤

(1)数据:在 SPSS 中一行数据来自一个个体,共有 36 名学生,会有 36 行数据。有两个自变量,性别分为男、女两个水平,分别用 1、2 表示,年级分为初一、初二、初三共三个水平,分别用 1、2、3 表示。

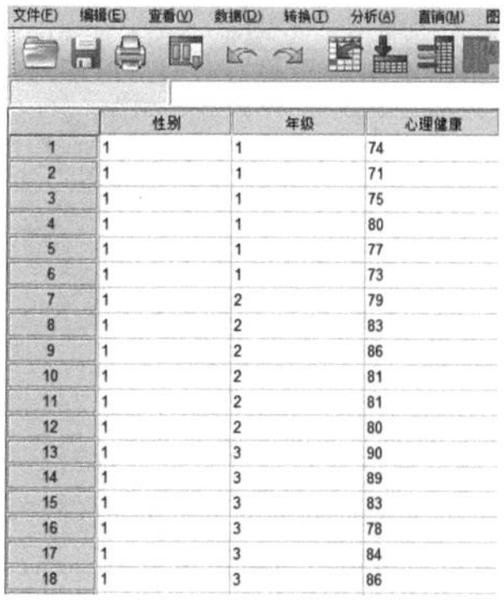

	性别	年级	心理健康
1	1	1	74
2	1	1	71
3	1	1	75
4	1	1	80
5	1	1	77
6	1	1	73
7	1	2	79
8	1	2	83
9	1	2	86
10	1	2	81
11	1	2	81
12	1	2	80
13	1	3	90
14	1	3	89
15	1	3	83
16	1	3	78
17	1	3	84
18	1	3	86

(2)启动分析过程:点击【分析】→【一般线性模型】→【单变量】菜单命令。

(3) 设置分析变量:选择一个或多个因子变量进入“因变量”列表框中,本例选择“心理健康”;选择一个因素变量进入“固定因子”框中,本例选择“性别”“年级”。

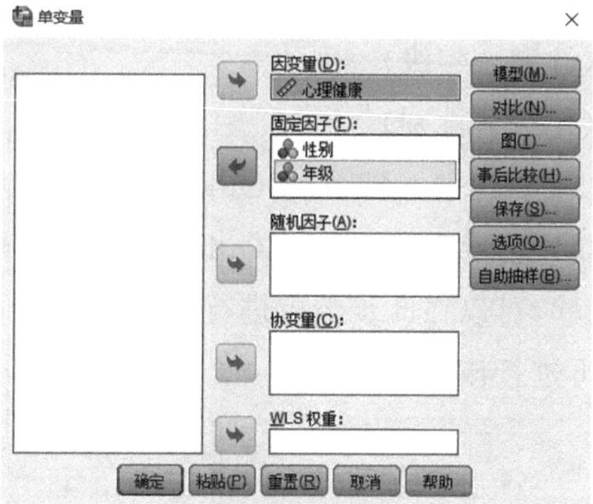

(4)设置事后多重比较:在主对话框里单击【事后比较】按钮,将有三个水平的年级变量点选至右侧框内,同时勾选“LSD”方法。

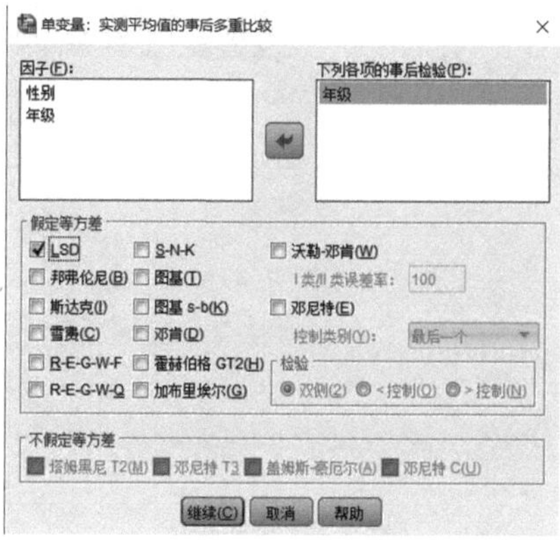

(5)设置输出统计量:在主对话框里单击【选项】按钮,将想要得知平均值的变量点选至右侧框内,在下方勾选“描述统计”“齐性检验”“效应量估算”“实测幂”。

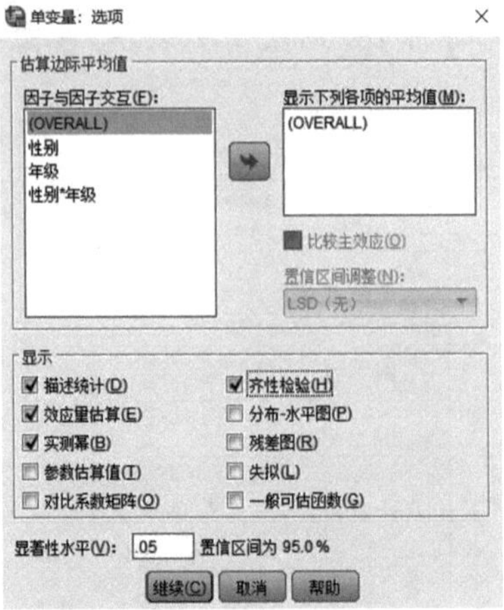

(6)编辑插入命令:在主对话框中单击下方【粘贴】按钮,弹出 Syntax 编辑窗口,在“/INTERCEPT=INCLUDE”语句下方插入下列命令。在 Syntax 的编辑窗口单击【运行】→【全部】按钮,提交执行,输出结果。前两行是交互作用图命令,若不画交互作用图,则可省略前两行命令。

/PLOT=PROFILE(性别 * 年级)

/PLOT=PROFILE(年级 * 性别)

/EMMEANS=TABLES(性别 * 年级) COMPARE(年级)ADJ(SIDAK)

/EMMEANS=TABLES(年级 * 性别) COMPARE(性别)ADJ(SIDAK)

此步骤为简单效应检验,可以在此步骤后进行,也可以先不进行,输出结果后看交互作用是否显著,若显著则再进行该步操作。

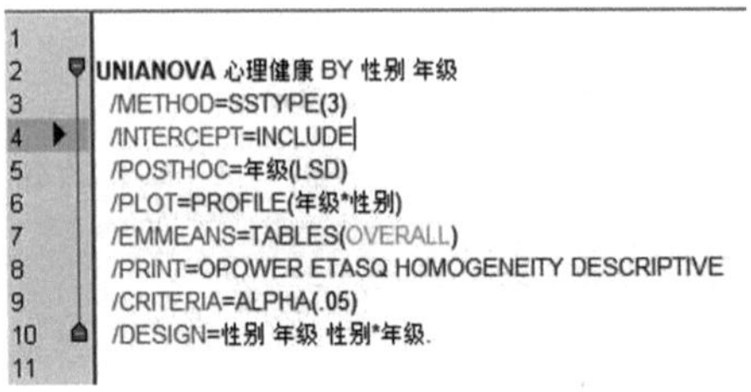

3.结果

(1)主体间因子

主题间因子

		个案数
性别	1	18
	2	18
年级	1	12
	2	12
	3	12

从该表中可以看出各变量各水平下的被试数,例如初一年级有 12 人。

(2) 描述统计

描述统计

因变量:心理健康

性别	年级	平均值	标准偏差	个案数
1	1	75.00	3.162	6
	2	81.67	2.503	6
	3	85.00	4.382	6
	总计	80.56	5.360	18
2	1	78.33	1.966	6
	2	83.33	2.160	6
	3	88.33	3.386	6
	总计	83.33	4.851	18
总计	1	78.67	3.055	12
	2	82.50	2.393	12
	3	86.67	4.119	12
	总计	81.94	5.231	36

从该表中可以看出一共 2×3=6 种条件下的平均值、标准差、个案数等情况,例如初一女学生的心理健康平均值为 78.33,标准差为 1.966,计算表 5-2-1 中数据可验证。

(3) 方差齐性检验

误差方差的莱文等同性检验[a]

因变量:心理健康

F	自由度 1	自由度 2	显著性
.967	5	30	.454

检验"各个组中的因变量误差方差相等"这一原假设。

a. 设计:截距+性别+年级+性别 * 年级

该表为方差齐性检验结果，显著性概率 p 为 0.454>0.05，表明各组方差在 $\alpha=0.05$ 水平上没有显著性差异，即方差齐性。符合方差分析的前提假设，可以进行下一步分析。

(4)方差分析表

主题间效应检验

因变量：心理健康

源	Ⅲ类平方和	自由度	均方	F	显著性	偏 Eta 平方	非中心参数	实测幂[b]
修正模型	680.556[a]	5	136.111	14.724	.000	.710	73.618	1.000
截距	241736.111	1	241736.111	26149.339	.000	.999	26149.339	1.000
性别	69.444	1	69.444	7.512	.010	.200	7.512	.756
年级	605.556	2	302.778	32.752	.000	.686	65.505	1.000
性别 * 年级	5.556	2	2.778	.300	.743	.020	.601	.093
误差	277.333	30	9.244					
总计	242694.000	36						
修正后总计	957.889	35						

a. R 方=0.710(调整后 R 方=0.662)。

b. 使用 Alpha=0.05 进行计算

第一列是变异来源，其中“修正模型”的平方和为性别、年级、性别 * 年级三项之和，“修正后总计”是修正模型、误差两项之和，“总计”是修正后总计、截距两项之和。

性别和年级的主效应显著，但二者的交互作用不显著，三者的效应量 η_p^2 依次为 0.200、0.686 和 0.020，前两个为大效应，最后一个为小效应。可以得出结论：不同性别之间的初中生心理健康水平存在显著差异，不同年级的初中生心理健康水平存在显著差异，性别和年级之间不存在交互作用，前两个结论可靠性高，最后一个结论可靠性较低。

(5)多重比较表

多重比较

因变量：心理健康

LSD

(I 年级)	(J)年级	平均值差值(I-J)	标准误差	显著性	95%置信区间	
					下限	上限
1	2	-5.83*	1.241	.000	-8.37	-3.30
	3	-10.00*	1.241	.000	-12.54	-7.46
2	1	5.83*	1.241	.000	3.30	8.37
	3	-4.17*	1.241	.002	-6.70	-1.63
3	1	10.00*	1.241	.000	7.46	12.54
	2	4.17*	1.241	.002	1.63	6.70

基于实测平均值。

误差项是均方(误差)=9.244。

* 平均值差值的显著性水平为 0.05。

由于年级有三个水平，所以在其主效应显著后还需进行事后多重比较。

第一行是初一与初二相比，平均值差值为-5.83，并标识了 * 号，对应的显著性 $p < 0.01$，拒绝原假设。可以得出结论：初一和初二学生心理健康水平存在显著差异，初二学生得分更高，心理健康水平更差。同理可以得出初一学生心理健康水平好于初三学生，初二学生心理健康水平也好于初三学生。

(6)性别 * 年级、年级 * 性别的估算值

①性别 * 年级

估算值

因变量：心理健康

性别	年级	平均值	标准误差	95%置信区间	
				下限	上限
1	1	75.000	1.241	72.465	77.535
	2	81.667	1.241	79.132	84.202
	3	85.000	1.241	82.465	87.535
2	1	78.333	1.241	75.798	80.868
	2	83.333	1.241	80.798	85.868
	3	88.333	1.241	85.798	90.868

②年级 * 性别

估算值

因变量：心理健康

年级	性别	平均值	标准误差	95%置信区间	
				下限	上限
1	1	75.000	1.241	72.465	77.535
	2	78.333	1.241	75.798	80.868
2	1	81.667	1.241	79.132	84.202
	2	83.333	1.241	80.798	85.868
3	1	85.000	1.241	82.465	87.535
	2	88.333	1.241	85.798	90.868

从这两张估算值表中，可以获取每种处理下的平均值、标准误差、95%置信区间等信息。例如在性别为 2、年级为 3 时，即初三女生的心理健康平均值为 88.333，标准误差 1.241，95%置信区间的上下限分别为 85.798 和 90.868。

（7）简单效应检验

成对比较

因变量：心理健康

性别	(I)年级	(J)年级	平均值差值(I－J)	标准误差	显著性[b]	差值的 95%置信区间[b] 下限	上限
1	1	2	－6.667*	1.755	.002	－11.105	－2.228
		3	－10.000*	1.755	.000	－14.439	－5.561
	2	1	6.667*	1.755	.002	2.228	11.105
		3	－3.333	1.755	.188	－7.772	1.105
	3	1	10.000*	1.755	.000	5.561	14.439
		2	3.333	1.755	.188	－1.105	7.772
2	1	2	－5.000*	1.755	.023	－9.439	－.561
		3	－10.000*	1.755	.000	－14.439	－5.561
	2	1	5.000*	1.755	.023	.561	9.439
		3	－5.000*	1.755	.023	－9.439	－.561
	3	1	10.000*	1.755	.000	5.561	14.439
		2	5.000*	1.755	.023	.561	9.439

基于估算边际平均值

* 平均值差值的显著性水平为.05。

b. 多重比较调节：斯达克法。

成对比较

因变量：心理健康

年级	(I)性别	(J)性别	平均值差值(I－J)	标准误差	显著性[a]	差值的 95%置信区间[a] 下限	上限
1	1	2	－3.333	1.755	.067	－6.918	.252
	2	1	3.333	1.755	.067	－.252	6.918
2	1	2	－1.667	1.755	.350	－5.252	1.918
	2	1	1.667	1.755	.350	－1.918	5.252
3	1	2	－3.333	1.755	.067	－6.918	.252
	2	1	3.333	1.755	.067	－.252	6.918

基于估算边际平均值

a. 多重比较调节：斯达克法。

由于交互作用不显著，无须做简单效应检验，即不需要对该表进行报告。

(8)交互作用图

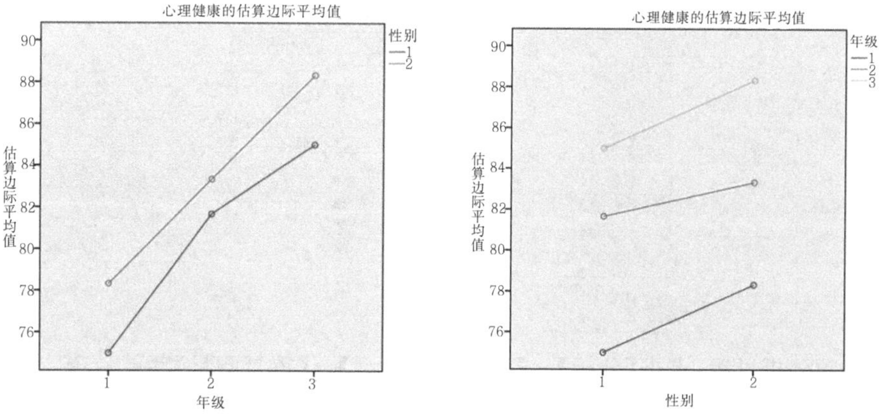

从交互作用图可以直观看出,男生心理健康量表得分不论在哪个年级都低于女生得分,也就是说男生的心理健康水平更佳。同时可以发现不管男生还是女生,心理健康量表得分都是随着年级的增高而增加的,有相似的变化趋势。因此,二者之间不存在交互作用。

通过以上结果,我们可以得出一个总结论:对不同性别、不同年级的初中生心理健康水平进行方差分析,方差齐性,满足前提假设。性别、年级的主效应显著(可靠性高),交互作用不显著(可靠性较低)。男生心理健康水平优于女生,初一心理健康水平最佳,初三最差,初二介于二者之间。

十、两因素混合实验设计方差分析的 SPSS 操作

1. 案例:以例 5-7 期望水平和任务难度对每分钟译码个数的影响为例,演示两因素混合实验设计方差分析的 SPSS 过程。

2. 步骤

(1)数据:12 名被试,12 行数据,期望水平为被试间因素,分为高低两个水平,分别用 1、2 表示,任务难度分为简单和困难两个水平,分别对应“简单任务”列和“困难任务”列。数据格式如下图所示。

	期望水平	简单任务	困难任务
1	1	35	45
2	1	29	36
3	1	31	41
4	1	32	33
5	1	30	36
6	1	43	49
7	2	37	33
8	2	43	39
9	2	47	34
10	2	44	43
11	2	39	39
12	2	40	42

(2)启动分析过程:点击【分析】→【一般线性模型】→【重复测量】菜单命令。

(3) 设置分析变量:在“主体内因子”框中输入“任务难度”,“级别数”填“2”,点击【添加】按钮,左下角的【定义】按钮被激活。点击【定义】按钮进入主对话框,将左侧变量“简单任务”“困难任务”点选至“主体内变量”框中,“期望水平”点选至“主体间因子”框中。

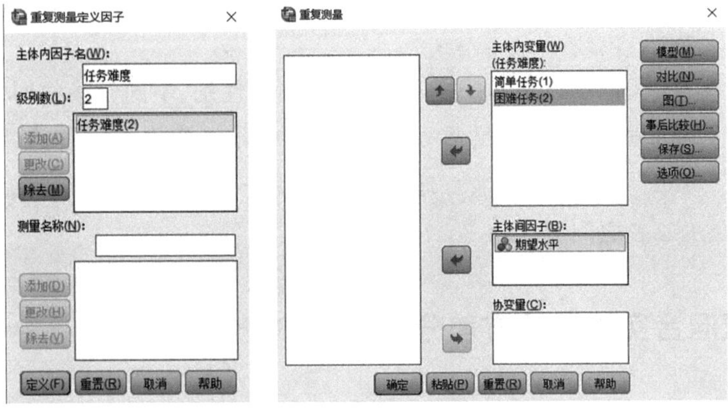

(4)设置输出统计量:在主对话框中单击【选项】按钮,打开“选项”对话框。将想要得知平均值的变量点选至右侧框内,下面勾选“描述统计”“齐性检验”“效应量估算”“实测幂”这四个复选框。

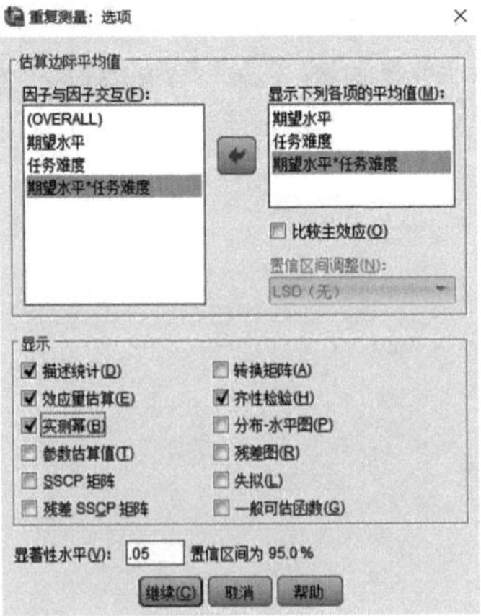

(5) 编辑插入命令:在主对话框中单击下方【粘贴】按钮,弹出 Syntax 编辑窗口,在“/METHOD=SSTYPE(3)”语句下方插入下列命令。在 Syntax 的编辑窗口单击【运行】→【全部】按钮,提交执行,输出结果。

/PLOT=PROFILE(期望水平 * 任务难度)

/PLOT=PROFILE(任务难度 * 期望水平)

/EMMEANS=TABLES(期望水平 * 任务难度) COMPARE(任务难度) ADJ(SIDAK)

/EMMEANS=TABLES(任务难度 * 期望水平) COMPARE(期望水平) ADJ(SIDAK)

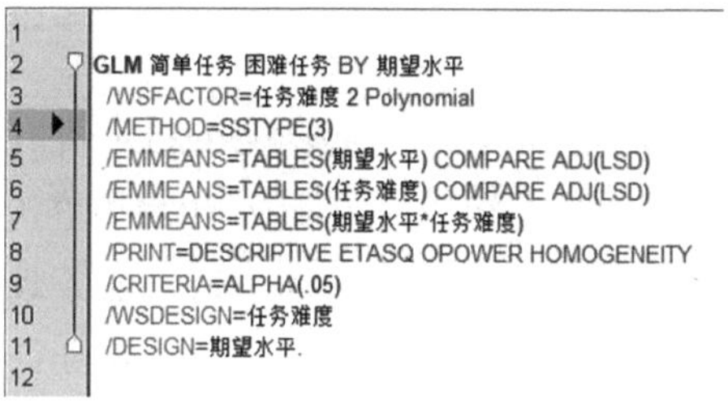

```
GLM 简单任务 困难任务 BY 期望水平
 /WSFACTOR=任务难度 2 Polynomial
 /METHOD=SSTYPE(3)
 /EMMEANS=TABLES(期望水平) COMPARE ADJ(LSD)
 /EMMEANS=TABLES(任务难度) COMPARE ADJ(LSD)
 /EMMEANS=TABLES(期望水平*任务难度)
 /PRINT=DESCRIPTIVE ETASQ OPOWER HOMOGENEITY
 /CRITERIA=ALPHA(.05)
 /WSDESIGN=任务难度
 /DESIGN=期望水平.
```

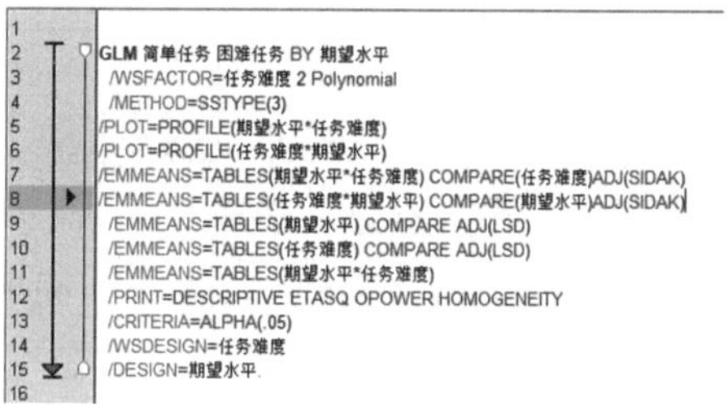

```
GLM 简单任务 困难任务 BY 期望水平
 /WSFACTOR=任务难度 2 Polynomial
 /METHOD=SSTYPE(3)
/PLOT=PROFILE(期望水平*任务难度)
/PLOT=PROFILE(任务难度*期望水平)
/EMMEANS=TABLES(期望水平*任务难度) COMPARE(任务难度)ADJ(SIDAK)
/EMMEANS=TABLES(任务难度*期望水平) COMPARE(期望水平)ADJ(SIDAK)
 /EMMEANS=TABLES(期望水平) COMPARE ADJ(LSD)
 /EMMEANS=TABLES(任务难度) COMPARE ADJ(LSD)
 /EMMEANS=TABLES(期望水平*任务难度)
 /PRINT=DESCRIPTIVE ETASQ OPOWER HOMOGENEITY
 /CRITERIA=ALPHA(.05)
 /WSDESIGN=任务难度
 /DESIGN=期望水平.
```

3. 结果

(1)莫奇来球形检验

莫奇来球形度检验[a]

测量:MEASURE_1

主体内效应	莫奇来 W	近似卡方	自由度	显著性	Epsilon[b]		
					格林豪斯·盖斯勒	辛·费德特	下限
任务难度	1.000	.000	0	.	1.000	1.000	1.000

检验“正交化转换后因变量的误差协方差矩阵与恒等矩阵成比例”这一原假设。

a. 设计:截距+期望水平

主体内设计:任务难度

b. 可用于调整平均显著性检验的自由度,修正检验将显示在“主体内效应检验”表中。

当被试内变量只有两个水平时,不满足使用莫来奇球形检验的前提假设,故不显示显著性水平。

(2)主体内效应的检验

主体内效应检验

测量:MEASURE_1

源		Ⅲ类平方和	自由度	均方	F	显著性	偏 Eta 平方	非中心参数	实测幂[a]
任务难度	假设球形度	16.667	1	16.667	1.712	.220	.146	1.712	.220
	格林豪斯一盖斯勒	16.667	1.000	16.667	1.712	.220	.146	1.712	.220
	辛一费德特	16.667	1.000	16.667	1.712	.220	.146	1.712	.220
	下限	16.667	1.000	16.667	1.712	.220	.146	1.712	.220

续表

源		Ⅲ类平方和	自由度	均方	F	显著性	偏 Eta 平方	非中心参数	实测幂[a]
任务难度·期望水平	假设球形度	150.000	1	150.000	15.411	.003	.606	15.411	.942
	格林豪斯一盖斯勒	150.000	1.000	150.000	15.411	.003	.606	15.411	.942
	辛一费德特	150.000	1.000	150.000	15.411	.003	.606	15.411	.942
	下限	150.000	1.000	150.000	15.411	.003	.606	15.411	.942
误差(任务难度)	假设球形度	97.333	10	9.733					
	格林豪斯一盖斯勒	97.333	10.000	9.733					
	辛一费德特	97.333	10.000	9.733					
	下限	97.333	10.000	9.733					

a. 使用 Alpha=.05 进行计算。

从该表中可以获取 SS_w 下的 SS_B、SS_{AB} 和 $SS_{e(w)}$，及其自由度、均方、显著性、效应量等信息。SS_B 即任务难度的平方和，值为 16.67，自由度 1，均方 16.67，显著性 0.220 >0.05，$\eta_p^2$0.146>0.14。SS_{AB} 和 SS_{e_2} 同理，均与前文公式计算结果一致。任务难度对每分钟译码个数无显著影响，但任务难度与期望水平的交互作用能显著影响每分钟译码个数，该结论可靠性较高。

(3)组间方差分析时的齐性检验

误差方差的莱文等同性检验[a]

	F	自由度 1	自由度 2	显著性
简单任务	.297	1	10	.598
困难任务	1.606	1	10	.234

检验“各个组中的因变量误差方差相等”这一原假设。

a. 设计：截距+期望水平。

主体内设计：任务难度。

在简单任务和困难任务中，方差齐性检验结果 $p>0.05$，接受原假设，即简单任务和困难任务中的每分钟译码个数数据符合方差齐性的要求。

(4)主体间效应的检验

主体间效应检验

测量：MEASURE_1

转换后变量：平均

源	Ⅲ类平方和	自由度	均方	F	显著性	偏 Eta 平方	非中心参数	实测幂[a]
截距	35266.667	1	35266.667	941.281	.000	.989	941.281	1.000
期望水平	66.667	1	66.667	1.779	.212	.151	1.779	.227
误差	374.667	10	37.467					

a. 使用 Alpha=.05 进行计算。

由该表可知 SS_b 下的 SS_A 和 $SS_{e(b)}$，及其自由度、均方、显著性、效应量等信息。期望水平不会对每分钟译码个数造成显著影响，$\eta_p^2=0.151>0.14$，属于大效应量，说明得到的统计结论可靠性较高。

(5)简单效应检验

成对比较

测量:MEASURE_1

期望水平	(I)任务难度	(J)任务难度	平均值差值(I－J)	标准误差	显著性[b]	差值的 95%置信区间[b]	
						下限	上限
1	1	2	－6.667*	1.801	.004	－10.680	－2.653
	2	1	6.667*	1.801	.004	2.653	10.680
2	1	2	3.333	1.801	.094	－.680	7.347
	2	1	－3.333	1.801	.094	－7.347	.680

基于估算平均值

* 平均值差值的显著性水平为.05。

b. 多重比较调节:斯达克法。

成对比较

测量:MEASURE_1

任务难度	(I)期望水平	(J)期望水平	平均值差值(I－J)	标准误差	显著性[b]	差值的 95%置信区间[b]	
						下限	上限
1	1	2	－8.333*	2.586	.009	－14.096	－2.571
	2	1	8.333*	2.586	.009	2.571	14.096
2	1	2	1.667	3.007	.592	－5.034	8.368
	2	1	－1.667	3.007	.592	－8.368	5.034

基于估算边际平均值

* 平均值差值的显著性水平为.05。

b. 多重比较调节:斯达克法。

从第一张表可知在高期望水平下,简单任务和困难任务在每分钟译码个数表现上差异显著,困难任务每分钟译码个数更多。从第二张表可知在进行简单任务时,高期望和低期望差异显著,低期望者每分钟译码个数更多。

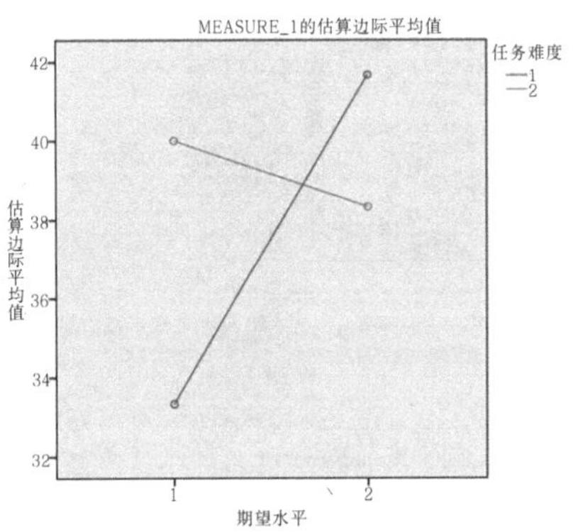

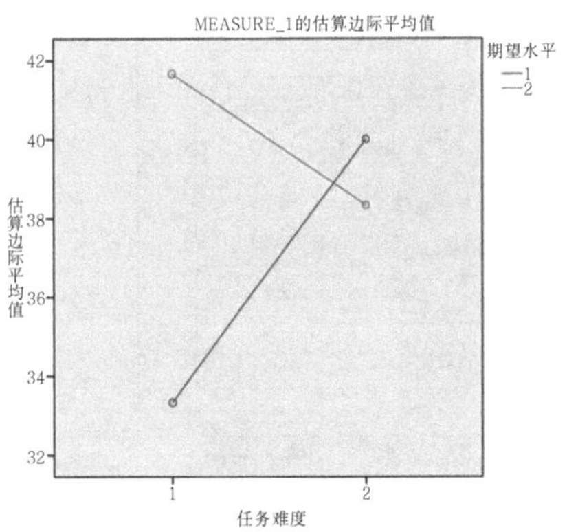

(6) 交互作用图

在交互作用图中,两条线段交叉,说明期望水平和任务难度存在交互作用。简单任务时，低期望表现更佳，困难任务时，高期望有助于每分钟译码个数的提升。

通过以上结果，可以得出一个总结论：针对期望水平和任务难度对每分钟译码个数的影响进行方差分析，协方差矩阵相等、方差齐性，符合前提假设。任务难度和期望水平对每分钟译码个数无显著影响，但二者存在交互作用，该结论可靠性较高。面对简单任务时，低期望者每分钟译码个数更多，面对困难任务时，高期望者每分钟译码个数更多。

十一、两因素重复测量方差分析的 SPSS 操作

1. 案例：以例 5-8 表象的心理旋转实验为例，演示两因素重复测量方差分析的 SPSS 过程。

2. 步骤

(1)数据：6 名被试，6 行数据，一个因素为 R 的正反，分为正 R 和反 R 两个水平，另一个因素为选择角度，分为 0°、60°、120°、180°、240°、300°六种水平。

	正R0°	正R60°	正R120°	正R180°	正R240°	正R300°	反R0°	反R60°	反R120°	反R180°	反R240°	反R300°
1	46	54	92	122	78	49	52	73	92	122	89	68
2	54	59	82	113	85	51	66	61	95	134	87	73
3	49	66	103	97	69	64	61	71	105	121	84	60
4	56	58	89	119	83	53	48	82	91	102	106	66
5	48	61	99	105	89	47	54	65	107	128	82	57
6	47	52	85	94	76	56	59	68	110	113	92	76

(2)启动分析过程：点击【分析】→【一般线性模型】→【重复测量】菜单命令。

(3) 设置分析变量：在“主体内因子”框中输入“R 的正反”，“级别数”填“2”，点击【添加】按钮，继续在“主体内因子”框中输入“旋转角度”，“级别数”填“6”，点击【添加】按钮。点击【定义】按钮进入主对话框，将左侧变量“正 R0°”“正 R60°”等 12 个变量按“R 的正反”和“旋转角度”实验水平组合的先后顺序点选至“主体内变量”框中，一一对应才能得到准确结果。

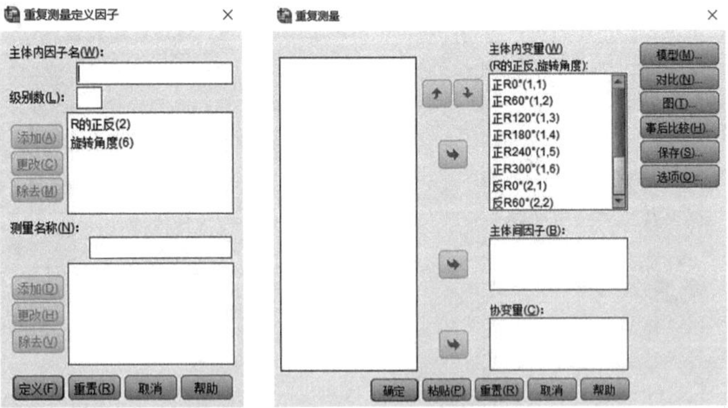

(4)设置输出统计量：在主对话框中单击【选项】按钮，打开“选项”对话框。将想要得知平均值的变量点选至右侧框内，同时勾选“比较主效应”，下面勾选“描述统计”“齐性检验”“效应量估算”“实测幂”这四个复选框。

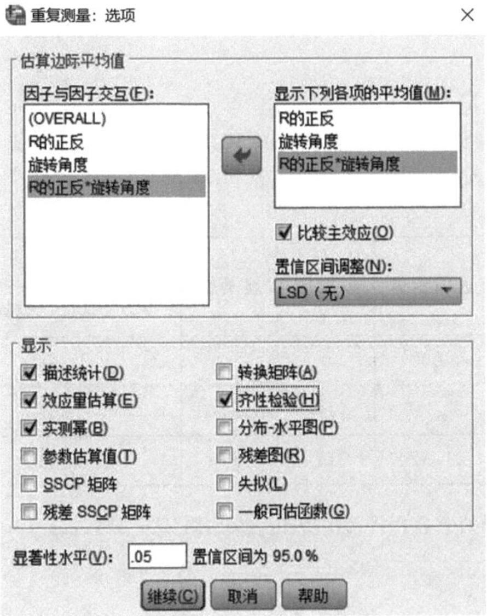

(5)编辑插入命令：在主对话框中单击下方【粘贴】按钮，弹出 Syntax 编辑窗口，在“/METHOD=SSTYPE(3)”语句下方插入下列命令。在 Syntax 的编辑窗口单击【运行】→【全部】按钮，提交执行，输出结果。

/PLOT=PROFILE(R 的正反 * 旋转角度)

/PLOT=PROFILE(旋转角度 * R 的正反)

/EMMEANS=TABLES(R 的正反 * 旋转角度) COMPARE(旋转角度) ADJ(SIDAK)

/EMMEANS=TABLES(旋转角度 * R 的正反) COMPARE(R 的正反) ADJ(SIDAK)

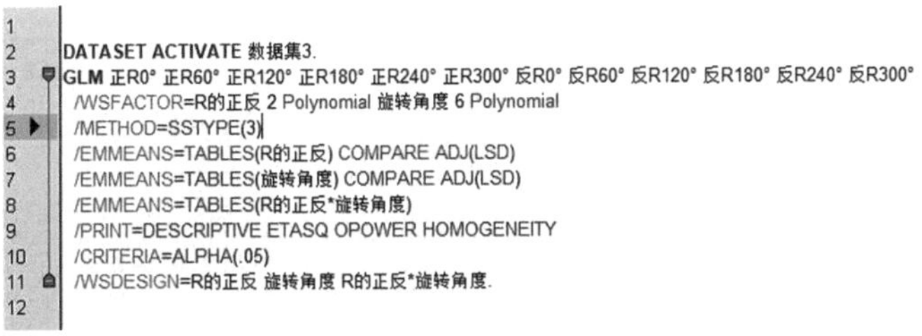

```
DATASET ACTIVATE 数据集3.
GLM 正R0° 正R60° 正R120° 正R180° 正R240° 正R300° 反R0° 反R60° 反R120° 反R180° 反R240° 反R300°
  /WSFACTOR=R的正反 2 Polynomial 旋转角度 6 Polynomial
  /METHOD=SSTYPE(3)
  /EMMEANS=TABLES(R的正反) COMPARE ADJ(LSD)
  /EMMEANS=TABLES(旋转角度) COMPARE ADJ(LSD)
  /EMMEANS=TABLES(R的正反*旋转角度)
  /PRINT=DESCRIPTIVE ETASQ OPOWER HOMOGENEITY
  /CRITERIA=ALPHA(.05)
  /WSDESIGN=R的正反 旋转角度 R的正反*旋转角度.
```

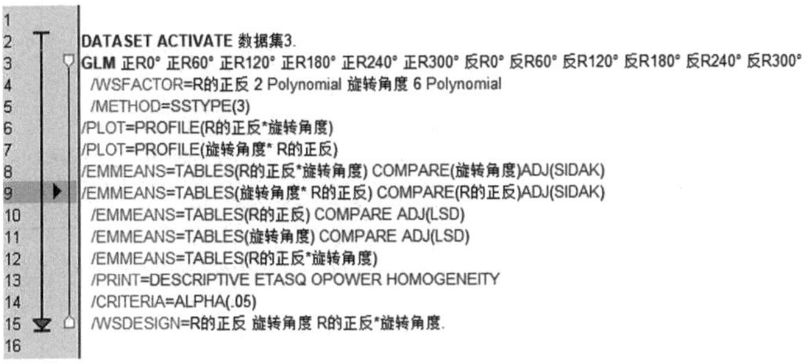

```
DATASET ACTIVATE 数据集3.
GLM 正R0° 正R60° 正R120° 正R180° 正R240° 正R300° 反R0° 反R60° 反R120° 反R180° 反R240° 反R300°
  /WSFACTOR=R的正反 2 Polynomial 旋转角度 6 Polynomial
  /METHOD=SSTYPE(3)
/PLOT=PROFILE(R的正反*旋转角度)
/PLOT=PROFILE(旋转角度* R的正反)
/EMMEANS=TABLES(R的正反*旋转角度) COMPARE(旋转角度)ADJ(SIDAK)
/EMMEANS=TABLES(旋转角度* R的正反) COMPARE(R的正反)ADJ(SIDAK)
  /EMMEANS=TABLES(R的正反) COMPARE ADJ(LSD)
  /EMMEANS=TABLES(旋转角度) COMPARE ADJ(LSD)
  /EMMEANS=TABLES(R的正反*旋转角度)
  /PRINT=DESCRIPTIVE ETASQ OPOWER HOMOGENEITY
  /CRITERIA=ALPHA(.05)
  /WSDESIGN=R的正反 旋转角度 R的正反*旋转角度.
```

3. 结果

(1)莫奇来球形检验

莫奇来球形度检验[a]

测量:MEASURE_1

主体内效应	莫奇来 W	近似卡方	自由度	显著性	Epsilon[b]		
					格林豪斯—盖斯勒	辛—费德特	下限
R 的正反	1.000	.000	0	.	1.000	1.000	1.000
旋转角度	.129	6.338	14	.976	.627	1.000	.200
R 的正反・旋转角度	.001	21.520	14	.173	.343	.506	.200

检验"正交化转换后因变量的误差协方差矩阵与恒等矩阵成比例"这一原假设。

a. 设计:截距

主体内设计:R 的正反+旋转角度+R 的正反 * 旋转角度。

b. 可用于调整平均显著性检验的自由度。修正检验将显示在"主体内效应检验"表中。

R 的正反只有两个水平,不满足使用莫来奇球形检验的前提假设,所以未输出显著性值。旋转角度的球形检验 p 值为 0.976,R 的正反 * 旋转角度的球形检验 p 值为 0.173,二者均大于 0.05,所检验的因变量接受原假设。

(2)主体内效应的检验

主体内效应检验

测量:MEASURE_1

源		Ⅲ类平方和	自由度	均方	*F*	显著性	偏 Eta 平方	非中心参数	实测幂[a]
R 的正反	假设球形度	1901.389	1	1901.389	34.810	.002	.874	34.810	.996
	格林豪斯—盖斯勒	1901.389	1.000	1901.389	34.810	.002	.874	34.810	.996
	辛—费德特	1901.389	1.000	1901.389	34.810	.002	.874	34.810	.996
	下限	1901.389	1.000	1901.389	34.810	.002	.874	34.810	.996
误差(R 的正反)	假设球形度	273.111	5	54.622					
	格林豪斯—盖斯勒	273.111	5.000	54.622					
	辛—费德特	273.111	5.000	54.622					
	下限	273.111	5.000	54.622					
旋转角度	假设球形度	33545.833	5	6709.167	88.918	.000	.947	444.590	1.000
	格林豪斯—盖斯勒	33545.833	3.134	10704.784	88.918	.000	.947	278.645	1.000
	辛—费德特	33545.833	5.000	6709.167	88.918	.000	.947	444.590	1.000
	下限	33545.833	1.000	33545.833	88.918	.000	.947	88.918	1.000

续表

源		Ⅲ类平方和	自由度	均方	*F*	显著性	偏 Eta 平方	非中心参数	实测幂[a]
误差(旋转角度)	假设球形度	1886.333	25	75.453					
	格林豪斯－盖斯勒	1886.333	15.669	120.389					
	辛－费德特	1886.333	25.000	75.453					
	下限	1886.333	5.000	377.267					
R 的正反 * 旋转角度	假设球形度	90.278	5	18.056	.296	.911	.056	1.479	.110
	格林豪斯－盖斯勒	90.278	1.717	52.592	.296	.720	.056	.508	.082
	辛－费德特	90.278	2.528	35.716	.296	.796	.056	.748	.090
	下限	90.278	1.000	90.278	.296	.610	.056	.296	.073
误差(R 的正反 * 旋转角度)	假设球形度	1526.222	25	61.049					
	格林豪斯－盖斯勒	1526.222	8.583	177.822					
	辛－费德特	1526.222	12.638	120.761					
	下限	1526.222	5.000	305.244					

a. 使用 Alpha＝.05 进行计算。

每个因素及交互作用都有对应的误差项，R 的正反显著性 p 值为 $0.002<0.05$，旋转角度显著性 p 值 <0.001，二者的交互作用显著性 p 值为 $0.911>0.05$，三者的 η_P^2 依次为 0.874、0.947 和 0.056，0.874、0.947 为大效应量，0.056 为中等效应量。可以得出结论：R 的正反和旋转角度都能显著影响反应时长短，该结论可信度较高；但二者并不存在交互作用，该结论可信度中等。

(3)事后检验

成对比较

测量：MEASURE_1

(I)旋转角度	(J)旋转角度	平均值差值(I－J)	标准误差	显著性[b]	差值的 95％置信区间[b]	
					下限	上限
1	2	－10.833*	2.616	.009	－17.558	－4.108
	3	－42.500*	3.430	.000	－51.318	－33.682
	4	－60.833*	3.346	.000	－69.434	－52.233
	5	－31.667*	2.996	.000	－39.369	－23.964
	6	－6.667*	1.851	.016	－11.426	－1.907
2	1	10.833*	2.616	.009	4.108	17.558
	3	－31.667*	3.024	.000	－39.440	－23.893
	4	－50.000*	4.039	.000	－60.384	－39.616
	5	－20.833*	2.698	.001	－27.768	－13.899
	6	4.167*	2.795	.196	－3.018	11.351

续表

(I)旋转角度	(J)旋转角度	平均值差值(I－J)	标准误差	显著性[b]	差值的95%置信区间[b]	
					下限	上限
3	1	42.500*	3.430	.000	33.682	51.318
	2	31.667*	3.024	.000	23.893	39.440
	4	－18.333*	5.072	.015	－31.372	－5.295
	5	10.833*	4.616	.066	－1.033	22.700
	6	35.833*	3.687	.000	26.355	45.311
4	1	60.833*	3.346	.000	52.233	69.434
	2	50.000*	4.039	.000	39.616	60.384
	3	18.833*	5.072	.015	5.295	31.372
	5	29.167*	3.820	.001	19.346	38.987
	6	54.167*	4.423	.000	42.798	65.536
5	1	31.667*	2.996	.000	23.964	39.369
	2	20.833*	2.698	.001	13.899	27.768
	3	－10.833*	4.616	.066	－22.700	1.033
	4	－29.167*	3.820	.001	－38.987	－19.346
	6	25.000*	3.329	.001	16.442	33.558
6	1	6.667*	1.851	.016	1.907	11.426
	2	－4.167*	2.795	.196	－11.351	3.018
	3	－35.833*	3.687	.000	－45.311	－26.355
	4	－54.167*	4.423	.000	－65.536	－42.798
	5	－25.000*	3.329	.001	－33.558	－16.442

基于估算边际平均值。

由该表可知，6种旋转角度之间进行两两比较，除第2种(60°)和第6种(300°)、第3种(120°)和第5种(210°)之外，其余旋转角度的两两比较均差异显著。

(4) 简单效应检验

成对比较

测量：MEASURE_1

R的正反	(I)旋转角度	(J)旋转角度	平均值差值(I－J)	标准误差	显著性[b]	差值的95%置信区间[b]	
						下限	上限
1	1	2	－8.333	2.305	.206	－20.360	3.693
		3	－41.667*	4.216	.003	－63.670	－19.663
		4	－58.333*	4.364	.001	－81.107	－35.559
		5	－30.000*	2.805	.002	－44.637	－15.363
		6	－3.333	2.985	.997	－18.912	12.245

续表

R 的正反	(I)旋转角度	(J)旋转角度	平均值差值(I－J)	标准误差	显著性[b]	差值的 95％置信区间[b]	
						下限	上限
	2	1	8.333	2.305	.206	−3.693	20.360
		3	−33.333*	2.376	.000	−45.732	−20.935
		4	−50.000*	5.544	.004	−78.931	−21.069
		5	−21.667*	3.783	.034	−41.409	−1.924
		6	5.000	2.449	.783	−7.783	17.783
	3	1	41.667*	4.216	.003	19.663	63.670
		2	33.333*	2.376	.000	20.935	45.732
		4	−16.667*	6.448	.530	−50.317	16.984
		5	11.667	5.038	.655	−14.623	37.956
		6	38.333	3.442	.002	20.373	56.294
	4	1	58.333*	4.364	.001	35.559	81.107
		2	50.000	5.544	.004	21.069	78.931
		3	16.667	6.448	.530	−16.984	50.317
		5	28.333*	4.333	.019	5.719	50.947
		6	55.000*	6.522	.006	20.985	89.035
	5	1	30.000*	2.805	.002	15.363	44.637
		2	21.667*	3.783	.034	1.924	41.409
		3	−11.667	5.038	.655	−37.956	14.623
		4	−28.333*	4.333	.019	−50.947	−5.719
		6	26.667	5.226	.055	−.606	53.939
	6	1	3.333	2.985	.997	−12.245	18.912
		2	−5.000	2.449	.783	−17.783	7.783
		3	−38.333*	3.442	.002	−56.294	−20.373
		4	−55.000*	6.522	.006	−89.035	−20.965
		5	−26.667	5.226	.055	−53.939	.606

成对比较

测量:MEASURE_1

旋转角度	(I)旋转角度	(J)旋转角度	平均值差值(I－J)	标准误差	显著性[b]	差值的 95％置信区间[b]	
						下限	上限
1	1	2	−6.667	3.169	.089	−14.814	1.480
	2	1	6.667	3.169	.089	−1.480	14.814
2	1	2	−11.667*	3.748	.026	−21.300	−2.033
	2	1	11.667*	3.748	.026	2.033	21.300
3	1	2	−8.333	3.870	.084	18.282	1.615
	2	1	8.333	3.870	.084	−1.615	18.282

续表

旋转角度	(I)旋转角度	(J)旋转角度	平均值差值(I－J)	标准误差	显著性[b]	差值的 95%置信区间[b]	
						下限	上限
4	1	2	－11.667	6.781	.146	－29.097	5.764
	2	1	11.667	6.781	.146	－5.764	29.097
5	1	2	－10.000	4.412	.073	－21.342	1.342
	2	1	10.000	4.412	.073	－1.342	21.342
6	1	2	－13.333*	3.930	.019	－23.436	－3.231
	2	1	13.333*	3.930	.019	3.231	23.436

基于估算边际平均值。

* 平均值差值的显著性水平为.05。

b. 多重比较调节：斯达克法。

第一张表是在 R 的正反某一水平固定的情况下，旋转角度各水平之间的简单效应检验，由于该表过长，仅截取了正 R 水平下的旋转角度成对比较情况。两两旋转角度之间，约有一半反应时差异显著。

第一张表是在旋转角度某一水平固定的情况下，R 的正反各水平之间的简单效应检验。仅在旋转角度 2(60°)和 6(300°)时，正 R 和反 R 的反应时差异显著。

通过以上结果，可以得出一个总的结论：重复表象的心理旋转实验，R 的正反和旋转角度都能显著影响反应时长短(可信度较高)，但二者并不存在交互作用(可信度中等)。旋转角度 60°和 300°、120°和 210°之间反应时差异显著。该实验结果验证了表象的心理旋转现象的存在。

第三节 贝叶斯因子方差分析

目前在做统计推断时使用的方法是最为广泛的零假设检验(Null Hypothesis Significance Testing，NHST)。然而，研究者对 NHST 及 p 值的误解和盲目使用，已经带来一些消极后果。如 p 值被用来支持不合理且无法重复的研究结果，引起了关于 NHST 是否适合于科学研究的争论。因此，有学者推荐使用贝叶斯因子替代 NHST。它能够量化地反映当前数据对各个假设支持的程度，可能更加适用于科研中的假设检验。

一、贝叶斯因子的基本原理

贝叶斯因子(Bayes factor)是贝叶斯统计(Bayesian statistics)中用来进行模型比较和假设检验的方法。因此,在介绍贝叶斯因子之前先简单了解贝叶斯统计。

在假设检验中,其代表的是当前数据对零假设与备择假设支持的强度之间的比率。但由于贝叶斯因子的统计原理及实现相对复杂,其在各个学科的研究中并未获得广泛应用。

1. 贝叶斯统计简介

统计学中有两个主要的学派,贝叶斯学派(Bayesian statistics)与频率学派(Frequentist statistics),他们的差异主要在于对概率(probability)的含义有不一样的理解。频率学派认为概率是无数次重复抽样中频率(frequency)的期望值。而贝叶斯统计认为,概率是对一件事情的相信程度,取值范围是 0 到 1。贝叶斯学派理解的概率具有一定的主观性,但也绝不是任意的:人们都是通过获取各种各样的信息,去更新自己对于这件事的认知,从而减小主观性,使得这一概率更为合理。

虽然两个学派对概率的理解有所不同,但贝叶斯统计中最核心的贝叶斯法则(Bayes rule),也是依照概率的基本原则:加法原则与乘法原则推导而来。依据概率的乘法原则,随机事件 A 与随机事件 B 同时发生的概率为:

$$p(A \cap B)=p(A|B)\times p(B)=p(B|A)\times p(A) \tag{5.85}$$

其中,$p(A|B)$ 和 $p(B|A)$ 为条件概率,前者指的是在 B 发生的条件下 A 发生的概率,后者反之。

基于公式 5.85,可以推导得到贝叶斯定理公式:

$$p(A|B)=\frac{p(A \cap B)}{p(B)}=\frac{p(B|A)\times p(A)}{p(B)} \tag{5.86}$$

这就相当于是完成了在获得条件 B 之后出现事件 A 的概率的一次更新。

2. 贝叶斯因子

在公式 5.86 的基础上,类比可得收集一次实验数据(data)来更新对某一理论模型(如,零假设 H_0)为真的可能性为:

$$p(H_0|data)=\frac{p(data|H_0)\times p(H_0)}{p(data)} \tag{5.87}$$

其中,$p(H_0|data)$ 表示在给定收集到的数据时,理论模型 H_0 正确的概率,也被称作后验概率。$p(H_0)$ 表示给定数据之前认为理论模型 H_0 正确的概率,也被称作先验概

率。同理可得，对 H_1 为真的可能性为：

$$p(H_1|data)=\frac{p(data|H_1)\times p(H_1)}{p(data)} \tag{5.88}$$

将公式 5.88 和公式 5.87 进行比较可得：

$$\frac{p(H_1|data)}{p(H_0|data)}=\frac{p(data|H_1)}{p(data|H_0)}\times\frac{p(H_1)}{p(H_0)} \tag{5.89}$$

其中贝叶斯因子为：

$$BF_{10}=\frac{p(data|H_1)}{p(data|H_0)} \tag{5.90}$$

BF_{10} 下标的 1 代表 H_1，0 代表 H_0。因此，贝叶斯因子 BF_{10} 就是 H_1 与 H_0 的对比。例如，若 $BF_{10}=20$，表示在 H_1 的假设下出现这批数据的概率是在 H_0 的假设下出现这批数据的概率的 20 倍，那就有理由相信这批数据是更符合 H_1 假设的。BF_{01} 的含义可类比理解。

3. 备择假设的先验概率

在计算贝叶斯因子时，先验概率有十分重要的作用，如何选择备择假设的先验分布也是关键。一种比较理想化的方法是，根据所用范式的前人研究来衡量备择假设的先验分布，如通过元分析得到的效应量。但这种做法在很多情况下并不现实：首先便是范式的种类繁多，其对应的效应量的分布也可能会不同；其次，本身现在很多研究没有前人研究的积累。因此，比较常用的方法是使用一个综合的、标准化的先验分布。

例如，在贝叶斯框架下进行 t 检验时，对于备择假设的先验分布该如何选择比较困难。Jeffreys(1961)和 Ly 等(2016)指出，柯西分布(Cauchy distribution)可能是比较合适的选择。与标准正态分布相比，柯西分布在 0 附近概率密度相对更小一些，因此在柯西分布下得到较大的效应的范围比标准正态分布更大(见图 5-3-1)；而与均匀分布(即效应量在所有值上的分布完全相同)相比，柯西分布更偏好零假设一些(胡传鹏，2018)。

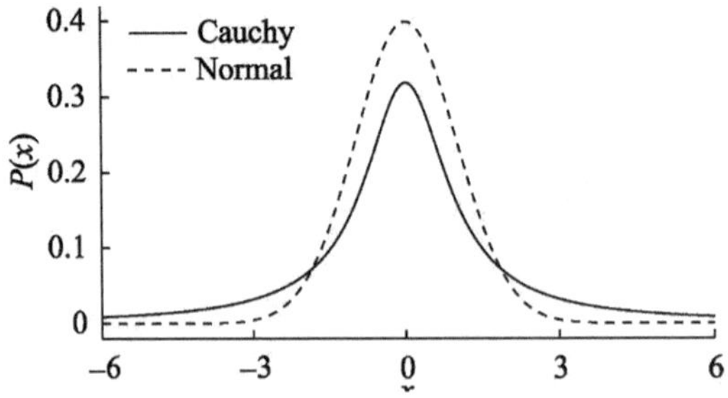

图 5-3-1 柯西分布

Jeffreys (1961)最早在贝叶斯因子中使用柯西分布作为先验分布比较两样本之间的

差异。Rouder 等(2009、2012)研究表明,用贝叶斯因子检验心理学常见的假设,如 t 检验、方差分析等可以使用柯西分布作为先验分布。

4. 贝叶斯因子的优势

(1)同时考虑 H_0 和 H_1

贝叶斯因子的计算是比较在当前收集的数据下哪种假设出现的可能性更高。而 NHST 的逻辑是,如果零假设为真,当前数据出现的概率非常小,就拒绝这一假设,接受备择假设。这时,NHST 忽略了对于当前数据来说,备择假设为真的可能性与零假设相比没有差异甚至更小。

(2)可以用来支持 H_0

在实际研究中,贝叶斯因子能够为零假设是否成立提供证据。具体来说,贝叶斯因子的结果有三种情况:①提供了支持备择假设的证据(说明有证据支持有效应);②提供了支持零假设的证据(说明有证据支持无效应);③对两种假设都没有证据支持。

【注意】不管是支持备择假设,还是支持零假设,贝叶斯因子提供的证据是相对的,即对于某个假设来说更支持另一个假设,因此可能存在第三种假设比 H_1 和 H_0 更能准确反映当前数据的模型。

(3)不"严重"地倾向于反对 H_0

正是由于贝叶斯因子能够量化当前数据是出现 H_0 的可能性大还是出现 H_1 的可能性大,与传统的 NHST 相比,其对待 H_0 和 H_1 这两种假设更加平等,拒绝 H_0 的倾向也没有那么强烈。

此外,Wetzels(2011)研究发现,在比较了 855 个 t 检验结果后,大部分研究 NHST 与贝叶斯因子有同向的结论(均支持零假设或备择假设),但贝叶斯因子的结果显得更加谨慎,比如:p 值在 0.01 与 0.05 之间的统计显著结果,其对应的贝叶斯因子只表明有较弱的证据。虽然两种方法大致上支持了同样的结论(即拒绝 H_0,有较弱的证据支持 H_1),但是从 p 值上看,似乎表明拒绝 H_0 的证据很强,而贝叶斯因子得到的结论相对更加保守。再比如 Jarosz (2014)研究表明,根据计算出的贝叶斯因子,只有当 p 值接近 0.01 时,证据才开始变得重要。因此,当 p 值小于 0.01 时,可以引用 Wetzels (2011)的研究来作证,证明这样的 p 值在贝叶斯框架中很可能才能称之为"证据"。

(4)不受样本量的影响

很多研究在开始之前,为了保证数据符合自己的假设,需要提前对样本量进行预设。因为在 NHST 中,p 值会随着样本量的增大而越来越小,但 Stefan(2019)对样本量进行模拟研究发现贝叶斯因子会随着数据的增加而逐渐趋于稳定。

二、贝叶斯因子的判断标准

有研究者总结出了贝叶斯因子大小的划分标准，如表 5-3-1 所示。但该标准仅为大致参考，判断贝叶斯因子的意义得出结论仍需结合实际研究。例如，一学者研究独生子女与否对压力感知的影响，若求得 $BF_{10}=2$，则说明 H_1（独生子女与否不会影响压力感知）成立的可能性更高，但支持证据较弱。若 $BF_{10}=25$，那可以比较自信地得出 H_1 成立的结论。与零假设检验结合起来理解，可以说有较弱的证据支持 $p<0.05$，或有较强的证据支持 $p<0.05$。

表 5-3-1 **贝叶斯因子判断标准**

贝叶斯因子(BF_{10})	解释
>100	极强的证据支持H_1
30～100	非常强的证据支持H_1
10～30	较强的证据支持H_1
3～10	中等的证据支持H_1
1～3	较弱的证据支持H_1
1	没有证据
1/3～1	较弱的证据支持H_0
1/10～1/3	中等的证据支持H_0
1/30～1/10	较强的证据支持H_0
1/100～1/30	非常强的证据支持H_0
<1/100	极强的证据支持H_0

三、独立样本 t 检验 JASP 操作

1. 案例：例 4-1 不同性别的自尊水平差异。

2. 步骤

(1)录入数据：按照 SPSS 的录入方式进行输入，最后保存为. sav 文件（其他格式的文件亦可，例如. csv/. txt 等）。注意文件名不能包含中文。

(2)打开分析数据：进入如下操作打开数据文件。点击第一个图标→Open→Computer→Browse，选择数据文件。

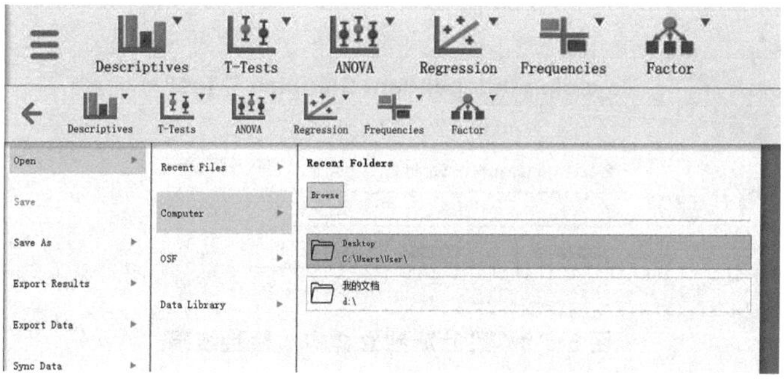

(3)启动分析过程:点击【T-Tests】→【Bayesian Independent Samples T-Tests】。

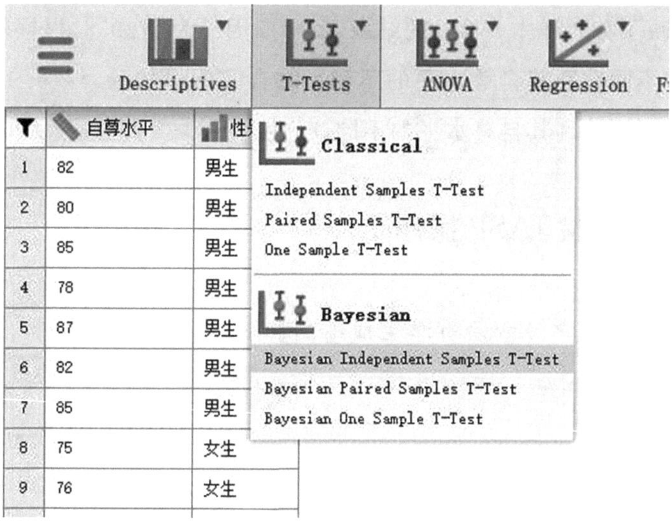

(4)设置变量并分析:将“自尊水平”选入“Dependent Variables”框中,将“性别”选入“Grouping Variable”框中。

在 Alt. Hypothesis 里选默认的 Group 1≠Group 2(双侧检验),其他两个是单侧检验;在 Bayes Factor 里勾选 BF_{10};其他默认即可。

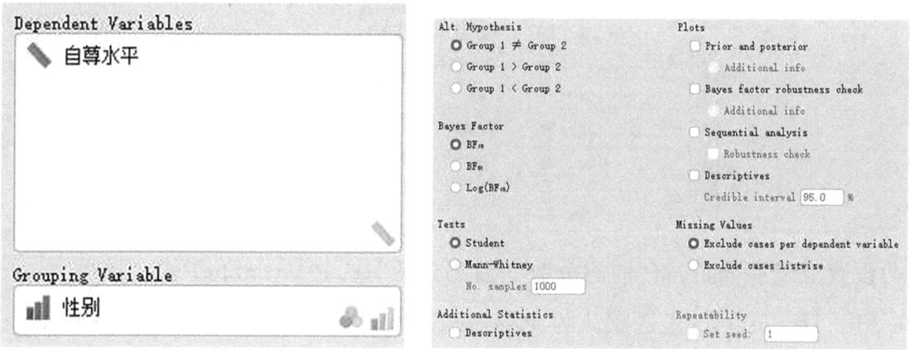

3. 结果

Bayesian Independent Samples T-Test ▼

Bayesian Independent Samples T-Test ▼

	BF_{10}	error %
自尊水平	17.958	1.916e −5

图 5-3-2 贝叶斯独立样本 t 检验结果

(1)独立样本 t 检验结果

图 5-3-2 反映了独立样本 t 检验的结果，贝叶斯因子为 17.958，根据表 5-3-1 可知，有较强的证据支持不同性别其自尊水平的不同。结合零假设检验，$t=3.973$，$p<0.01$，有较强的证据支持不同性别其自尊水平的不同，r^2 为 $0.57>0.25$，属于大效应量。

四、相关样本 t 检验 JASP 操作

1. 案例：例 4-2 某学习方法对学生成绩的影响。

2. 步骤

(1)录入数据：同上。

(2)打开分析数据：同上。

(3)启动分析过程：点击【T-Tests】→【Bayesian Paired Samples T-Tests】。

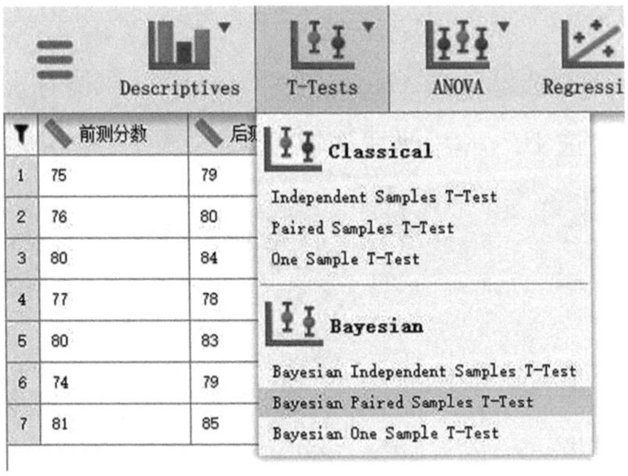

(4)设置变量并分析：将“前测分数”“后测分数”选入“Variable Pairs”框中。

在 Alt. Hypothesis 里选默认的 Measure 1≠Measure 2(双侧检验)，其他两个是单侧检验；在 Bayes Factor 里勾选 BF_{10}；其他默认即可。

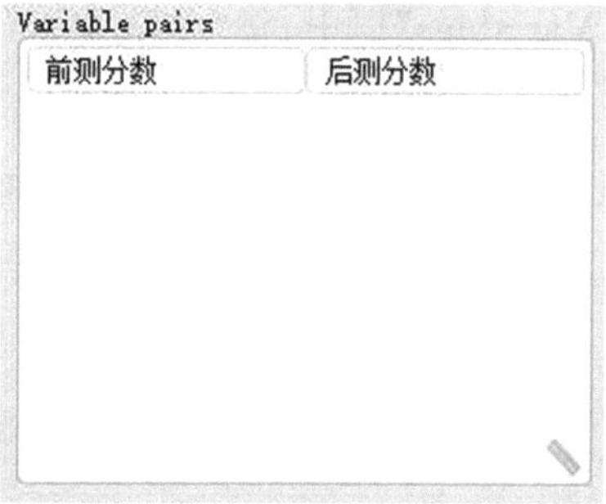

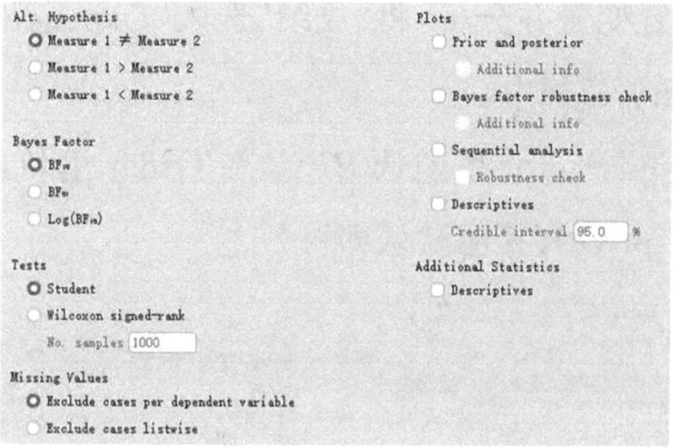

3. 结果

相关样本 t 检验结果如下。

图 5-3-3 反映了相关样本 t 检验的结果，贝叶斯因子为 105.570，根据表 5-4-1 可知，有极强的证据支持该学习方法对学生成绩有影响。结合零假设检验，t 值结果为-7.43，$p<0.05$，有较强的证据支持该学习方法对学生成绩有影响，d 为-2.80，其绝对值大于 0.8，属于大效应量。

Bayesian Paired Samples T-Test

Bayesian Paired Samples T-Test

			BF_{10}	error%
前测分数	—	后测分数	105.570	1.916e−4

图 5-3-3　贝叶斯相关样本 t 检验结果

五、完全随机方差分析 JASP 操作

1. 案例：例 5-2 三种教学方法对学生成绩的影响。

2. 步骤

(1)录入数据：同上。

(2)打开分析数据：同上。

(3)启动分析过程：点击【ANOVA】→【Bayesian ANOVA】。

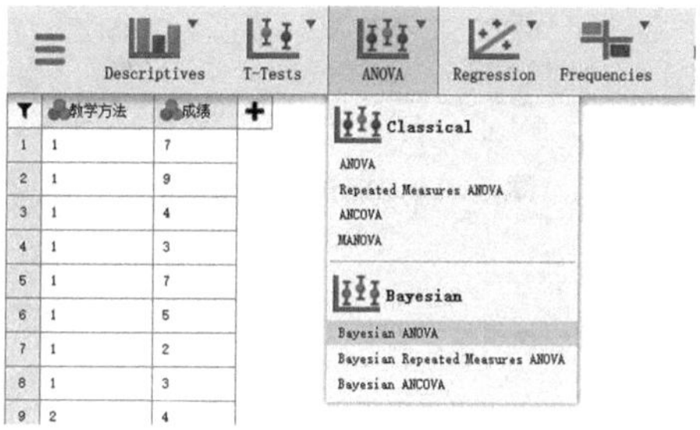

(4)设置变量并分析：将“成绩”选入“Dependent Variables”框中，将“教学方法”选入“Fixed Factors”框中。

在 Bayes Factor 里勾选 BF_{10}，在 Order 里勾选 Compare to null model，在 Tables 里勾选 Descriptives，其他默认即可。

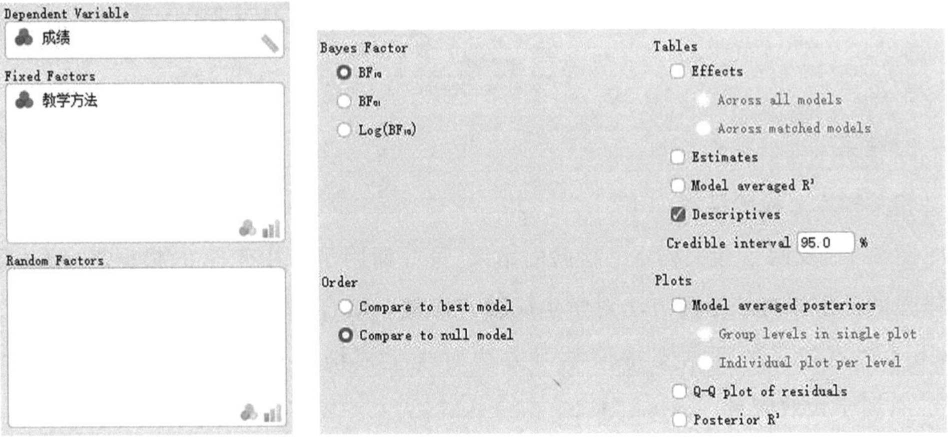

3. 结果

(1)描述统计结果

图 5-3-4 反映了描述统计的结果，如使用教学方法 1 的学生的平均成绩为 5 分，标准差为 2.449，其他组的解读类似。

(2)方差分析结果

图 5-3-5 反映了方差分析的结果，自变量的贝叶斯因子为 1916.689，根据表 5-3-1 可知，有极强的证据支持对于不同教学方法的学生成绩不同。结合零假设检验，$F=21.384$，$p<0.001$，有极强的证据支持对于不同教学方法的学生成绩不同，η_p^2 为 $0.671>0.14$，属于大效应量。

Descriptives

Descriptives - 成绩

				95% Credible Interval	
教学方法	Mean	SD	N	Lower	Upper
1	5.000	2.449	8	2.952	7.048
2	6.250	1.669	8	4.855	7.645
3	12.000	2.619	8	9.811	14.189

图 5-3-4 **描述统计结果**

Model Comparison

Models	P(M)	P(M|data)	BF_M	BF_{10}	error %
Null model	0.500	5.215e-4	5.217e-4	1.000	
教学方法	0.500	0.999	1916.689	1916.689	4.354e-5

图 5-3-5 贝叶斯完全随机方差分析结果

六、两因素重复测量方差分析 JASP 操作

1. 案例：例 5-8Cooper 的表象心理旋转实验。

2. 步骤

(1)录入数据：同上。

(2)打开分析数据：同上。

(3)启动分析过程：点击【ANOVA】→【Bayesian Repeated Measures ANOVA】。

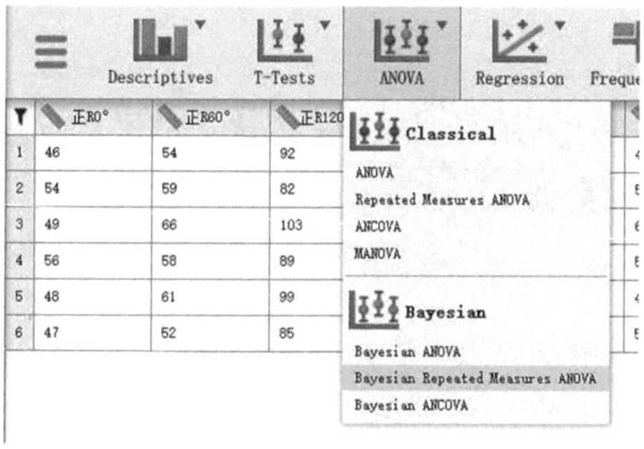

(4)设置变量并分析：在"Repeated Measures Factors"框中对各变量各水平进行命名本例是 2×6 的重复测量设计，将相应的变量选入"Repeated Measures Cells"框中。

在 Bayes Factor 里勾选 BF_{10}，在 Order 里勾选 Compare to null model，在 Tables 里勾选 Descriptives，其他默认即可。

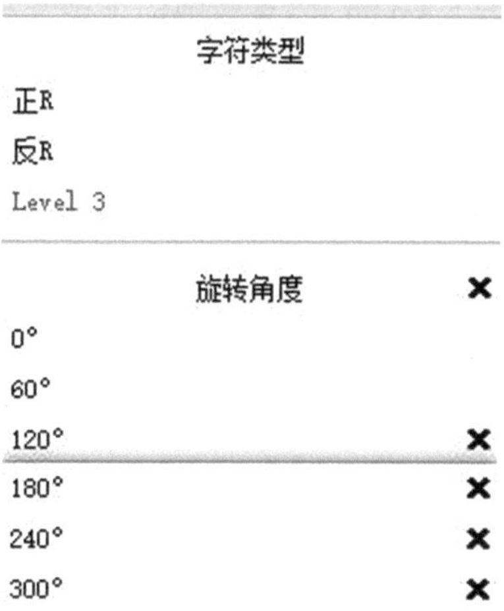

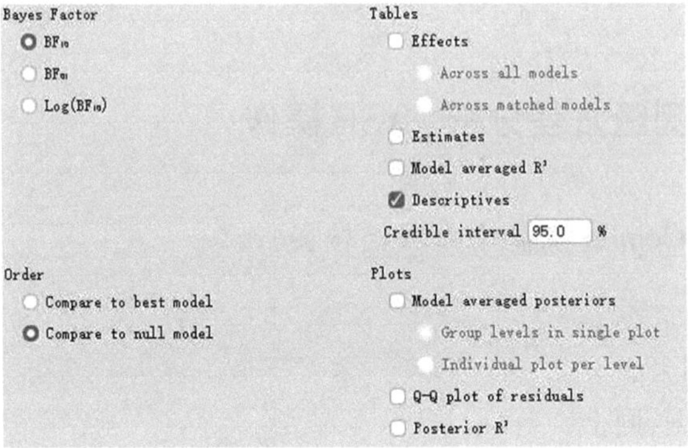

3. 结果

(1)描述统计结果

图 5-3-6 反映了描述统计的结果，如反 R 旋转 0°的平均反应时为 56.667ms[6]，标准差为 6.563。其他数据解读类似。

(2)方差分析结果

图 5-3-7 反映了方差分析的结果，主效应字符类型(A)的贝叶斯因子为 $\frac{BF_{10(A+B)}}{BF_{10(B)}}=\frac{3.610\times10^{27}}{1.047\times10^{23}}=34479$，同理，主效应旋转角度(B)的贝叶斯因子为 $\frac{BF_{10(A+B)}}{BF_{10(A)}}=\frac{3.610\times10^{27}}{1.091}=3.31\times10^{27}$，交互作用(A * B)的贝叶斯因子为 $\frac{BF_{10(A+B+A*B)}}{BF_{10(A+B)}}=\frac{4.899\times10^{26}}{3.610\times10^{27}}=0.136$。根据表 5-4-1 可知，有极强的证据支持对于不同字符类型和不同旋转角度条件下，被试的反应时不同。结合零假设检验，$F_1=34.810$，$p_1<0.01$，有极强的证据支持对于不同字符类型人的反应时不同，偏 η_1^2 为 $0.874>0.14$，属于大效应量。$F_2=88.918$，$p_2<0.001$，有极强的证据支持对于不同旋转角度人的反应时不同，偏 η_2^2 为 $0.947>0.14$，属于大效应量。$F_3=0.296$，$p_3>0.05$，有中等的证据支持交互作用不显著，偏 η_3^2 为 $0.056>0.05$，属于中等效应量。

[6] 该数据因之前为了方便手动计算，而对原数据进行取整并缩小为原来的 1/10。

Descriptives

Descriptives

字符类型	旋转角度	Mean	SD	N	95% Credible Interval Lower	Upper
反R	0°	56.667	6.563	6	49.780	63.554
	120°	100.000	8.295	6	91.295	108.705
	180°	120.000	11.296	6	108.146	131.854
	240°	90.000	8.602	6	80.972	99.028
	300°	66.667	7.312	6	58.993	74.340
	60°	70.000	7.266	6	62.374	77.626
正R	0°	50.000	4.050	6	45.750	54.250
	120°	91.667	8.091	6	83.176	100.158
	180°	108.333	11.553	6	96.209	120.457
	240°	80.000	7.155	6	72.491	87.509
	300°	53.333	6.088	6	46.944	59.723
	60°	58.333	5.007	6	53.079	63.588

图 5-3-6 描述统计结果

Model Comparison

Models	P(M)	P(M|data)	BF_M	BF_{10}	error %
Null model (incl. subject)	0.200	2.439e-28	9.756e-28	1.000	
字符类型 + 旋转角度	0.200	0.880	29.470	3.610e+27	2.936
字符类型 + 旋转角度 + 字符类型 * 旋转角度	0.200	0.119	0.543	4.899e+26	1.508
旋转角度	0.200	2.553e -5	1.021e -4	1.047e+23	0.666
字符类型	0.200	2.660e-28	1.064e-27	1.091	1.751

Note. All models include subject

图 5-3-7 贝叶斯完全随机方差分析结果

第四节 样本量的确定

在设计实验时，往往会遇到一个问题：选取多大的样本量进行实验比较合适？样本量过大过小都会降低实验的有效性。样本量过大会造成人力物力的浪费，还会出现 p 值显著效应量却非常小的情况。样本量过小又会降低统计检验力，降低发现显著效应的概率。

为了解决这一问题，通常会借助置信水平（α 水平）、效应量（ES）、统计检验力（$1-\beta$）来帮助我们确定合适的样本量（n）。

一、α 水平、ES、$1-\beta$ 和 n

α 值即假设检验中的Ⅰ型错误，一般有 0.05 和 0.01 两种取值。α 水平与样本量 n 负相关，α 水平越大所需样本量越小，α 水平越小所需样本量越大。

ES 常用指标有 d 值类和 η^2 类，d 值类用于 t 检验，η^2 类用于方差分析。效应量与样本量 n 负相关，效应量越大所需样本量越小，效应量越小所需样本量越大。

在已有相关研究的情况下，可以根据样本量加权求得最接近实际情况的效应量。若相关研究未报告效应量，可利用给出的一些基本数据估计效应量。若完全没有相关研究，可以自己做预实验、结合实际估计效应量，也可以根据 Cohen 标准确定效应量取值。

β 代表假设检验中的Ⅱ型错误，$1-\beta$ 即是统计检验力，或称检验效能，一般取 0.8、0.9 两个值，0.9 代表有 90%的把握度接受 H_1。$1-\beta$ 与样本量 n 正相关，$1-\beta$ 值越大所需样本量也越大，$1-\beta$ 值越小所需样本量也越小。

二、样本量的确定

1. α、ES 与 n 的关系

以 z 检验为例，$Z=\frac{M-\mu}{\sigma_M}$，σ_M 是 z 检验的标准误，与母总体标准差的关系为 $\sigma_M=\frac{\sigma}{\sqrt{n}}$。对应的置信区间 $P(-Z_{\alpha/2}<Z<Z_{\alpha/2})=1-\alpha$。在 t 检验中，效应量 $d=\frac{M-\mu}{\sigma}$。所以：

$$Z=\frac{M-\mu}{\sigma_M}=d\sqrt{n} \tag{5.91}$$

由公式 5.91 可以看出 Z 值同时受到 d 值和 n 的影响。当不存在处理效应时，$d=0$，$Z=0$。在 $\alpha=0.05$ 时，若 $Z=d\sqrt{n}>1.96$，则拒绝 H_0，接受 H_1，认为存在处理效应。此时，若假设效应量 $d=0.2$，则样本量 $n=96$；若假设效应量 $d=0.3$，则样本量 $n=43$。在 $\alpha=0.01$ 时，若 $Z=d\sqrt{n}>2.58$，则拒绝 H_0，接受 H_1，认为存在处理效应。此时，若假设效应量 $d=0.2$，则样本量 $n=167$；若假设效应量 $d=0.3$，则样本量 $n=74$。初步验证了 α 水平、效应量与样本量 n 负相关的结论。

2. α、ES、1-β 与 n 的关系

当 $d=0.2$ 且 $n=96$ 时，H_0 为真时的 Z 分布是以 Z=0 为对称轴的正态分布，H_1 为真时的 Z 分布是以 Z=1.96 为对称轴的正态分布。取 $\alpha=0.05$ 时，$Z=d\sqrt{n}=1.96$，虽然达到了显著性差异的水平，但统计检验力 $1-\beta$ 仅为 0.5，远低于最低标准 0.8。

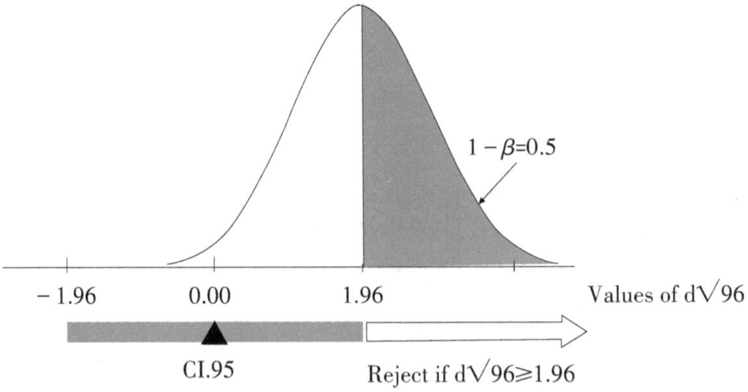

图 5-4-1 $\alpha=0.05$，$1-\beta=0.5$S

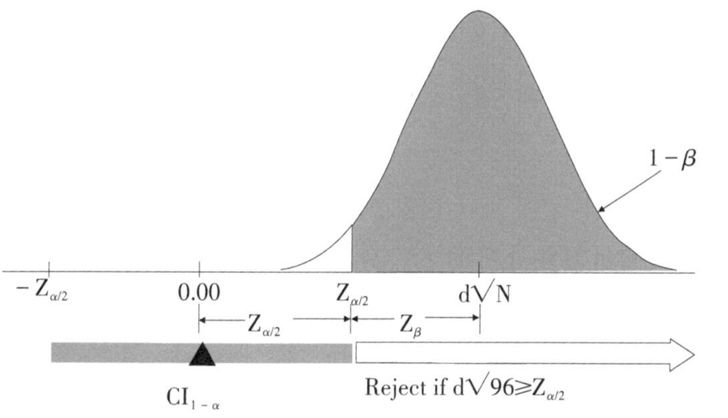

图 5-4-2　1-β>0.5 **的情况**

此外，可以使用 GPower 软件对实验所需样本量进行计算，详细可见 GPower 使用手册。

本章要点小结

1. 平方和的可分解性是方差分析的基础，所有类型的方差分析的和方差分解的第一步都是将 SS_t 分解为 SS_b 和 SS_w，再依据不同的实验设计进行下一步的和方分解，自由度的分解与此类似。

2. 方差分析有三个适用条件：(1)总体服从正态分布；(2)变异之间相互独立；(3)方差齐性。

3. 方差分析求解可分为六大步骤：建立假设、计算平方和、计算自由度、计算均方、计算 F 值并与临界值比较做出推断结论、陈列方差分析表。

4. 单因素完全随机方差分析的 SS_t 分解为 SS_b 和 SS_w，SS_b 为处理效应，SS_w 为随机误差，$F=\frac{MS_b}{MS_w}$。

5. 单因素随机区组方差分析的 SS_t 分解为 SS_b 和 SS_w，SS_w 再分解为 SS_m 和 SS_e，SS_b 为处理效应，SS_m 为区组效应，SS_e 为随机误差，$F_b=\frac{MS_b}{MS_e}$，$F_m=\frac{MS_m}{MS_e}$。

6. 重复测量设计可以看作每个区组只有 1 个被试的随机区组特例，因此二者和方分解相似。单因素重复测量方差分析的 SS_t 分解为 SS_b 和 SS_w，SS_w 再分解为 SS_A 和 SS_e，SS_b 为被试间差异，SS_A 为处理效应，SS_e 为随机误差，$F_b=\frac{MS_b}{MS_e}$，$F_A=\frac{MS_A}{MS_e}$。

7. 在方差分析中常用的效应量指标有 η^2 和 η_p^2，可同时报告效应量的置信区间。

8. 两因素完全随机方差分析的 SS_t 分解为 SS_b 和 SS_w，SS_b 又分为 SS_A、SS_B、SS_{AB}，SS_w 为随机误差，$F_A=\frac{MS_A}{MS_w}$、$F_B=\frac{MS_B}{MS_w}$、$F_{AB}=\frac{MS_{AB}}{MS_w}$。

9. 两因素混合实验设计方差分析的 SS_t 分解为 SS_b 和 SS_w，SS_b 分为 SS_A 和 $SS_{e(b)}$，SS_w 分为 SS_B、SS_{AB} 和 $SS_{e(w)}$，计算 F 值时注意误差项的对应，$F_A=\frac{MS_A}{MS_{e(b)}}$、$F_B=\frac{MS_B}{MS_{e(w)}}$、$F_{AB}=\frac{MS_{AB}}{MS_{e(w)}}$。

10. 两因素重复测量方差分析的 SS_t 分解为 SS_b 和 SS_w，SS_w 分为 SS_A、SS_B、SS_{AB} 及对应的误差项 $SS_{e(A)}$、$SS_{e(B)}$、$SS_{e(AB)}$，F_A、F_B 和 F_{AB} 在计算时都除以对应的误差项，$F_A=\frac{MS_A}{MS_{e(A)}}$、$F_B=\frac{MS_B}{MS_{e(B)}}$、$F_{AB}=\frac{MS_{AB}}{MS_{e(AB)}}$。

11. 当某一因素的主效应显著且水平数大于 2，需要进行事后检验，常用的事后检验方法有 HSD、LSD、Scheffe 检验、bonferroni 检验等。

12. 当交互作用显著时需要做简单效应检验，简单效应也是 F 检验，需要重新计算均方，用新均方除以对应的残差均方得到 F 值，查表判断显著性。

13. 所有类型的方差分析 SPSS 输出结果，都需报告方差齐性检验、包含效应量的方差分析表（主体内效应检验和/或主体间效应检验）、若有被试内因素还应报告球形检验结果，若有三水平及以上的因素效应显著则还需报告事后检验结果。

14. 贝叶斯统计认为概率是对一件事情的相信程度，取值范围 0 到 1。与 NHST 相比，贝叶斯因子具有五大优势：(1)同时考虑 H_1 和 H_0；(2)可以用来支持 H_0；(3)不“严重”地倾向于反对 H_0；(4)可以监控证据的强弱变化；(5)不受样本量的影响。

15. 贝叶斯因子 BF_{10} 是 H_1 与 H_0 的对比，通过 BF_{10} 的正负大小判断 H_1 和 H_0 哪个结论成立。

16. 置信水平（α 水平）、效应量（ES）、统计检验力（1-β）可用来确定合适的样本量（n），α 与 n 负相关，ES 与 n 负相关，1-β 与 n 正相关。

关键术语

方差分析	analysis of variance	平方和	sum of square
总平方和	the sum of squares total	均方	mean squares
组内平方和	sum of squares within group	组间平方和	sum of squares between groups
因素	factor	水平	level
主效应	main effect	交互作用	interaction effect
自由度	degrees of freedom	效应量	effect size
事后检验	post hoc test	简单效应	simple effect
单因素方差分析	one-way ANOVA	两因素方差分析	two-way ANOVA

随机区组设计	randomized block design	完全随机设计	complete randomized design
事后多重比较	multiple comparison procedures	贝叶斯因子	Bayes factor

课后习题

1. 在单因素随机区组方差分析中，$F_{b(3,42)}=6.74$，$F_{a(2,42)}=3.58$，该实验有(　　)种处理条件。

A. 6　　B. 12　　C. 4　　D. 3

2. 在两因素完全随机方差分析中，$F_{A(2,99)}=9.33$，$F_{B(2,99)}=7.15$，$F_{AB(4,99)}=2.36$，该实验有(　　)名被试。

A. 54　　B. 48　　C. 24　　D. 108

3. 在单因素重复测量方差分析中，已知 $SS_A=12.33$，$SS_b=4.29$，$SS_e=6.81$，则 η_p^2 的值为(　　)。

A. 0.22　　B. 0.64　　C. 0.18　　D. 0.53

4. (多选)在单因素完全随机方差分析中，处理效应显著，采用 LSD 法进行事后检验。已知 $df_w=29$，$MS_w=3.72$，$n_1=n_2=n_3=10$，$\bar{X}_1=8$，$\bar{X}_2=10$，$\bar{X}_3=6.5$，则(　　)。

A. 第 1 组和第 2 组差异显著　　B. 第 1 组和第 3 组差异显

C. 第 2 组和第 3 组差异显著　　D. 以上全部正确

5. 贝叶斯因子 $BF_{01}=15$，说明(　　)。

A. 中等的证据支持 H_1　　B. 较强的证据支持 H_1

C. 中等的证据支持 H_0　　D. 较强的证据支持 H_0

6. 在一 Z 检验中，已知 $d=0.4$，要求 $\alpha=0.05$，$1\text{-}\beta=0.9$，此时样本量取(　　)最合适。

A. 66　　B. 94　　C. 31　　D. 50

7. 有研究者研究了学校所在地对初中生恐惧怜悯变量中的“恐惧对他人怜悯”进行了研究，随机选取分别位于乡镇、县级城市、省会城市的三所学校，再随机在这三所学校中选取 10 名初中生进行测试，得分情况如下表所示，请问学校所在地是否能对“恐惧对他人怜悯”产生影响？

乡镇	县级城市	省会城市
14	16	17
18	12	23
16	19	21

续表

乡镇	县级城市	省会城市
12	11	19
15	14	12
22	17	22
10	25	26
12	22	17
17	18	19
19	16	14

8. 假设现有 4 种团辅方法可以改善大学生的焦虑状况，为了评定哪一种方法更有效，选取了 12 名有不同程度焦虑症状的大学生参加团辅。用焦虑自评量表(SAS)测定焦虑水平，按初测焦虑水平分为轻度焦虑、中度焦虑和重度焦虑三个水平，每个水平均有 4 名大学生，再随机分配到四种团辅方法下。经过一学期的团辅进行后测，焦虑得分如下表所示。请问不同团辅方法改善焦虑的效果是否相同，同时计算出处理效应的效应量 η_p^2。

	团辅方法 1	团辅方法 2	团辅方法 3	团辅方法 4
区组 1： 轻度焦虑组	47	44	42	51
区组 2： 中度焦虑组	55	51	48	55
区组 3： 重度焦虑组	66	62	57	67

9. 为了研究进度条附加文字意义对系统相应时间时距知觉的影响，设置与加载有关的有意义文字为方式 1、与加载无关的中性有意义文字为方式 2、与加载无关的无意义文字为方式 3。随机选取 9 名被试，每名被试都采用这 3 种方式估计刚才的加载时间(拉丁方平衡)，结果如下表所示，三种方式之间是否存在显著差异？若存在显著差异，两两比较，哪两组之间差异显著？

方式 1	方式 2	方式 3
7.2	8.7	9.3
7.4	9.2	8.9
8.6	9.0	9.1
8.4	8.9	9.6
7.8	8.7	9.9
6.9	9.6	9.5
7.9	8.1	9.2

续表

方式 1	方式 2	方式 3
7.5	8.5	9.5
8.3	9.3	9.0

10. 研究学校类型(重点和非重点)、生源地(城市和农村)对高中生抑郁程度的影响，随机选出符合条件的高中生 32 名，每种实验处理下各 8 名，抑郁得分如下表所示，请问学校类型和生源地如何影响高中生的抑郁程度?

重点		非重点	
城市	农村	城市	农村
45	39	41	38
42	37	36	35
46	43	29	42
41	35	40	28
44	37	34	38
35	36	37	30
37	32	27	46
40	41	36	33

11. 有研究者想要研究依恋类型和互动者类型对合作行为的影响，10 名被试进行安全依恋启动，10 名被试进行中性启动，所有被试都与合作概率不同的背叛者、中立者、合作者进行重复囚徒困境游戏，被试合作次数如下表所示。请问依恋类型和互动者类型主效应是否显著?二者是否存在交互作用?若存在交互作用，请进行简单效应检验。

安全依恋启动			中性启动		
背叛者	中立者	合作者	背叛者	中立者	合作者
6	8	10	4	6	6
7	7	13	2	3	9
10	10	9	5	5	5
8	9	11	4	2	7
背叛者	中立者	合作者	背叛者	中立者	合作者
4	10	8	1	6	6
5	9	12	3	5	3
7	8	11	5	6	6
9	11	9	2	5	10
6	8	12	1	3	5
8	10	10	3	4	8

12. 多重社会分类策略、评价者和被评价者的关系会影响印象评价，随机选取 6 名被试，采用 3(分类方式：简单分类、多重一致分类、多重不一致分类)×2(目标身份：内群体成员、外群体成员)的被试内设计考察二者对印象评价的影响。请问分类方式和目标身份的主效应是否显著？二者是否存在交互作用？若存在交互作用，请进行简单效应检验。

简单分类		多重一致分类		多重不一致分类	
内群体	外群体	内群体	外群体	内群体	外群体
5	2	5	6	4	4
4	1	6	4	3	2
5	3	5	4	4	6
6	2	5	5	3	2
4	3	4	5	5	3
6	4	7	6	6	5

第六章

χ^2 检验

“历年优秀学生干部中男女比例为 2:8，今年优秀学生干部中有 3 个男生、7 个女生。问今年优秀学生干部的性别比例与往年是否有显著差异？”该例中，研究者同样想使用假设检验来评估数据，其中，虚无假设 H_0：今年优秀学生干部的性别比例与往年没有显著差异，但这里无法使用前几章所学的各假设检验方法（如：z、t、F 检验），最主要原因为该案例不存在计量数据。

由于不同于计量数据一般对于总体的分布模式都是已知的，可以使用平均数、方差等参数通过参数检验对总体进行描述，计数数据无法求出平均数、方差等，同时对于总体的分布模式也十分模糊，因此无法使用 t 检验、方差分析等参数检验方法。对总体分布不做要求，也不对总体参数进行推论的 χ^2 检验，即为专门用于计数数据的统计分析方法。

本章将阐述 χ^2 检验的一般过程：围绕 χ^2 检验的基本原则、χ^2 检验的假设、χ^2 检验的步骤等方面展开介绍；并讲解 χ^2 检验的实际应用，包括配对性检验、独立性检验、一致性检验、优势比分析的基本原理、检验步骤，以及对应的 SPSS 操作。

第一节 χ^2 检验的原理

正如本章引言提到的，因为对计数数据总体的分布形态不做任何假设，χ^2 检验也被视作非参数检验（也称任意分布检验）方法的一种。

【注意】参数检验与非参数检验

前几章所学习到的假设检验方法皆为参数检验，即对特定的总体参数是否相同进行检验。在这些检验中，往往需要先对总体分布以及其他总体参数进行假设限定。例如：总体呈正态分布且方差齐性。在参数检验中，常常依靠平均数、标准差等统计量对总体参数值进行推断。

非参数检验与总体参数无关，无须像参数检验做预先假定。在检验过程中，由于数据往往为计数资料（称名或等级数据），无法计算平均值、标准差等统计量，更多是用频数或等级作为统计量，使得非参数检验更多是用于判断因子间质上的关系，而非确定具体的量的大小，故只能用于判断如因子间是否独立等问题。

在 χ^2 检验统计分析过程中，计数数据往往按照事物属性进行多项分类，初步整理为列联表（contingency table）或交叉表（cross tabulation）的呈现形式，因此这种分析方法又被称为列联表分析或交叉表分析。列联表的单元格里是次数或百分比，因此该方法也被称为百分比检验。随后的统计分析是依据 χ^2 分布进行的，故称这种方法为 χ^2 检验（chi-square test）。

本节首先介绍 χ^2 检验的实际应用，针对不同研究问题而采取不同类型的 χ^2 检验方式；其次，介绍应用 χ^2 检验进行统计分析时需要遵循的基本原则，即 χ^2 检验的假设；最后给出 χ^2 检验的计算步骤。

一、χ^2 检验的应用

1. 配对性检验

配对性检验指用于检验一个因子多项分类的实际观察次数与某期望（理论）次数是否拟合的方法，又称配合度检验，拟合优度检验。例如，某品牌男女使用情况的比例是否符合预期的 7:3。

2. 独立性检验

独立性检验指用于检验两个及以上因子多种分类之间是否有关联的方法。例如，吸烟（吸与不吸）与肺癌（患与不患）之间是否有关？

3. 一致性检验

一致性检验指用于检验不同人群总体在某一个因子上的反应是否具有显著性差异的方法。例如,不同院系对某项政策的支持调查结果是否一致?

4. χ^2 检验的特殊应用

特殊情况下,可以用非参数检验代替参数检验的方式进行统计分析。例如,χ^2 检验作为非参数检验方法的一种,在数据为计数数据或数据不符合参数检验假设限定时,可以代替参数检验进行统计分析。

【注意】参数与非参数检验的选择原则

非参数检验一般不如参数检验灵敏,非参数检验更有可能检测不出在两个处理间真实存在的差异。因此只要实验数据允许在参数与非参数检验间选择,就应该选择参数检验。

二、χ^2 检验的前提要求

1. 分类相互排斥,互不包容

在对一个因子进行多项分类时,分类必须是相互排斥的,每个观测值都需归入某一类别;同时分类又是互不包容的,每个观测值只能被划入一个类别中。

2. 观测数据相互独立

在收集计数数据时,需注意观测值应相互独立,反之将出现两类问题。一类是一名被试的答案被计数多次,例如:随机抽取 100 名同学,问他们是否喜欢语文和数学,其中 59 名同学喜欢语文,60 名同学喜欢数学,显然部分被试被不同类别重复计数。安全的做法是保证观测总数等于样本容量,或所有类别比例相加之和为 1。另一类问题是被试的选择判断受到其他被试的影响,例如:考试作弊,这使得不同被试的答案存在关联,违背了独立性原则。

【注意】需将"观测独立"与"独立性检验"区分开。

从对象角度来说明,观测独立指对象为完全只依赖于一名被试所选择的每一计数;独立性检验的对象是依据不同因子被划分为不同类别的一个整体数据。

3. 期望次数限定

在显著性检验的统计分析过程中,χ^2 检验依据期望次数和观察次数计算得出的卡方值,与 χ^2 分布中的临界值进行大小比较,以确定检验的显著性问题。根据 χ^2 检验的计算公式,为了使卡方值更近似服从 χ^2 分布,需要对期望次数进行限定:即每个单元格的期望次数需满足 $\geqslant 5$,否则,需进行连续性校正。

三、χ^2 检验的计算

1. 基本原则

类似于参数检验的显著性判断原则，如单样本 t 检验：当样本平均数与总体平均数的差异越大时，检验结果将越可能达到显著水平。同样，在进行 χ^2 检验时，只有当观察次数与期望次数间的差异足够大时，检验结果才可能达到显著水平。

【注意】χ^2 检验主要应用 χ^2 分布的右侧（尾部）概率，对临界值的确定主要依据置信水平和自由度。置信水平通常取 0.05 和 0.01。自由度的计算在不同类型的 χ^2 检验中有所不同。

2. 基本公式

$$\chi^2=\sum\frac{(f_0-f_e)^2}{f_e} \tag{6.1}$$

6.1 为计算 χ^2 值的基本公式。期望次数（f_e）指依据某理论或先验概率在实验前确定的一个初始参考指标，通常作为实验虚无假设的指标。与之对应的观察次数（f_0）是在实验过程中收集到的实际计数数据。

公式的分子部分测量了在数据（f_0）与假设（f_e）之间存在多大的差异；分母部分可以理解为对该差异进行的标准化处理。进而，将所得卡方值与根据自由度和置信水平确定的临界值进行对比，以接受虚无假设或备择假设。

【注意】分母部分期望次数对于卡方值的影响

例如：假设将要举办一场聚会，期望有 1000 人参加。然而，在聚会中你计算客人的人数，观察到实际上来了 1040 人，比期望的多出 40 人可能不是一个大问题，你仍然有足够的啤酒与薯片招待每位客人；但如果期望为 10 人，事实上来了 50 人，这种情况下，多出 40 人可能会造成很大的麻烦。

如果不对差异进行标准化处理，那么当期望次数较大时，f_0 和 f_e 间的差异可能将无法如实表现为数据与假设间的差异，而实际是样本容量过小而带来的误差。

3. 小期望次数的连续性校正

期望次数的计算在不同的 χ^2 检验类型中各有不同，但都遵循 χ^2 检验的假设，即单元格的期望次数大于或等于 5，但当期望次数小于 5 时，由公式 6.1 计算得到的 χ^2 值将很难近似于 χ^2 分布，所以无法确定其临界值。因此，需要对期望次数进行适当校正。目前，比较常见的校正方式如下：

(1)单元格合并法

将期望次数小于 5 的单元格与其附近单元格适当合并成为一个新的类别，依此类推，直至期望次数均满足大于或等于 5，但最后的结论需依据新的划分方式来进行阐述。

(2)去除单元格

合并出现矛盾或无意义时，研究者可以通过去除一些研究意义不大，且期望次数小于 5 的单元格。同样，在最后阐述结论时，将不包括被剔除的范围。

(3)增加样本数

在进行独立性 χ^2 检验时，期望次数是由该单元格所在的横行和纵行的边际和，以及样本容量决定。故当研究者无法通过改变因子的分类方式来改变期望次数的大小时，可以直接增大样本数来增大期望次数。

(4)使用校正公式

在不同的 χ^2 检验类型中，校正公式各有所不同，但相同之处即通过减一个常数，以校正卡方值，减小误差。

【注意】有时由于公式的变化，如相关样本四格表 χ^2 检验中，基本公式可缩减为 $\chi^2=\sum\frac{(A-D)^2}{A+D}$(A、D 为四格表中两次实验或调查中分类项目不同的两个单元格的观察次数)。当(A＋D)＜30 或 50 时，同样会造成卡方值的大小出现偏差，此时同样需要使用校正公式对卡方值进行校正，或者直接增加样本数。

第二节　配对性检验

尽管参数(如平均数与标准差)是最常见的描述总体的指标，但在有些情况下，研究者希望研究总体分布的比例或相对频率。例如：女性患心脏病的人数与男性患心脏病的人数相比结果如何？事实上，研究者无法得到总体中每个个体的具体数据，只能通过样本的分类情况，推测出每个类别在总体中的比例。这种使用样本数据检验有关总体分布形态或比例的检验被称为配对性检验，又称拟合优度检验。配对性检验是针对仅涉及一个因素的多项分类的计数资料，因此可以说是一种单因素检验，所使用的数据格式常以单向表形式出现。

一、配对性检验的基本原理

1. 配对性检验的虚无假设

配对性检验的虚无假设设定了各类别在总体中的比例，有以下两种情形。

(1)等比例假设

若研究者希望检验的是总体中各类别比例无差异，或没有任何先验信息时，需要对总次数进行平均分配，可得到每一个类别的期望次数。

例如：男、女心脏病患者的比例相同，则 H_0 为：$f_{e(男)}=f_{e(女)}=0.5$

(2)特定比例假设

若研究者希望检验的是总体中的各类别次数是否服从某一先验比例，需要对总次数按该先验比例进行分配，可得到每一个类别的期望次数。

例如：男、女心脏病患者的比例为 3:2，则 H_0 为：$f_{e(男)}=0.6$，$f_{e(女)}=0.4$。

配对性检验的虚无假设 H_0 假定总体数据服从等比例或特定比例的分布，与之相对应的备择假设 H_1 则假设总体数据分布与 H_0 有不同的形态。

2. 观察次数与期望次数

各类别期望次数的计算参照虚无假设中的比例，其公式为：

$$f_e=pn \tag{6.2}$$

其中，p 是虚无假设中的比例，n 是样本量。

【例 6-1】研究者研究性别与心脏病患病情况之间是否存在关系，希望得到的结果是总体中男、女患心脏病的比例为 3:2，现随机抽选 110 个心脏病的患者样本，统计了他们的性别分布，结果如下：

表 6-2-1　心脏病患者的性别分布

	男	女
患病人数(人)	68	42

则在此例中：

男性的观察次数 $f_0=68$；期望次数 $f_e=0.6\times110=66$

女性的观察次数 $f_0=42$；期望次数 $f_e=0.4\times110=44$

3. 卡方值的计算

配对性检验是为了检验实际次数与期望次数的拟合程度，其公式为：

$$\chi^2=\sum\frac{(f_0-f_e)^2}{f_e} \tag{6.3}$$

为了检验实际次数与期望次数的拟合程度，需要知道我们求得的 χ^2 值是“大”还是“小”，借助卡方分布临界值表我们能得到一个相对应的临界值来与进行比较，而查表则需要求出该卡方分布的自由度。

4. 自由度

自由度即为可自由选择期望次数单元格的个数。在配对性检验中，所使用的数据格式常以单向表形式出现。如在样本数确定，分类数已知情况下，只需要知道(分类数-1)个数据，则可计算出最后一个位置的数据。

以本章【例 6-1】为例：

表 6-2-2　心脏病患者的自由度确定表

	男	女	总数
患病人数(人)	66	?	110

抽取了 110 名患者样本，共有男、女两类，已知男性患者的期望次数为 66 名，则女性患者的期望次数可以根据总期望次数量减去男性患者期望次数得到。所以，此例子中可自由选择的单元格数为 1 个。

则配对性检验的自由度计算公式为：

$$df = C - 1 \tag{6.4}$$

其中 C 是分类数量。

二、计算步骤

以本章【例 6-1】为例，配对性检验的计算步骤如下。

(1)提出假设

H_0：男、女心脏病患者服从 3:2 的比例分布。

H_1：男、女心脏病患者不服从 3:2 的比例分布。

(2)确定自由度

$df = 2 - 1 = 1$

(3)确定显著性水平及临界值

选择 $\alpha = 0.05$ 水平

根据 χ^2 数值分布表，$\chi^2_{0.05(1)} = 3.84$

(4)计算期望次数

根据样本比率，即 H_0 计算得到相应的期望次数分布表。

表 6-2-3　心脏病患者的性别期望次数分布

	男	女
期望次数	66	44

(5)计算 χ^2 值

利用得到的期望次数计算卡方值，来确定观察次数与期望次数之间的差异。

$$\chi^2 = \frac{(68-66)^2}{66} + \frac{(42-44)^2}{44} = 0.15$$

$\chi^2 < \chi^2_{0.05(1)}$，$p > 0.05$，接受 H_0，拒绝 H_1，即男、女心脏病患者服从 3:2 的比例分布。

三、SPSS 操作

1. 案例：以本章【例 6-1】为例。

2. 步骤

(1)输入数据

(2)数据加权:【数据】→【加权个案】

加权个案是指对次数变量赋以权重,常用于计数次数表资料,加权以后的变量变为次数数据。只有经过此操作才能正确进行卡方检验。

(3)配对性检验:【分析】→【非参数检验】→【旧对话框】→【卡方】

将分类变量“性别”放入检验变量列表中,【期望范围】默认选择【从数据中获取】,【期望值】本例是特定比例假设,应该选择【值】,本例的期望分布值是 3:2,对应的是男、女,因此将值进行输入的时候要一一对应地通过添加的方式进行设置。

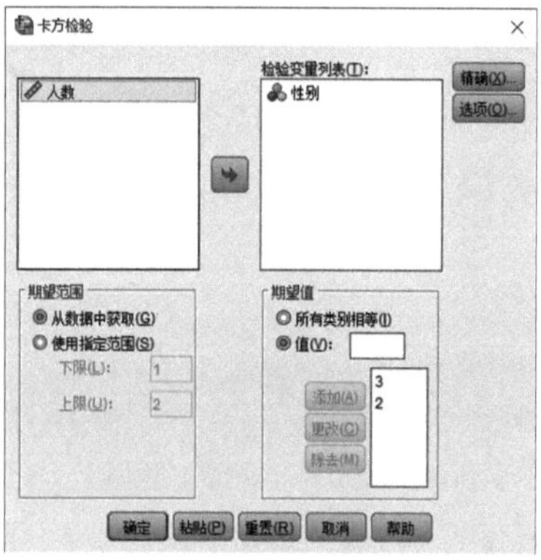

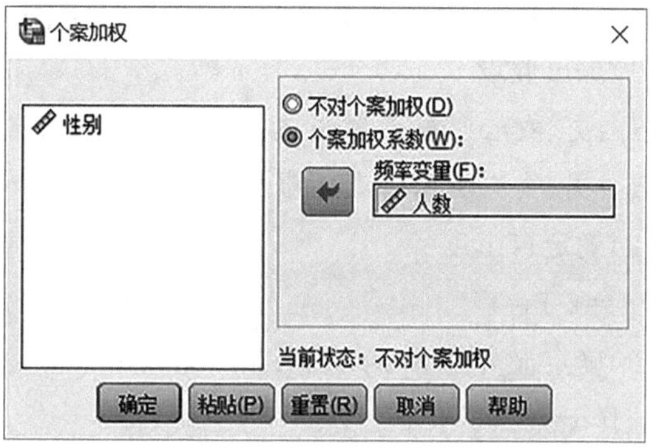

如果是等比例假设的情况则选择【所有类别相等】。点击【确定】输出结果。

3. 结果

表 6-2-4　性别

	实测个案数	期望个案数	残差
男	68	66.0	2.0
女	42	44.0	-2.0
总计	110		

表 6-2-5　检验统计

	卡方值	自由度	渐进显著性
	.152	1	.697

(1)分析数据信息

表 6-2-4 反映了本例的基本信息,在 110 个观察数据中,男性和女性患者实际人数分

别为 68 人和 42 人。按照理论分布，男性和女性的期望次数为 66 人和 44 人。实际观察次数与期望次数的差分别为 2 和-2。

(2)卡方检验结果

表 6-2-5 反映了卡方检验的结果，χ^2 值结果为 0.152，与我们用公式计算得到的结果相同。【渐进显著性】即 $p=0.697>0.05$，说明男、女心脏病患者服从 3:2 的比例分布。

第三节　独立性检验

对计数数据而言，有时需要检验两个及以上因子之间是相关还是独立。这种对两个及以上变量的多项分类间是否存在关系的检验被称为独立性检验（test of independence）。【例 6-2】研究性别与患心脏病情况之间是否存在关系：共有两个变量，性别和患心脏病情况，性别变量又分成两类(男、女)，患心脏病情况也分为两类(是、否)，再来统计不同性别的患病情况。通常，从这些分类得到的数据用列联表表示，每个因素都可以分成两个及以上的类别，若一个因素有 R 类，一个因素有 C 类，则称为 R×C 表。其中，行与一个变量的类别相互对应，列与另一个变量的类别相互对应，如表 6-3-1 所示。该示例中需要检验性别与是否患心脏病之间是否有关联，可进行卡方独立性检验。若卡方值显著，表明两变量间存在关联；若卡方值不显著，表明两变量间不存在关联，即相互独立。

表 6-3-1　性别与患心脏病情况的观察次数分布

性别	是否患心脏病		总计
	是	否	
男	68	32	100
女	42	58	100
总计	110	90	200

需要注意的是，独立性检验的数据类型是计数数据。其次，数据是从样本中得到的次数，而不是测量分数。最后，独立性 χ^2 检验一般采用列联表形式进行计算。

一、独立性检验的基本原理

1. 独立性检验的虚无假设

独立性检验的虚无假设为：被测量的两个因素之间相互独立。仍然以性别和患心脏病之间是否存在关系为例。

H_0 设法 1：性别与患心脏病之间不相关(或相互独立)。

此时，独立性卡方检验类似于相关，都是为了评估两个变量之间的关系。

H_0 设法 2：男性患心脏病和女性患心脏病之间不存在显著性差异。

此时，独立性卡方检验相当于独立样本 t 检验，都是为了确定不同总体之间是否存在显著性差异。然而，独立样本 t 检验对数据要求更高，例如需满足数据是连续性数据，总体服从正态分布，样本方差齐性等。而独立性卡方检验无须以上要求。

尽管给出了两种设定虚无假设的方式，但二者是等价的。第一个 H_0 认为性别与患病不相关，是从相关角度进行的设定。第二个 H_0 表明男性和女性之间的患病情况不存在显著性差异，是从一个变量不同类别的比较上进行的设定。列举两种虚无假设，是为了让大家更加清楚地区分相关、独立样本 t 检验和独立性卡方检验之间的联系与区别，选择哪一种陈述方式，则根据研究者想要得到怎样的描述结果而定。

2. 观察次数与期望次数

独立性检验期望次数的计算，可根据样本比率来推算。

以本章【例 6-2】为例：性别与患心脏病情况的次数分布空白矩阵如表 6-3-2 所示。

表 6-3-2 性别与患心脏病情况的次数分布空白矩阵

性别	是否患心脏病		总计
	是	否	
男			100
女			100
总计	110	90	200

总数 $n=200$；

患心脏病的和数为 110，与总数之比为$\frac{110}{200}$，即患病的比例为$\frac{11}{20}$；

不患心脏病的和数为 90，与总数之比为$\frac{90}{200}$，即不患病的比例为$\frac{9}{20}$。

上述是样本比率，要求出男性在是否患病上的期望次数，则需要将患病与否的总分布对应到相应的样本。如对男性而言：

患病的概率为$\frac{11}{20}$，患病的期望次数 $f_e=\frac{11}{20}\times100=55$；

不患病的概率为$\frac{9}{20}$，不患病的期望次数 $f_e=\frac{9}{20}\times100=45$。

除此之外，期望次数也可以通过简洁公式计算得到：

$$f_e=\frac{f_{xi}f_{yi}}{n} \tag{6.5}$$

其中，x 表示行，y 表示列，xi 即表示行的第 i 个数据，f_{xi} 表示行的观察次数总和，

f_{yi} 表示列的观察次数总和，n 是样本总数。由此计算得到的期望次数与用总分布得到的结果相同，二者等价。

3. 卡方值的计算

卡方检验都是为了检验实际数据和期望数据之间的差异，通过期望次数来确定卡方值，公式与配合度检验使用的相同，为：

$$\chi^2=\sum\frac{(f_0-f_e)^2}{f_e} \tag{6.6}$$

除此之外，还可以通过实际观察次数直接计算卡方值，公式为：

$$\chi^2=n\left(\sum\frac{f_{0i}^2}{f_{xi}f_{yi}}-1\right) \tag{6.7}$$

其中，n 为总观察数，f_{0i} 为每个单元格的观察次数。

4. 自由度

按照表 6-3-1 来说，我们已经知道男性总数是 100，只要估计出患病或者不患病的人数，另一种情况的估计数也就得到了。同理，对患病者来说，只要估计男性或女性的人数，另一种情况的估计数也就得到了。因此，要想把表 6-3-1 填满，行(R)只需估计 1 个(2-1)，列(C)只需估计 1 个(2-1)，因此得到的自由度为$(R-1)\times(C-1)=(2-1)\times(2-1)=1$。所以，在进行卡方独立性检验时，自由度的确定方法是，行数和列数各减去 1 后再相乘。

二、计算步骤

卡方独立性检验的计算步骤，将仍然以本章【例 6-2】为例，判断性别与患心脏病之间是否存在关联。

1. 提出假设

H_0：性别与患心脏病之间不存在关系。

H_1：性别与患心脏病之间存在可预测的关系。

2. 确定自由度

$df=(2-1)(2-1)=1$

选择$\alpha=.05$ 水平

根据 χ^2 数值分布表，$\chi^2_{0.05(1)}=3.84$

3. 计算期望次数

根据样本比率计算得到相应的期望次数分布表。如表 6-3-3 所示。

表 6-3-3　性别与患心脏病情况的期望次数分布

性别	是否患心脏病		总计
	是	否	
男	55	45	100
女	55	45	100
总计	110	90	200

4.计算 χ^2 值

利用得到的期望次数计算卡方值，来确定观察次数与期望次数之间的差异。

$$\chi^2=\frac{(68-55)^2}{55}+\frac{(32-45)^2}{45}+\frac{(42-55)^2}{55}+\frac{(58-45)^2}{45}=13.657$$

$\chi^2>\chi^2_{0.05(1)}$，$p<0.05$，拒绝 H_0，接受 H_1，即性别与患心脏病之间存在相关关系。

三、独立性卡方检验的效应量

假设检验的显著性不仅受到处理效应大小和强度的影响，同时也会受到样本容量的影响。即是说，当样本容量很大时，即使是较小的处理效应，也会得到显著性差异。因此，得到了显著性差异的结果并非意味着会有较明显的处理效应。在实际研究中，需要同时报告效应量的大小。

1.φ 系数

(1)φ 系数计算

当两个变量都是真正的二分名义变量时，它们之间的关系可构成一个 2×2 四格表，进而可计算得到 φ 相关。φ 相关测量了两个变量之间相关性的强度，与显著性无关，因此可以当作效应大小的指标。

φ 系数可用表内数据计算得到：

$$\varphi=\frac{ad-bc}{\sqrt{(a+b)(a+c)(b+d)(c+d)}} \tag{6.8}$$

四格表中，卡方值的计算也可用表内数据得到：

$$\chi^2=\frac{n(ad-bc)^2}{(a+b)(a+c)(b+d)(c+d)} \tag{6.9}$$

不难看出，φ 系数可通过卡方值直接计算：

$$\varphi=\sqrt{\frac{\chi^2}{n}} \tag{6.10}$$

注意，此式只适用于独立样本四格表，且需要每个单元格的期望次数 $f_e\geqslant5$。

(2)φ 系数标准

φ 系数与相关的标准相同,(0.1,0.3)表示小效应,(0.3,0.5)表示中效应,大于 0.5 表示大效应。

在性别与心脏病患病情况案例中,计算 φ 系数为:$\varphi=\sqrt{\frac{\chi^2}{n}}=\sqrt{\frac{13.657}{200}}=0.261$,属于小效应。

2. Cramer′s V

(1)Cramer's V 计算

当使用卡方检验对 $R*C$ 表($R>2$ 或 $C>2$)进行检验时,效应量则为 Cramer's V 值,公式为:

$$V=\sqrt{\frac{\chi^2}{n(df^*)}} \qquad (6.11)$$

公式中的 df^* 是(R-1)和(C-1)中较小的那个数值。

(2)Cramer's V 标准

表 6-3-4 Cramer's V 标准

$df^*=1$	$0.10<V<0.30$	小效应
	$0.30<V<0.50$	中等效应
	$V>0.50$	大效应
$df^*=2$	$0.07<V<0.21$	小效应
	$0.21<V<0.35$	中等效应
	$V>0.35$	大效应
$df^*=3$	$0.06<V<0.17$	小效应
	$0.17<V<0.29$	中等效应
	$V>0.29$	大效应

在性别与心脏病患病情况案例中,得到 Cramer's V 为:$V=\sqrt{\frac{\chi^2}{n(df^*)}}=\sqrt{\frac{13.657}{200(1)}}=0.261$,可以发现当 $df^*=1$ 时,列联表即为四格表,得到的 Cramer's V 与 φ 系数结果相同。

四、SPSS 操作

1. 案例:以本章【例 6-2】为例。

2. 步骤

(1)输入数据;

(2)数据加权:【数据】→【加权个案】;

(3)独立性卡方检验:【分析】→【描述统计】→【交叉表格】→【单元格】;

选择要在表格中呈现的数据,观察次数和期望次数分别对应于【观察值】和【期望值】勾选;【统计】中【卡方】已经默认选择;

(4)效应大小检验:【统计】→【Phi 和 Cramer V】。

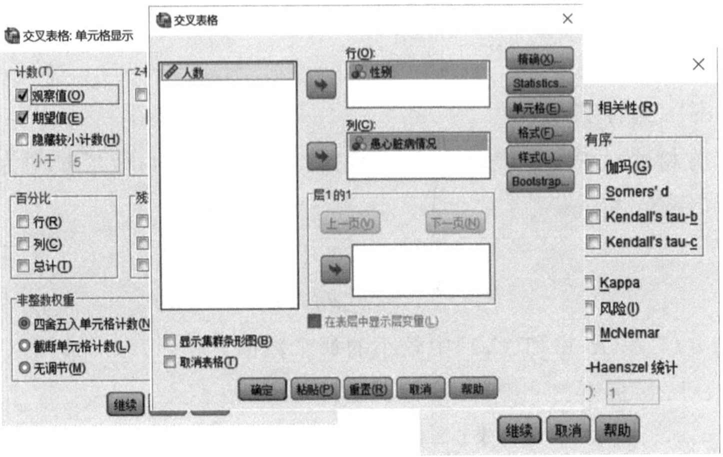

3. 结果

(1)分析数据信息

表 6-3-5 为性别与心脏病患病情况的交叉列联表,简洁明了地描绘出观察次数和期望次数的值,在表中分别对应于计数和预期计数。

(2)卡方检验结果

表 6-3-6 反映了独立性卡方检验的计算结果。其中,皮尔逊 χ^2 值为 13.657,与使用公式计算得到的结果相同,$p<0.01$,达到了显著性程度,说明性别与患心脏病情况有关。

(3)效应量结果

表 6-3-7 即为效应大小的结果,φ 系数为 0.261,属于小效应,与计算结果一致。

表 6-3-5 性别 * 患心脏病情况交叉表

			患心脏病情况		总计
			不患病	患病	
性别	女	计数	58	42	100
		预期计数	45	55	100
	男	计数	32	68	100
		预期计数	45	55	100
总计		计数	90	110	200
		预期计数	90	110	200

表 6-3-6 卡方检验

	值	自由度	渐进显著性(双侧)
皮尔逊卡方	13.657	1	.000
似然比(L)	13.823	1	.000
线性关联	13.588	1	.000
有效个案数		200	

表 6-3-7 对称测量

		值	渐进显著性
名义到名义	Phi	.261	.000
	克莱姆 V	.261	.000
有效个案数		200	

第四节 一致性检验

卡方一致性检验采用的做法与配对性检验基本相同,但区别在于配对性检验是将一个因子多项分类的实际观察次数与期望次数相比较,一致性检验则是处理不同分类各自的选择之间是否具有一致性,因此一致性检验中各个单元格期望次数完全由观察次数本身来确定。另外,虽然同属于卡方检验,一致性检验卡方分布的自由度也与配对性检验自由度的确定办法不同。

一、一致性检验的基本原理

1. 一致性检验的虚无假设

【例 6-3】大学生网瘾类型与其交往情况调查结果如表 6-4-1 所示。

表 6-4-1 大学生网瘾类型与其交往情况调查表

	从不	很少	有时	经常	合计
网瘾	16	65	282	445	808
非网瘾	30	302	997	1693	3022

续表

	从不	很少	有时	经常	合计
未管所	102	434	587	338	1461
合计	148	801	1866	2476	5291

一致性检验的虚无假设含义为：不同分类之间的分布一样，或分布不随分类的改变而发生变化。即 H_0：不同网瘾类型的学生交往情况相同。

检验的规则是在虚无假设成立时，整体上比较实际观察次数与期望次数之间的差别是否足够大。一致性检验的目的不在于推断总体，因此无须要求随机观察。

2.观察次数与期望次数

一致性检验期望次数的计算，可根据样本比率来推算。如在不同网瘾类型学生的交往情况的例子中，样本比率计算如下。

从不交往的人数为 148，与总数之比为 $\frac{148}{5291}$，即 2.8%；

很少交往的人数为 801，与总数之比为 $\frac{801}{5291}$，即 15.1%；

有时交往的人数为 1866，与总数之比为 $\frac{1866}{5291}$，即 35.3%；

经常交往的人数为 2476，与总数之比为 $\frac{2476}{5291}$，即 46.8%。

不同网瘾类型的学生在交往情况上期望次数的计算方式为：将交往情况的总分布对应到相应的样本(同独立性检验)。如对网瘾而言：

从不交往的期望次数 $f_e=\frac{148}{5291}\times 808=22.6$；

很少交往的期望次数 $f_e=\frac{801}{5291}\times 808=122.3$；

有时交往的期望次数 $f_e=\frac{1866}{5291}\times 808=285.0$；

经常交往的期望次数 $f_e=\frac{2476}{5291}\times 808=378.1$。

其余类型依此类推。除此以外，还可以采用公式(6.5)来得到期望次数。但要注意每个单元格的期望数必须在 5 以上，只有这样才能保证结论的有效性。

3.卡方值的计算

计算方式同公式(6.6)和(6.7)。

4.自由度

计算方法同卡方独立性检验：行数和列数各减去 1 后再相乘。

二、计算步骤

卡方一致性检验的计算步骤，仍然以表6-4-1数据为例，判断不同网瘾类型的学生交往情况是否相同。

1.提出假设

H_0：不同网瘾类型的学生交往情况相同。

H_1：不同网瘾类型的学生交往情况不同。

2.确定自由度

$df=(4-1)(3-1)=6$

选择$\alpha=.05$水平。

根据χ^2数值分布表，$\chi^2_{0.05(6)}=12.6$。

3.计算期望次数

根据样本比率计算得到相应的期望次数分布表。

表6-4-2　交往情况的期望次数分布

	从不	很少	有时	经常	合计
网瘾	22.6	122.3	285.0	378.1	808.0
非网瘾	84.5	457.5	1065.8	1414.2	3022.0
未管所	40.9	221.2	515.3	683.7	1461.0
合计	148.0	801.0	1866.0	2476.0	5291.0

4.计算χ^2值

利用得到的期望次数计算卡方值，来确定观察次数与期望次数之间的差异。

$$\chi^2=\frac{(16-22.6)^2}{22.6}+\frac{(65-122.3)^2}{122.3}\cdots+\frac{(338-683.7)^2}{683.7}=669.099$$

$\chi^2>\chi^2_{0.05(6)}$，$p<0.05$，拒绝H_0，接受H_1，即不同网瘾类型的学生交往情况不同。

三、SPSS操作

1.案例：以本章【例6-3】为例。

2.步骤

(1)输入数据；

(2)数据加权：【数据】→【加权个案】；

(3)一致性卡方检验：【分析】→【描述统计】→【交叉表格】→【单元格】；

选择要在表格中呈现的数据，观察次数和期望次数分别对应于【观察值】和【期望值】;【统计】中【卡方】已经默认选择；

(4)效应大小检验:【统计】→【Phi 和 Cramer V】。

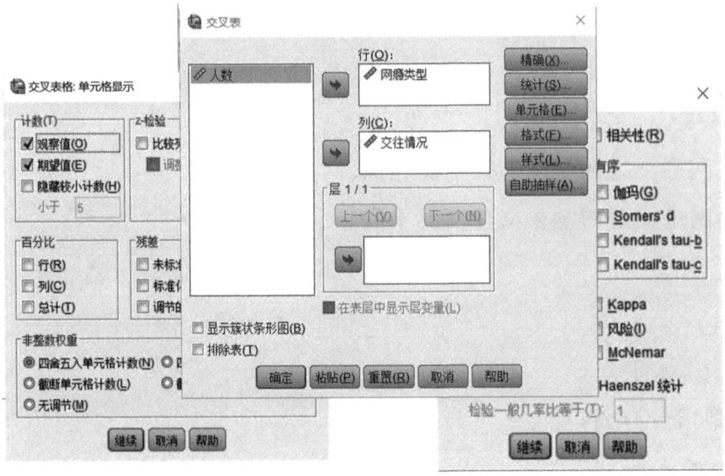

3. 结果

(1)分析数据信息

表 6-4-3 为不同网瘾类型与交往情况的交叉列联表，简洁明了地描绘出观察次数和期望次数的值，在表中分别对应于计数和预期计数。

(2)卡方检验结果

表 6-4-4 反映了一致性卡方检验的计算结果。其中，皮尔逊 χ^2 值为 54.511，与使用公式计算得到的结果相同，$p<0.01$，达到了显著性程度，说明不同网瘾类型的学生交往情况不同。

(3)效应量结果

表 6-4-5 即为效应大小的结果，克莱姆 V 值为 0.251，属于中效应。

表 6-4-3　网瘾类型 ＊ 交往情况交叉表

			交往情况				总计
			从不	很少	有时	经常	
网瘾类型	网瘾	计数	16	65	282	445	808
		预期计数	22.6	122.3	285.0	378.1	808.0
	非网瘾	计数	30	302	997	1693	3022
		预期计数	84.5	457.5	1065.8	1414.2	3022.0
	未管所	计数	102	434	587	338	1461
		预期计数	40.9	221.2	515.3	683.7	1461.0
总计		计数	148	801	1866	2476	5291
		预期计数	148.0	801.0	1866.0	2476.0	5291.0

表 6-4-4 卡方检验

	值	自由度	渐进显著性(双侧)
皮尔逊卡方	669.099	6	.000
似然比(L)	657.567	6	.000
线性关联	461.086	1	.000
有效个案数	5291		

表 6-4-5 对称测量

		值	渐进显著性
名义到名义	Phi	.356	.000
	克莱姆 V	.251	.000
有效个案数		5291	

第五节 优势比分析

在上一节中,已经学习了 χ^2 检验的独立性检验。但这一检验方法只能得到两个变量之间是否存在相关的结果。在前例中,即性别和患有心脏病之间存在显著性的相关,并且根据数量可知,男性比女性更有可能患有心脏病。但却无法知晓:男性患有心脏病的可能性是女性的多少倍?本节要学习的优势比可以回答该问题。

一、优势比分析的基本原理

1. 优势

优势(odds)是指事件发生与事件未发生的比率,即为该事件的优势。比如,对于投掷一个骰子的优势如何做解释:一个骰子总共有 6 个点数,出现某个点数(假设是 4)的优势为:$\frac{1/6}{5/6}=20\%$。优势反映了出现点数 4 与不出现点数 4 的比率。

2. 优势比

优势比(odds ratio,OR)是指事件在某一组的优势与该事件在另一组的优势之比,即两个优势的比值。它可以告诉我们卡方检验所检验的差异(如:男女患心脏病的差异)具体有多大。通常,卡方值显著,优势比也显著。

3. 计算方式

以本章【例 6-2】为例：性别与患心脏病情况的观察次数分布见表 6-5-1。

表 6-5-1 性别与患心脏病情况的观察次数分布

性别	是否患心脏病		总计
	是	否	
男	68	32	100
女	42	58	100
总计	110	90	200

先计算各自的优势：

odds(男性患病) $=\frac{68}{32}$；odds(女性患病) $=\frac{42}{58}$

优势比是：

$$\text{OR}=\frac{odds(\text{男性患病})}{odds(\text{女性患病})}=\frac{68/32}{42/58}=\frac{68\times58}{32\times42}$$

二、计算步骤

优势比的计算步骤，将仍然以本章【例 6-2】为例，判断哪种性别患心脏病的可能更大。

1. 计算各自的优势

男性中患有心脏病的优势是：$odd1$：$\frac{68}{32}=2.125$；

女性中患有心脏病的优势是：$odd2$：$\frac{42}{58}\approx0.724$。

2. 计算优势比

该例中的优势比是：$\text{OR}=\frac{2.125}{0.724}\approx2.94$。这一结果表明男性患有心脏病的可能性是女性的 2.9 倍，说明男性是患有心脏病的“风险因素”(risk factor，对于某外显特征来说较为危险的因素)。

或者：

$\text{OR}=\frac{0.724}{2.125}\approx0.34$。这一结果表明女性患有心脏病的可能性是男性的三分之一左右，说明女性是患有心脏病的“保护因素”(protective factor，对于某外显特征来说较为安全的因素)。

3. OR 值的区间估计

上述计算得到的 OR 值为 2.94，该数值为 OR 值的点估计值，可能存在误差。因此，需要同时报告 OR 值的置信区间，方法如下。

当样本较大时，优势比的对数服从正态分布：

$ln(OR) \sim N(\mu, \sigma^2)$

优势比对数的 1-α 水平置信区间为：

$ln(OR) \pm Z_{\alpha/2} \cdot SE$

因此，优势比的 1-α 水平的置信区间则为：

$(e^{ln(OR)-Z_{\alpha/2} \cdot SE}, e^{ln(OR)+Z_{\alpha/2} \cdot SE})$

其中，

$$\mathrm{OR}=\frac{ad}{bc} \tag{6.12}$$

$$\mathrm{SE} \approx \sqrt{\frac{1}{a}+\frac{1}{b}+\frac{1}{c}+\frac{1}{d}} \tag{6.13}$$

其中 a,b,c,d 如表 6-5-2 所示：

表 6-5-2　一般情况举例

风险因素	外显特征		总计
	是	否	
暴露	a	b	$a+b$
未暴露	c	d	$c+d$
总计	$a+c$	$b+d$	n

【注意】参数检验与非参数检验。

OR 是两组的“优势”之比，在本例中：男性比女性，*OR*＝2.94；女性比男性，*OR*＝0.34。一般将分母作为参照组，而当比较的组数大于 2 时，参照组的选择将至关重要，可根据理论或研究目的进行选择。

三、SPSS 操作

1. 案例：以本章【例 6-2】为例。

2. 步骤

(1)输入数据；

(2)数据加权:【数据】→【加权个案】；

(3)优势比计算:【分析】→【描述统计】→【交叉表】→【单元格】；

选择 “性别”变量选入“行”变量框中，“患心脏病情况”选入“列”变量框中。【统计】选

"风险"。

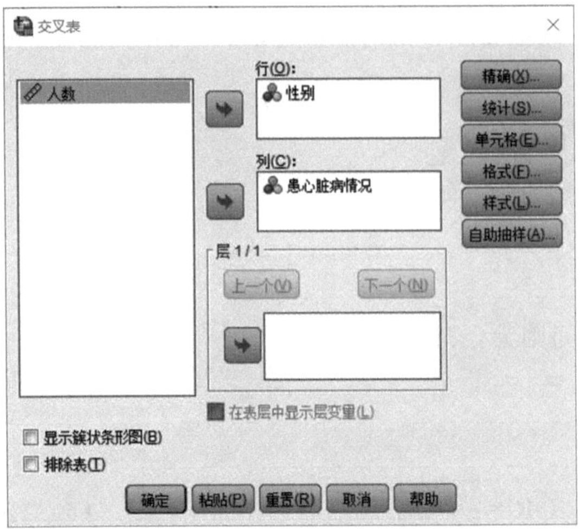

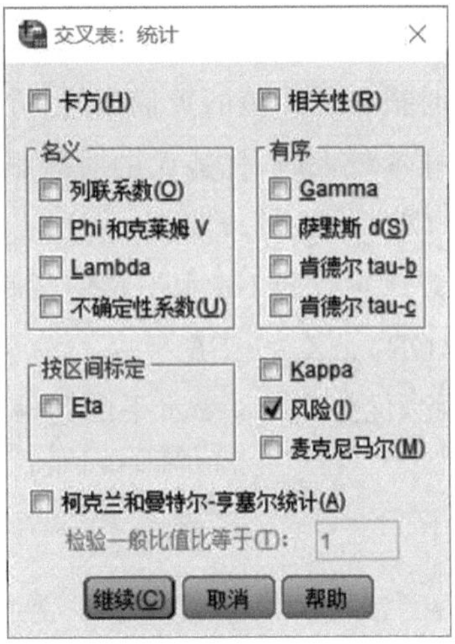

3.结果

优势比检验结果：

表 6-5-3 反映了风险评估的结果：性别(男/女)的比值比(*OR* 值)=2.935，与计算结果一致，解释同前。

OR 值的 95% 置信区间为(1.646，5.231)，该范围没有将 1 包含在内(比 1 大)，意味着男性比女性更易患心脏病。

表 6-5-3 风险评估

	值	95% 置信区间 下限	95% 置信区间 上限
性别(男/女)的比值比	2.935	1.646	5.231
对于 *cohort* 患心脏病情况=患病	1.619	1.240	2.114
对于 *cohort* 患心脏病情况=不患病	.552	.396	.768
有效个案数	200		

课外延展：Kappa 检验

Kappa 检验，一致性检验的一种。在诊断试验中，研究者希望考察不同的诊断方法在诊断结果上是否具有一致性。诊断试验的一致性检验经常用于下列两种情况：1.检验测验诊断评价结果(或实验方法)与公认标准的一致性；2.评价两种方法对同一批样本的实验效果一致性，或两个专家对同一批样本的评价结论的一致性等。

一、Kappa 检验的基本原理

1. Kappa 值

Kappa 值也是内部一致性系数，是作为评价判断一致性程度的重要指标。

1960 年 *Cohen* 等提出用 *Kappa* 值作为评价判断的一致性程度的指标，取值在 0～1 之间。*Kappa*<0.4，说明一致性程度不够理想；0.4≤*Kappa*<0.75，说明一致性程度属于中等水平；0.75≤*Kappa*，说明一致性程度较高。实践证明，它是一个描述诊断的一致性较为理想的指标，因此在各种试验中得到广泛应用。

2. 计算方式

表 6-6-1　两个测验评卷结果统计

测验一	测验二		总计
	不合格	合格	
不合格	a	b	a+b
合格	c	d	c+d
总计	a+c	b+d	n

注：a 为在两个测验均不合格的人数，d 为在两个测验均合格的人数，b 和 c 以此类推，n 为总卷数。

Kappa 的本质是两种方法测定结果的实际一致率与随机一致率之间的差别是否具有显著性意义。以表 6-6-1 举例：

实际一致率：

$$P_0=\frac{a+d}{n} \tag{6.14}$$

随机一致率：

$$P_e=\frac{(a+b)(a+c)+(c+d)(b+d)}{n^2} \tag{6.15}$$

则 Kappa 值的计算如下：

$$Kappa=\frac{P_0-P_e}{1-P_e} \tag{6.16}$$

2. 计算步骤

Kappa 计算步骤以下表 6-6-2 数据为例，判断两教师的评卷标准是否一致。

表 6-6-2 两教师评卷情况

甲教师	乙教师		总计
	不合格	合格	
不合格	48	10	58
合格	11	35	46
总计	59	45	104

(1)计算实际一致率 P_0 和理论一致率 P_e：

$$P_0=\frac{48+35}{104}=0.798;P_e=\frac{58\times 59+46\times 45}{104^2}=0.508。$$

(2)计算 Kappa 值：

$$Kappa=\frac{P_0\text{-}P_e}{1\text{-}P_e}=\frac{0.798\text{-}0.508}{1\text{-}0.508}=0.59。$$

三、SPSS 操作

1. 案例：两位教师对学生论文进行评审，请评价这两位老师的评价一致性。

2. 步骤

(1)输入数据

(2)Kappa 检验：【分析】→【描述统计】→【交叉表】

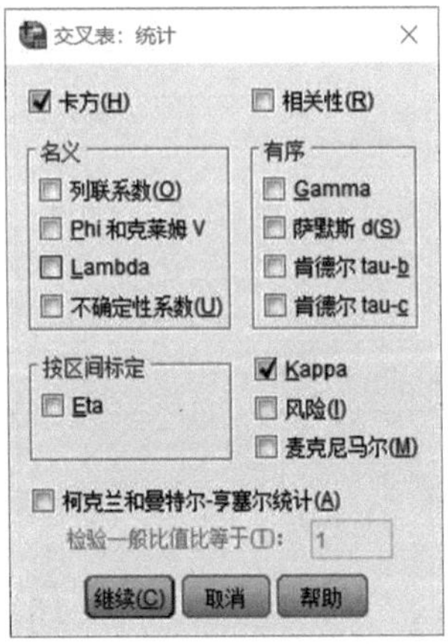

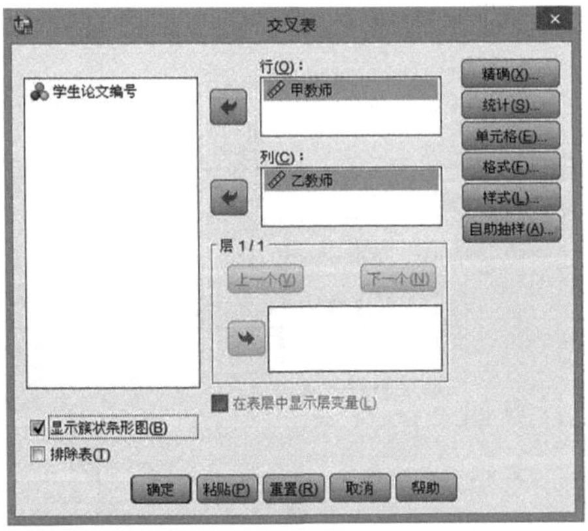

选择“甲教师”变量选入“行”框中。选择“乙教师”变量选入“列”框中;【统计】中选中“卡方”以及“Kappa”两个复选框。其他复选框都不选择。其余设置均默认即可。

3. 结果

(1)分析数据信息

表 6-6-4 反映了本例的基本信息。在 104 个观察数据中,两教师都认为不合格的有 48 份,都合格的有 35 份,其余数据同理。

(2)卡方检验结果

表 6-6-4 反映了卡方检验的结果,χ^2 值结果为 36.189。渐进显著性也即 p 值小于 0.05,说明应拒绝原假设,即认为甲教师和乙教师的评审之间不是独立的,两变量之间存在着关联。

(3)Kappa 系数表

表 6-6-5 反映了 Kappa 值的大小。根据 Kappa 的判断标准:在本例中的结果,Kappa 值为 0.590,两者一致性属于中等水平。

表 6-6-3　甲教师 * 乙教师 交叉表

		乙教师		总计
		不合格	合格	
甲教师	不合格	48	10	58
	合格	11	35	46
总计		59	45	104

表 6-6-4　卡方检验

	值	自由度	渐进显著性(双侧)
皮尔逊卡方	36.189	1	.000
似然比(L)	38.353	1	.000
线性关联	35.842	1	.000
有效个案数	104		

表 6-6-5　对称测量

	值	渐近标准化误差	近似 T	渐进显著性
协议测量 Kappa	0.590	0.080	6.016	0.000
有效个案数	104			

本章要点小结

1. χ^2 检验属于非参数检验,与总体参数无关,用于判断因子间质上的关系,而非确定具体的量的大小。

2. 了解 χ^2 检验的几种常用方法。

3. 配对性检验是使用样本数据检验有关总体分布形态或比例的检验。

4. 独立性检验是对两个及以上变量的多项分类间是否存在关系的检验。

5. 独立性卡方检验的效应量可用 φ 系数和 *Cramer's V* 值来表示(其判断标准要牢记)。

6. 一致性检验是处理不同分类各自的选择之间是否具有一致性的检验。

7. 优势比检验是在独立性检验判断两个变量之间是否存在相关的结果后进而确定某一组发生事件的可能性与另一组相比的量化关系的检验方法。

8. *Kappa* 检验作为一致性检验中的一种特殊情况，需要掌握 *Kappa* 值的计算方法以及判断标准。

关键术语

列联表	contingency table	交叉表	cross tabulation
χ^2 检验	chi-square test	观察次数	observed frequencies
期望次数	expected frequencies	配合度检验	goodness of fit test
独立性检验	test of independence	同质性检验	test of homogeneity
优势	odds	优势比	odds ratio

课后习题

1. 参数检验(如 t 检验或方差分析)与非参数检验(如卡方检验)的差异是什么?

2. 四格表周围的合计不变，实际频数变大时，其理论频数如何变化?(　)

A. 变大　　*B*. 变小　　*C*. 不变　　*D*. 不确定

3. 一个 2×4 的列联表，其自由度为(　)。

A. 8　　*B*. 7　　*C*. 4　　*D*. 3

4. 检验两个或两个以上因素各种分类之间是否有关联或是否具有独立性问题，这种检验是(　)。

A. 配对性检验　　*B*. 独立性检验　　*C*. 同质性检验　　*D*. 优势比分析

5. 下列说法正确的是(　)。(多选)

A. 配对性检验的自由度与实验或调查中分类的项数有关

B. 通常情况下，配合度检验的自由度一般为分类项数减 1

C. 通常情况下，配合度检验的自由度一般为期望次数减 1

D. 在正态拟合检验时，自由度为分类项数减 3

6. 发展心理学家对 60 个婴儿是否有任何颜色的喜好的研究如下表。问婴儿对于这四种颜色是否存在喜好？

颜色	红	黄	蓝	绿
喜欢人数(人)	20	10	18	12

7. 随机抽取60名大学生，测试他们的依恋类型，结果安全性依恋有39人、非安全性依恋有21人，问这些大学生的依恋类型是否有显著差异？

8. 某校调查了100名学生的语言表达能力、成就动机、阅读成就合格人数，问学生的这些能力是否受到智力水平的影响？

智力水平	各项能力		
	语言表达能力	成就动机	阅读成就
较高	21	11	23
较低	16	7	22

9. 某心理学家对50名婴儿进行两种行为训练，其训练结果如下表。问这两种训练方法是否一致？

训练2	训练1	
	正确	错误
错误	5	18
正确	19	8

10. 下表为是否有精神焦虑与患胃病的情况，试对其进行优势比分析。

	患胃病	未患胃病
精神焦虑	43	162
非精神焦虑	13	121

第七章

非参数检验

第三章到第五章介绍的统计方法为参数类统计方法，这些方法往往假设分布形式已知，通过参数的估计量对总体参数，例如总体均值、总体方差和总体标准差等进行推断统计，并用假设检验方法检验这些未知参数的合理性。但是，当总体分布未知，或某些总体参数的假定条件不满足时，或者检验数据为称名或顺序数据时，参数检验方法便不再适用。此时应当使用不依赖总体分布、与总体同参数无关的非参数检验（*non-parametric test*）。

非参数检验的概念在前一章卡方检验中进行了比较粗略的介绍，本章将详细阐述非参数检验的基本原理、特点，以及两独立样本采用的秩和检验法、两相关样本采用的符号检验法和符号等级检验法，多样本采用的 *H* 检验、*Friedman* 检验等非参数检验方法的基本原理、检验步骤以及对应的 *SPSS* 操作。

第一节　非参数检验基本概念

一、非参数检验的基本概念

在统计学中，参数检验通常假设总体服从某个分布，该分布由一些参数确定，如正态分布由均值和方差确定，在此基础上构建的模型称为参数模型。参数检验适用于等距或比率数据，通过计算样本统计量，如平均数、标准差、方差等，推测总体情况。而对于称名数据或顺序数据，无法计算其样本统计量，因此无法使用参数检验。此外，如果样本来自的总体分布形态未知或不符合参数检验的条件，如非正态分布、方差不齐等，此时也不能做参数间的比较，只能做分布间的比较。像这种不基于参数间比较的方法被称为非参数检验。

非参数检验是一种适用于称名或顺序数据的统计检验方法，无须假定总体分布形式，直接使用样本数据的符号、顺序、等级等进行比较的统计检验方法。由于这类方法不受总体参数的限制，故称非参数检验，又称任意分布检验（*distribution-free test*）。前面学习的斯皮尔曼等级相关、χ^2 检验也都属于非参数检验。

二、非参数检验的特点

1. 非参数检验的优点

(1)适用于顺序变量资料，也适用于等距或比率数据，但不知晓其总体分布形态的情况。

(2)适用于小样本资料。有些心理学研究，在进行正式、大规模数据采集或实验之前，往往会收集少量数据进行预实验，此时被试人数较少，可以选用非参数检验处理，方法简单且快速。

(3)具有稳健性。参数检验具有严格的假设条件，一旦条件不符合，推断的准确性就会受到影响。而非参数检验的限制条件少，当真实模型与假定的理论模型有不大的偏离时，仍能维持较好的性质。

(4)相较于参数检验，非参数检验的数理逻辑和运算过程较为简单，容易理解，能迅速得到结果。

2. 非参数检验的缺点

(1)检验功效比参数检验低。对符合使用参数检验的资料,若用非参数检验会丢失数据部分信息,导致检验效率下降,犯 *II* 类错误的可能性比参数检验要高,若要使其检验效能与参数检验相同,则需要更多样本量。但当资料不符合参数检验的条件时,非参数检验有很高的检验效率。

(2)不能处理交互作用。

第二节　两样本的非参数检验法

两样本的非参数检验又分为独立样本和相关样本两种情况。独立样本的检验可采用秩和检验。秩和检验法是检验两个样本是否取自同一总体,与参数检验中的独立样本 t 检验相对应。相关样本 t 检验包含符号检验法和符号等级检验法。符号检验是检验两个相关样本之间的差异,与相关样本 t 检验相对应。符号等级检验是用重复测量数据评估两种处理条件的差异,是重复测量 t 检验的替代。

一、两个独立样本的非参数检验

秩和检验,也称曼-惠特尼 *U* 检验(*Mann-Whitney U test*),该检验方法是把原始观察值转换成秩次,然后对秩次进行统计分析,检验两个独立样本的差异性。

如果两个样本存在显著差异,那么将两组数据混合后按照秩次大小排序,一个样本的数据会集中在一端,另一个样本的数据集中在另一端,如图 7-2-1(*a*)所示。若两个样本间无显著性差异,两组数据将会均匀分布在序列中,如图 7-2-1(*b*)所示。

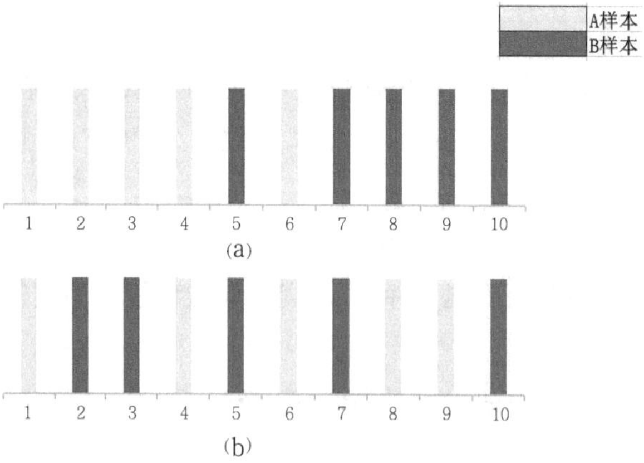

图 7-2-1　秩和检验统计逻辑图示

(一)"秩次"的定义

"秩次"是将数据从小到大排序后得到的等级值。当数据中出现相同大小的观察值时,该现象称为"等秩",则取秩次的平均数作为相同数值的秩。如一组数据:1,5,5,5,7,8,8。则3个5的秩均为$\frac{2+3+4}{3}=3$,2个8的秩均为$\frac{6+7}{2}=6.5$。

(二)"秩和"的定义

"秩和"是某组数据的秩次之和。取两组样本量分别为n_1、n_2的样本,假设$n_1 \neq n_2$。为分别求两个样本的秩和,将两样本的观察值混合,并从小到大依次对数据排序,计算每个观察值的秩次。分别将每个样本中数据的秩次相加即为这两个样本的秩和,分别用T_1、T_2表示。

(三)秩和检验的计算步骤

1.两样本容量均小于10时($n_1 \leqslant 10$,$n_2 \leqslant 10$)

第一步:将两样本数据混合按从小到大进行等级排序(秩次最小的为1,最大的为n_1+n_2);

第二步:求容量较小的样本的秩和,记作T;

第三步:将T与秩和检验表(附表7)中的临界值比较,若$T_1<T<T_2$,则两样本差异不显著;若$T<T_1$或$T>T_2$,则两样本差异显著。

【例7-1】有研究者选择了14名智力和视力正常的老年人来探究字间空格大小对老年人汉语阅读时长的影响。实验材料为48组句子,句子平均长度为18个汉字,每个句子有两种不同的呈现情况:缩小字间空格(3磅)、扩大字间间隔(3磅),每个被试只阅读其中一组材料,每组材料均有24组句子。实验采用*Eyelink*2000型眼动仪记录被试句子总阅读时间(*ms*),14名被试的平均阅读时长如下所示。两组被试的汉语阅读时长是否有显著性差异?

缩小字间空格:7380、7276、7230、7506、7320、7467

扩大字间空格:7308、7189、7232、7495、7436、7220、7336、7437

解:由于被试人数较少,不同条件下数据相互独立,因此采用秩和检验法进行差异性检验。

第一步:等级排序。

表7-2-1 老年人汉语句子平均阅读时长(单位:*ms*)

等级	1	2	3	4	5	6	7	8	9	10	11	12	13	14
缩小			7230		7276		7320		7380			7467		7506
扩大	7189	7220		7232		7308		7336		7436	7437		7495	

第二步:求缩小字间空格组秩和。

$T=3+5+7+9+12+14=50$

第三步：与临界值比较。

$n_1=6, n_2=8$，查秩和检验表，当显著性水平为 0.05 时，$T_1=29, T_2=61, T_1<T<T_2$

答：字间空格大小对老年人的汉语阅读时长无显著影响。

2. 两样本容量均大于 10 时（$n_1>10, n_2>10$）

当两个样本容量都大于 10 时，秩和 T 的分布近似于正态分布，其平均数和标准差如下：

$$u_T=\frac{n_1(n_1+n_2+1)}{2} \tag{7.1}$$

$$\sigma_T=\sqrt{\frac{n_1 n_2(n_1+n_2+1)}{12}} \tag{7.2}$$

由此，可以构造 Z 统计量：

$$Z=\frac{T-u_T}{\sigma_T} \tag{7.3}$$

其中，n_1 为较小的样本容量，n_2 为较大的样本容量，T 为较小样本容量的秩和。对于双侧检验，$-1.96<Z<1.96$ 表示无显著差异，反之表示差异具有统计学意义；对于单侧检验，$-1.65<Z<1.65$ 表示无显著差异，反之表示差异具有统计学意义。

【例 7-2】为了验证不同字体大小的词对学习时间的影响，研究者采用 *E-Prime* 软件编程，文字均以宋体呈现，短文字体大小分别设置为 18*pt* 和 48*pt* 两个水平，得到的数据结果如下所示，试问字体大小对学习时间是否有影响？

18*pt* 水平：88，78，93，86，77，85，82，91，84，82，83

48*pt* 水平：92，80，82，81，93，79，89，87，78，91，93，91

解：等级排序

表 7-2-2　老年人汉语句子平均阅读时长（单位：*ms*）

18*pt*	88	78	93	86	77	85	82	91	84	82	83	
48*pt*	92	80	82	81	93	79	89	87	78	91	93	91
18*pt* 等级	15	2.5	22	13	1	12	8	18	11	8	10	
48*pt* 等级	20	5	8	6	22	4	16	14	2.5	18	22	18

因为 $n_1=11, n_2=12$

$T=15+2.5+22+13+1+12+8+18+11+8+10=120.5$

$$u_T=\frac{n_1(n_1+n_2+1)}{2}=\frac{11(11+12+1)}{2}=132$$

$$\sigma_T=\sqrt{\frac{n_1 n_2(n_1+n_2+1)}{12}}=\sqrt{\frac{11\times12(11+12+1)}{12}}=16.25$$

将 T、u_T、σ_T 带入公式 7.3 得：

$$Z=\frac{T-u_T}{\sigma_T}=\frac{120.5-132}{16.25}=-0.708$$

$-1.96<Z<1.96$

答：不同字体大小对学习时间无显著影响。

【注意】由于在【例 7-2】中存在等秩现象，需要采用矫正公式进行矫正。

3. 秩和检验矫正公式

$$u_T=\frac{n_1(n_1+n_2+1)}{2}$$

$$\sigma_T=\sqrt{\frac{n_1 n_2(n_1+n_2+1)}{12}\left[1-\frac{\sum(t_k^3-t_k)}{(n_1+n_2)^3-(n_1+n_2)}\right]}$$

其中 t_k 表示第 k 个等秩现象中秩的个数。

$$Z_c=\frac{|T-u_T|-0.5}{\sigma_T} \qquad (7.4)$$

采用矫正公式后，【例 7-2】中，$\sigma_T=16.19$，$Z_c=0.679$。矫正公式在大量等秩情况存在时具有重要意义。

（四）SPSS 操作

1. 案例：【例 7-2】

2. 步骤

（1）输入数据

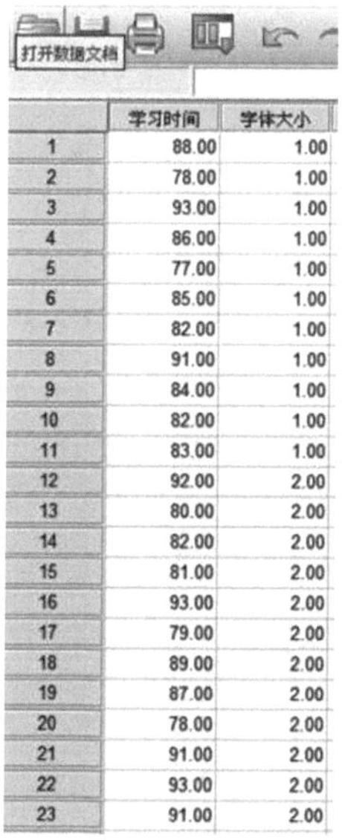

	学习时间	字体大小
1	88.00	1.00
2	78.00	1.00
3	93.00	1.00
4	86.00	1.00
5	77.00	1.00
6	85.00	1.00
7	82.00	1.00
8	91.00	1.00
9	84.00	1.00
10	82.00	1.00
11	83.00	1.00
12	92.00	2.00
13	80.00	2.00
14	82.00	2.00
15	81.00	2.00
16	93.00	2.00
17	79.00	2.00
18	89.00	2.00
19	87.00	2.00
20	78.00	2.00
21	91.00	2.00
22	93.00	2.00
23	91.00	2.00

（2）秩和检验：【分析】→【非参数检验】→【旧对话框】→【两个独立样本】。

将“学习时间”放入“检验变量列表”，“字体大小”放入“分组变量”，并定义组，点击【确定】。

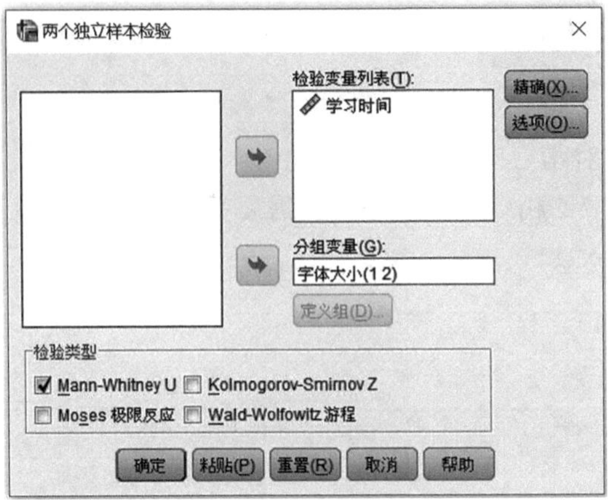

3.结果

表 7-2-3 反映了本例的基本信息，共有 23 个数据，其中组 1 有 11 个数据，平均秩次为 10.95，秩和为 120.5；组 2 有 12 个数据，平均秩次为 12.96，秩和为 155.5。

表 7-2-3　**秩**

	组别	个案数	秩平均值	秩的总和
学习时间	1	11	10.95	120.50
	2	12	12.96	155.50
	总计	23		

表 7-2-4 中，检验统计量 Z=-0.710，p=0.478，大于 0.05。结论：两组之间并无显著性差异。

表 7-2-4　**检验统计**

	英语成绩
曼-惠特尼 *U*	54.500
威尔克森 *W*	120.500
Z	-.710
渐近显著性(双尾)	.478
精确显著性[2 * (单尾显著性)]	.487

二、两个相关样本的非参数检验

(一)符号检验法

符号检验是利用两个相关样本中，每对数据差值的正负号个数来检验相关样本差异是否显著。若两个样本差异不显著，所得差值的正号与负号个数应接近或相等；若二者存在显著差异，则绝大部分应为正号或负号。虽然该方法简单有效，但由于其在检验过程中只利用了符号，未考虑数值，因此检验效能较低，精度较差。

1. 计算步骤

(1) 当对子数≤25时

计算每对数据的差值，n_+是差值为正数的个数，n_-是差值为负数的个数，差值为0的情况不计入其中。记对子数$N=n_+ + n_-$，取n_+和n_-中较小的值为r，即$r=\min(n_+, n_-)$。根据N和r，查询符号检验表(附表8)，检验规则如表7-2-5所示。需要注意的是，符号检验表是单侧检验表，进行双侧检验时，其显著性水平应乘2。

表 7-2-5 单侧符号检验统计决断规则

r与临界值的比较	P值	显著性
$r > r_{0.05}$	$P > 0.05$	不显著
$r_{0.01} < r < r_{0.05}$	$0.01 < P \leqslant 0.05$	显著
$r > r_{0.01}$	$P < 0.01$	极其显著

【例7-3】某工厂10名员工在刚入厂时和经过一段时间培训后分别进行了技术考核，试问该工厂的技术培训是否有效？

解：经过计算，两种方法的差值和符号分别如表7-2-6所示。

表 7-2-6 技术考核成绩表

配对	1	2	3	4	5	6	7	8	9	10
初始成绩	78	95	84	75	78	84	92	82	88	90
培训成绩	77	82	84	76	80	87	81	79	72	84
差值	-1	-13	0	1	2	3	-11	-3	-16	-6
符号	-	-	0	+	+	+	-	-	-	-

其中$n_+=3$，$n_-=6$，$N=n_+ + n_-=9$，$r=min(n_+, n_-)=3$。

当N=9时，查附表8得临界值$r_{0.05}=1$，$r>r_{0.05}$。

答：该工厂的技术培训并无显著性效果。

(2) 当对子数>25时

符号检验的n_+和n_-服从二项分布，当样本量足够大时，二项分布趋近于正态分布，可以用正态分布近似处理。

$$u=np=\frac{N}{2}\text{（根据零假设，正负号出现的概率 }p=\frac{1}{2}\text{）}$$

$$\sigma=\sqrt{Npq}=\frac{\sqrt{N}}{2}$$

$$Z=\frac{r-u}{\sigma}=\frac{r-\frac{N}{2}}{\frac{\sqrt{N}}{2}} \tag{7.5}$$

由于二项分布是离散变量的概率分布，正态分布是连续变量的概率分布，为了使结果更接近正态分布，可采用矫正公式计算：

$$Z=\frac{(r\pm0.5)-\frac{N}{2}}{\frac{\sqrt{N}}{2}} \tag{7.6}$$

其中，当 $r>\frac{N}{2}$ 时，则 $(r-0.5)$，当 $r<\frac{N}{2}$ 时，则 $(r+0.5)$。由于已规定 $r=min(n_+, n_-)$，所以必然有 $r<\frac{N}{2}$，因此该公式在使用时应采用 $(r+0.5)$。

【例 7-4】某研究人员为了检验两种认知方式是否会对被试的记忆有显著差异，现抽取了 28 名被试对 10 道题进行记忆测试，成绩如表 7-2-7 所示。

表 7-2-7 两种认知方式对记忆的影响

被试	1	2	3	4	5	6	7	8	9	10	11	12	13	14
认知方式 1	2	3	2	5	4	4	3	1	1	3	1	4	3	2
认知方式 2	6	5	6	7	7	3	2	6	7	4	5	7	6	3
差值	4	2	4	2	3	-1	-1	5	6	1	4	3	3	1
符号	+	+	+	+	+	-	-	+	+	+	+	+	+	+
被试	15	16	17	18	19	20	21	22	23	24	25	26	27	28
认知方式 1	2	2	3	1	4	2	4	1	4	2	3	3	3	5
认知方式 2	6	5	3	5	7	5	2	6	6	5	4	4	5	3
差值	4	3	0	4	3	3	-2	5	2	3	1	1	2	-2
符号	+	+	0	+	+	+	-	+	+	+	+	+	+	-

解：根据表 7-2-7 得知，$n_+=23$，$n_-=4$，$N=27$，$r=min(n_+, n_-)=4$，带入公式 7.6，

$$Z=\frac{(r+0.5)-\frac{N}{2}}{\frac{\sqrt{N}}{2}}=\frac{(4+0.5)-\frac{27}{2}}{\frac{\sqrt{27}}{2}}=-3.464$$

因为 $-3.464<-1.96$，则 $P<0.05$，根据双侧 Z 检验统计决断规则，在 0.05 显著性水平上拒绝零假设，接受虚无假设。

答：在 0.05 水平上，两种认知方式对记忆的影响有显著性差异。

(二)符号等级检验法

由于符号检验法只利用了每对差值的正负号，而未考虑具体数值的影响，因此检验

效能较低，威尔克松（*F. Wilcoxon*）于 1945 年提出了精度更高的符号等级检验法，又称威尔克松符号秩和检验（*Wilcoxon Signed-Rank test*），或符号秩和检验。该方法不仅考虑了符号，还考虑了差值大小。

注意：对同一问题用符号检验法和符号等级检验法，如果出现矛盾的结果，应该选择符号等级检验法的结果，因为它利用了更多的信息，检验精确度比符号检验法更高。

1. 计算步骤

（1）当对子数≤25 时

第一步：计算相关样本的数据差值，并按照其绝对值从小到大作等级排序，赋予每个差值秩次。当差值为 0 时，不参与等级排序。

第二步：根据差值的正负，给秩次还原正负号，便形成了一列正秩和一列负秩。

第三步：分别求出正秩的和 T_+ 和负秩的和 T_-，并取 $T=min\ (T_+, T_-)$。

第四步：根据 $N=n_+ + n_-$ 和显著性水平，查符号等级检验表（附表 9），按照表 7-2-8 符号等级检验统计决断规则判断差异是否显著。

表 7-2-8　符号等级检验统计决断规则

T 与临界值的比较	P 值	显著性
$T>T_{0.05}$	$P>0.05$	不显著
$T_{0.01}<T<T_{0.05}$	$0.01<P\leqslant 0.05$	显著
$T>T_{0.01}$	$P<0.01$	极其显著

【例 7-5】10 名被试参加一项认知疲劳效应对记忆的影响研究，被试先学习 40 个词，再对 40 个旧词、40 个新词混合判断是否学习过，测量被试对旧词的反应时（前测），在接受一项疲劳任务后，又对上述词语进行判断并测量反应时（后测）。结果如图 7-2-9 所示。试问，认知疲劳效应是否对记忆产生影响？

表 7-2-9　被试反应时（*ms*）

被试	1	2	3	4	5	6	7	8	9	10
前测	137	124	109	134	123	117	137	126	132	115
后测	132	135	113	109	112	121	125	121	133	108
差值	-5	11	4	25	-9	-4	-12	-5	1	-7
秩次	4.5	8	2.5	10	7	2.5	9	4.5	1	6
添符号	-4.5	8	2.5	10	-7	-2.5	-9	-4.5	1	-6

解：计算该组数据的差值、秩和。

$T_- = 4.5+7+2.5+9+4.5+6=33.5$

$T_+ = 8+2.5+10+1=21.5$

$T=min(T_+, T_-)=21.5$

查询附表 9，双侧检验 $N=10$，$T_{0.05}=8$，$T>T_{0.05}$

答：认知疲劳效应对记忆不会产生影响。

(2) 当对子数>25 时

当样本容量较大时,二项分布趋近于正态分布,因此可用正态分布近似处理。

$$u_T=\frac{N(N+1)}{4} \tag{7.7}$$

$$\sigma_T=\sqrt{\frac{N(N+1)(2N+1)}{24}} \tag{7.8}$$

$$Z=\frac{T-u_T}{\sigma_T} \tag{7.9}$$

当等秩情况较多时,就需采用矫正公式,该公式也是较为常用的公式。

$$Z_c=\frac{|T-u_T|-0.5}{[N(N+1)(2N+1)-0.5\sum(t_k^3-t_k)]/24} \tag{7.10}$$

其中,t_k 表示第 k 个等秩现象中秩的个数

【例 7-6】采用【例 7-4】中两种认知方式的数据进行符号等级检验。如表 7-2-10 所示。

表 7-2-10 两种认知方式对记忆的影响

被试	1	2	3	4	5	6	7	8	9	10	11	12	13	14
认知方式 1	2	3	2	5	4	4	3	1	1	3	1	4	3	2
认知方式 2	6	5	6	7	7	3	2	6	7	4	5	7	6	3
差值	4	2	4	2	3	-1	-1	5	6	1	4	3	3	1
秩次	25	9.5	25	9.5	16	3.5	3.5	25.5	27	3.5	25	16	16	3.5
添符号	+25	+9.5	+25	+9.5	+16	-3.5	-3.5	+25.5	+27	+3.5	+25	+16	+16	+3.5
被试	15	16	17	18	19	20	21	22	23	24	25	26	27	28
认知方式 1	2	2	3	1	4	2	4	1	4	2	3	3	3	5
认知方式 2	6	5	3	5	7	5	2	6	6	5	4	4	5	3
差值	4	3	0	4	3	3	-2	5	2	3	1	1	2	-2
秩次	25	16		25	16	16	9.5	25.5	9.5	16	3.5	3.5	9.5	9.5
添符号	+25	+16		+25	+16	+16	-9.5	+25.5	+9.5	+16	+3.5	+3.5	+9.5	-9.5

解:计算两组数据的差值、秩和。

$T_+=3.5\times4+9.5\times4+16\times7+25\times5+25.5\times2+27=367$

$T_-=3.5\times2+9.5\times2=26$

$T=min(T_+,T_-)=26$

$$u_T=\frac{N(N+1)}{4}=\frac{27(27+1)}{4}=189$$

$$\sigma_T=\sqrt{\frac{N(N+1)(2N+1)}{24}}=\sqrt{\frac{27(27+1)(2\times27+1)}{24}}=41.623$$

$$Z=\frac{T-u_T}{\sigma_T}=\frac{26-189}{41.623}=-3.916$$

$$|Z|>Z_{0.05}$$

答：两种认知方式对记忆均有显著性影响，与符号检验结果一致。

（三）SPSS 操作

1. 案例：以本章【例 7-6】为例。

2. 步骤

（1）输入数据

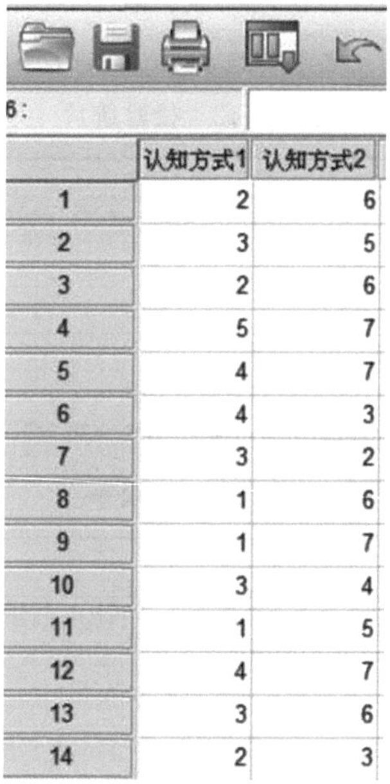

	认知方式1	认知方式2
1	2	6
2	3	5
3	2	6
4	5	7
5	4	7
6	4	3
7	3	2
8	1	6
9	1	7
10	3	4
11	1	5
12	4	7
13	3	6
14	2	3

（2）符号检验、符号登记检验：【分析】→【非参数检验】→【旧对话框】→【两个相关样本】；

分别将“认知方式 1”和“认知方式 2”放入【*Variable*1】与【*Variable*2】中→检验类型同时勾选【*Wilcoxon*】和【符号检验】，可同时得到符号检验和符号等级检验结果→点击【确定】。

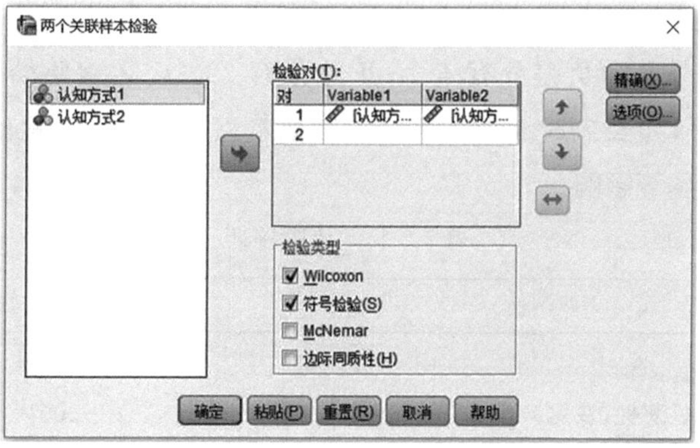

3.结果

(1)威尔克松带符号等级检验。秩的结果如表 7-2-11 所示。检验统计结果如表 7-2-12 所示。

表 7-2-11 秩

		个案数	秩平均值	秩之和
认知方式 2-认知方式 1	负秩	4	6.5	26.00
	正秩	23	15.3	352.00
	结	1		
	总计	28		

表 7-2-12 检验统计

	认知方式 2-认知方式 1
Z	-3.937
渐近显著性(双尾)	.000

(2)符号检验。频率的结果如表 7-2-13 所示。

表 7-2-13 频率

		数字
认知方式 2-认知方式 1	负差分	4
	正差分	23
	结	1
	总结	28

(3)分析数据信息

威尔克松符号等级检验法数据结果显示,认知方式 2 比认知方式 1 小的差值为 4(即负秩),秩平均值为 6.5;正秩有 23 个,秩平均值为 15.3。Z 值为-3.937,$p<0.01$,达到显著性水平。

符号检验法结果显示负差分有 4 个,正差分有 23 个,Z 检验结果为-3.464,$p<0.01$,达到显著性水平,如表 7-2-14 所示。结果与威尔克松符号等级检验法结果一致,两种认知方式对记忆有显著影响。

表 7-2-14 检验统计

	认知方式 2-认知方式 1
Z	-3.464
渐近显著性(双尾)	.001

第三节　多样本的非参数检验法

多样本(大于等于3个)的非参数检验包含多个独立样本的非参数检验和多个相关样本的非参数检验。*H* 检验是为了确定多个独立样本是否来自同一总体,相当于参数检验中的完全随机方差分析。*Friedman* 检验则是为了确定多个相关样本是否同一总体,等同于参数检验中的随机区组设计方差分析。

一、H 检验

H 检验也称克瓦氏 *H* 检验(*Kruskal-Wallis H test*)或克-瓦氏单向方差分析,是两样本曼-惠特尼 *U* 检验的推广。其虚无假设为 K 个独立样本来自同一总体,或 K 个独立样本的总体分布没有显著差异。而备择假设为至少有两个独立样本的总体不同。

(一)计算步骤

1. 当 $K=3$ 且 $n_i \leqslant 5$ 时

第一步:将所有的数据混合后进行等级排序;

第二步:分别求出各样本的秩和;

第三步:使用公式(7.11)计算 *H* 值。

$$H=\frac{12}{N(N+1)}\sum_{1}^{K}\frac{R_i^2}{n_i}-3(N+1) \qquad (7.11)$$

其中 K 为样本个数;

n_i 为第 i 个样本的样本容量;

N 为总样本容量;

R_i 为第 i 个样本的秩和;

根据 n_1、n_2、n_3 和计算所得的 *H* 值,查询 *H* 检验表(附表9),将 *H* 值与表中的临界值比较。表中 p 值为计算所得 *H* 值大于临界值的概率。

【例 7-7】为了研究成年人对婴儿面孔可爱程度的注意偏向,现将婴儿面孔的可爱程度分为高可爱度、中可爱度和低可爱度三组,12 名被试的注视时间如表 7-3-1 所示,试问,婴儿的面孔可爱度是否会影响成人的注意偏向?

表 7-3-1 成年人对婴儿面孔的注视时间(ms)

面孔可爱度			秩次		
高可爱度	中可爱度	低可爱度	高可爱度	中可爱度	低可爱度
226	214	224	9	4	8
231	220	237	11	6	12
211	204	222	2	1	7
217	212		5	3	
229			10		
		n_i	5	4	3
		R_i	37	14	27

解:将数据进行等级排序后求出秩和。

将数据带入公式 7.11,得:

$$H=\frac{12}{N(N+1)}\sum_1^K\frac{R_i^2}{n_i}-3(N+1)=\frac{12}{12(12+1)}\left(\frac{37^2}{5}+\frac{14^2}{4}+\frac{27^2}{3}\right)-3(12+1)=4.523$$

查附表 9,$n_1=5$,$n_2=4$,$n_3=3$,$p=0.05$ 时,$H_{0.05}=5.6308$,$H<H_{0.05}$

答:婴儿的面孔可爱度不会影响成人的注意偏向。

2. 当 $K>3$ 且 $n_i>5$ 时

当处理数多于 3 个或样本量较大时,H 近似服从自由度为 K-1 的 χ^2 分布。采用公式 7.12 计算 H 值,若数据中存在等秩情况时,也可采用该公式进行矫正,大小样本均可。查询 df=K-1 的 χ^2 表,将计算得到的 H 值与 χ^2 临界值比较,若矫正后的 H 值大于临界值,拒绝 H_0,表示各组差异具有统计学意义。

$$H=\frac{\frac{12}{N(N+1)}\sum_1^K\frac{R_i^2}{n_i}-3(N+1)}{1-\frac{\sum(t_k^3-t_k)}{N^3-N}} \tag{7.12}$$

其中,t_k 为第 k 个等秩的个数。

【例 7-8】为研究 A、B、C、D 四种教学方式对青少年创造力的影响,在进行为期一年的训练后,对学生的创造力测评,结果如下,试问教学方式和青少年的创造力之间是否有明显联系?

表 7-3-2　四种教学方式对创造力的影响

教学方式				秩次			
A	*B*	*C*	*D*	*A*	*B*	*C*	*D*
95	89	92	20	17.5	3	12	19
95	90	91	22	17.5	4.5	8	21
93	88	91	24	14	1.5	8	23
94	91	90	21	15.5	8	4.5	20
92	92	88	23	12	12	1.5	22
91	91			8	8		
94				15.5			
			n_i	7	6	5	5
			R_i	100	37	34	105

解：计算出秩次，其中等级 1.5 有 2 个，等级 4.5 有 2 个，等级 8 有 5 个，等级 12 有 3 个，等级 15.5 有 2 个，等级 17.5 有 2 个。

所以，$\sum(t_k^3-t_k)=(2^3-2)\times4+(3^3-3)+(5^3-5)=168$

$$1-\frac{\sum(t_k^3-t_k)}{N^3-N}=1-\frac{168}{23^3-23}=0.986$$

$$\frac{12}{N(N+1)}\sum_1^K\frac{R_i^2}{n_i}-3(N+1)=$$

$$\frac{12}{23\times(23+1)}\left(\frac{100^2}{7}+\frac{37^2}{6}+\frac{34^2}{5}+\frac{105^2}{5}\right)-3\times(23+1)=16.977$$

采用公式 7.12 进行矫正计算，得：

$$H=\frac{\frac{12}{N(N+1)}\sum_1^K\frac{R_i^2}{n_i}-3\times(N+1)}{1-\frac{\sum(t_k^3-t_k)}{N^3-N}}=\frac{16.977}{0.986}=17.218$$

当 $df=K-1=3$ 时，在 0.05 水平上，$\chi^2=7.81$，$H>\chi^2$。

答：四种教学方式的效果不相同，差异已达显著性水平。

(二)SPSS 操作

1. 案例：以本章【例 7-8】为例。

2. 步骤：

(1)输入数据

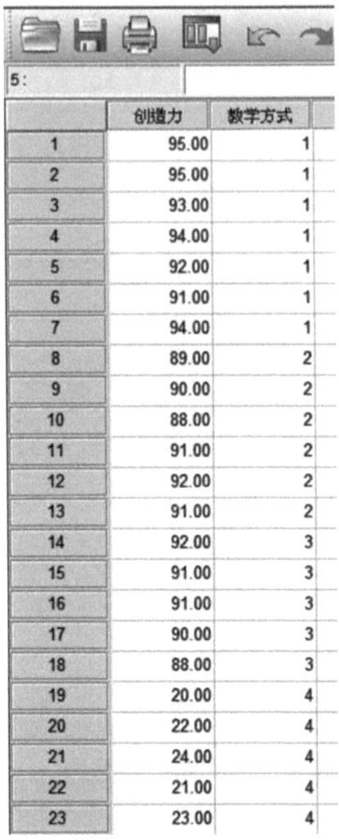

	创造力	教学方式
1	95.00	1
2	95.00	1
3	93.00	1
4	94.00	1
5	92.00	1
6	91.00	1
7	94.00	1
8	89.00	2
9	90.00	2
10	88.00	2
11	91.00	2
12	92.00	2
13	91.00	2
14	92.00	3
15	91.00	3
16	91.00	3
17	90.00	3
18	88.00	3
19	20.00	4
20	22.00	4
21	24.00	4
22	21.00	4
23	23.00	4

(2)H 检验:【分析】→【非参数检验】→【旧对话框】→【K 个独立样本】;

将“创造力”放入【检验变量列表(T)】,“教学方式”放入【分组变量】,并选择【定义范围】,在该对话框中输入教学方式的代表数字:1,4,【检验类型】SPSS 已默认选择克-瓦氏单向方差分析,最后点击【确定】,输出结果。

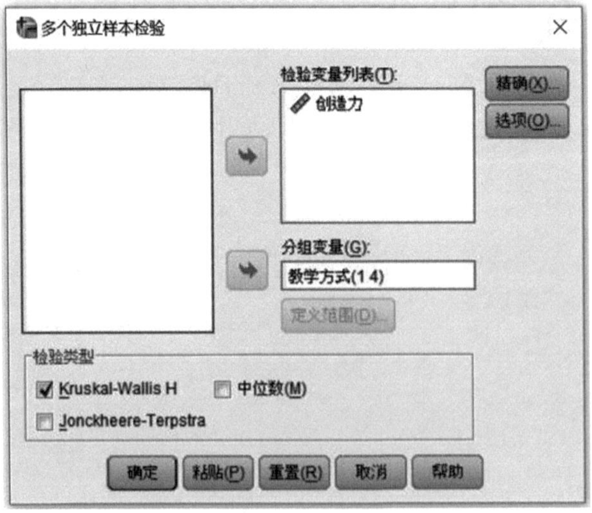

3.结果

在定义分组变量的范围时，由于只能输入数值，分析时将 A、B、C、D 四种教学方式分别用 1、2、3、4 数值代替。表 7-3-3 给出了每种教学方式的样本容量和平均秩次。表 7-3-4 给出了卡方值，且 $p<0.01$，达到显著性，表明四种教学方式对青少年的创造力有显著影响。

表 7-3-3　秩

	教学方式	个案数	秩平均值
创造力	1.00	7	14.29
	2.00	6	6.17
	3.00	5	6.8
	4.00	5	21.00
	总计	23	

表 7-3-4　检验统计

	创造力
卡方	17.215
自由度	3
渐近显著性	.001

二、Friedman 检验

Friedman 检验也称弗里德曼 χ^2 检验，是解决非参数检验中多个相关样本随机区组问题的方法。与随机区组方差分析相同，也是同一区组的被试接受所有实验条件处理。为了消除区组的影响，准确检验各实验条件之间是否存在差异，在对数据进行等级排序时不再是混合排序，而是在每个区组内部进行等级排序。获得的数据使用 n×K 表格表示，其中，n 代表区组个数，K 代表实验处理数。

（一）计算步骤

第一步：对每一区组内的 K 个数据按从小到大进行等级排序；

第二步：分别求出每个实验处理条件下的 n 个数据的秩和 R_i；

第三步：带入公式

$$\chi_r^2=\frac{12}{nK(K+1)}\sum R_i^2-3n(K+1) \qquad (7.13)$$

将计算得到的 χ_r^2 与 χ^2 分布表中 $df=K-1$ 的临界值比较，若 χ_r^2 大于临界值，则表示不同的实验处理间存在显著性差异。

【例 7-9】为检验 4 种不同的时间压力对考试成绩的影响，现有 5 种情绪状态的被试，将 5 种情绪状态的被试随机给予 4 种时间压力处理，如表 7-3-5 所示，试问 4 种时间压力对考试成绩的影响是否有差异？

表 7-3-5　四种时间压力对考试成绩的影响

情绪状态	时间压力				秩次			
	A	*B*	*C*	*D*	*A*	*B*	*C*	*D*
1	87	90	110	103	1	2	4	3
2	75	88	92	78	1	3	4	2
3	99	92	112	109	2	1	4	3
4	77	89	98	90	1	2	4	3
5	80	79	96	97	2	1	3	4
				R_i	7	9	19	15

解：由表格中数据可知，K＝4，n＝5，R_i 分别为 7，9，19，15。将数据带入公式 7.13，得：

$$\chi_r^2=\frac{12}{5\times4(4+1)}(7^2+9^2+19^2+15^2)-3\times5(4+1)=10.92$$

查询 χ^2 分布表，当 $\chi_r^2=10.92$ 时，介于临界值 9.35～11.3 之间，即其显著性水平介于 0.025～0.01 之间，小于 0.05 水平。

答：4 种时间压力给考试成绩带的差异达到显著性水平。

（二）SPSS 操作

1. 案例：以本章【例 7-9】为例。

2. 步骤

（1）输入数据

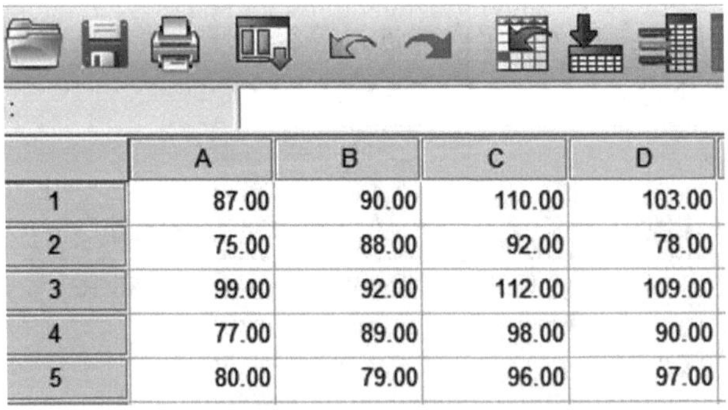

	A	B	C	D
1	87.00	90.00	110.00	103.00
2	75.00	88.00	92.00	78.00
3	99.00	92.00	112.00	109.00
4	77.00	89.00	98.00	90.00
5	80.00	79.00	96.00	97.00

（2）*Friedman* 检验：【分析】→【非参数检验】→【旧对话框】→【K 个相关样本】

将 A、B、C、D 四种时间压力放入【检验变量】，检验类型默认【*Friedman*】，点击【确定】输出结果。

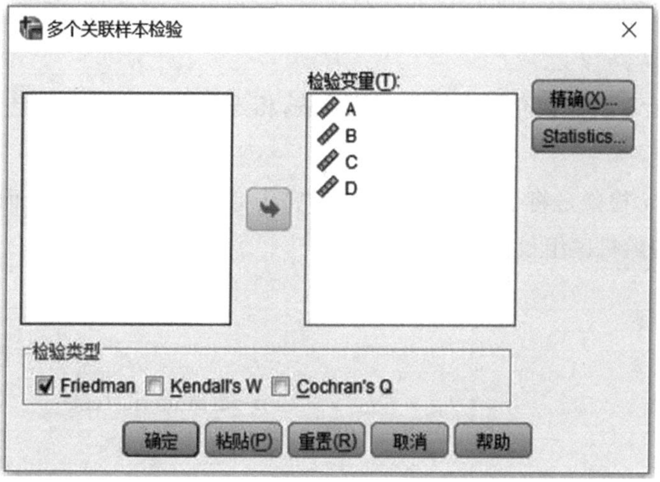

3.结果

表 7-3-6 列出了每个时间压力下的秩平均值，表 7-3-7 显示区组数 5，自由度 3，当自由度为 3 时，其卡方值为 10.920，$p<0.05$，达到显著性，表明四种时间压力对考试成绩的影响具有统计学意义。

表 7-3-6　**秩**

时间压力	秩平均值
A	1.40
B	1.80
C	3.80
D	3.00

表 7-3-7　**检验统计**

个案数	5
卡方	10.920
自由度	3
渐近显著性	0.012

本章要点小结

1.非参数检验不同于参数检验，它适用于没有确定分布形态，或样本量较少的数据。本章分别介绍了秩和检验、符号检验、符号等级检验、*H* 检验和 *Friedman* 检验。

2.秩和检验是针对两个独立样本，利用秩和作为统计量的非参数检验方法。

3.符号检验法只利用了两个相关样本差值的符号进行分析，虽然方便快捷，但检验效能较低。

4. 符号等级检验法是对符号检验法的改善,不仅考虑了符号,还考虑了具体差值大小,检验精度更高。

5. *H* 检验是对多个独立样本的非参检验法,相当于参数检验中的完全随机设计的方差分析法。

6. *Friedman* 检验是将个体差异带来的影响从组内变异中分离,从而提高检验效率,与参数检验中的随机区组设计的方差分析相似。

关键术语

非参数检验	non-parametric test
秩和	the sum of ranks
威尔克松符号秩和检验	Wilcoxon Signed-Rank test
弗里德曼 χ^2 检验	Friedman test
曼-惠特尼 U 检验	Mann-Whitney U test
符号检验	sign test
克瓦氏 H 检验	Kruskal-Wallis H test

课后习题

1. 非参数检验和参数检验适用条件有何不同?

2. 符号检验与符号等级检验分别有何特点?

3. 下列关于非参数检验的表述,错误的是( )。

A. 适用于小样本

B. 变量总体须服从二项分布

C. 适用于顺序数据资料

D. 未能充分利用资料的全部信息

4. 对于两个独立样本进行非参数检验所使用的方法是( )。

A. 秩和检验法　　*B*. 符号检验法　　*C*. *H* 检验法　　*D*. χ^2 检验

5. 以下检验方法中,( )不属于非参数检验方法。

A. t 检验　　*B*. *H* 检验　　*C*. *U* 检验　　*D*. χ^2 检验

6. 如果要检验两个配对总体的分布是否相同,采用的非参数检验方法是( )。

A. 曼-惠特尼 *U* 检验　　*B*. 弗里德曼 χ^2 检验

C. 威尔克松符号秩和检验　　*D*. 克瓦氏 *H* 检验

7. 为检验城市和农村儿童的身高是否差异,现分别抽取 10 名和 9 名儿童对身高进行测量,结果如下表所示,请问儿童的身高是否会因为地区不同而有差异?(单位:厘米)

城镇	76	79	75	78	74	71	74	73	73	78
农村	71	69	72	72	71	78	77	65	75	

8. 探索学习环境中，两种不同气味单独出现时对于短时记忆的影响，下面是 10 名被试的实验结果，两种气味对短时记忆的影响有差异吗？请用两种方式解答。

被试	1	2	3	4	5	6	7	8	9	10
气味 A	11	12	9	10	8	11	13	12	14	12
气味 B	8	9	10	9	11	8	7	7	7	6

9. 由于夏天的到来，某省持续阴雨天气，现随机抽取 5 个市，观察 4 天，得到一份降雨量调查研究，试问各个市的降雨量是否有所不同？（单位：mm/24h）

A 市	B 市	C 市	D 市	E 市
4.6	6.5	12.6	14.2	22.3
2.3	12.8	20.3	8.3	12.4
2.1	11.2	18.9	3.6	13.2
13.0	7.0	14.2	5.9	7.4

10. 现有 4 名英语教师分别对 5 位不同专业大学生的英语作文按照 1～10 分进行评分，试问这 4 名教师的评分是否有差异？

学生	教师			
	教师 A	教师 B	教师 C	教师 D
1	7	6	9	6
2	5	7	6	8
3	7	6	9	7
4	6	8	8	7
5	6	7	7	6

第八章

相关关系

现如今，高血压已成为我国居民身体健康的头号杀手，各大媒体相继报道，高血压与吸烟有关。为了验证吸烟与高血压患病率间的关系，研究人员通常会这样做：首先随机抽取大量人群作为样本，其中既有吸烟者也有非吸烟者，然后分别统计每组患有高血压的人数和未患高血压的人数，最后计算出高血压与吸烟之间的相关系数，以此确定高血压与吸烟之间的关系。诸如此类想要获得变量与变量之间相关关系而进行的统计分析，即为本章所要学习的内容。

在第一章中我们介绍了不同的数据类型，其中包括称名数据、顺序数据、等距数据、等比数据。根据需要计算相关关系的变量的性质或数据类型的特点，研究者需要选择与之相对应的相关方法。本章将介绍皮尔逊积差相关、斯皮尔曼等级相关、肯德尔和谐系数、点二列相关、二列相关、多列相关、四分相关、φ 相关、列联相关等方法的基本原理、计算步骤、实际应用及 SPSS 操作。

第一节 相关的基本概念

一、相关关系与相关系数

世间万物总是存在某种联系，大致可分为三种类型：因果关系、相关关系和共变关系。因果关系表示一个事件是另一个事件产生的原因，在发生顺序上有严格的时间前后关系，通常原因在前，结果在后。如，摄入高油脂食物将导致体重上升。相关关系是两个事件之间存在一定的数量关系，但不能确定二者何为因、何为果。如，体重与身高之间的关系。共变关系为两个表面看起来有关系的事件共同受到其他因素的影响。如，夏天溺亡人数越多，冰棍销售量越高。表面看起来二者存在一定的数量关系，但实际二者都是受气温升高影响，它们之间并无直接联系。

（一）相关关系类型

在相关分析中，常用散点图直观表示两个变量之间的关系。由散点图可反映两变量间属于何种类型的相关关系。

1. 方向：正相关、负相关

在正相关中（图 8-1-1*a*），两个变量变化方向相同，即随着一个变量增大或减小，另一个变量也增大或减小；在负相关中（图 8-1-1*b*），两变量变化方向相反，即随着一个变量的增大或减小，另一个变量在减小或增大。

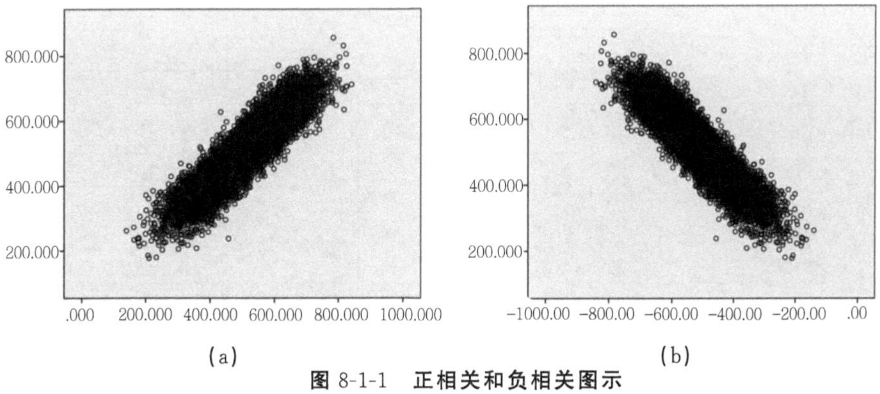

图 8-1-1 正相关和负相关图示

2. 表现形态：线性相关、非线性相关

在线性相关中（图 8-1-2*a*），两变量间的关系趋近于线性形式，散点围绕在直线附近；在非线性相关中（图 8-1-2*b*），两变量间的关系呈现某种曲线形式，也称曲线相关。在本章内容中，主要介绍线性相关。

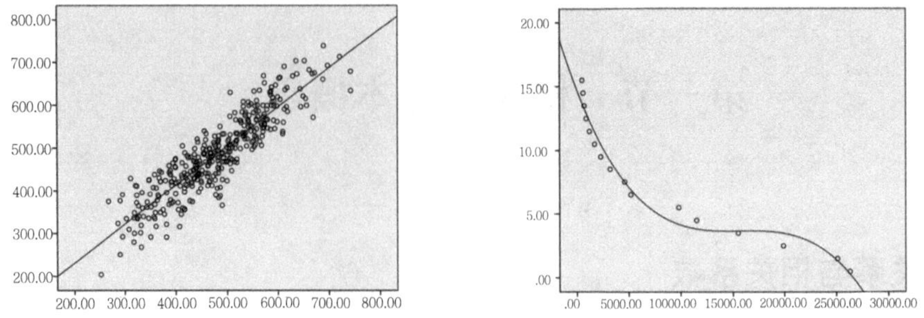

(a) (b)

图 8-1-2 线性相关和非线性相关图示

3.程度：完全相关、不完全相关和零相关

完全相关(图 8-1-3*a*)中，一个变量完全由另一个变量确定，也称函数关系。在散点图上表现为所有点都在一条直线上，即 r=＋1.00 或 r=-1.00；不完全相关(图 8-1-3*b*)介于完全相关和零相关之间，即-1.00＜r＜＋1.00；零相关(图 8-1-3*c*)表明两个变量相互独立，不存在关系，一个变量增大或减小，另一个变量可能不变动，也可能变动但无规律可循，即 r=0。

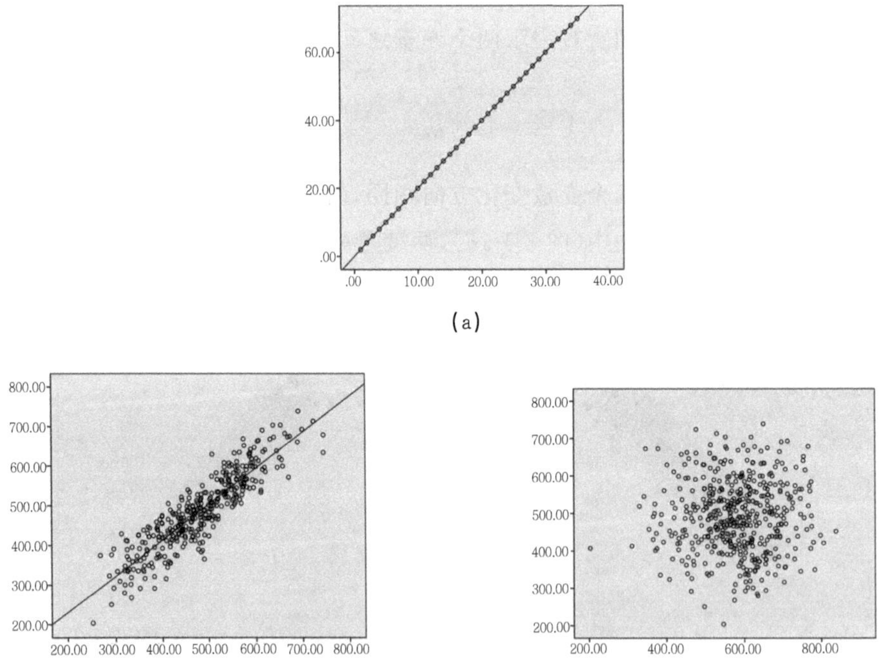

(b) (c)

图 8-1-3 完全相关、不完全相关和零相关图示

(二)相关系数

相关系数是表示两个随机变量间关系强弱的指标。常用 r 表示样本间的相关系数，

用 ρ 表示总体间相关系数。相关系数取值范围：

$-1.00 \leqslant r \leqslant 1.00$

相关系数注意要点如下：

(1)相关系数 r 的取值范围介于-1.00 至+1.00 之间。其中的"+""-"符号表明两个变量之间相关的方向。正值表示二者呈正相关,负值表示二者呈负相关。

(2)r=+1.00 表示完全正相关,r=-1.00 表示完全负相关,r=0 表示零相关。

(3)相关系数的绝对值越大,表明变量间相关程度越高,关系越密切。

(4)相关系数与样本容量有关。通常,样本量越大,相关系数越大。当样本量较小时,可能受抽样误差影响,使相关误差增大。因此,在判定相关是否密切时,要结合样本量大小和相关系数数值进行显著性检验,以确定两变量在统计检验上是否具有相关关系。

(5)相关系数没有绝对零点,也没有单位,属于顺序数据,因此只能比较大小,不能做加、减、乘、除运算。

(6)将原始分数转换为 Z 分数后,两变量之间的相关关系不会发生变化。

在心理学研究中,常用的相关系数有积差相关系数、等级相关系数、质与量相关系数和品质相关系数。数据类型不同,对应的相关系数及其计算方式也不同。

第二节　积差相关

一、积差相关概念

积差相关是英国统计学家皮尔逊提出的一种计算相关的方法,也被称为皮尔逊相关,是一种最常用的计算相关系数的方法。适用于测量两变量间线性关系的程度和方向。

一般来说,计算积差相关需满足以下几个条件:(1)两列变量是线性关系,非线性数据不能计算积差相关。(2)需为成对数据,即计算样本两个不同观测变量之间的关系。如学生的体重与身高之间的关系,人的智力发展水平和学业成就之间的关系等。(3)两列变量来自的总体均呈正态分布。判断是否服从正态分布,可查询已有的研究资料,如对两个变量的数据做正态性检验。(4)两列变量需是等距或等比的连续性数据。

二、积差相关的计算

1. 相关与协方差

两个随机变量之间的线性关系可用两个统计量来测量：协方差（*covariance*）和相关系数（*correlation coefficient*）。二者都能衡量两个变量之间是否存在线性关系。

协方差是用来描述两个变量的总体误差，以及在变化过程中是同向变化还是反向变化，以及变化程度如何，通常用符号 $cov(X,Y)$ 表示。

协方差的计算公式如下

$$cov(X,Y)=\frac{\sum(X-\bar{X})(Y-\bar{Y})}{N}=\frac{\sum xy}{N} \qquad (8.1)$$

其中：

$\bar{X}$ 和 $\bar{Y}$ 分别为变量 X、Y 的平均数；

x、y 分别为两个变量的离均差，即有 $x=X-\bar{X}$，$y=Y-\bar{Y}$；

N 为成对数据的数目。

如果两个变量的变化趋势已一致，即其中一个大于自身的期望值时另一个也大于自身的期望值，二者之间的协方差就是正值；如果两个变量的变化趋势相反，其中一个变量大于自身的期望值时另一个小于自身期望值，二者的协方差就是负值；如果无论其中一个如何变化，另一个都不受影响，那么协方差为 0，即二者相互独立。

虽然协方差能进行定性分析，但是不能进行定量分析，不能通过协方差的值判断两个变量的相关性大小。此外，协方差会受到变量测量单位的影响，两个变量的单位不一致，协方差的值会随着测量单位的不同而发生变化。为了克服该缺点，需要考虑去除测量单位的影响，使其成为一个无实际测量单位的标准分数。

将协方差分别除以 X 与 Y 的标准差 s_X、s_Y，得到标准化后的指标便是积差相关系数：

$$r=\frac{cov(X,Y)}{s_X s_Y}=\frac{\sum(X-\bar{X})(Y-\bar{Y})}{Ns_X s_Y}=\frac{\sum xy}{Ns_X s_Y} \qquad (8.2)$$

2. 积差相关与离差积和

由定义知，积差相关的计算为 X 和 Y 的共变性与 X 和 Y 各自变异性之间的比值：

$$r=\frac{\text{X 和 Y 共同变化的程度}}{\text{X 和 Y 单独变化的程度}}=\frac{\text{X 和 Y 的共变性}}{\text{X 和 Y 各自的变异性}}$$

单个变量的变异性一般用离差平方和 SS 表示。两个变量的变异性，即二者的共变性用 SP 或离差积和表示。SP 公式如下：

$$SP=\sum(X-X)(Y-Y) \qquad (8.3)$$

此外，还可以通过原始数据直接计算离差积和。计算公式如下：

$$SP = \sum XY - \frac{\sum X \sum Y}{N} \qquad (8.4)$$

两个公式计算得到的SP值相同，但使用原始数据计算更加方便。

通过SP计算积差相关系数的公式为：

$$r = \frac{SP}{\sqrt{SS_X SS_Y}} = \frac{\sum xy}{\sqrt{\sum x^2 \cdot \sum y^2}} \qquad (8.5)$$

3. 积差相关与标准分数

将公式8.2进一步展开，可以看到，积差相关系数是两列成对观测值中，各对观测值的标准分数的乘积和的算数平均数，表明也可用标准分数计算相关系数。但在实际计算过程中四舍五入次数太多，会造成使用标准分数计算得到的相关系数精度不高。

$$r = \frac{\sum (X-\bar{X})(Y-\bar{Y})}{N s_X s_Y} = \frac{1}{N}\sum\left(\frac{X-\bar{X}}{s_X}\right)\left(\frac{Y-\bar{Y}}{s_Y}\right) = \frac{1}{N}\sum Z_X Z_Y \qquad (8.6)$$

4. 积差相关与原始分数

除了上述几种计算相关系数的方法，也可用原始数据直接计算积差相关系数。

$$r = \frac{N\sum XY - \sum X \sum Y}{\sqrt{N\sum X^2 - (\sum X)^2}\sqrt{N\sum Y^2 - (\sum Y)^2}} \qquad (8.7)$$

该式可直接由公式8.2推演得到。在实际情况中，可根据具体情况选择合适的公式计算积差相关系数。

【例8-1】表8-2-1的第二和第三列数据为10位同学的平时成绩与期末成绩结果，问平时成绩与期末成绩之间的关系如何？

表8-2-1　用协方差、离差积和计算两列变量之间的相关系数

被试	平时成绩 X	期末成绩 Y	x	y	x^2	y^2	xy	x^2y^2
1	87	81	-0.80	3.90	0.64	15.21	-3.12	9.73
2	97	70	9.20	-7.10	84.64	50.41	-65.32	4266.70
3	97	87	9.20	9.90	84.64	98.01	91.08	8295.57
4	100	86	12.20	8.90	148.84	79.21	108.58	11789.62
5	93	82	5.20	4.90	27.04	24.01	25.48	649.23
6	77	63	-10.80	-14.10	116.64	198.81	152.28	23189.20
7	80	74	-7.80	-3.10	60.84	9.61	24.18	584.67
8	80	76	-7.80	-1.10	60.84	1.21	8.58	73.62
9	87	71	-0.80	-6.10	0.64	37.21	4.88	23.81
10	80	81	-7.80	3.90	60.84	15.21	-30.42	925.38
$\sum$	878	771			645.60	528.90	316.20	49807.53

表 8-2-2 用标准分数、原始分数计算相关系数

被试	平时成绩 X	期末成绩 Y	Z_X	Z_Y	$Z_X Z_Y$	XY	X^2	Y^2
1	87	81	-0.10	0.54	-0.05	7047	7569	6561
2	97	70	1.14	-0.98	-1.12	6790	9409	4900
3	97	87	1.14	1.36	1.56	8439	9409	7569
4	100	86	1.52	1.22	1.86	8600	10000	7396
5	93	82	0.65	0.67	0.44	7626	8649	6724
6	77	63	-1.34	-1.94	2.61	4851	5929	3969
7	80	74	-0.97	-0.43	0.41	5920	6400	5476
8	80	76	-0.97	-0.15	0.15	6080	6400	5776
9	87	71	-0.10	-0.84	0.08	6177	7569	5041
10	80	81	-0.97	0.54	-0.52	6480	6400	6561
Σ	877	771			5.41	68010	77734	59973

解：根据已有资料可知，成绩的分布呈正态，且平时成绩和期末成绩都属于测量数据并为线性相关，故本例可用积差相关公式计算相关系数。

(1)使用协方差计算相关系数

根据表中数据求得：$\bar{X}=87.8$，$\bar{Y}=77.1$，$s_X=8.035$，$s_Y=7.273$；将 $\sum xy$，s_X，s_Y 带入公式 8.2 得：

$$r=\frac{\sum xy}{N s_X s_Y}=\frac{316.20}{10\times 8.035\times 7.273}=0.541$$

(2)使用离差积和计算相关系数

将 $\sum xy$，$\sum x^2$，$\sum y^2$ 数据带入公式 8.5 得：

$$r=\frac{\sum xy}{\sqrt{\sum x^2 \cdot \sum y^2}}=\frac{316.20}{\sqrt{645.6\times 528.9}}=0.541$$

(3)使用标准分数计算相关系数

将 $\sum Z_X Z_Y$ 带入公式 8.6 得：

$$r=\frac{1}{N}\sum Z_X Z_Y=\frac{5.41}{10}=0.541$$

(4)使用原始分数计算相关系数

根据表中数据求得 $(\sum X)^2=770884$，$(\sum Y)^2=594441$，将 $\sum XY$，$\sum X$，$\sum Y$，$\sum X^2$，$\sum Y^2$，$(\sum X)^2$，$(\sum Y)^2$ 带入公式 8.7 得：

$$r=\frac{N\sum XY-\sum X\sum Y}{\sqrt{N\sum X^2-(\sum X)^2}\sqrt{N\sum Y^2-(\sum Y)^2}}$$

$$=\frac{10\times 68010-878\times 771}{\sqrt{1077734-770884}\times\sqrt{1059973-594441}}=\frac{3162}{\sqrt{6456}\times\sqrt{5289}}=0.541$$

可以发现，用四个公式计算得到的结果均相同，相关系数为 0.541。

三、积差相关系数的显著性检验

相关系数的显著性检验分为两种，一种是单样本相关系数 r 检验，判断其是否来自总体相关系数为 ρ 的总体；另一种是两个总体的相关系数检验，通过两个样本相关系数来两个总体相关系数 ρ_1 和 ρ_2 是否有差异。

1. 单样本积差相关系数显著性检验

由于样本相关系数会受到总体相关系数 ρ 以及样本容量的影响。当 $\rho \neq 0$ 时，样本相关系数服从偏态分布；$\rho=0$ 时，样本相关系数服从正态分布。在实际检验时，分两种情况进行。

(1)当总体间不存在相关，即 $\rho=0$ 时，

$H_0: \rho=0$(总体之间不存在相关)

$H_1: \rho \neq 0$(总体之间存在相关)

此时样本相关系数 r 的抽样分布为 t 分布，可采用 t 检验。

$$t=\frac{r-\rho}{\sqrt{\frac{1-r^2}{n-2}}}=\frac{r-0}{\sqrt{\frac{1-r^2}{n-2}}} \quad (df=n-2) \tag{8.8}$$

如果 $t > t_{0.05/2}$，则拒绝虚无假设，说明样本的积差相关系数 r 不是来自 $\rho=0$ 的总体。

如果 $t < t_{0.05/2}$，则接受虚无假设，认为总体间不存在相关。之所以 r 值不为 0，是由抽样误差导致。

【例 8-2】根据【例 8-1】计算得到学生的平时成绩与期末成绩之间的相关系数为 0.533，请问平时成绩与期末成绩之间是否存在相关？

解：设 $H_0: \rho=0$

$H_1: \rho \neq 0$

$$t=\frac{r-0}{\sqrt{\frac{1-r^2}{n-2}}}=\frac{0.533-0}{\sqrt{\frac{1-0.533^2}{10-2}}}=1.782$$

查询附表 t 分布表，$t_{0.05/2}=2.306$，$1.782<2.306$，不能拒绝 H_0，即不能拒绝 $\rho=0$ 的假设。

答：平时成绩与期末成绩之间的相关并不显著。

(2)当总体间存在相关，即 $\rho \neq 0$ 时，

$\rho=0$ 在实际检验中运用较多，主要检验两个总体是否存在相关，或说明样本相关系数是否是来自 $\rho=0$ 的总体，但不能检验某样本相关系数是否为来自某一不为零的总体，因此需要 $\rho \neq 0$ 时的显著性检验。

当 $\rho\neq0$ 时，样本相关系数服从偏态分布，此时需要将 r 和 ρ 转换成费希尔 Z_r 值(查附表 10)，将其转换为正态分布，并进行 Z 检验。

$$SE_{Zr}=\frac{1}{\sqrt{n-3}}$$

$$Z=\frac{Zr-Z_\rho}{SE_{Zr}}=\frac{Zr-Z_\rho}{\frac{1}{\sqrt{n-3}}} \tag{8.9}$$

【例 8-3】根据以往资料表明，某次测验学生的平时成绩与期末成绩之间的相关系数为 0.80。为验证该估计是否合理，抽取 10 位同学获得【例 8-1】中的数据，并计算得到相关系数 r=0.533。试问样本数据是否支持资料提供的结果？

解：

(1)提出假设

$H_0:\rho=0.80$

$H_1:\rho\neq0.80$

(2)查询附表 10 得：r=0.533 时，$Z_r=0.597$。$\rho=0.80$ 时，$Z_r=1.099$。

(3)计算检验统计量，根据公式 8.9 得：

$$Z=\frac{Z_r-Z_\rho}{\frac{1}{\sqrt{n-3}}}=\frac{0.597-1.099}{\frac{1}{\sqrt{10-3}}}=-1.33$$

(4)根据显著性水平α=0.05，查正态分布表得 $Z_{0.05/2}=1.96$

$|Z|=1.33<Z_{0.05/2}=1.96$，所以接受虚无假设 H_0，说明实验结果支持资料解果。

2.两总体积差相关系数显著性检验

两总体积差相关系数显著性检验是根据两个样本相关系数间的差异推断各自的总体间是否存在差异。

假设两样本的积差相关系数分别为 r_1 和 r_2，分别将二者进行费希尔 Z_r 转换，转换后，Z_r 的分布近似正态分布，并进行假设检验：

$$Z=\frac{Z_{r1}-Z_{r2}}{\sqrt{\frac{1}{n_1-3}+\frac{1}{n_2-3}}} \tag{8.10}$$

四、积差相关的强度

在进行推断统计检验时，只要 $p<0.05$ 便可说明实验干预有作用。然而，推断统计显著并不意味着实际效果显著，因为显著性检验受样本量影响极大。在许多实验中，即使实验组与控制组之间的绝对差异很小，但增大样本量后，同样的差异就可能达到显著性水平。因此，需要用效应量来衡量实验效应的强度或者变量间关联强度。

在积差相关中，用决定系数(*Coefficient of determination*，r^2)，即相关的平方来表示因变量的变异有多少是由自变量的变异决定，以此来反应相关的强度。如【例 8-1】中，平时成绩与期末成绩之间的相关系数为 0.533，意味着期末成绩中有 $r^2=0.533^2=0.284$(28.4%)的变异是由其平时成绩决定的。表 8-2-2 展示了 r^2 的标准，以衡量效应的大小。

表 8-2-3　r^2 标准[7]

解释方差的百分比 r^2	解释
≤0.01	小效应
0.01～0.14	中等效应
≥0.14	大效应

根据 r^2 标准可看出，平时成绩与期末成绩之间的相关强度属于大效应。

五、SPSS 操作

1. 案例：以本章【例 8-1】为例。

2. 步骤

(1)输入数据：

	平时成绩	期末成绩
1	87.00	81.00
2	97.00	70.00
3	97.00	87.00
4	100.00	86.00
5	93.00	82.00
6	77.00	63.00
7	80.00	74.00
8	80.00	76.00
9	87.00	71.00
10	80.00	81.00

(2)皮尔逊积差相关分析：【分析】→【相关】→【双变量】将左边的“平时成绩”和“期末成绩”两列变量放入右边的“变量”中，在“相关系数”框中选择【*Pearson*】，点击【确定】。

[7] r^2 标准近似参考 η^2 标准。

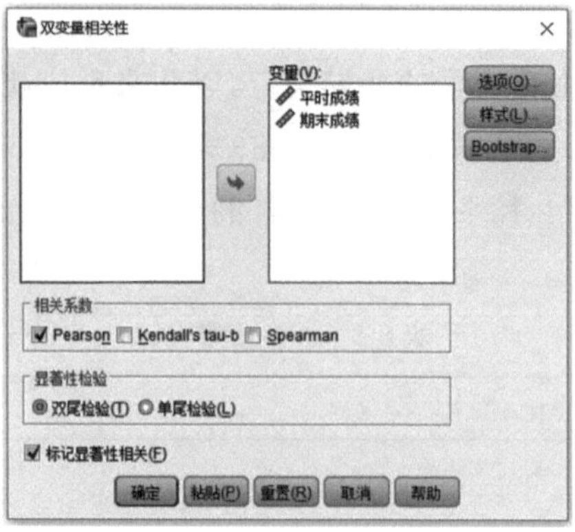

3. 结果

(1)分析数据信息

表 8-2-4 为学生平时成绩与期末成绩的相关系数表，二者之间的相关系数 $r=0.541$，根据显著性检验结果 $p>0.05$，二者之间的相关并不显著，与【例 8-1】所得结果相同。

(2)效应量大小结果

相关系数的效应量大小由所得 r 手动求平方，为 0.284，属于大效应，与计算结果一致。

表 8-2-4　相关系数及其显著性检验

		平时成绩	期末成绩
平时成绩	皮尔逊相关	1	.541
	显著性(双尾)		.106
	N	10	10
期末成绩	皮尔逊相关	.541	1
	显著性(双尾)	.106	
	N	10	10

第三节　等级相关

心理与教育研究领域中，除涉及等距和等比数据外，更常见的为等级数据，如李克特式量表收集到的数据。皮尔逊积差相关无法处理顺序数据，并且即使收集到的数据是等距或等比数据，但若其总体不是正态分布，也不符合积差相关的条件。以上两种情况都需要使用等级相关，该方法对总体分布没有要求，也称为非参数的相关计算方法。

一、斯皮尔曼等级相关

斯皮尔曼等级相关(*Spearman's correlation coefficient for ranked data*)是等级相关(*rank correlation*)的一种,用来反映两个顺序变量间的相关,其相关系数常用 r_R 或 r_s 表示,又被称之为斯皮尔曼ρ系数。它适用于以下情形:(1)具有等级顺序的两列数据求相关。(2)收集到的数据是等距或等比数据,但总体分布不为正态分布,此时将数据转换成等级数据,再求相关;(3)斯皮尔曼等级相关可用于小样本情境。需注意的是,凡是能使用皮尔逊积差相关计算的数据,也能使用等级相关计算,但是精确度要低于积差相关。因此,只要符合积差相关计算的资料,不要使用等级相关。

(1)斯皮尔曼等级相关的计算

在计算 r_R 时,需要先对变量的所有值排序,再对排序后的等级进行计算。

1.等级差数法

$$r_R = 1 - \frac{6\sum D^2}{N(N^2-1)} \quad (8.11)$$

其中,N 为等级个数,D 为每个个体在两列数据上的等级差数。

2.等级序数法

若直接使用等级的序数,可采用下式:

$$r_R = \frac{3}{N-1} \cdot \left[\frac{4\sum R_X R_Y}{N(N+1)} - (N+1)\right] \quad (8.12)$$

其中,R_X、R_Y 分别为两列变量的等级序数。

注意:以上两个公式需在变量中没有相同数据情况下才可使用。若用该公式计算存在相同数据的两列变量,精确性会下降。

【例 8-4】现有 10 位学生的平时成绩与期末成绩,问平时成绩与期末成绩之间是否具有一致性?

表 8-3-1 等级相关系数计算说明

被试	平时成绩 X	期末成绩 Y	R_X	R_Y	$D=R_X-R_Y$	D^2	$R_X R_Y$	x	y	xy
1	88	83	6	8	-2	4	48	-0.4	5.7	-2.28
2	98	70	9	2	7	49	18	9.6	-7.3	-70.08
3	97	87	8	10	-2	4	80	8.6	9.7	83.42
4	100	86	10	9	1	1	90	11.6	8.7	100.92
5	93	82	7	7	0	0	49	4.6	4.7	21.62
6	77	63	1	1	0	0	1	-11.4	-14.3	163.02
7	81	74	3	4	-1	1	12	-7.4	-3.3	24.42

续表

被试	平时成绩 X	期末成绩 Y	R_X	R_Y	$D=R_X-R_Y$	D^2	$R_X R_Y$	x	y	xy
8	80	76	2	5	-3	9	10	-8.4	-1.3	10.92
9	87	71	5	3	2	4	15	-1.4	-6.3	8.82
10	83	81	4	6	-2	4	24	-5.4	3.7	-19.98
$\sum$			55	55		76	347			320.8

解：根据表中数据，将$\sum D^2$ 等数据带入公式 8.11 得：

$$r_R=1-\frac{6\sum D^2}{N(N^2-1)}=1-\frac{676}{10(10^2-1)}=0.539$$

将$\sum R_X R_Y$ 等数据带入公式 8.12 得：

$$r_R=\frac{3}{N-1}\cdot\left[\frac{4\sum R_X R_Y}{N(N+1)}-(N+1)\right]=\frac{3}{10-1}\cdot\left[\frac{4\times347}{10(10+1)}-(10+1)\right]=0.539$$

答：这 10 人得平时成绩与期末成绩之间的等级相关系数为 0.54。

若使用皮尔逊积差相关公式计算二者的相关系数，根据表中数据求得：$\bar{X}=88.4$，$\bar{Y}=77.3$，$S_x=7.8$，$S_y=7.403$；将$\sum xy$，S_x，S_y 带入公式 8.2 得：

$$r=\frac{\sum xy}{Ns_X s_Y}=\frac{320.8}{107.87.4}=0.56$$

从该例看出，等级相关和皮尔逊积差相关会有些许差异。因此，凡符合计算积差相关的资料，不要用等级相关计算。

3.有相同等级时计算等级相关

当变量中存在相同等级时，以上两个公式计算相关都会产生误差，此时需要对其进行矫正。同样，在计算相关系数之前将数据从小到大排序。若有两个或更多的相同数据，计算这些数据对应等级的平均数，将平均数作为它们最终的等级数据，如表 8-3-2 所示。

表 8-3-2 含有相同等级时等级数据的计算

原始数据	等级数据	最终等级	
3	1	1.5	}1 和 2 的平均数
3	2	1.5	
5	3	3	
8	4	5	
8	5	5	}4、5、6 的平均数
8	6	5	

矫正系数 C 的计算公式为：

$$C=\frac{n(n^2-1)}{12} \tag{8.13}$$

其中，n 为某一等级中有相同等级的数目，如表 8-3-2 中，等级为 1.5 的相同数有两个，记 n=2；等级为 5 的相同数有三个，记 n=3。

当一列变量中有多个相同等级时，使用公式 8.13 来计算多个矫正系数的连加和。

$$\sum C=\sum\frac{n(n^2-1)}{12} \tag{8.14}$$

如表 8-3-2 中，$\sum C=\sum\frac{n(n^2-1)}{12}=\frac{2(2^2-1)}{12}+\frac{3(3^2-1)}{12}=2.5$。

对有相同等级的数据进行矫正后，即可计算斯皮尔曼相关系数。公式如下：

$$r_{RC}=\frac{\sum x^2+\sum y^2-\sum D^2}{2\cdot\sqrt{\sum x^2\sum y^2}} \tag{8.15}$$

其中，$\sum x^2=\frac{N^3-N}{12}-\sum C_X$；

$\sum C_X=\sum\frac{n(n^2-1)}{12}$；

$\sum y^2=\frac{N^3-N}{12}-\sum C_Y$；

$\sum C_Y=\sum\frac{n(n^2-1)}{12}$。

N 为成对数据的数目，n 为各列变量中某一等级中拥有相同等级的数目。

【例 8-5】有 10 位学生的平时成绩与期末成绩的等级评定分数如下表所示，试计算二者之间的相关系数。

表 8-3-3　有相同等级时计算等级相关系数的计算

被试	平时成绩 X	期末成绩 Y	R_X	R_Y	$D=R_X-R_Y$	D^2
1	良	良	7	3.5	3.5	12.25
2	优	差	2.5	8	-5.5	30.25
3	优	良	2.5	3.5	-1	1
4	优	良	2.5	3.5	-1	1
5	优	良	2.5	3.5	-1	1
6	差	差	10	8	2	4
7	良	差	7	8	-1	1
8	良	差	7	8	-1	1
9	良	差	7	8	-1	1
10	良	优	7	1	6	36
N=10						$\sum D^2=88.5$

解：从表中得知 N=10，$\sum D^2=88.5$，平时成绩的相同等级为“优”的个数为 4 个，“良”为 5 个。期末成绩的相同等级“良”的个数为 4 个，“差”的个数为 5 个。

$\sum C_X=\sum\frac{n(n^2-1)}{12}=\frac{4(4^2-1)}{12}+\frac{5(5^2-1)}{12}=15$

$$\sum C_Y=\sum\frac{n(n^2-1)}{12}=\frac{4(4^2-1)}{12}+\frac{5(5^2-1)}{12}=15$$

$$\sum x^2=\frac{N^3-N}{12}-\sum C_X=\frac{10^3-10}{12}-15=67.5$$

$$\sum y^2=\frac{N^3-N}{12}-\sum C_y=\frac{10^3-10}{12}-15=67.5$$

将计算得到的$\sum C_X$，$\sum C_Y$，$\sum x^2$，$\sum y^2$，以及$\sum D^2$ 带入公式 8.15，得

$$r_{RC}=\frac{\sum x^2+\sum y^2-\sum D^2}{2\cdot\sqrt{\sum x^2\sum y^2}}=\frac{67.5+67.5-88.5}{2\times\sqrt{67.5\times 67.5}}=0.344$$

答：学生的平时成绩与期末成绩之间的等级相关系数为 0.344。

(2)斯皮尔曼等级相关系数的显著性检验

斯皮尔曼等级相关系数的显著性检验，在计算出样本的相关系数后，直接查询附表 11，与α水平下的等级相关系数显著性临界值比较，便可确定该相关系数是否显著，或是否来自相关为 0 的总体。

(三)SPSS 操作

1. 案例：以本章【例 8-4】为例。

2. 步骤

(1)输入数据：

	平时成绩	期末成绩
1	88.00	83.00
2	98.00	70.00
3	97.00	87.00
4	100.00	86.00
5	93.00	82.00
6	77.00	63.00
7	81.00	74.00
8	80.00	76.00
9	87.00	71.00
10	83.00	81.00

(2)斯皮尔曼等级相关分析【分析】→【相关】→【双变量】将左边的“平时成绩”和“期末成绩”两列变量放入右边的“变量”中，在“相关系数”框中选择【*Spearman*】，点击【确定】。

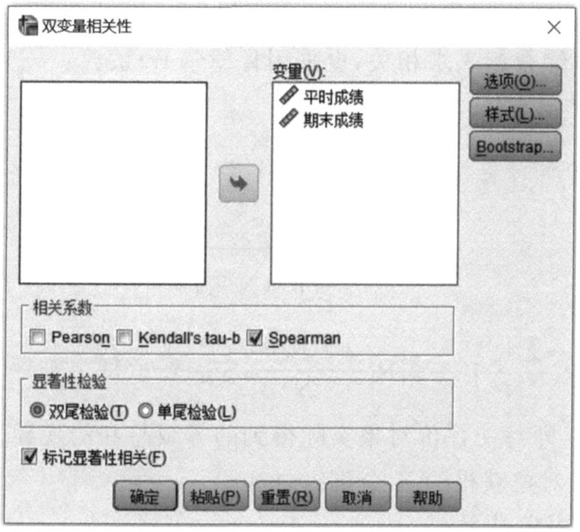

3.结果

(1)分析数据信息

表 8-3-4 为学生平时成绩与期末成绩的相关系数表,二者之间的相关系数 $r=0.539$,根据显著性检验结果 $p>0.05$,二者之间的相关并不显著,与【例 8-4】所得结果相同。

(2)效应量大小结果

相关系数的效应量大小由所得 r 手动求平方,为 0.291,属于大效应。

表 8-3-4 **相关性**

			平时成绩	期末成绩
斯皮尔曼等级相关系数	平时成绩	相关系数	1.000	.539
		显著性(双尾)		.108
		N	10	10
	期末成绩	相关系数	.539	1.000
		显著性(双尾)	.108	
		N	10	10

二、肯德尔和谐系数

肯德尔和谐系数(*Kendall coefficient of concordance*)又称为肯德尔 W 系数,常用符号 W 表示,是测量多列等级变量相关的方法,即适用于两列及以上等级变量。

肯德尔 W 系数是测量评分者信度的一种方法。当测验是主观题,不同评分者的评分以等级评定时,不同评分者对同一份试卷评定的等级间差异主要来源于评分者自身的差异,若要测量所得结果的可信度,便可使用肯德尔 W 系数来验证。如有 K 个评分者对 N 个事物进行等级评定,每个评分者都对事物给出一个等级顺序,最小序数为 1,最大序数为 N,便可使用肯德尔 W 系数求这 K 个等级变量资料间的一致性,即相关。另外一种情况，一个评价者先后 K 次评价 N 个事物，也可得到 K 列从 1 至 N 的等级变量资料，这类 K 列等级变量资料综合起来求相关，也采用肯德尔 W 系数。

（一）肯德尔 W 系数的计算

1. 无相同等级顺序时肯德尔 W 系数的计算

$$W=\frac{SS_R}{\frac{1}{12}K^2(N^3-N)} \quad (8.16)$$

其中，$SS_R=\sum\left(R_i-\frac{\sum R_i}{N}\right)^2=\sum R_i^2-\frac{(\sum R_i)^2}{N}$；$SS_R$ 表示每个被评价对象所评等级与平均等级的离差平方和，即每一评价对象实际得到的等级总和的变异。

R_i 表示每个评价对象获得的 K 个等级之和；

N 代表被评定的对象数目；

K 代表等级评定者数目。

将 $\sum R_i^2=\frac{KN(N+1)}{2}$ 代入上式，又可得

$$W=\frac{12\sum R_i^2}{K^2N(N^2-1)}-\frac{3(N+1)}{N-1} \quad (8.17)$$

肯德尔 W 系数的本质是每一评价对象实际得到的等级总和的变异与被评价对象一致性程度最大时等级总和变异的比值。因此，W 值介于 0 到 1 之间。当评分者意见完全一致时，SS_R 取最大值，W 取值为 1；当评分者意见完全不一致时，W 取值为 0；当评分者的意见存在部分程度一致时，$0<W<1$。

【例 8-6】某校举行演讲比赛，其中 A、B、C 三位评委老师对 a、b、c、d、e、f 这 6 名演讲者进行分数评定，试问三位评委评定的成绩是否一致？

表 8-3-5 肯德尔和谐系数计算

演讲者	教师评定分数			教师评定成绩秩次(R)			R_i	R_i^2
	A	B	C	A	B	C		
a	20	19	25	6	6	4	16	256
b	19	18	30	5	5	5	15	225
c	18	16	23	4	3	3	10	100
d	14	15	20	3	2	2	7	49
e	13	17	40	2	4	6	12	144
f	12	14	18	1	1	1	3	9
$\sum$							63	783

解：先将原始分数转换为等级分数；

$$SS_R=\sum R_i^2-\frac{(\sum R_i)^2}{N}=783-\frac{(63)^2}{6}=121.5$$

将 SS_R 带入公式 8.16 得：

$$W=\frac{SS_R}{\frac{1}{12}K^2(N^3-N)}=\frac{121.5}{\frac{1}{12}\times3^2\times(6^3-6)}=0.771$$

将数据带入公式 8.17 得

$$W=\frac{12\sum R_i^2}{K^2N(N^2-1)}-\frac{3(N+1)}{N-1}=\frac{12\times783}{3^2\times6\times(6^2-1)}-\frac{3(6+1)}{6-1}=0.771$$

答:3 位评委对 6 位演讲者的评分具有较好的一致性。根据 R_i 的值,可对这 6 位演讲者的评分给出大致顺序,R_i 值较小的,等级评分越高。由此可看出,6 位演讲者的等级顺序依次为:*a*、*b*、*e*、*c*、*d*、*f*。

2.有相同等级顺序时肯德尔 W 系数的计算

在等级评定出现相同等级时,需要采用矫正公式。

$$W=\frac{SS_R}{\frac{1}{12}K^2(N^3-N)-K\sum T} \quad (8.18)$$

其中:

$$SS_R=\sum\left(R_i-\frac{\sum R_i}{N}\right)^2=\sum R_i^2-\frac{(\sum R_i)^2}{N};$$

$$\sum T=\sum\frac{n^3-n}{12};$$

n 为相同等级的数目。

【例 8-7】有三位评分者对 9 篇作文进行评分。问评定结果是否一致?

表 8-3-6　有相同等级时肯德尔和谐系数的计算

作文	教师评定分数			教师等级评定秩次(R)			R_i	R_i^2
	A	*B*	*C*	*A*	*B*	*C*		
a	84	92	87	1.5	1.5	3	6	36
b	90	92.5	88	5	3	4.5	12.5	156.25
c	84	92	80	1.5	1.5	1	4	16
d	98	99	93	9	8	8.5	25.5	650.25
e	96	99.5	91	8	9	6.5	23.5	552.25
f	92	97	93	6	6.5	8.5	21	441
g	93	96.5	91	7	5	6.5	18.5	342.25
h	85	97	88	3	6.5	4.5	14	196
i	87	96	86	4	4	2	10	100
$\sum$							135	2490

解:$SS_R=\sum R_i^2-\frac{(\sum R_i)^2}{N}=2490-\frac{(135)^2}{9}=465$

$$\sum T=\frac{2^3-2}{12}+\frac{2^3-2}{12}+\frac{2^3-2}{12}+\frac{2^3-2}{12}+\frac{2^3-2}{12}+\frac{2^3-2}{12}=3$$

将数据带入公式 8.18

$$W=\frac{SS_R}{\frac{1}{12}K^2(N^3-N)-K\sum T}=\frac{465}{\frac{1}{12}\times 3^2\times(9^3-9)-3\times 3}=0.876$$

答：从计算结果可知，三位评分者对 9 篇作文的评分结果具有较高一致性，换言之，评分者信度较高。

（二）肯德尔和谐系数的假设检验

在求得评分者一致性信度系数 W 后，要判断其一致性的显著性水平。

1. 当 $3\leqslant N\leqslant 7$ 时（N 表示被评定者数目）

此时检验 W 系数是否到达显著性水平，直接查询附表 12，即肯德尔 W 系数显著性临界值比较，判断是否大于临界值。

2. 当 $N>7$ 时

将所得 W 值代入以下公式：

$$\chi^2=K(N-1)W(df=N-1) \quad (8.19)$$

查询 χ^2 分布表，若所得 χ^2 值显著，则表明 W 也显著。

（三）SPSS 操作

1. 案例：例 8-7 的数据

2. 步骤

（1）输入数据：

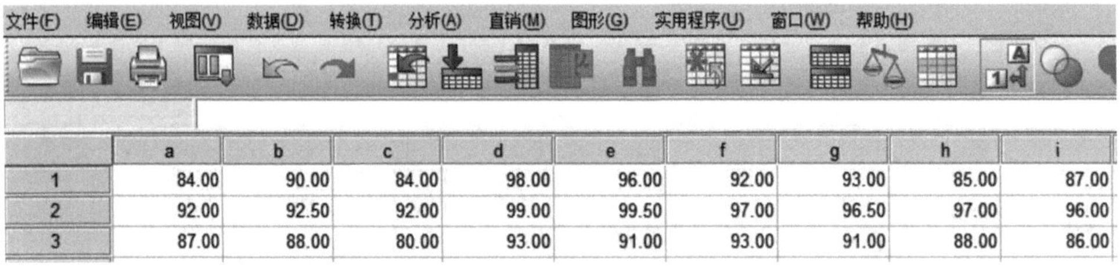

	a	b	c	d	e	f	g	h	i
1	84.00	90.00	84.00	98.00	96.00	92.00	93.00	85.00	87.00
2	92.00	92.50	92.00	99.00	99.50	97.00	96.50	97.00	96.00
3	87.00	88.00	80.00	93.00	91.00	93.00	91.00	88.00	86.00

（2）肯德尔和谐系数分析：【分析】→【非参数检验】→【旧对话框】→【K 个相关样本】

将左边的"a""b""c""d""e""f""g""h""i"九列变量放入右边的"检验变量"中，在"检验类型"框中选择【*Kendall's W*】，点击【确定】。

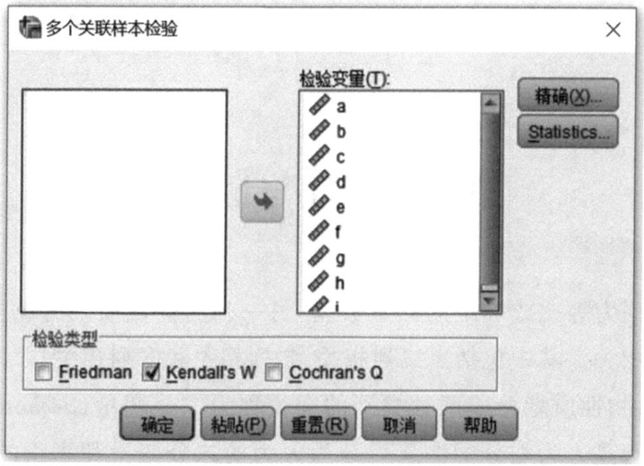

3. 结果

(1)分析数据信息

表 8-3-7 为每篇作文获得的平均等级。表 8-3-8 为 9 篇作文之间的相关系数,为 0.876,根据显著性检验结果 $p<0.01$,二者之间的相关显著,与【例 8-7】所得结果相同。

(2)效应量大小结果

相关系数的效应量大小由所得 r 手动求平方,为 0.767,属于大效应。

表 8-3-7　等级

	平均等级
a	2.00
b	4.17
c	1.33
d	8.50
e	7.83
f	7.00
g	6.17
h	4.67
i	3.33

表 8-3-8　检定统计资料

N	3
Kendall's W 检定	.876
卡方	21.017
df	8

渐近显著性	.007

第四节 质与量相关

若变量中一列为等比或等距的测量数据，另一列为按性质划分的类别数据，这样的相关称为质与量相关。其中包括点二列相关、二列相关和多列相关。

其中，按照事物性质划分成两种类别的变量称为二分变量（*dichotomous variable*）。二分变量根据是否是人为划分的结果可分为人为的二分变量和真正的二分变量。人为的二分变量指原本是连续数据，结果被按照某个标准划分成两个类别，如成绩本是连续数据，被划分为及格与不及格。真正的二分变量指其分类不是人为设置，而是实际存在的，如性别、生死、答题对错等。

一、点二列相关

点二列相关（*point-biserial correlation*）适用于真正的二分名义变量的数据情况。点二列相关可用于项目是 0、1 计分，测验总分是连续变量的项目区分度指标的确定。

（一）点二列相关系数的计算

点二列相关系数的计算公式是由皮尔逊积差相关系数公式推导而来，为：

$$r_{pb}=\frac{\bar{X}_p-\bar{X}_q}{s_t}\cdot\sqrt{pq} \tag{8.20}$$

其中：

p 与 q 分别为二分变量中两个变量的数据个数占数据总数的比率，有 $p+q=1$；

$\bar{X}_p$ 为二分变量中一个变量对应的连续变量的平均数；

$\bar{X}_q$ 为二分变量中另一个变量对应的连续变量的平均数；

s_t 是连续变量的标准差。

r_{pb} 的取值在-1.00 到+1.00 之间，绝对值越接近 1，相关性越高。

【例 8-8】已知有 10 名被试在测验中的得分，分数的总体分布呈正态，其中 1 代表男性，0 代表女性。相关的数据见表 8-4-1。试求测验得分与性别之间的相关。

表 8-4-1　点二列相关系数计算的数据

被试	性别	测验得分	被试	性别	测验得分
1	1	67	6	1	69
2	0	87	7	1	82
3	0	65	8	1	73
4	0	69	9	0	77
5	1	78	10	0	83

解：已知 N＝10，其中男性被试 p＝5/10＝0.5，女性被试 q＝5/10＝0.5，$\bar{X}_p=73.8$，$\bar{X}_q=76.2$，$s_t=7.14$；

将以上数值带入公式 8.20，可得：

$$r_{pb}=\frac{\bar{X}_p-\bar{X}_q}{s_t}\cdot\sqrt{pq}=\frac{73.8-76.2}{7.14}\times\sqrt{0.5\times0.5}=-0.168$$

答：测验得分与性别之间的相关系数为-0.168。

(二)点二列相关系数的显著性检验

对点二列相关系数进行假设检验，就是对 $\bar{X}_p$ 与 $\bar{X}_q$ 进行 t 检验，若差异显著，则表明 r_{pb} 显著；若差异不显著，则 r_{pb} 也不显著。

当样本量较大时(n＞50)，也可使用以下规则进行检验：

$|r_{pb}|>\frac{2}{\sqrt{n}}$时，认为 r_{pb} 在 0.05 水平上显著；

$|r_{pb}|>\frac{3}{\sqrt{n}}$时，认为 r_{pb} 在 0.01 水平上显著。

(三)SPSS 操作

1. 案例：以本章【例 8-8】为例。

SPSS 中并没有直接提供点二列相关的计算。点二列相关系数就是一列为连续变量、另一列变量值域为(0,1)情况下的 *Pearson* 积差相关系数。因此，在 *SPSS* 中计算点二列相关系数，就是计算 *Pearson* 相关系数。

2. 步骤

(1)输入数据

(2)点二列相关系数分析:【分析】→【相关】→【双变量】

将左边的“测验得分”与“性别”两列变量放入右边的“变量”中,在“相关系数”框中选择【*Pearson*】,点击【确定】。

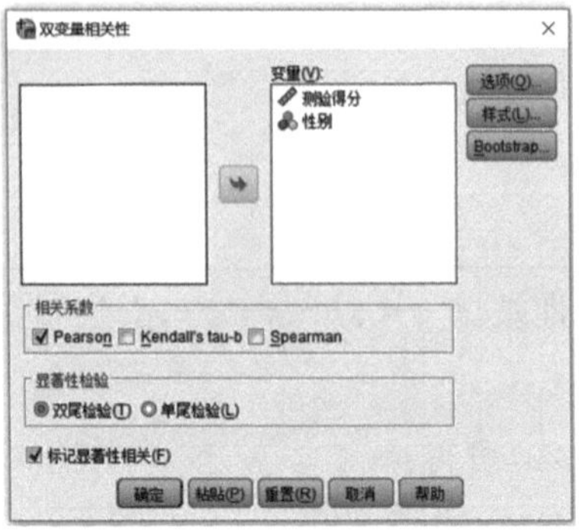

3. 结果

(1)分析数据信息

根据表 8-4-2 结果可看出,测验得分与性别之间的点二列相关系数为-0.168,与例 8-8 计算结果一致。显著性检验结果为 0.643,表明该系数与 0 之间无显著性差异,r_{pb} 不显著。

(2)效应量大小结果

相关系数的效应量大小由所得 r 手动求平方,为 0.028,属于中等效应。

表 8-4-2 相关性

		测验得分	性别
测验得分	*Pearson* 相关性	1	-.168
	显著性(双尾)		.643
	N	10	10
性别	*Pearson* 相关性	-.168	1
	显著性(双尾)	.643	
	N	10	10

二、二列相关

二列相关(*biserial correlation*)适用于两列数据均为连续正态数据,而其中一列变量被人为划分成两个类别。如果不确定观测数据的分布形态是否为正态分布,不管二分变量是真正的二分变量,还是人为划分的二分变量,都应使用点二列相关。若确定是正态分布,就选用二列相关。若在实际研究中存在疑问,也选择点二列相关。

(一)二列相关系数的计算

计算公式为：

$$r_b = \frac{\bar{X}_p - \bar{X}_q}{s_t} \cdot \frac{pq}{y} \tag{8.21}$$

或

$$r_b = \frac{\bar{X}_p - \bar{X}_t}{s_t} \cdot \frac{p}{y} \tag{8.22}$$

其中：

p 与 q 分别为二分变量中两个变量的数据个数占数据总数的比率；

s_t 与 $\bar{X}_t$ 是连续变量的标准差与平均数；

$\bar{X}_p$ 为二分变量中 p 对应连续变量的平均数；

$\bar{X}_p$ 为二分变量中 q 对应连续变量的平均数；

y 为标准正态曲线中 p 值对应的 y 轴高度。

【例 8-9】有 10 名被试进行一次测试，测试得分呈正态分布，某道主观题的总分为 10 分，将得 6 分及以上视为通过，6 分以下视为不通过，相关的数据见表 8-4-3。试问该主观题的区分度如何？

表 8-4-3　二列相关系数计算的数据

被试	试题得分	测验得分	被试	试题得分	测验得分
1	8	67	6	3	69
2	9	87	7	4	82
3	5	65	8	6	73
4	3	69	9	1	77
5	8	78	10	3	83

解：该试题与测验总分呈正态分布，试题又被人为划分成两类，故使用二列相关求解区分度。

$N=10, s_t=7.14, p=0.4, q=0.6, \bar{X}_p=76.25; \bar{X}_q=74.17, \bar{X}_t=75,$

查询正态分布表，当 $p=0.4$ 时，$y=0.17585$

将以上数据分别带入公式 8.21 以及 8.22 得：

$$r_b = \frac{\bar{X}_p - \bar{X}_q}{s_t} \cdot \frac{pq}{y} = \frac{76.25-74.17}{7.14} \cdot \frac{0.4\times 0.6}{0.17585} = 0.398$$

$$r_b = \frac{\bar{X}_p - \bar{X}_t}{s_t} \cdot \frac{p}{y} = \frac{76.25-75}{7.14} \cdot \frac{0.4}{0.17585} = 0.398$$

答：该主观题的区分度为 0.398。

(二)二列相关系数的假设检验

二列相关系数的显著性检验使用 Z 检验：

$$Z=\frac{r_b}{\frac{1}{y}\cdot\sqrt{\frac{pq}{n}}} \tag{8.23}$$

三、多列相关

多列相关(*multiserials correlation*)适用于一列为正态连续变量，另一列被划分成多个称名变量之间的一致性分析，在测验中常用于效度检验。

(一)贾斯朋(Juspen)多列相关系数的计算

$$r_s=\frac{\sum\left[(y_L-y_H)\cdot\bar{X}_i\right]}{s_t\sum\frac{(y_L-y_H)^2}{p_i}} \tag{8.24}$$

其中：

p_i 是分类变量中每个类别的次数占总次数的比率；

y_L 是每个类别下限的正态分布曲线高度，由 p_i 查正态分布表得出；

y_H 每个类别上限的正态分布曲线高度，由 p_i 查正态分布表得出；

X_i 是每个类别对应连续变量的平均数；

s_t 是连续变量的标准差。

【例 8-10】有 20 名学生进行一次测验，测试得分呈正态分布，同时，教师根据学生平时表现，对学生给出优、良、中、差四个等级，试问，教师评价与测验之间的一致性。

表 8-4-4 教师评价与测验得分一致性

被试	教师评价	测验得分	被试	教师评价	测验得分
1	良	93	11	良	82
2	差	67	12	中	76
3	良	81	13	差	61
4	差	66	14	优	94
5	良	90	15	良	86
6	中	63	16	优	90
7	良	88	17	中	73
8	中	73	18	中	65
9	差	78	19	良	88
10	中	72	20	良	72
	差	中	良	优	Σ
合计	4	6	8	2	20

续表

被试	教师评价	测验得分	被试	教师评价	测验得分
p_i	0.2	0.3	0.4	0.1	1.00
累加比率	0.2	0.5	0.9	1.0	
y	0.28	0.399	0.176	0	
y_L-y_H	-0.28	-0.119	0.223	0.176	
$(y_L-y_H)^2$	0.0784	0.014	0.05	0.031	
$\bar{X}_i$	68	70.33	85	92	
$(y_L-y_H)\cdot\bar{X}_i$	-19.04	-8.37	18.955	16.192	7.737
$(y_L-y_H)^2/p_i$	0.392	0.0467	0.125	0.31	0.874

解：其中优等级的下限为0，差等级的上限为0，所以优等级的 $y_L-y_H=0-0.280=-0.280$，同时优等级的上限也是良等级的下限，以此类推计算出每个等级的 y_L-y_H。

$s_t=10.32,\sum[(y_L-y_H)\cdot\bar{X}_i]=7.737,\sum[\frac{(y_L-y_H)^2}{p_i}]=0.874$

将上述数值带入公式8.24，得：

$$r_s=\frac{\sum[(y_L-y_H)\cdot\bar{X}_i]}{s_t\sum\frac{(y_L-y_H)^2}{p_i}}=\frac{7.737}{10.32\times0.874}=0.868$$

答：教师评价与测验之间具有一致性，相关系数为0.868。

(二)多列相关系数的显著性检验

多列相关系数的假设检验，先将 r_s 乘 $\sqrt{\sum_1^i\left[\frac{(y_L-y_H)^2}{p}\right]}$，即

$$r's=r_s\cdot\sqrt{\sum_1^i\left[\frac{(y_L-y_H)^2}{p}\right]} \tag{8.25}$$

i 为分类变量中类别数目，其余字母含义与公式8.23相同。然后将 r′s 根据积差相关系数的显著性检验方法进行检验，即查询积差相关系数临界值表判断是否显著。

第五节 品质相关

品质相关适用于表示 $R\times C$（行×列）表的两个变量之间的关联程度，一般处理的是计数数据，而非测量数据。这种相关因两个变量只划分为不同的品质类别而得名。根据两变量的性质及分类项目的不同，分为四分相关、Φ相关、列联表相关。

一、四分相关

四分相关(*tetrachoric correlation*)适用于计算两个变量都是连续变量,且每一个变量都被人为划分成二分类数据间的相关。例如,学习成绩被划分为“及格”与“不及格”。用于计算四分相关的数据,通常会被整理成四格表。

变量 A / 变量 B	A	非 A	
B	a	b	$a+b$
非 B	c	d	$c+d$
	$a+c$	$b+d$	$n=a+b+c+d$

在四格表中,同时属于“A”类别与“B”类别的个数记为 a,同时属于“非 A”与“B”类别个数记为 b,同时属于“A”与“非 B”类别个数记为 c,同时属于“非 A”与“非 B”个数记为 d。四个边际和分别记为 $a+b$,$c+d$,$a+c$,$b+d$,数据总数为 $n=a+b+c+d$。

(1)四分相关系数的计算

四分相关系数最常用的计算方法是皮尔逊余弦 π 法(近似计算法),其计算公式为:

$$r_t=cos\left(\frac{180^{\circ}}{1+\sqrt{\frac{ad}{bc}}}\right)=cos\left(\frac{\sqrt{bc}}{\sqrt{ad}+\sqrt{bc}}\pi\right) \qquad (8.26)$$

【例 8-11】下表数据为英语听力材料的长度与 388 名学生英语听力成绩结果。试问二者之间的四分相关系数为多少。

材料长度 / 听力成绩	短	长	
及格	134	57	191
不及格	48	149	197
	182	206	$n=388$

解:已知 a=134,b=57,c=48,d=149,n=388

将上面的数据带入公式 8.26,得:

$$r_t=cos\left(\frac{180^{\circ}}{1+\sqrt{\frac{ad}{bc}}}\right)=cos\left(\frac{180^{\circ}}{1+\sqrt{\frac{134\times149}{57\times48}}}\right)=cos48.65^{\circ}=-0.064$$

答:四分相关系数为-0.064。

(2)四分相关系数的假设检验

四分相关系数的显著性检验公式为：

$$Z=\frac{r_1}{\frac{1}{y_1y_2}\cdot\sqrt{\frac{p_1q_1p_2q_2}{n}}} \tag{8.27}$$

其中，p_1 为变量 A 的 A 类别的比率，q_1 为变量 A 的非 A 类别的比率，$q_1=1-p_1$。同理，p_2 为变量 B 的 B 类别的比率，q_2 为非 B 类别的比率。而 y_1、y_2 是根据 p_1、p_2，查正态分布表得到的纵线高度，n 为总数。将计算得到的 Z 值和 $Z_{a/2}$ 进行比较，若 $Z>Z_{a/2}$，则表明相关显著。

二、Φ 系数

(一)Φ 系数的计算

两变量均为真正的二分变量间的相关即为 Φ 相关，相关系数即为 Φ 系数，用 r_Φ 表示。如吸烟状况(吸烟与非吸烟者)、婚姻状态(已婚与未婚)、性别(男与女)等。Φ 相关适用于除四分相关之外的四格表资料，是表示两变量二分类资料相关程度最常用的一种相关系数。

计算公式如下：

$$r_\Phi=\frac{ad-bc}{\sqrt{(a+b)(a+c)(b+d)(c+d)}} \tag{8.28}$$

【例 8-12】该例是性别与患有心脏病之间的一组数据。性别(X)分为女和男，用 0 和 1 表示，心脏病情况(Y)分为未患心脏病和患心脏病两种，用 0 和 1 表示。试求二者之间的相关。

X：0 0 1 1 0 1 0 0 1 1 1 0 0 1 0 1 0 0 1 1

Y：0 0 0 0 1 1 0 0 0 1 1 0 0 0 1 1 0 1 1 1

解：将上述数据整理成四格表形式：

是否患心脏病 / 性别	不患心脏病	患心脏病	
女	7	3	10
男	4	6	10
	11	9	$n=20$

从表中可知：a=7，b=3，c=4，d=6，n=20，带入公式 8.28 得：

$$r_\Phi=\frac{ad-bc}{\sqrt{(a+b)(a+c)(b+d)(c+d)}}=\frac{42-12}{\sqrt{10\times11\times9\times10}}=0.302$$

答:性别与患心脏病之间的相关系数为 0.302。

(二)Φ 系数的假设检验

在之前学习的卡方检验中,独立性卡方检验以及 Φ 相关都可用来评估两个二分变量之间的关系。Φ 系数的大小表明了两变量关系的强度,具体而言,相关系数的效应量表示了一个变量的变异中能够由另一个变量所解释的程度。卡方检验评估的是这种关系的显著性,即评估样本数据中观察到的关系是否显著大于偶然的随机期望。

卡方值与 Φ 系数满足以下关系:

$$\chi^2 = nr_{\Phi}^{\ 2} \quad (8.29)$$

该公式是 Φ 系数的显著性检验公式。将计算得到的 χ^2 值和 $\chi^2_{\alpha/2}$ 进行比较,若 $\chi^2 > \chi^2_{\alpha/2}$,则表明相关显著。

从公式得知,Φ 系数对卡方值进行了样本量修正,表示每个样本的平均比率差异有多少,平均差异越大,Φ 系数越大,两个分类变量的相关就越高。如果两个分类变量的水平数大于 2,那么 Φ 系数有可能大于 1,违背了相关系数介于-1~1 的理论,因此,Φ 系数常用于 2×2 的列联表。

(三)SPSS 操作

1. 案例:以本章【例 8-12】为例。

2. 步骤

(1)输入数据:按照“性别”“是否患心脏病”以及“频数”输入 *SPSS*。

(2)Φ 相关分析

先对频数进行加权【数据】→【加权个案】,将“频数”放入频率变量,【分析】→【描述统计】→【交叉表格】,将左边的“性别”放入“行”,“心脏病”放入“列”,【*Statistics*】中选择【*Phi* 和 *Cramer V*】,点击【确定】。

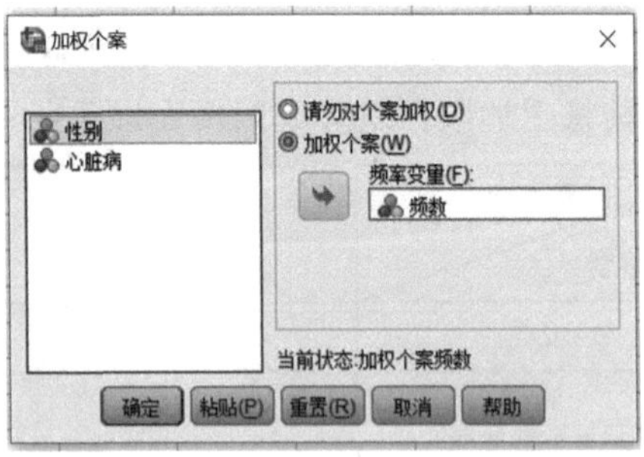

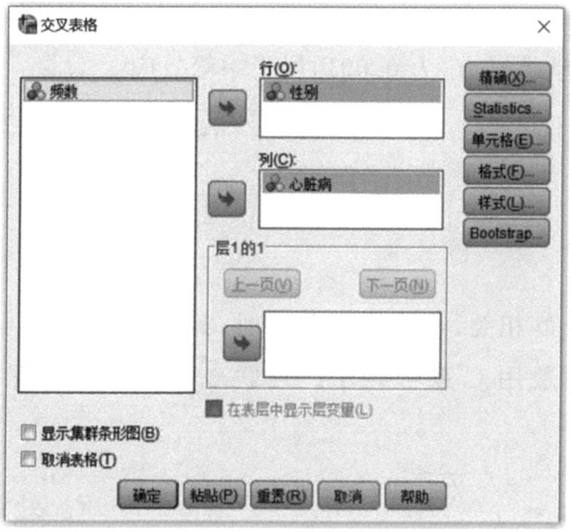

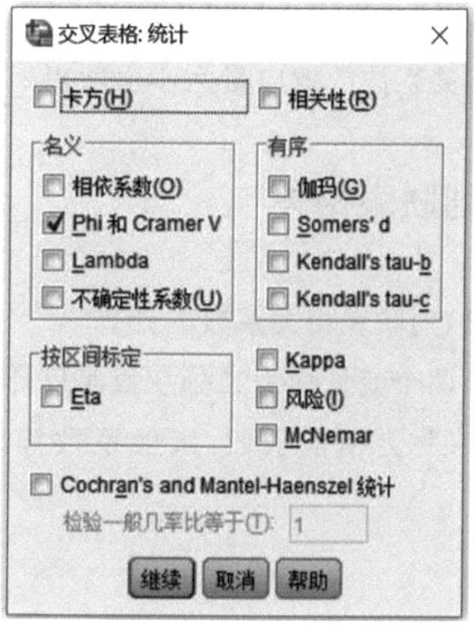

3. 结果

(1)分析数据信息

表 8-5-1 展示了有效数据与缺失数据的个数，表 8-5-2 为性别与是否患心脏病的交叉表。根据表 8-5-3 结果可看出，性别与患心脏病之间的 Φ 相关系数为 0.302，与例 8-12 计算结果一致。显著性检验结果为 0.178，表明该系数与 0 之间无显著性差异，r_{Φ} 不显著。

表 8-5-1 **个案处理摘要**

	个案					
	有效		缺失		总计	
	数字	百分比	数字	百分比	数字	百分比
性别 * 心脏病	20	100.0%	0	0.0%	20	100.0%

表 8-5-2 **性别 * 心脏病交叉表**

		心脏病		总计
		.00	1.00	
性别	.00	7	3	10
	1.00	4	6	10
总计		11	9	20

表 8-5-3 **对称度量值**

	值	显著性
名义到名义 *Phi*	.302	.178
Cramer V	.302	.178
有效个案数	20	

(2)效应量大小结果

相关系数的效应量大小由所得 r 手动求平方，为 0.091，属于中等效应。

三、列联表相关

(1)列联表相关系数的计算

当两个变量均为二分变量时可计算 Φ 相关，若均为多分类时，需计算 R×C 列联表相关，又称为相依系数、接触系数等，一般用 C 系数表示。列联表相关系数计算公式如下：

$$C_{系数}=\sqrt{\frac{\chi^2}{n+\chi^2}} \tag{8.30}$$

当变量水平数大于 2 时，Φ 系数可能会大于 1，而列联表相关系数是对 Φ 系数的拓展，分母加了一个卡方值，避免系数大于 1 的情况出现。但在列联表较小，或列联表不对称时，列联表系数会低估两个变量之间的相关性。当两个变量独立时，C 为 0，反之却不会超过 1，也达不到 1，为了弥补这个缺点，*Tschuprow* 提出了另一个公式：

$$T=\sqrt{\frac{\chi^2}{(R-1)(C-1)N}} \tag{8.31}$$

这个公式在 R≠C 时，T 也不能达到 1。

若两个变量的水平数：R≥5，C≥5，且样本量 N 又很大时，计算的 C 系数与积差相关系数很接近。

(二)SPSS 操作

1. 案例

【例 8-13】某高中为了了解学生对举办某项课外活动的态度，共 575 名学生进行了抽样调查，抽样调查结果如表 8-5-2 所示。计算该校不同年级的高中生与态度之间的列联相关系数。

表 8-5-2　高中生与态度关系的 3×3 列联表

		态度			总计
		赞成	不知可否	反对	
高中生	高一	67	59	74	200
	高二	54	62	81	197
	高三	23	89	66	178
	总计	144	210	220	575

2. 步骤

(1)输入数据

(2)列联表相关分析

先对“频数”进行加权【数据】→【加权个案】,将“频率”放入频率变量,【分析】→【描述统计】→【交叉表格】,将左边的“高中生”放入“行”,“态度”放入“列”,【*Statistics*】中选择【卡方】和【相依系数】,点击【确定】。

【注意】若是二维列联表分析,只需选择行列变量即可,若进行三维以上列联表分析,将其他变量放入“层 1 的 1”中。

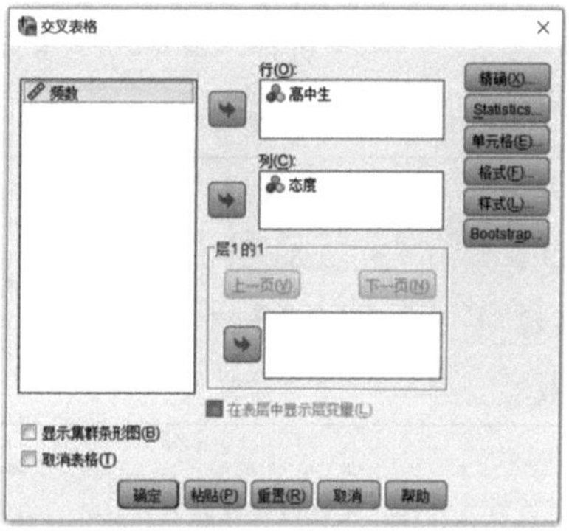

3. 结果

表 8-5-3 到 8-5-6 分别展示了案例处理结果的个案摘要、交叉表、卡方检验、对称度量值的结果。

表 8-5-3　个案处理摘要

	个案					
	有效		缺失		总计	
	数字	百分比	数字	百分比	数字	百分比
高中生 * 态度	575	100.0%	0	0.0%	575	100.00%

表 8-5-4 高中生 * 态度交叉表

		态度			总计
		1.00	2.00	3.00	
高中生	1.00	67	59	74	200
	2.00	54	62	81	197
	3.00	23	89	66	178
总计		144	210	221	575

表 8-5-5 卡方检验

	值	自由度	渐近显著性(双向)
皮尔逊卡方	30.087	4	.000
似然比(*L*)	31.122	4	.000
线性关联	6.508	1	.011
有效个案数	575		

表 8-5-6 对称度量值

	值	上次读取的显著性
名义到名义 列联系数	.223	.000
有效个案数	575	

根据上表可看出,该组数据的 χ^2 为 30.087,根据公式 8.29 计算得到的 C 系数为 0.223,且该组数据的相关性达到显著水平。

本章要点小结

1. 为了检验相关关系的强度,需要将相关值平方,所求得的值称为决定系数,它反映了由一个变量的变化预测另一个变量变化的比例。

2. 皮尔逊积差相关是较常用的相关系数之一,它的使用条件为:两列连续变量,都服从正态分布,且二者是线性关系。

3. 等级相关处理的是两列等级资料数据,常用的为斯皮尔曼等级相关。若是多列等级数据,则使用肯德尔和谐系数。当出现相同等级排序时,需要使用校正公式计算。等级相关对变量的总体分布不做要求,故这种相关法被称为非参数的相关法。

4. 质与量相关处理的均为类别数据与连续数据之间的相关程度。点二列相关处理的是真正的二分变量与连续数据间的关系。二列相关处理的是人为划分的二分变量与连续数据间的关系。多列相关则是对二列相关的拓展,其中一列变量被人为划分为两个以上的类别。

5. 品质相关处理的是两列类别资料的关联程度。四分相关处理的资料都是人为划分为二分变量。Φ 系数处理的是两个真正的二分变量。列联系数处理的是两变量的 R×C 列联表资料。

6. 相关系数的显著性检验通常包含单样本相关系数 r 的检验，以及两个总体相关系数的差异性检验。

关键术语

相关系数	coefficient of correlation
协方差	covariance
积差相关	product-moment coefficient of correlation
斯皮尔曼等级相关	Spearman's correlation coefficient for ranked data
等级相关	rank correlation
肯德尔和谐系数	Kendall coefficient of concordance
二分变量	dichotomous variable
真正的二分变量	true dichotomy
人为的二分变量	artificial dichotomy
点二列相关	point-biserial correlation
二列相关	biserial correlation
多列相关	multiserial correlation
四分相关	tetrachoric correlation
Φ 系数	phi coefficient

课后习题

1. 皮尔逊相关的前提条件错误的是（　）。

A. 两列变量需呈正态分布　　B. 两列数据是称名数据或顺序数据

C. 两列变量具有线性关系　　D. 需要成对数据

2. 某测验总分为连续变量且服从正态分布，为了描述某选择题的区分度，应采用（　）。

A. 积差相关　　B. 等级相关　　C. 点二列相关　　D. 二列相关

3. 20 名学生的语文阅读理解成绩与阅读理解篇章长度的标准分数的乘积之和为 13.2，试问阅读理解长度间的相关系数为（　）。

A. 0.66　　B. 6.6　　C. 0.33　　D. 3.3

4. 下列哪个相关系数反映出的相关程度最大？（　）

A. 0.53　　B. -0.69　　C. 0.37　　D. -0.72

5. A、B 两变量线性相关，变量 A 为符合正态分布的等距变量，变量 B 也符合正态分布且被人为划分为两个类别，计算它们的相关系数应采用（ ）。

A. 积差相关　　B. 点二列相关　　C. 二列相关　　D. 肯德尔和谐系数

6. 10 名学生身高与体重的标准分数的乘积之和为 8.2，那么身高与体重的相关系数为（ ）。

A. 0.82　　B. 8.2　　C. 0.41　　D. 4.1

7. 下面是某中学某班级随机抽取的 10 名学生本学期两次模拟考试的化学成绩，请分别用积差相关和等级相关计算相关系数，并回答用哪种相关法更恰当。

序号	1	2	3	4	5	6	7	8	9	10
第一次模拟	67	78	88	81	66	74	70	90	65	82
第二次模拟	85	64	80	93	59	79	83	77	86	84

8. 有 5 教师独立评阅相同的 6 篇研究报告，每位教师给每一份报告的评价等级见下表，评价等级为 1～5，试问这 5 位教师的等级评定结果是否一致？

N=6	教师				
被评报告	1	2	3	4	5
1	3	4	5	4	4
2	4	3	4	3	2
3	2	1	1	3	2
4	5	4	5	4	3
5	4	3	4	5	4
6	2	2	1	3	3

9. 为了了解某班级学生喜爱篮球是否与性别有关，对该班 50 人进行了问卷调查得到如下结果，请问能否有 95% 的把握认为喜爱打篮球与性别有关？

	喜爱篮球	不喜爱篮球
男生	20	5
女生	10	15

10. 下列两变量为非正态，请选用恰当的方法计算相关。

被试	1	2	3	4	5	6	7	8	9	10
A	13	3	6	7	11	5	4	4	2	9
B	11	4	5	5	8	9	9	9	3	7

第九章 线性回归分析

相关方法在许多领域中都有应用，其中有个很重要的作用就是帮助预测。但相关并不等于因果，其中，最关键一点是：相关分析无法明确指出自变量和因变量。此外，变量数有时不仅只有两个，可能会有多个。因此，引入回归分析方法，能够帮助研究者进行适当的因果推论，还能够较为准确地对数据进行预测和控制等。例如：建立回归来预测人的成就动机会因为智力的影响发生什么样的变化。本章将介绍不同情景下使用的不同回归方法及其计算和检验，例如最常用的简单线性回归（一元回归），是一个自变量 X 与因变量 Y 的线性关系；实用性更强的多元线性回归，是多个自变量与因变量之间的线性关系。当因变量不是连续性变量而是分类变量时，则需要使用逻辑回归来进行分析。通过这些方法使研究者能够对数据进行预测控制，并适当地进行因果推论等。

第一节　回归分析引论

一、基本概念

1. 定义

回归(*regression*)是利用数据统计原理，对大量统计数据进行数学处理，并确定因变量与某个或某些自变量的相关关系，建立一个相关性较好的回归方程(函数表达式)，并加以推广，用于预测因变量变化的分析方法。

用简单线性回归模型表示为：

$$Y = a + bX + e$$

其中 Y 是因变量，X 是自变量，a 是回归方程的截距，b 是回归方程的斜率，e 是回归模型的误差。

2. 回归分析的类别

按图形划分有：直线回归和曲线回归；

按自变量的个数划分有：一元回归，二元回归和多元回归。

3. 回归分析的应用价值

使用回归分析的方法除了可以使当前数据可视化而外，另一个更重要的应用价值是可以预测数据的趋势。例如：若已知一个人的成就动机会随着智力的增长而增强，则可以根据所得的回归方程模型，计算出一个人发展到更高智力水平时的成就动机。

二、数理意义

1. 误差

误差又叫残差，是实际观测值与估计值之间的差异。

$$e_i = Y_i - \hat{Y}_i \quad (9.1)$$

其中，e 是误差，Y 是实际观测值，$\hat{Y}$ 是回归方程预测值，i 是个体(i=1,2,3,…,n)。

2. 自由度

在回归方程分析中，总自由度 df_T 为 n-1，回归自由度 df_R 为自变量 X 的个数。以一元线性回归为例，$df_R=1$，所以误差自由度 df_E 为 $df_T - df_R = n-2$，即总个数减 2。

3. 建立回归的方法

建立回归方程，实际上就是将截距和斜率系数估计出来的过程。观测值与估计值之间的误差 e 有正有负，如图 9-1-1 所示：粗线表示由这批样本数据估计出的回归线，Y 就是图中各空心点表示的成就动机得分，$\hat{Y}$ 是与 Y 在相同智力水平下，回归线上的点表示的成就动机得分。在回归线以上的点误差为正值，反之为负。

若直接计算所有误差的平均值，会存在正负抵消的情况，不能良好反映回归方程的有效性。为了准确反映所有观测值与估计值的误差变异，需要将误差平方后再相加，使误差平方和最小的系数就是最佳拟合回归线的系数，该方法被称作最小二乘法。

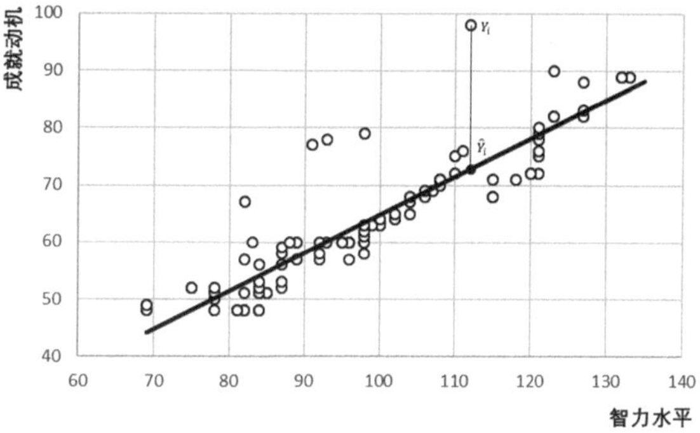

图 9-1-1　**个体智力水平对其成就动机的影响**

通过数学的简单推导，可得回归方程的系数：

$$b=\frac{\sum(X-\bar{X})(Y-\bar{Y})}{\sum(X-\bar{X})^2} \tag{9.2}$$

$$a=\bar{Y}-b\bar{X} \tag{9.3}$$

其中，X 和 Y 是自变量与因变量的各个取值，$\bar{X}$ 和 $\bar{Y}$ 是自变量与因变量的平均值。

【注意】若要计算 X 关于 Y 的回归方程，只需将公式中的 X 与 Y 相互替换即可。

三、回归分析的步骤

1. 提出问题

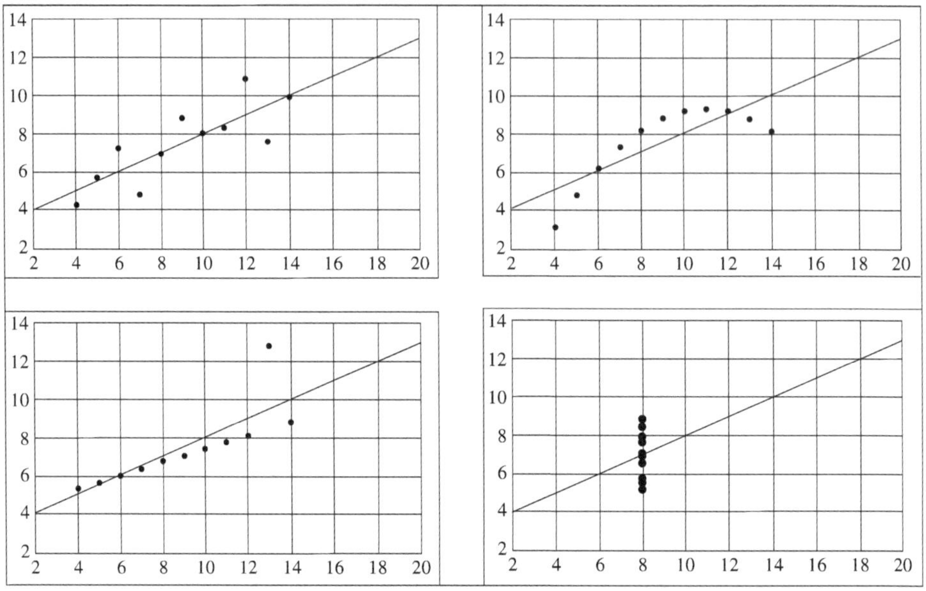

图 9-1-2 **四组数据建立的回归方程**

由图 9-1-2 可以看出，尽管数据不同，但由这些数据估计的回归方程却是一样的，因此，在做回归分析之前，将成对资料绘制散点图，判断是否有线性关系显得尤为重要。

2. 模型设定

以一元线性回归为例，探寻个体智力与其成就动机的关系，可建立如下方程：

$$\hat{Y}=a+bX \tag{9.4}$$

其中，$\hat{Y}$ 是回归方程的估计值，X 是自变量智力，a 是截距，b 是斜率。

3. 模型检验

回归分析的目的，是在测定自变量 X 与因变量 Y 的关系为显著相关后，借助回归模型来预测在自变量 X 为一定值时因变量 Y 的发展变化。若它们之间有较高的相关性，就可以较为真实地预测因变量 Y 未来发展的趋势，但前提是这个方程具有一定的代表性，避免因抽样误差而出现偶然结果。因此，在计算得出回归方程之后要进行回归方程显著性检验或回归系数的检验，检验所得方程或系数是否有效。

4. 计算回归估计的标准误差

标准误是估计量抽样分布的标准差。而估计量的抽样分布，就是该估计量的概率或频率分布，也就是集合来自总体的容量恒定的所有可能样本的估计值的分布。抽样分布的使用，是为了能够根据从一个或多个样本计算出来的估计值去推断总体的参数值，因此，标准误的计算就尤为重要。

5. 根据回归方程进行预测，估计真值预测区间

赋予方程实际意义，做出相应的预测估计。主要分为以下两种情况：

(1)用样本回归方程进行预测或估计

该情况对应回归方程的点估计，是将某一自变量 X 值直接代入回归模型，得到相应的 Y 值。该估计的误差用标准误 S_{YX} 表示：

$$S_{YX}=\sqrt{\frac{\sum(Y-\hat{Y})^2}{n-2}}\approx\sqrt{\frac{\sum(Y-\hat{Y})^2}{n}} \tag{9.5}$$

其中 n-2 是简单线性回归的误差自由度。

而相关系数与标准误的关系为：

$$S_{YX}=S_Y\times\sqrt{1\text{-}r^2} \tag{9.6}$$

$$\text{或 } r=\sqrt{1\text{-}\frac{S_Y^2X}{S_Y^2}} \tag{9.7}$$

详细证明过程请参考张厚粲所著《现代心理与教育统计学》。

(2)真值的预测区间

该情况对应回归方程的区间估计，预测当自变量 X 取一定值时，因变量可能的取值范围，计算公式如下：

$$Y_T=\hat{Y}\pm t_{\alpha/2}\times SE \tag{9.8}$$

其中，Y_T 代表真值，$\hat{Y}$ 代表预测点值，$t_{\alpha/2}$ 代表显著水平为 α 时，变量分布的临界值，*SE* 代表因变量的标准误。

以回归方程进行真值估计，设与某个 X 值(以 X_i 表示)对应的 Y_i 的真正代表值为 Y_T(简称真值或理论值)，那么从 X_i 来预测 Y_T 时，误差有两个来源：

其一，以回归线为中心的误差，即以 Y_i 为中心的变异 S_{YX}；

其二，不同取样导致的回归线的误差，即样本回归线本身的变异 $S_{\hat{Y}_i}$。

所以 $\hat{Y}_i\text{-}Y_T$ 的标准误为：

$$S_{(\hat{Y}_i\text{-}Y_T)}=\sqrt{S_Y^2X+S_{\hat{Y}_i}^2} \tag{9.9}$$

$$\text{其中 } S_{\hat{Y}_i}=S_{YX}\cdot\sqrt{\frac{1}{n}+\frac{(X_i-\bar{X})^2}{\sum(X-\bar{X})^2}} \tag{9.10}$$

因此，最终 $\hat{Y}_i\text{-}Y_T$ 的标准误为：

$$S_{(\hat{Y}_i\text{-}Y_T)}=S_{YX}\cdot\sqrt{1+\frac{1}{n}+\frac{(X_i-\bar{X})^2}{\sum(X-\bar{X})^2}} \tag{9.11}$$

因此可得预测区间：

$$Y_T = \hat{Y}_i \pm t_{\alpha/2} \times S_{(\hat{Y}_i - Y_T)}$$
$$= \hat{Y}_i \pm t_{\alpha/2} \cdot S_{YX} \cdot \sqrt{1 + \frac{1}{n} + \frac{(X_i - \bar{X})^2}{\sum (X - \bar{X})^2}} \quad (9.12)$$

其中 t 分布的自由度为回归方程的误差自由度(简单线性回归中为 n-2),S_{YX} 的自由度也为 n-2。

【注意】(1)一种模型只有在当初抽取样本的同一范围内应用才有效;(2)回归分析不能准确地确定因果关系;(3)如果变量之间不存在相关关系,不要刻意地用回归来分析。

四、回归分析的基本假设

1. 自变量

假设自变量 X 是一个固定变量,取值相对较为固定。然而,如果 X 也和 Y 一样是随机变量,则意味着 X 也有一个取值范围,每个取值都有一个相应的概率。此时,不仅可以建立 Y 关于 X 的回归,还可以建立 X 关于 Y 的回归。

进一步假设 X 的测量没有误差。在极端情况下,即使数据原本是以曲线发展,而只需要两个取值很大的 X 值就能迫使回归是线性的。因此,关于 X 值的数量、取值范围等应根据建模过程的实际情况而定。

2. 因变量

假设随机变量 Y 在 X 的每一水平上的总体均值都在一条直线上。换句话说,假设 Y 关于 X 的回归是线性的。

3. 误差

(1)假设误差是呈正态分布的。

(2)假设每一观测值的误差,在多次重复测量后,其平均值为零。

(3)假设观测值之间的误差不相关。

(4)假设误差与自变量 X 无关。

(5)假设方差齐性。

误差的方差在 X 的所有水平上是相同的。反之,异方差性表示的是误差的方差在 X 的不同水平上不同。

第二节　简单线性回归

在分析数据时，如果不用回归预测，我们习惯用均值预测，但比起均值，使用模型会有更好的预测效果，特别是当两变量呈线性相关时。如图 9-2-1、9-2-2 所示。

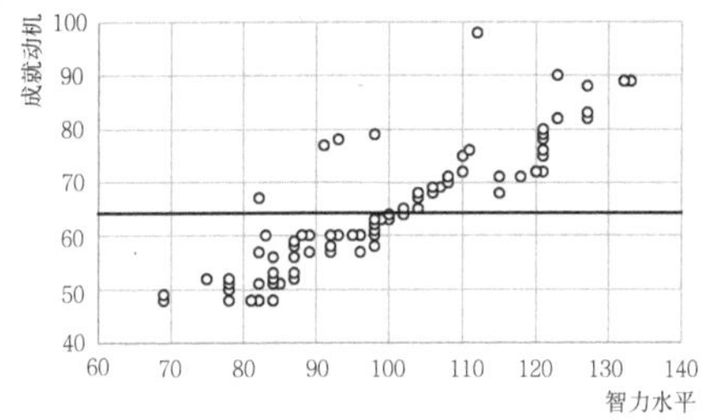

图 9-2-1　回归预测图

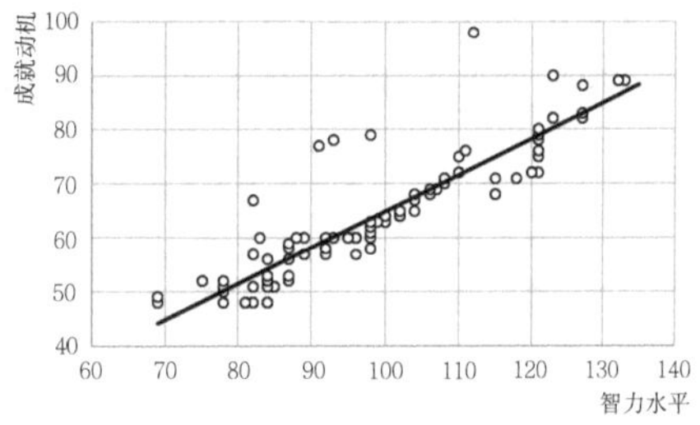

图 9-2-2　均值预测图

简单线性回归模型是回归分析比较常用的模型，是只有一个自变量 X 且与因变量 Y 呈线性关系，因此又叫一元线性回归。本节将以一个例子来演示回归分析的全部过程。

表 9-2-1　对公司员工前后两年的满意度调查

序号	X	Y
1	74	76
2	71	75
3	72	71
4	68	70
5	76	76
6	73	79
7	67	65
8	70	77
9	54	62
10	74	72

一、线性回归模型的建立

建立简单线性回归分析模型的步骤如下。

(1)计算回归方程系数

由公式 9.2 和公式 9.3 可得：

$$b_{YX}=\frac{\sum(X-\bar{X})(Y-\bar{Y})}{\sum(X-\bar{X})^2}=\frac{247.3}{350.9}=0.705$$

$$a_{YX}=\bar{Y}-b_{YX}\bar{X}=72.3-0.705\times69.9=23.02$$[12]

(2)书写回归方程

得出回归方程系数后,书写回归方程:$\hat{Y}=0.705X+23.02$。该模型表示自变量 X 每增加一个单位,因变量会增加 0.705 个单位。

1.标准化回归系数

将两变量分别标准化(即计算各自的 Z 分数),然后再估计回归系数,即为标准化回归系数。在一元线性回归分析中,其大小与皮尔逊积差相关相同。以表 9-2-1 中数据为例:

表 9-2-2　对公司员工前后两年的满意度调查(标准化)

序号	X	Y
1	0.657	0.678
2	0.176	0.495
3	0.336	-0.238
4	-0.304	-0.421
5	0.977	0.678
6	0.496	1.228
7	-0.464	-1.338
8	0.016	0.861
9	-2.546	-1.887
10	0.657	-0.055

计算所得的回归方程为:$Y=0.806X$。

由公式 8.1 可得,表 9-2-1 中数据的相关系数为 0.806 与标准化回归系数一致。

二、回归方程的检验与估计

回归模型的有效性检验,就是对求得的回归方程进行显著性检验,看回归模型是否真实地反映了自变量与因变量之间的线性关系,以及该模型对数据的拟合性是否良好。目前,主要有三种判断回归方程是否有效的方法。

1.对回归方程进行方差分析

根据方差的可加性,可以将所有 Y 值的总离差平方和 SS_T 分解为两部分:一部分由回归模型解释的变异 SS_{Reg},以及一部分由回归模型无法解释的变异,即误差平方和 SS_E。如图 9-2-3 所示。

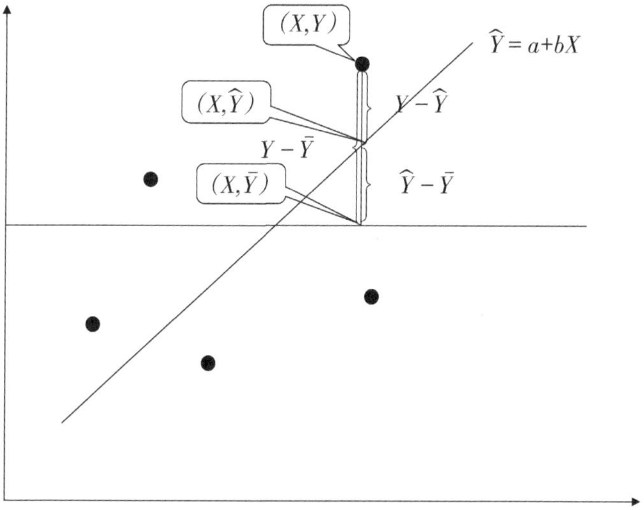

图 9-2-3　线性回归变异分析示意图

根据图 9-2-3 可以看出，Y 值离平均值 $\bar{Y}$ 的变异有两部分组成：一部分是该点与该点在回归线上估计点的距离，另一部分是该点在回归线上的估计点与平均值 $\bar{Y}$ 的距离。计算公式如下：

$$(Y-\bar{Y})=(Y-\hat{Y})+(\hat{Y}-\bar{Y}) \tag{9.13}$$

若各个观测点距离回归线都很近，则 $(Y-\hat{Y})$ 很小，Y 值离平均值 $\bar{Y}$ 的变异几乎来自 $(\hat{Y}-\bar{Y})$，此时说明误差较小，回归方程拟合较好。

(1)计算和方差

结合图 9-2-3 和前面第五章部分知识可得：

$$SS_T=\sum(Y-\bar{Y})^2 \tag{9.14}$$

$$\begin{aligned}SS_{Reg}&=\sum(\hat{Y}-\bar{Y})^2\\&=\sum(a+bX-\bar{Y})^2\\&=\sum(\bar{Y}-b\bar{X}+bX-\bar{Y})^2\\&=b^2\sum(X-\bar{X})^2\end{aligned} \tag{9.15}$$

$$SS_E=\sum(Y-\hat{Y})^2=SS_T-SS_{Reg} \tag{9.16}$$

(2)计算自由度

$$df_T=n-1 \tag{9.17}$$

$$df_{Reg}=k \tag{9.18}$$

$$df_E=n-1-k \tag{9.19}$$

其中，df_T 是总体自由度，df_{Reg} 是回归自由度，df_E 是误差自由度，k 是自变量的个数，n 是样本容量。

(3)计算均方

$$回归均方：MS_{Reg}=\frac{SS_{Reg}}{df_{Reg}} \tag{9.20}$$

$$误差均方：MS_E=\frac{SS_E}{df_E} \tag{9.21}$$

(4)计算 *F* 值

$$F=\frac{MS_{Reg}}{MS_E} \tag{9.22}$$

选择α=0.05水平，查单侧检验F数值分布表，和临界值 $F_{0.05(df_{Reg},df_E)}$ 比较即可判断回归方程是否显著。

在本例中 $F=14.43>F_{0.05(1,8)}=5.32$，所以 $p<0.05$，回归方程显著。

2.对回归系数进行显著性检验

对回归系数b进行显著性检验，如果b是显著的，说明回归方程是显著的，或者说X与Y之间存在显著的线性关系。

(1)提出假设

H_0：设总体的回归系数 $\beta=0$

H_1：设总体的回归系数 $\beta\neq0$

(2)确定自由度

$$df_E=n-1-k \tag{9.23}$$

(3)计算t值

$$t=\frac{b-\beta}{SE_b}=\frac{b}{\sqrt{\frac{S_{YX}^2}{\sum(X-\bar{X})^2}}}=\frac{b}{\sqrt{\frac{MS_E}{\sum(X-\bar{X})^2}}} \tag{9.24}$$

其中 SE_b 是回归系数的标准误，S_{YX}^2 为误差的方差。

选择α=0.05水平，根据 *t* 数值分布表，和临界值 $t_{0.05/2(df_E)}$ 比较即可判断回归系数是否显著。

在本例中 $t=3.799>t_{0.05/2(8)}=2.306$，所以 $p<0.05$，回归系数 *b* 显著。

【注意】在本书第五章中提：当分子自由度为1时，计算所得的 $t^2=F$，这里便不再推导。因此，在简单线性回归分析中，回归系数的显著性检验与回归方程的方差分析是等效的。在实际的研究中，回归方程的检验只用其中一种即可。

3.决定系数 r^2

实际情况中可能会出现不同相关值的数据有相同的回归线，而且回归方程只是描述了最佳拟合线并做出预测，没有指出这些预测的精确度，或者说因变量被自变量解释掉的程度。因此，检验 r^2 就变得很重要。r^2 值越大，表明预测越准确，r^2 即回归方程的效应量。

(1)含义

决定系数 r^2(*coefficient of determination*)是皮尔逊相关系数 r 的平方,等于回归平方和 SS_{Reg} 在总平方和 SS_T 中所占比例,公式如下:

$$r^2=\frac{SS_{Reg}}{SS_T}=\frac{\sum(\hat{Y}-\bar{Y})^2}{\sum(Y-\bar{Y})^2} \quad (9.25)$$

其中,$\hat{Y}$ 是根据回归方程得出的因变量的各个预测值,Y 是因变量的各个观测值,$\bar{Y}$ 是因变量各个取值的平均值。

(2)判断标准

表 9-2-3　r^2 的判断标准

r^2	解释
≤0.01	小效应
0.01～0.14	中等效应
≥0.14	大效应

(3)r^2 的显著性检验

检验 r^2 的显著性,采用以下公式:

$$F=\frac{\frac{r^2}{df_{Reg}}}{\frac{(1-r^2)}{df_E}} \quad (9.26)$$

其中 df_{Reg} 是回归自由度,df_E 是误差自由度,具体算法参考公式 9.18 和 9.19。

(4)r^2 的置信区间

利用公式 9.26 计算所得的 F 值,借助 *SPSS* 的某一特定语法集方可估计出 r^2 的置信区间。*SPSS* 详细操作参考下文。

4. 影响回归精度的因素

主要有以下三个因素:

(1)样本量 n。

(2)数据离回归线的分散情况 $\sum(Y-\hat{Y})$。

(3)X 的取值范围(变异程度)$\sum(X-\bar{X})$。

三、SPSS 操作

1. 案例:个体智力与其成就动机的关系。

2. 步骤

(1)输入数据

(2)散点图分析:【图形】→【旧对话框】→【散点图/点图】

在弹出的对话框中选择【简单散点图】后点击【定义】,然后将自变量“智商分数”选到“*X* 轴”框内,因变量“成就动机分数”选到“*Y* 轴”框内,点击【确定】按钮。

本案例自变量“智商分数”与因变量“成就动机分数”基本呈线性关系,因此可以进行线性回归。如果自变量与因变量的散点图不是呈线性关系,而是如图 9-1-2 所示呈反函数、二次函数或者 *logistic* 函数等曲线关系,则使用曲线回归【分析】→【回归】→【曲线估算】。

(3)回归分析:【分析】→【回归】→【线性】

将因变量“成就动机分数”选入到“因变量”框中,自变量“智商分数”选入“自变量”框中。从“方法”框内下拉式菜单中选择“回归分析方法”,有输入(*Enter*)、步进(*Stepwise*)、除去(*Remove*)、后退(*Backward*)、前进(*Forward*)五种。本例中选择输入(*Enter*),下一节内容中将会讲到。

单击【统计】按钮,打开“线性回归:统计”对话框,本例中如图勾选“估算值”“模型拟合”“*R* 方变化量”“描述”即可。

单击【保存】按钮,打开“线性回归:保存”对话框,本例中在“预测值”框和“残差”框中选择“ 未标准化”。在“预测区间”框选择“平均值”;置信区间默认保持为“95%”。

单击【选项】按钮,打开“线性回归:选项”对话框,在“步进法条件”中按系统默认的方式:使用 *F* 的概率(默认为“进入 0.05,删除 0.10”),进行拟合判断。

(4)r^2 置信区间的估计:

打开数据集 *NoncF.sav*,在变量“*fval*”中输入 r^2 显著性检验的 F 值,df_1 中输入 df_{Reg} 值,df_2 中输入 df_E 值,*conf* 中输入置信度 0.95,r_2 中输入 r^2 值。

依次点击“文件(*File*)”,“打开(*Open*)”,“语法(*Syntax*)”,打开文件 *NoncF3.sps*,然后选中所有语法,运行即可。

【注意】若置信度为 0.95 的置信区间包含了 0,则可以考虑将置信度改为 0.9 因为计算置信区间时未考虑 r^2 是非负数。

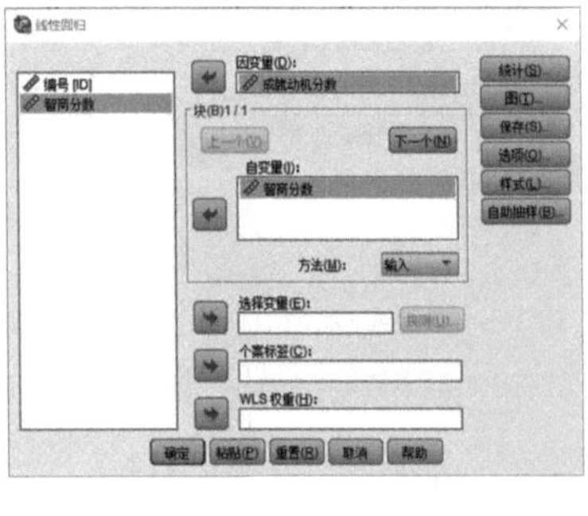

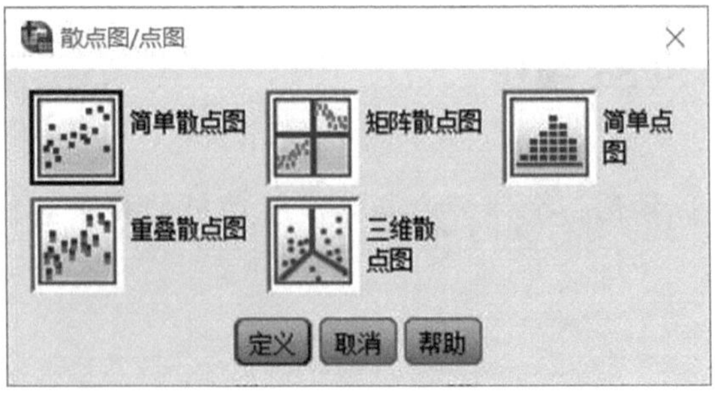

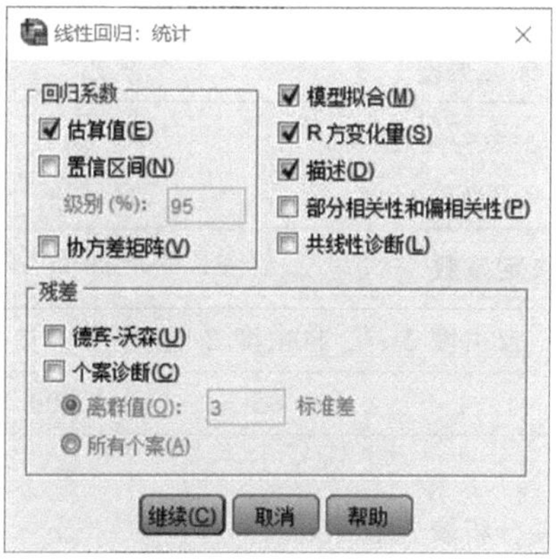

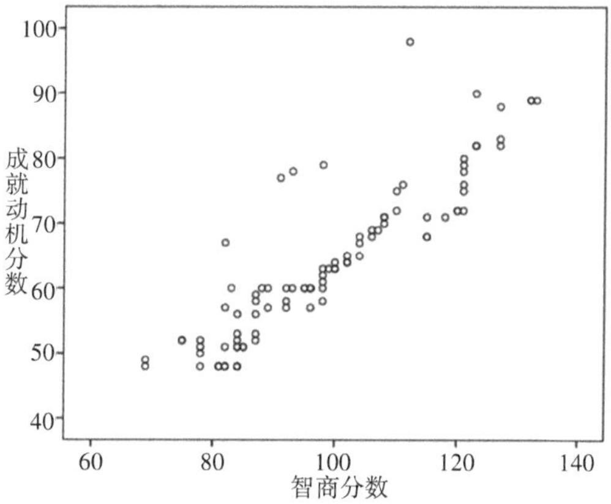

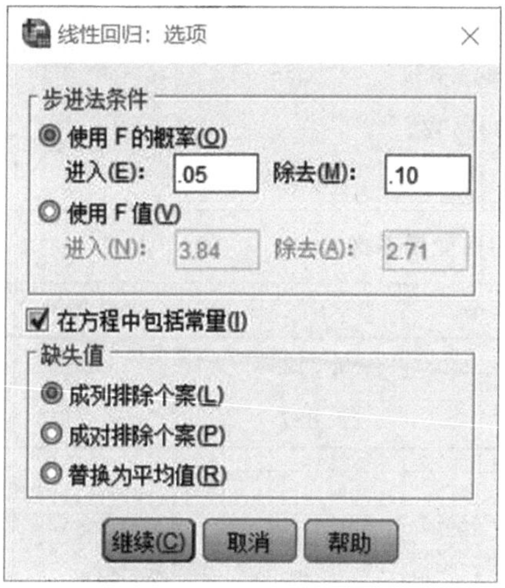

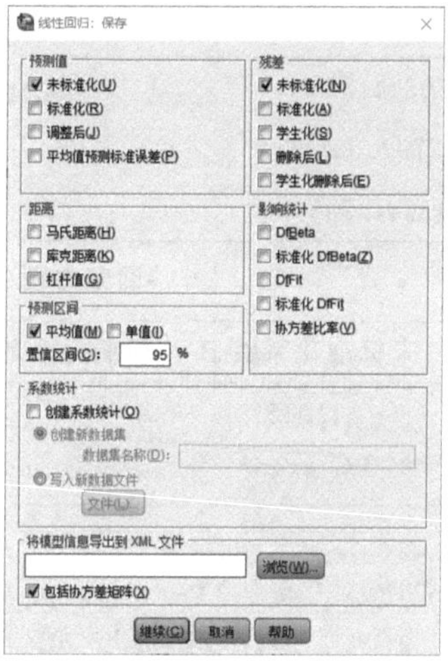

3. 结果

(1)分析数据信息

表 9-2-4 反映了本例的基本信息，共有 94 个被试，智商分数的平均值为 98.66，标准差为 16.173，成就动机分数的平均值为 63.96，标准差为 12.111。

(2)决定系数

表 9-2-5 反映了回归方程的决定系数 R^2 为 0.795，根据表 9-2-3 的标准，该结果属于大效应。检验 R^2 显著性的 F 值为 356.712，大于临界值 3.95，所以 R^2 是显著大于零的。由图 9-2-4 可得 R^2 的置信区间为(0.7191，0.8401)。

(3)方差分析结果

表 9-2-6 反映了方差分析的结果，回归方程所对应的 F 值为 356.712，对应的显著性 $p<0.05$，拒绝原假设，表明所建立的回归方程有效。

(4)回归方程的系数

表 9-2-7 反映了回归系数 t 检验的结果，自变量智商分数的系数为 0.668，t 值为 18.887，对应的显著性 $p<0.05$，拒绝原假设，说明回归系数不为 0，所以建立的回归方程是：$\hat{Y}=0.668X-1.915$。

表 9-2-4 描述统计

	平均值	标准偏差	个案数
智商分数	98.66	16.173	94
成就动机分数	63.96	12.111	94

表 9-2-5 相关系数与决定系数

相关系数 R	决定系数 R^2	调整后的 R^2	F 变化量	自由度 1	自由度 2	显著性 F 变化量
0.892	0.795	0.793	356.712	1	92	.000

表 9-2-6 回归方程方差分析表

模型	平方和	自由度	均方	F	显著性
回归	10844.829	1	10844.829	356.712	.000
残差	2797.001	92	30.402		
总计	13641.830	93			

表 9-2-7 回归方程中的自变量系数

模型	未标准化系数 B	标准化系数 *Beta*	t	显著性
(常量)	-1.915		-0.542	.589
智商分数	0.668	0.892	18.887	.000

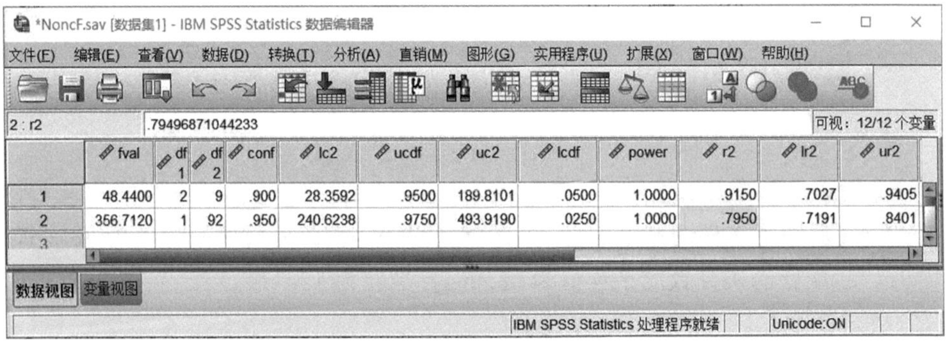

图 9-2-4 r^2 置信区间的估计

课外延展：Chow 检验

在研究中，由于抽样误差，研究者可能会抽取到存在不同质组的样本，那么做回归分析时，此时建立的回归方程拟合就未到达最佳效果，*Chow* 检验就可以检验出样本是否包括了不同质的组。在现实生活中，如果进行时间序列分析有时也会因为某些重大的政策和制度变化或偶发事件，导致模型拟合的参数发生改变。因此，检验模型参数的稳定性十分有必要。

一、Chow 检验的基本原理

1. 含义

Chow test 又叫邹检验，它可以检验两组或多组不同数据的线性回归系数是否存在差异。在时间序列分析中，也被普遍地用来检验是否存在结构性变化。

2. 计算方式

以两组回归为例。假设回归 1 和回归 2 的误差均为正态分布，均值为零，方差为齐性，且相互独立，则样本容量 n_1 和 n_2 的回归检验采用以下步骤进行：

对大小为 $n=n_1+n_2$ 的总样本进行回归，得到 $SS_{E总}$。

$$df_1=n_1+n_2-k \tag{9.27}$$

其中 k 为包括截距在内的估计的参数数量，例如一元回归的估计参数数量为 2(一个截距，一个斜率)。

对大小分别为 n_1 和 n_2 的两个样本进行两次回归，得到 SS_{E1} 和 SS_{E2}。

$$df_2=n_1+n_2-2k \tag{9.28}$$

其中 k 的含义同公式 9.27。

进行 F 检验：

$$F=\frac{[SS_{E总}-(SS_{E1}+SS_{E2})]/(df_1-df_2)}{(SS_{E1}+SS_{E2})/df_2} \tag{9.29}$$

二、计算步骤

Chow 检验的计算步骤以下表 9-2-8 的数据为例。

表 9-2-8 两组回归数据

Chow 检验 1		*Chow* 检验 2	
X_1	Y_1	X_2	Y_2
1.2	0.9	1.4	0.5
1.6	1.3	1.5	1.3
3.5	2	3.1	2.5
4	1.8	4.4	1.1
5.6	2.2	5.1	2.8
5.7	3.5	5.2	3.3
6.7	1.9	6.5	1.3
7.5	2.7	7.8	2.2
8.5	2.1	8.1	2.8
9.7	3.6	9.5	3.9
1.2	0.9	1.4	0.5

1.计算误差平方和[8]

$SS_{E总}=8.869$，$SS_{E1}=2.881$，$SS_{E2}=5.955$。

2.计算 F 值

$$F=\frac{[SS_{E总}-(SS_{E1}+SS_{E2})]/(df_1-df_2)}{(SS_{E1}+SS_{E2})/df_2}=\frac{[8.869-(2.881+5.955)]/2}{(2.881+5.955)/16}=0.0299$$

查单侧检验 F 数值分布表，和临界值 $F_{0.05}(df_1,df_2)$ 比较得，$F<3.63$，$p=0.97>0.05$，说明两方程回归系数差异不显著。

三、R 语言操作

1.案例：表 9-2-8 中的案例。

2.步骤：

(1)输入数据

按照 *SPSS* 的录入方式进行输入，最后保存为 *.txt* 文件。

(2)预先准备

在分析开始前，预先下载好"*gap*"的数据包并选中 *gap* 包。

然后输入 *dat*1<-*read.table*("*C:UsersUserDesktop Chow* 检验 1.*txt*",*head*=*T*)；*dat*2<-*read.table*("*C:UsersUserDesktop Chow* 检验 2.*txt*",*head*=*T*) 将数据导入到 *R* 中。*head* 代表数据第一行是否是标题，*T* 代表"是"，*F* 代表"否"，若未输入系统默认

[8] 该结果由 SPSS 软件计算得到，可能与手动计算存在差异。

为否。

之后输入 *x*1<-*dat*1[,1]将数据集 *dat*1 的第一列命名为 *x*1；输入 *y*1<-*dat*1[,2]将数据集 *dat*1 的第二列命名为 *y*1。*x*2 和 *y*2 的命名同理：输入 *x*2<-*dat*2[,1]和 *y*2<-*dat*2[,2]即可。

(3)*chow* 检验

输入 *chow.test*(*y*1,*x*1,*y*2,*x*2)即可在主界面(*Console*)中查看结果：四个值依次是 *F value*,*d.f.*1,*d.f.*2,*P value*。也可输入 *chow.test*1<-*chow.test*(*y*1,*x*1,*y*2,*x*2)，在变量界面(*Values*)中查看结果 *chow.test*1。

【注意】函数 *chow.test* 括号中的参数设置顺序不能改变。

第三节　多元线性回归

简单回归分析中，只涉及一个自变量，而在实际研究中，通常存在多个影响因变量的因素。例如，影响学习成绩的因素可能有：学生的智力、努力程度、教师的水平、班风等。在回归分析中，如果考察两个或两个以上的自变量对因变量的影响，应该用多元线性回归分析。因此，多元线性回归分析比简单回归的实际意义更大，实用性更强。

一、多元线性回归的建立

设因变量为 $\hat{Y}$，自变量为 X_1、X_2…X_k，则回归方程的一般形式为：$\hat{Y}=a+b_1X_1+b_2X_2+\cdots+b_kX_k$。$\hat{Y}$ 为 k 个自变量组合起来的一个共同估计值，a 为常数，b_1、b_2…b_k 分别为自变量 X_1、X_2…X_k 的偏回归系数。

偏回归系数的含义为：当控制其他自变量不变时，某一自变量变化而引起因变量变化的比率。需要注意的是，在多元线性回归中，标准化偏回归系数将不再等于某一自变量与因变量的积差相关系数，因为该自变量对因变量的贡献会受其他自变量的影响。

1.计算回归方程系数

以二元线性回归模型为例，仍然利用最小二乘法进行计算，计算公式如下：

$$b_1=\frac{(\sum X_2^2)(\sum X_1Y)-(\sum X_1X_2)(\sum X_2Y)}{(\sum X_1^2)(\sum X_2^2)-(\sum X_1X_2)^2} \tag{9.30}$$

$$b_2=\frac{(\sum X_1^2)(\sum X_2Y)-(\sum X_1X_2)(\sum X_1Y)}{(\sum X_1^2)(\sum X_2^2)-(\sum X_1X_2)^2} \tag{9.31}$$

$$a=\bar{Y}-b_1\bar{X}_1-b_2\bar{X}_2 \tag{9.32}$$

2. 书写回归方程

通过公式 9.30、公式 9.31 和公式 9.32 计算得出回归方程系数后，书写回归方程：$\hat{Y}=a+b_1X_1+b_2X_2$。

3. 标准化偏回归系数

将原始数据分别转化为标准分数，可以建立标准回归方程：

$$Z_Y=\beta_1 Z_{X_1}+\beta_2 Z_{X_2}$$

其中 Z_Y 表示因变量的标准分数的估计值，Z_{X_1} 和 Z_{X_2} 分别表示以标准分数出现的自变量，β_1 和 β_2 表示标准偏回归系数。

标准偏回归系数与相关系数的关系如下：

$$\beta_1=\frac{r_{y1}-r_{y2}r_{12}}{1-r_{12}^2} \tag{9.33}$$

$$\beta_2=\frac{r_{y2}-r_{y1}r_{12}}{1-r_{12}^2} \tag{9.34}$$

二、回归方程的检验与估计

1. 对回归方程进行方差分析

步骤与上一节内容相同，计算和方差、自由度以及均方差，最后计算 F 值，再与新的临界值比较是否显著。

2. 对回归系数进行显著性检验

步骤与上一节内容相同，对每个回归系数进行逐一检验，计算 t 值，再与各个临界值比较，查看回归系数是否与 0 存在显著性差异。

需要注意的是：在多元线性回归模型检验中，F 检验不再等价于 t 检验，因为回归模型的整体显著并不代表每个自变量的偏回归系数均显著。

3. 决定系数 r^2

计算方法同上一节内容同，即 $r^2=\frac{SS_{Reg}}{SS_T}=\frac{\sum(\hat{Y}-\bar{Y})^2}{\sum(Y-\bar{Y})^2}$，表示由 k 个自变量共同估计因变量时，回归平方和占总平方和的比例，即所有自变量对因变量的贡献程度。

决定系数 r^2 开方后得 r，表示因变量与 k 个自变量线性组合之间的相关，叫复相关系数。r^2 的显著性检验与公式 9.26 相同。

4. 偏相关系数

如果要考察某个自变量单独对因变量的贡献，一般采用偏相关（*partial correlation*）或半偏相关（*semi-partial correlation*），又叫部分相关。

(1)零阶相关

某一自变量对因变量变异的解释(包括与其他自变量共同对因变量变异解释的部分)占因变量总变异的比例。以二元回归为例,如图 9-3-1 所示。

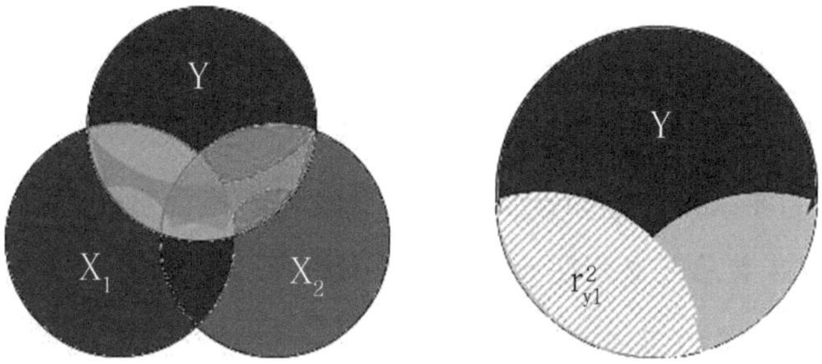

图 9-3-1 X_1 零阶相关示意图

(2)偏相关

某一自变量单独对因变量变异的解释占因变量总变异除去其他自变量对因变量变异的解释的比例,建议报告该结果。以二元回归为例,如图 9-3-2 所示。

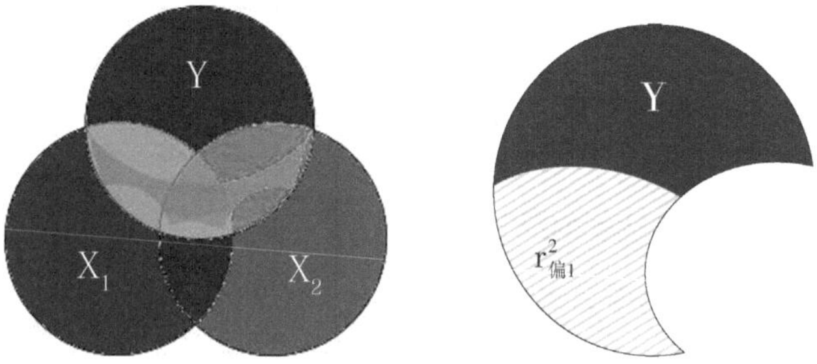

图 9-3-2 X_1 偏相关示意图

其计算方法如下:

$$r_{偏1}=\frac{r_{y,x_1}-(r_{y,x_2})(r_{x_1,x_2})}{\sqrt{1-r_{y,x_2}^2}\sqrt{1-r_{x_1,x_2}^2}} \tag{9.35}$$

其中,$r_{偏1}$ 是指自变量 x_1 的偏相关,r_{y,x_1} 是指因变量与自变量 x_1 的相关,r_{y,x_2} 是指因变量与自变量 x_2 的相关,r_{x_1,x_2} 是指自变量 x_1 与自变量 x_2 的相关。

(3)半偏相关

某一自变量单独对因变量变异的解释占因变量总变异的比例。以二元回归为例,如图 9-3-3 所示:

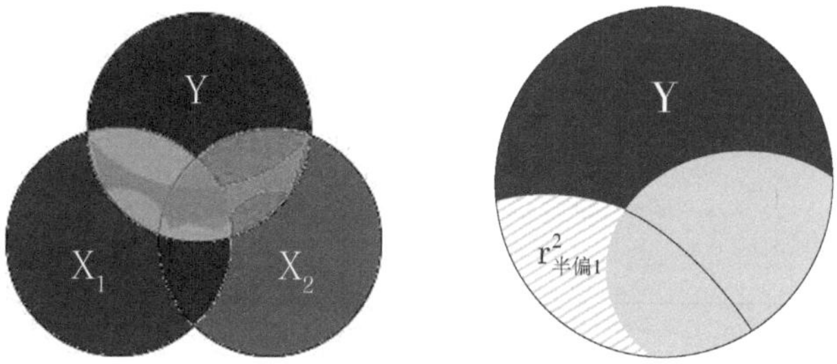

图 9-3-3 X_1 半偏相关示意图

其计算方法如下：

$$r_{半偏1}=\frac{r_{y,x_1}-(r_{y,x_2})(r_{x_1,x_2})}{\sqrt{1-r_{x_1,x_2}^2}} \tag{9.36}$$

其中，$r_{半偏1}$ 是指自变量 x_1 的半偏相关，其余参数解释同上。

一般在加入新的变量后都能增加模型的解释力（r^2），但不同的预测变量通常是彼此相关的，意味着它们能预测同样的特征。因为变量可能彼此重叠，所以在回归方程中加入一个变量并不意味着总能显著性地增加预测的精确度。

5. 回归系数不显著的原因

（1）样本量太小，或者变量个数太多，使 n-k 变小，从而使得 t 检验分母（即标准误）增大，t 值变小；

（2）X_i 的变化范围太小，使得 SE_b 增大；

（3）X_i 与方程中的其他变量线性相关。当自变量之间的相关系数增大时，也会使得 SE_b 增大；

（4）Y 与 X_i 虽然有关联，但却是非线性的；

（5）Y 与 X_i 确实不存在显著的线性关系。

其中，SE_b 的计算方法参考公式 9.24。

三、回归方程的诊断[9]

回归方程的诊断主要包括两个方面内容：一是诊断是否有异常值，二是进行影响分析（*influence analysis*）。以表 9-3-1 为例得：

表 9-3-1　回归诊断数据示例

X	Y	$\hat{Y}$	*RESID*
74	76	75.19	0.81
71	75	73.08	1.93
72	71	73.78	-2.78
68	70	70.96	-0.96
76	76	76.60	-0.60
73	79	74.49	4.52
67	65	70.26	-5.26

[9] 由于手动计算过程中的四舍五入，其结果会和 SPSS 软件得到的结果有所差异。

续表

X	Y	$\hat{Y}$	*RESID*
70	77	72.37	4.63
54	62	61.09	0.91
74	72	75.19	-3.19

1. 异常值诊断

异常值又叫极端值，是指偏离回归模型甚远的异常数据。异常值的存在会对回归方程建模产生严重影响，对它的检验主要通过残差大小判断，有以下三种方法。

(1)标准化残差(*Standardized Residuals*，*ZRESID*)

标准化残差是将残差(e)标准化后得到的值，计算公式如下：

$$ZRESID_i = \frac{RESID_i}{S_{YX}} = \frac{RESID_i}{\sqrt{MS_E}} \tag{9.37}$$

其中，$RESID_i$ 即残差 e_i，其计算方法同公式 9.1。MS_E 的计算方式参考公式 9.21。

以 X_{10} 为例：$ZRESID_{10} = \frac{-3.19}{3.424} = -0.9315$。

判断标准：$ZRESID_i$ 的绝对值若大于 2，则提示该数据可能为异常值。

(2)学氏化残差(*Studentized Residuals*，*SRESID*)

标准化残差有个前提假设，即所有残差的变异均相同，即分母固定为 S_{YX}^2。但每个 X 的残差的变异理论上不应该是相同的，因此将标准化残差进行改进得到学氏化残差，计算公式如下：

$$S_{e_i} = S_{YX}\sqrt{1-\left[\frac{1}{n}+\frac{(X_i-\bar{X})^2}{\sum(X-\bar{X})^2}\right]} \tag{9.38}$$

$$SRESID_i = \frac{RESID_i}{S_{e_i}} \tag{9.39}$$

以 X_{10} 为例：$SRESID_{10} = \frac{-3.19}{3.424\sqrt{1-\left[\frac{1}{10}+\frac{(74-69.9)^2}{350.9}\right]}} = -1.0092$。

判断标准：*SRESID* 服从 t 分布，自由度为 $df_E = n-k-1$。

(3)学氏化删除残差(*Studentized deleted Residuals*，*SDRESID*)

将拟考察的数据 X_i 从公式中删除，如果 X_i 本身是一个异常值，那么它的存在会高估误差标准误 S_{YX}，使异常值的 *SRESID* 值减小，因此通过 *SDRESID* 值能够更加有效的检验出异常值。

由于在计算 *SDRESID* 时需要将 X_i 排除，重新计算 S_{YX}，因此计算颇为复杂，故介绍另一种等价计算方法：

$$SDRESID_i = e_i \sqrt{\frac{n-k-2}{SS_E(1-h_i)-e_i^2}} \tag{9.40}$$

其中，e_i 是删除的某个数据 X_i 的残差，n 是样本数量，k 是自变量个数，SS_E 是全部数据的误差平方和，h_i 的计算方法参考公式 9.41。

以删除 X_{10} 为例：$SDRESID_{10} = (-3.19)\sqrt{\frac{10-1-2}{93.81\times(1-0.15)-(-3.19)^2}} = -1.0105$。

判断标准：*SDRESID* 服从 t 分布，自由度为 $df_E = n-k-2$。

2. 影响分析

影响值是指单独的一个或与其他几个观测值一起，对各种估计值的影响明显大于大多数其他观测值。一般来说，异常值属于影响值，但影响值不一定是异常值。四种常见的鉴别影响值的方法如下。

(1)杠杆率 *LEVERAGE*

计算公式为：

$$h_i = \frac{1}{n} + \frac{(X_i-\bar{X})^2}{\sum(X-\bar{X})^2} \tag{9.41}$$

以 X_{10} 为例：$h_{10} = \frac{1}{10} + \frac{(74-69.9)^2}{350.9} = 0.15$。

判断标准：$h_i > \frac{2(k+1)}{n}$，即 h_i 值较大时说明该点对回归方程的影响较大。

(2)*Cook's* D 值

Cook's D 值也是用于识别影响值的指标，它同时受到自变量和因变量的影响，计算公式如下：

$$D_i = \left(\frac{SRESID_i^2}{k+1}\right)\left(\frac{h_i}{1-h_i}\right) \tag{9.42}$$

以 X_{10} 为例：$D_{10} = \left(\frac{(-1.0092)^2}{1+1}\right)\left(\frac{0.15}{1-0.15}\right) = 0.0884$。

判断标准：某个数据的 D 值是否明显大于其他数据的 D 值。

【注意】计算所得的 h 值和 D 值的变化不一定一致。例如，如果将一个数据的 X 取值不变而只改变其 Y 值，那么，由该值计算的 h 值不变，可能判断其不是影响值；而 D 值可能会变得很大，进而被判断为影响值，得到相反结果。

(3)*DFBETA* 指标

$DFBETA_{j(i)}$ 指标描述了删除 X_i 对指标 *j*（截距或斜率）的影响。若按照定义计算该指标，则每删除一个 X_i 数据就要重新进行一次回归分析，非常烦琐。因此，介绍如下简便公式：

$$DFBETA_{a_i} = a - a_i = \left[\left(\frac{\sum X^2}{n\sum X^2-(\sum X)^2}\right) + \left(\frac{-\sum X}{n\sum X^2-(\sum X)^2}\right)X_i\right]\frac{e_i}{1-h_i} \tag{9.43}$$

$$DFBETA_{b_i}=b\text{-}b_i=\left[\left(\frac{-\sum X}{n\sum X^2\text{-}(\sum X)^2}\right)+\left(\frac{n}{n\sum X^2\text{-}(\sum X)^2}\right)X_i\right]\frac{e_i}{1\text{-}h_i} \tag{9.44}$$

不难得到,可以通过计算得到的 *DFBETA* 指标,找到删除数据后对应的回归方程。

以 X_{10} 为例:

$$DFBETA_{a_{10}}=a\text{-}a_{10}=\left[\left(\frac{49211\text{-}699\times 74}{10\times 49211\text{-}(699)^2}\right)\right]\times\frac{-3.19}{1\text{-}0.15}=2.6832$$

$$DFBETA_{b_{10}}=b\text{-}b_{10}=\left[\left(\frac{-699+10\times 74}{10\times 49211\text{-}(699)^2}\right)\right]\times\frac{-3.19}{1\text{-}0.15}=-0.0437$$

原回归方程是:$\hat{Y}=23.02+0.705X$,

$DFBETA_{a_{10}}=23.02\text{-}a_{10}=2.68$

$DFBETA_{b_{10}}=0.705\text{-}b_{10}=-0.04$

因此删除 X_{10} 后回归方程变为:$\hat{Y}=20.34+0.745X$。

(4)*Standardized DFBETA* 指标

由于非标准化的 *DFBETA* 会受到量尺影响,因此无法比较不同数据 *DFBETA* 值的大小。例如:一个数据集里的 X 使用"米"为单位,另一个数据集里的 X 使用"厘米"为单位,系数 b 将会相差 100 倍。由此需引入标准化的 *DFBETA* 指标,计算公式如下:

$$DFBETAS_{a_i}=\frac{DFBETA_{a_i}}{\sqrt{MS_{E_i}\left[\frac{\sum X^2}{n\sum X^2-(\sum X)^2}\right]}} \tag{9.45}$$

$$DFBETAS_{b_i}=\frac{DFBETA_{b_i}}{\sqrt{MS_{E_i}\left[\frac{n}{n\sum X^2-(\sum X)^2}\right]}} \tag{9.46}$$

其中,MS_{E_i} 是删除 X_i 后的误差均方。MS_{E_i} 的计算公式为:

$$MS_{E_i}=\frac{SS_E\text{-}\frac{(e_i)^2}{1\text{-}h_i}}{n\text{-}k\text{-}1\text{-}1} \tag{9.47}$$

以删除 X_{10} 为例:

$$MS_{E_{10}}=\frac{93.81\text{-}\frac{(-3.19)^2}{1\text{-}0.15}}{10\text{-}1\text{-}1\text{-}1}=11.696$$

$$DFBETAS_{a_{10}}=\frac{2.6832}{\sqrt{11.696\times\left[\frac{49211}{10\times 49211-(699)^2}\right]}}=0.2095$$

$$DFBETAS_{b_{10}}=\frac{-0.0437}{\sqrt{11.696\times\left[\frac{49211}{10\times 49211-(699)^2}\right]}}=-0.2396$$

判断标准:① *Belsey* 等(1980)建议使用绝对标准"2";当样本量小时,使用校正标准：$\frac{2}{\sqrt{n}}$。

② *Wasserman* 等(1989)建议当样本量大时，使用校正标准：$\frac{2}{\sqrt{n}}$；当样本量小或中等时，使用绝对标准“1”。

③ *Mason* 等(1989)建议使用：$\frac{3}{\sqrt{n}}$。

3. 补救措施

在遇到会对回归估计结果产生影响的数据时，可以采用以下几种处理方式。

(1)删除：避免数据呈现两种结果；排除不合适的数据，构建合适的模型；切记不能进行数据造假，宁愿删除也不能不诚实。

(2)对数据进行转换：将数据进行对数、平方或其他方式的转换。

(3)采用更加稳健的回归方法：如稳健的最小二乘法，加权最小二乘法等。

四、最优回归方程的选择

“最优”回归方程指该方程中包含了尽可能多地对 Y 有较大影响的自变量，同时这些自变量又都是显著的。所有自变量组合的回归方程，从中挑选最优者太过于烦琐。因此，可以根据经验选择若干对 Y 有较大影响的变量，然后按照一定规则，对自变量进行自动选择、检验以决定取舍。下面介绍五种 *SPSS* 中提供的方法：

1. *Enter*：进入法，为 *SPSS* 的默认状态。将全部变量一次性纳入回归模型；

2. *Remove*：删除法。将 *Enter* 法中不显著的自变量无条件全部删除。

3. *Forward*：向前法。先从所有自变量中挑选最显著，对因变量影响最大的自变量进入回归模型。之后，再选择第二大影响的自变量加入回归模型，直至所有符合标准者全部进入为止；

4. *Backward*：向后法。先将所有自变量一次纳入回归，然后根据标准删除一个最不显著的自变量，再做一次回归判断其余的取舍，重复该步骤，直至保留的自变量均显著。

5. *Stepwise*：逐步回归法。该方法结合了向前和向后法，它从第一个自变量开始，按向前法的原则，选择一个最好的自变量进入回归模型。之后，转用向后法的原则，选择一个最不好的自变量删除。因第一个纳入变量肯定符合标准，所以第一次用向后法时并无不合格者可删除。于是再转用向前法从其余未在回归模型中的变量中选取一个最好的纳入模型，再转用向后法删除变量。通过交替使用，直至模型外变量已经选不出可纳入者，模型内也选不出可删除者为止。当自变量个数较多时，推荐使用该方法。

五、多重共线性

如果在回归方程① $\hat{Y}=a+b_1X_1+b_2X_2$ 中，有 $X_2=c_0+c_1X_1$，即一个自变量能够由其他自变量线性表达，则回归方程就会有很多解，从而无法用最小二乘法求出唯一一组 b 的估计值。这种自变量高度相关的现象就被称为多重共线性。当发生多重共线性时，回归方程的系数是不可靠的。

1. 多重共线性的影响

(1)回归系数的置信区间变宽，系数变得不稳定，即由不同样本得到的回归系数将有较大差别。因此，基于一个样本构建的回归模型推广到总体中是不可靠的；

(2)回归系数不能反映自变量的独立作用。当一个自变量变化时，会反映其他相关变量的变化，从而该变量的回归系数不能很好代表其他变量不变时，该变量的变化对 Y 的影响；

(3)使新增变量引起的回归平方和的增量变小，从而使变量的偏决定系数变小，变量的边际作用下降。

当然，如果自变量之间是非线性的关系则不一定产生严重的多重共线性后果。

2. 多重共线性的检验

(1)模型得到的决定系数 r^2 值很高，且 Y 与各自变量的相关系数也很高，但自变量的回归系数均不显著，表明有可能存在较严重的多重共线性；

(2)两个自变量时，自变量之间的相关系数很高；

(3)多个自变量时，某一自变量可被其他自变量线性表达；

(4)分别构造不含某一自变量的 k-1 个子模型，将它们与包含所有自变量的回归模型比较，若某个子模型与含所有变量模型的 r^2 很接近，就表明该变量对解释 Y 变化的贡献可以被其他变量表示。

3. 多重共线性的检验指标

(1)容忍度

容忍度即以每个自变量 X_i 作为因变量对其他自变量回归时得到的残差比例，计算公式如下：

$$tolerance_i=1-R_i^2 \tag{9.48}$$

容忍度较小时，说明 X_i 与其他变量的信息的重复性越大，其对 Y 的边际解释能力越小。反之，说明 X_i 的独立信息较多，可能成为重要的解释变量。通常认为容忍度小于 0.1 为不可接受。

(2)方差膨胀因子 *VIF*

VIF 是容忍度的倒数。它表示所对应的偏回归系数 b_i 的方差由于多重共线性而扩大的倍数。所以按照容忍度 0.1 的界限,*VIF* 的界限为 10。

4.多重共线性的补救方法

(1)去掉与 Y 相关程度较低,而与其他自变量高度相关的自变量;

(2)去掉可以被其余自变量线性表出的变量;

(3)增加样本规模;

(4)采用新的样本数据。在研究总体中重新抽取一个样本,有可能会减弱其中变量的多重共线性。因为数据样本的变化,往往会对方程的回归系数及其标准误产生影响;

(5)利用先验信息组合变量;

(6)对自变量进行变换,如倒数变换、对数变换等。

六、SPSS 操作

1.案例:采用心理健康水平影响因素的案例。

2.步骤:

(1)输入数据

(2)回归分析:【分析】→【回归】→【线性】

将因变量"心理健康水平"选入"因变量"框中,自变量"自我效能感""亲社会行为""社会支持""幸福感""心理韧性""自尊水平""学业压力""自我价值感"选入"自变量"框中。从"方法"框内下拉式菜单中选择选择"输入"方法。

单击【统计】按钮,打开"线性回归:统计"对话框,本例中如图勾选"估算值""模型拟合""*R* 方变化量""描述""部分相关性和偏相关性"和"共线性诊断"即可。

单击【图】按钮,在标准化残差中,选中复选框"正态概率图"。

单击【保存】按钮,打开"线性回归:保存"对话框,本例中在"预测值"框选择"未标准化",在"残差"框中选择"未标准化""标准化""学生化""删除后""学生化删除后""库克距离""杠杆值""*DfBeta*""标准化 *DfBeta*"。在"预测区间"框选择"平均值":置信区间默认保持为"95%"

单击【选项】按钮,打开"线性回归:选项"对话框,按照系统默认的选择。

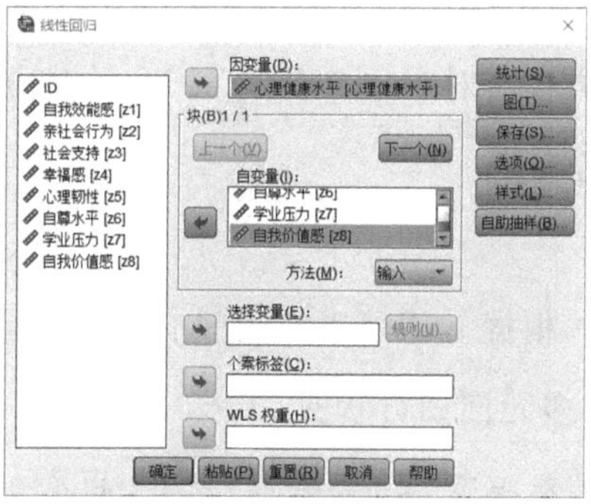

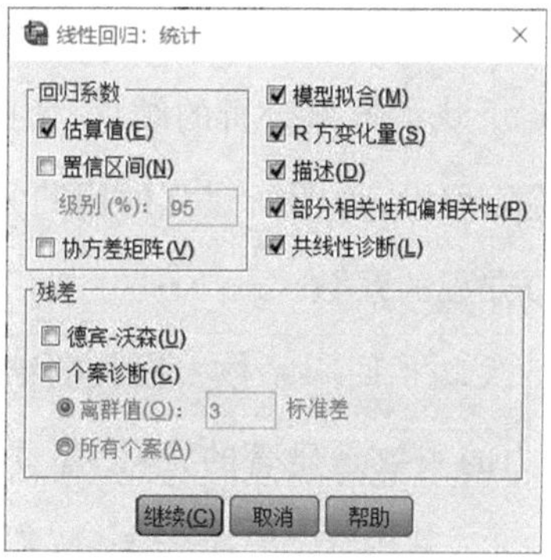

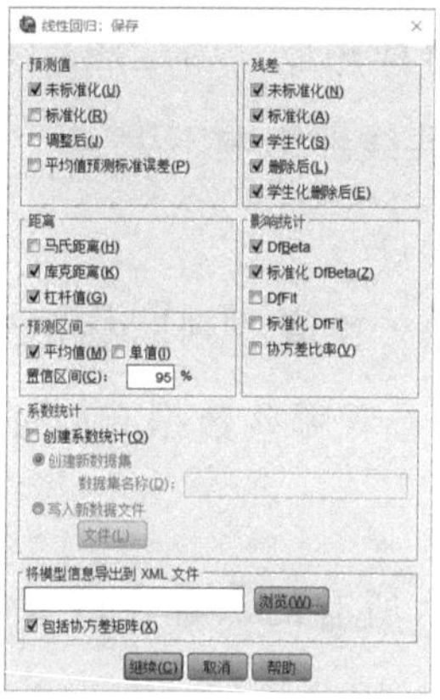

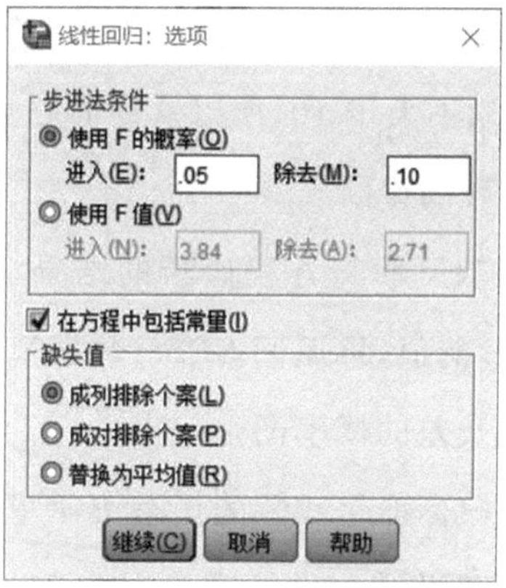

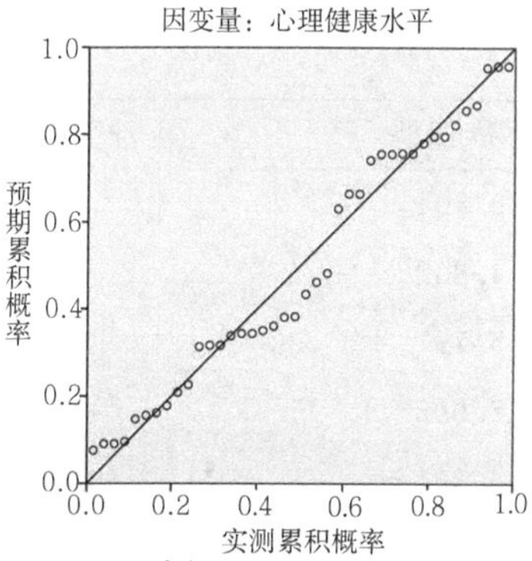

回归标准化残差的正太P-P图

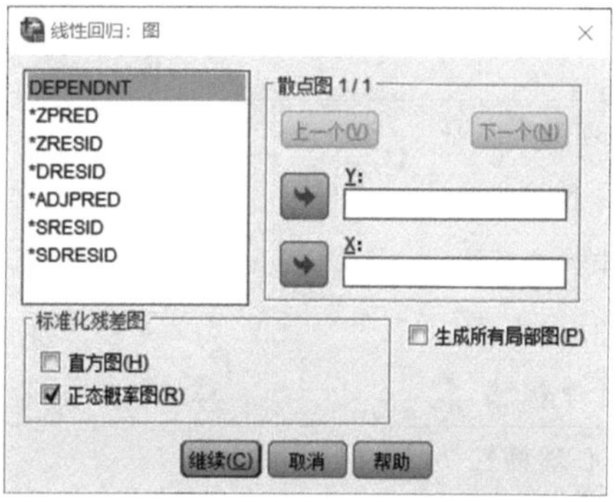

3. 结果

(1)分析数据信息

表 9-3-2 反映了本例的基本信息，共有 40 个个案，心理健康水平得分的平均值为 83.98，标准差为 9.804，自我效能感得分的平均值为 85.48，标准差为 4.862，其余变量解读与之类似。

(2)决定系数

表 9-3-3 反映了回归方程的决定系数 R^2 为 0.587，根据表 9-2-3 可知属于大效应。R^2 置信区间的估计同第二节所述操作。

(3)方差分析结果

表 9-3-4 反映了方差分析的结果,回归方程所对应的 F 值为 5.504。对应的显著性 $p<0.05$,拒绝原假设,说明所建立的回归方程有效。

(4)回归方程的系数

表 9-3-5 反映了回归系数 t 检验的结果,根据 p 值可以发现只有变量社会支持、幸福感和学业压力的系数是显著的,所以建立的多元回归方程是:$\hat{Y}=0.466X_1+0.895X_2-1.476X_3-38.87$,其中 X_1 是社会支持,X_2 是幸福感,X_3 是学业压力。自变量“自我效能感”的部分相关(半偏相关)值为 0.163,其余变量解释相似。因这些自变量的容差均不小于 0.1,*VIF* 均不大于 10,所以这一回归方程的共线性影响不大。

(5)回归方程的诊断

表 9-3-6 反映了回归方程诊断的结果,依照前文各值的判断标准进行合理判断。若有异常值或影响值,再返回 *SPSS* 数据视图详细查看哪些数据有问题。

(6)标准化残差的概率图

由上图“回归标准化残差的正态 *P-P* 图”可知,所有的点都比较靠近对角线,结合表 9-3-6 中的标准化残差的标准差为 0.892,小于 2,因此可以认为残差是正态的。

表 9-3-2 描述统计

	平均值	标准偏差	个案数
心理健康水平	83.98	9.804	40
自我效能感	85.48	4.862	40
亲社会行为	85.70	5.797	40
社会支持	87.58	5.905	40
幸福感	83.45	6.381	40
心理韧性	82.78	6.237	40
自尊水平	83.05	6.559	40
学业压力	11.54	2.008	40
自我价值感	10.70	1.234	40

表 9-3-3 相关系数与决定系数

相关系数 R	决定系数 R^2	调整后的 R^2	F 变化量	自由度 1	自由度 2	显著性 F 变化量
0.766	0.587	0.480	5.504	8	31	.000

表 9-3-4　回归方程方差分析表

模型	平方和	自由度	均方	*F*	显著性
回归	2199.872	8	274.984	5.504	.000
残差	1548.752	31	49.960		
总计	3748.624	39			

表 9-3-5　回归方程中的自变量系数

模型	未标准化系数 *B*	标准化系数 *Beta*	*t*	显著性	零阶	偏	部分	容忍度	*VIF*
（常量）	-38.870		-.821	.418					
自我效能感	.408	.202	1.412	.168	.366	.246	.163	.649	1.540
亲社会行为	.248	.147	.764	.451	.189	.136	.088	.362	2.759
社会支持	.466	.281	2.108	.043	.326	.354	.243	.751	1.331
幸福感	.895	.583	4.028	.000	.572	.586	.465	.637	1.569
心理韧性	-.377	-.240	-1.397	.172	.150	-.243	-.161	.452	2.214
自尊水平	-.113	-.076	-.507	.616	.203	-.091	-.059	.599	1.670
学业压力	-1.476	-.302	-2.154	.039	-.437	-.361	-.249	.676	1.479
自我价值感	.831	.105	.633	.531	-.195	.113	.073	.489	2.046

表 9-3-6　残差统计

	最小值	最大值	平均值	标准偏差	个案数
预测值	66.43	101.76	83.98	7.510	40
标准预测值	-2.337	2.367	.000	1.000	40
预测值的标准误差	1.889	4.597	3.290	.653	40
调整后预测值	68.55	102.59	83.90	7.432	40
残差	-10.133	12.206	.000	6.302	40
标准残差	-1.434	1.727	.000	.892	40
学生化残差	-1.630	1.982	.006	1.023	40
剔除残差	-14.076	16.179	.084	8.351	40
学生化剔除残差	-1.677	2.087	.010	1.045	40
库克距离	.000	.153	.038	.046	40
居中杠杆值	.046	.398	.200	.088	40

第四节 logistic 回归

线性回归是用线性的关系来揭示事情发生的规律，计算回归方程式，将得到的数据带入公式后便可以实现预测。但线性回归的前提要求因变量为连续性变量，当遇到分类变量时，则要用到本节所介绍的 *logistic* 回归。本节内容以因变量为二分类数据为例，对 *logistic* 回归进行介绍。*logistic* 回归常用于数据挖掘、疾病诊断、经济预测等领域，如探讨影响顾客购买行为的因素，并根据这些因素预测购买商品的概率等。

一、logistic 回归的基本原理

1. 定义

logistic 回归，也叫逻辑回归，是一种广义的线性回归分析模型。该方法可用于对因变量是二分类变量建模，但对自变量的数据类型没有过多要求。

2. logistic 回归与线性回归

二分类的因变量取值往往是 0 和 1，如果对其直接拟合，则实质上拟合的是发生概率。若参照线性回归模型来建立方程，则表现形式如下：

$$\hat{P}=a+b_1X_1+\cdots+b_kX_k \tag{9.49}$$

但上述模型右侧的取值范围为整个实数集合(-∞，+∞)，而模型左边的取值范围为[0,1]，二者并不相符。因此，若自变量任意取值，则不能保证 $\hat{P}$ 的取值仍然在[0,1]范围之内，可能会出现概率 P 大于 100%的情况。

此外，通过大量数据观察，概率 P 与自变量 X 的关系通常不是直线关系，而是 *S* 型曲线关系。如图所示：

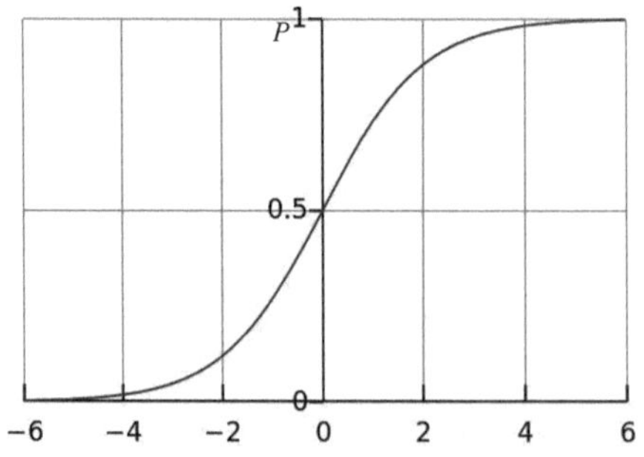

图 9-4-1 概率 *P* 与自变量 *X* 的关系

当不满足线性回归中线性关系假设时，便不能建立线性回归方程。为解决上述问题，*Cox*(1970)引入了用于人口学领域的 *Logit* 变换。*Logit* 变换方法需用到本书第六章讲到的优势(*odds*)概念，即某事件出现的概率 P 与不出现的概率之比，记作 odds= $\frac{P}{1-P}$。之后取其对数，记作 $\lambda = ln(\text{odds}) = ln\left(\frac{P}{1-P}\right)$，这就是 *Logit* 变换。此时，因变量概率 P 的取值范围就在 [0,1] 范围内。当 P=0 时，$\text{logit}(P) = ln\left(\frac{0}{1}\right) = -\infty$；当 P=0.5 时，$\text{logit}(P) = ln\left(\frac{0.5}{0.5}\right) = 0$；当 P=1 时，$\text{logit}(P) = ln\left(\frac{1}{0}\right) = +\infty$。大量研究发现，logit(P)和自变量呈线性关系，即概率 P 与自变量之间的 *S* 形曲线关系可以转化成直线。因变量变成了 logit(P)，于是建立的 *Logistic* 回归方程表达为：

$$\text{logit}(P) = b_0 + b_1X_1 + \cdots + b_kX_k \tag{9.50}$$

将公式 9.50 推导可得如下两个式子：

$$P = \frac{\exp(b_0 + b_1X_1 + \cdots + b_kX_k)}{1 + \exp(b_0 + b_1X_1 + \cdots + b_kX_k)} \tag{9.51}$$

$$1-P = \frac{1}{1 + \exp(b_0 + b_1X_1 + \cdots + b_kX_k)} \tag{9.52}$$

3. logistic 回归适用条件

(1)因变量为二分变量(二分数据)，并且是数值型变量。

(2)残差和因变量都要服从二项分布，不再是正态分布。

(3)自变量 X 和 *Logit*(P)呈线性关系。

(4)各观测对象间相互独立。

【注意】因变量是二分变量，模型的误差项服从二项分布，参数估计和检验不再采用最小二乘法，而采用最大似然法。此外，有些研究会出现重复计数的现象，这时不适合使用 *logistic* 回归。

4. logistic 回归系数的含义

logistic 回归系数和多元回归中的回归系数解释类似，也是自变量改变一个单位时，logit(P)的平均改变量，但正因为 *Logit* 变换的存在，可以让 *logistic* 回归中的系数和优势比(*OR*)有着紧密联系，使得 *logistic* 回归系数具有更加实际的意义。以表 6-3-1 中性别与患心脏病情况的案例(性别为自变量，是否患病为因变量)为例说明：

表 9-4-1　性别与患心脏病情况

性别(X)	是否患心脏病(Y)		总计	患病率
	是(=1)	否(=0)		
男(=1)	68(*a*)	32(*b*)	100	62%
女(=0)	42(*c*)	58(*d*)	100	42%
总计	110	90	200	55%

$$\text{logit}(P) = b_0 + b_1X = -0.323 + 1.077X$$ [10]

[10] 该方程中的系数由 SPSS 软件计算得到，因本书注重于应用层面，故省略了数理推导及算法介绍。

(1)截距项

截距项表示自变量取值为0(即基线组)时,P(Y=1)与P(Y=0)概率之比的自然对数值,本例中为 $b_0=-0.323=ln\left(\frac{\frac{42}{100}}{\frac{58}{100}}\right)=\ln\left(\frac{42}{58}\right)=ln\ (\frac{c}{d})$,即女性中的患心脏病与未患心脏病之比的自然对数值。截距项的含义在不同的研究设计中可能不同,通常用于描述基线组的情况。

(2)斜率项

斜率项,即各个自变量的回归系数 b_i,表示自变量 X_i 每变化一个单位,优势比的自然对数值的改变量。反过来讲,$exp(b_i)=e^{b_i}$ 即优势比(*OR*)值。

本例中自变量治疗方法的回归系数 $b_i=1.077$,为男女的患病率与未患病率之比的对数值之差,即 $ln\left(\frac{\frac{68}{100}}{\frac{32}{100}}\right)-ln\left(\frac{\frac{42}{100}}{\frac{58}{100}}\right)=ln\left(\frac{68*58}{32*42}\right)=ln\ (\frac{ad}{bc})$。因此,对于四格表的资料而言,所建立的 *logistic* 回归模型也可以写成:

$$\text{logit}(P)=ln\ (\frac{c}{d})+ln\ (\frac{ad}{bc})X_1=ln\ (\frac{c}{d})+ln\ (OR)X_1 \qquad (9.53)$$

由以上关系可知,$exp(b_1)$ 则表示由女性变为男性时,男性患病率与未患病率之比值相对于女性患病率与未患病率之比值的倍数,本例中为1.077。

二、logistic 回归的检验

对于 *logistic* 回归中的参数,其检验方法有很多,比如:单个回归系数的检验、似然比检验、拟合优度检验以及使用离差对参数的子集进行检验等,本书主要介绍前两种方法。

1. 单个回归系数检验

当样本是大样本时,最大似然估计量的分布近似为正态分布,可以构造类似的Z统计量来进行检验。下面以 b_0 为例,b_1 同理。

(1)提出假设

H_0:设总体的回归系数 $\beta=0$

H_1:设总体的回归系数 $\beta\neq0$

(2)计算Z值

$$Z=\frac{b_0-\beta}{SE_{b_i}} \qquad (9.54)$$

其中 SE_{b_i} 是回归系数 b_i 的标准误。

选择$\alpha=0.05$水平，和临界值±1.96比较即可判断回归系数是否显著。

在本例中$Z=-1.591>-1.96$，所以$p>0.05$，回归系数b不显著。

2.似然比检验

当模型较为复杂时，如有两个及以上自变量，可以采用似然比检验，具体步骤如下：

(1)提出假设

H_0：b_1，b_2 其中一个为零

H_1：b_1，b_2 全不为零

(2)计算似然比统计量 *LR*

$$LR=2ln\frac{L(全)}{L(简)}=2\left[lnL(全)-lnL(简)\right] \tag{9.55}$$

其中 $lnL(全)$是指全模型的似然函数值的对数，$lnL(简)$是指简化模型(如有两个自变量时，只取一个自变量的模型就是简化模型)的似然函数值的对数。

(3)确定自由度

$$df=k_{全}-k_{简} \tag{9.56}$$

其中 $k_{全}$是指全模型的参数个数，$k_{简}$是指简模型的参数个数。

(4)确定显著性

在大样本的情况下，当 H_0 为真时，似然比统计量 *LR* 服从卡方分布，选择$\alpha=0.05$水平，根据 χ^2 数值分布表，和临界值 $\chi^2_{0.05(df)}$ 比较即可判断哪一种模型更合适。

三、SPSS 操作

1.案例：采用性别与患心脏病情况的案例。

2.步骤

(1)输入数据

(2)回归分析：【分析】→【回归】→【二元 *Logistic*】

将因变量“是否患病”选入“因变量”框中，自变量“性别”选入“协变量”框中。从“方法”框内下拉式菜单中选择选择“输入”方法。

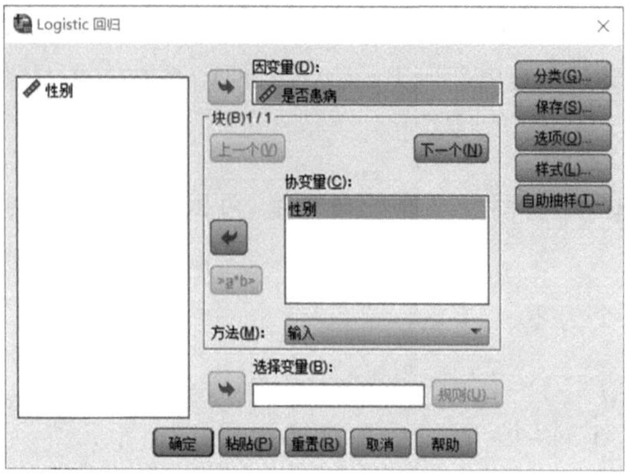

其余设置按照系统默认即可。

3. 结果

表 9-4-2 因变量编码

原值	内部值
未患病	0
患病	1

表 9-4-3 分类表

					预测
			是否患病		
实测			未患病	患病	正确百分比
步骤 0	是否患病	未患病	0	90	.0
		患病	0	110	100.0
	总体百分比				55.0

表 9-4-4 方程中的变量

		B	标准误差	瓦尔德	自由度	显著性	*Exp*(*B*)
步骤 0	常量	.201	.142	1.993	1	.158	1.222

表 9-4-5 未包括在方程中的变量

			比分	自由度	显著性
步骤 0	变量	性别	13.657	1	.000
	总体统计		13.657	1	.000

表 9-4-6 模型系数的 *Omnibus* 检验

		卡方	自由度	显著性
步骤 1	步骤	13.823	1	.000
	块	13.823	1	.000
	模型	13.823	1	.000

表 9-4-7 模型系数的 *Omnibus* 检验

步骤	-2 对数似然	考克斯-斯奈尔 *R* 方	内戈尔科 *R* 方
1	261.432	.067	.089

表 9-4-8 分类表

			预测		
			是否患病		
实测			未患病	患病	正确百分比
步骤 1	是否患病	未患病	58	32	64.4
		患病	42	68	61.8
	总体百分比				63.0

表 9-4-9 方程中的变量

		B	标准误差	瓦尔德	自由度	显著性	*Exp*(*B*)
步骤 1	性别	1.077	.295	13.320	1	.000	2.935
	常量	-0.323	.203	2.538	1	.111	.724

(1)分析数据信息

表 9-4-2 为因变量的取值编码，系统默认阳性结果为取值水平高者。在录入数据时若将患病、未患病两个水平取值弄反了，需要在赋值时重新赋值。

(2)回归拟合结果

首先得出的是不含任何自变量，而只有常数项(即空模型)的模型的结果，此时的模型为：

$\mathrm{logit}(P)=b_0$

表 9-4-3 反映了未引入自变量时将所有人判断为患病的正确率为 55%。

表 9-4-4 反映了在未引入自变量时对常数项的检验，但其意义不大，因此不再赘述。

【注意】*SPSS* 计算的“瓦尔德”为瓦尔德卡方值，在数值上等于公式 9.54 计算所得 Z 值的平方，其计算公式为：

$$\chi^2=\left(\frac{b_i-0}{SE_{b_i}}\right)^2 \qquad (9.57)$$

其中 SE_{b_i} 为系数 b_i 的标准误。

表 9-4-5 反映了在未引入自变量时的比分检验(*Score Test*)结果,其意义为向当前模型中引入某变量(如性别)时,该变量回归系数是否等于 0 的比分检验假设。

基于空模型,之后在分析中引入自变量,由于本例仅有一个自变量,由此只有全模型。

表 9-4-6 显示的卡方值是似然比卡方值,等于 2 [*ln*L(全)-*ln*L(空)]。

表 9-4-7 显示了-2*ln*L(全)和两个伪决定系数(与线性回归中的决定系数不同)考克斯-斯奈尔 *R* 方和内戈尔科 *R* 方。后两者以不同方式反映了当前模型中自变量解释了因变量的变异占因总变异的比例。但对于 *logistic* 回归而言,往往模型的伪决定系数没有线性回归模型中的决定系数那么大。这两种伪决定系数的计算方式如下:

$$\text{Cox\&Snell}R^2 = 1-\left(\frac{L(\text{空})}{L(\hat{b})}\right)^{\frac{2}{n}} \tag{9.58}$$

$$\text{Nagelkerke}R^2 = \frac{\text{Cox\&Snell}R^2}{1-L(\text{空})^{\frac{2}{n}}} \tag{9.59}$$

其中 L(空)为空模型的似然值,$L(\hat{b})$为当前模型的似然值。

表 9-4-8 反映了引入自变量后将所有人正确判断的比例为 63%,本例共 200 人中有 126(58+68)人判断正确。

表 9-4-9 反映了对全模型中各参数检验的结果,自变量性别的系数为 1.077,瓦尔德(卡方值)为 13.320,对应的 $p<0.05$,拒绝原假设,说明回归系数不为 0。常数项与线性回归同理不看显著性大小。因此,得出的 *logistic* 回归方程为:logit(P)=-0.323+1.077X。

本章要点小结

1. 回归是对大量数据进行处理,并确定因变量与某个或某些自变量的相关关系,建立一个相关性较好的回归方程(函数表达式),用于预测因变量变化的分析方法。

2. 回忆并牢记回归分析的基本假设。

3. 简单线性回归模型是只有一个自变量 x 且与因变量 y 呈直线关系,因此又叫一元线性回归。其回归方程一般式为:$\hat{Y}=a+bX$,而多元回归方程一般式为:$\hat{Y}=a+b_1X_1+b_2X_2+\cdots+b_kX_k$,也为 $\hat{Y}=a+\sum_{i=1}^{k}b_iX_i$。

4. 回归方程的检验主要包括对回归模型整体的 F 检验和对回归系数的 t 检验。

5. 决定系数 r^2 等于回归平方和 SS_R 在总平方和 SS_T 中所占比例,r^2 就是回归方程的效应量。其判断标准为:$r^2\leqslant0.01$ 是小效应,$0.01<r^2<0.14$ 是中等效应,$r^2\geqslant0.14$ 是大效应。

6. 有时在数据清理后仍有漏洞,导致回归方程预测不准,这时可以考虑对回归方程进行诊断,一般考虑有无异常值,其方法有:标准化残差、学氏化残差和学氏化删除残差;或者考虑影响值的大小,其方法有:杠杆率、*Cook's D* 值、*DFBETA* 指标和 *Standardized DFBETA* 指标。

7. 在多元回归中,如果要考察某个自变量单独对因变量的贡献,一般采用偏相关或半偏相关。

8. 在多元回归中一定要避免多重共线性。

9. 了解逻辑回归的适用条件，并熟悉其检验方法。

关键术语

线性关系	linear relationship	线性回归	linear regression
回归分析	regression analysis	回归方程	linear equation
回归系数	coefficient of regression	最小二乘法	method of least squares
邹检验	Chow test	多元线性回归	multiple linear regression
偏相关	partial correlation	半偏相关	semi-partial correlation
逻辑回归	logistic regression	截距	intercept
斜率	slope		

课后习题

1. 回归分析的基本假设是什么？

2. 在回归分析中，考察回归效果使用的指标是（　）。

A. 内部一致性系数　　B. 决定系数　　C. 概化系数　　D. 列联系数

3. 在回归方程中，其他条件不变，X 与 Y 的相关系数趋近于零时，估计的标准误将会（　）。

A. 不变　　B. 提高　　C. 降低　　D. 趋近于零

4. 应用方差分析检验一元线性回归方程的有效性，其回归自由度和残差自由度分别为（　）。

A. 1、n-1　　B. 2、n-1　　C. 1、n-2　　D. 2、n-2

5. 试对以下数据进行回归分析并检验。

X	2	3	4	5	7	6	8	9	10	9
Y	2	5	4	6	9	8	10	9	7	6

6. 探究第二题数据的相关系数与标准化回归系数之间的关系。

7. 已知 10 名同学语言表达能力、成就动机、阅读成就的得分，试对以下数据进行回归分析并检验。

学生	1	2	3	4	5	6	7	8	9	10
语言表达能力 Y	5	6	7	8	4	3	4	6	7	7
成就动机 X_1	4	5	5	7	6	4	3	6	6	8
阅读成就 X_2	4	7	9	7	8	5	2	8	6	10

8. 计算第四题两个自变量的偏相关和半偏相关。

9. 试对第四题数据进行回归诊断分析。

10. 已知某地区患胃病与精神焦虑人数如下，试进行 logistic 回归分析并做解释。

	患胃病	未患胃病
精神焦虑	43	162
非精神焦虑	13	121

第十章

因子分析

本章主要介绍另一个常用技术——因子分析(因素分析)的基本概念以及计算方法等,分为探索性因子分析 EFA、验证性因子分析 CFA。在实际研究中,主要是常用它对众多的观测变量进行提炼,发现其潜在结构。如在问卷的理论结构不清晰时,通常先使用 EFA 初步确定因子个数、指标与因子之间的关系等,再使用 CFA 进行验证这一结构是否有效。最后还介绍了共同方法偏差,使研究者能够在一定程度上检验其研究的有效性。

第一节　因子分析的背景与目的

因子分析（factor analysis，FA）最早由心理学家查尔斯·斯皮尔曼（Charles Spearman）提出，距今已有100多年历史。斯皮尔曼在研究中发现，不同科目的成绩之间存在一定的相关性，他推测是否存在一个潜在因子对所有成绩都有影响，从而导致成绩的共变，并由此发展出了因子分析方法。现如今，因子分析已广泛应用于心理学、教育学、组织行为学、市场营销等诸多领域。

因子分析是一种通过研究众多可以直接观测的变量（观测变量）之间的内部依赖关系，探求其中的基本结构，并用少数几个假想变量（潜在因子）来表示基本数据结构的统计方法。在进行实际研究时，研究者为对情况进行更全面、完整的认识，通常会尽可能多地收集与主题相关的数据。这些数据在进行分析预测时则显得太多，不能以精简的方式实现研究者预期的研究目的。对于过多的变量，贸然删减会影响数据的完整性，而因子分析能以较少的信息缺失把众多的观测变量浓缩为少数几个因子，并据此进行预测。雷蒙德·卡特尔（Raymond Cattell）在研究人格时，曾把1万多个形容人格特质的词归为35个表面特质，之后运用因子分析对其进行进一步分析，得到了16个根源特质。据此编制的《卡特尔十六种人格因素量表》是世界公认的最具权威的个性测验之一。

可以看出，因子分析的主要目的是为了简化数据和探索结构。通过因子分析抽取出的因子个数少于原始观测变量的数目，又包含原始变量的信息，可以为研究提供简明的数据结果。对观测变量简化的过程中，基于变量间的相关性抽取出的因子就是众多观测变量背后潜在结构的体现。

在实际研究中，根据研究者掌握信息和目的的不同，因子分析可分为探索性因素分析（exploratory factor analysis，EFA）和验证性因素分析（confirmatory factor analysis，CFA）。探索性因素分析适用于研究者对变量背后的结构不清楚、没有任何前提假设时，对变量进行简化和因子结构的寻找。如果研究者对变量潜在因子的个数和结构在测量前就有了假设，进行验证性因子分析则是为了检验这一先前提出的因子结构的适合性。

第二节　因子分析的原理、基本概念与条件

一、因子分析的原理

因子分析假定观测变量是一些潜在因子的线性组合，表达式如下：

$$Z_{ij}=a_{j1}f_{i1}+a_{j2}f_{i2}+\cdots+a_{jm}f_{im}+d_ju_{ij} \qquad (10.1)$$

Z_{ij} 为个体 i 在观测变量 j 上的标准分。标准分分为三部分：公共部分、独特性和测量误差，后两者常被合并在一起。公共部分为 m 个潜在因子（公因子）得分的加权和，f_{im} 为个体 i 在公因子 m 上的得分，a_{jm} 为公因子 m 在观测变量 j 上的权重，又叫因子负荷，每个观测变量还有它独特的反应部分 d_ju_{ij}。

因子分析的基本思想是通过对观测变量的相关系数矩阵结构的研究，找出潜在的公因子和因子负荷，包括准备合适的相关系数矩阵、抽取初始的因子、旋转以获得最终结果三个步骤。

二、基本概念

1. 因子负荷

因子负荷（factor loading）即表达式（10.1）中的 a，是观测变量中公因子的权重。它的正负仅代表方向，比较时需要看其绝对值。对它的求解是因子分析的关键，它可以反映出观测变量与潜在因子的相关程度。当公因子间完全不相关时，因子负荷等于观测变量与公因子间的相关系数。负荷的平方可以解释为观测变量的变异有多大比例由某一公因子解释。

【注意】因子负荷在旋转前后是不同的，研究中一般报告旋转前的因子负荷。

2. 公因子方差

公因子方差也叫共同度（communality），是指观测变量被所有公因子所解释的方差在总方差中占的比例，记作 h^2。当公因子间不相关时，它等于观测变量上每个因子负荷的平方和。即 m 个公因子的方差为 $a_{j1}^2+a_{j2}^2+\cdots+a_{jm}^2$，总方差为 m 个公因子的方差与观测变量特有的因子（n-m 个）的方差和，$a_j^2=a_{j1}^2+a_{j2}^2+\cdots+a_{jm}^2+\cdots+a_{jn}^2=1$。

$$h^2=\frac{a_{j1}^2+a_{j2}^2+\cdots+a_{jm}^2}{a_j^2}=a_{j1}^2+a_{j2}^2+\cdots+a_{jm}^2 \qquad (10.2)$$

共同度可以反映观测变量测到所要测量的行为的程度，是观测变量的评价指标，当某一观测变量的共同度小于 0.5 时建议删除(刘红云，2019)。

3. 特征值与贡献率

特征值(eigenvalue)也称特征根，是每个公因子所解释的方差，反映某一公因子对所有观测变量的影响程度，可理解为因子的贡献程度，记作 λ。当公因子间不相关时，它等于公因子在每个观测变量上因子负荷的平方和。

$$\lambda = a_{1m}^2 + a_{2m}^2 + \cdots + a_{jm}^2 \quad (10.3)$$

特征值反应公因子的重要性，也是决定抽取因子数的标准，当某一公因子的特征值大于 1 时建议保留。

在实际应用中，通常使用相对指标贡献率，即每个公因子所解释的方差占公因子总方差的比例来衡量公因子的相对重要性。标准化后每一个观测变量的方差都为 1，所有 n 个观测变量的总变异即为 n，因此每个公因子的贡献率可记作：λ/n，表示该因子能够解释所有观测变量变异的百分比。所有因子的累计贡献率可以用来作为保留因子数量的判断指标。根据经验，研究者们给出了不同的标准，如 50%或 80%(Floyd & Widaman，1995)。

三、因子分析的前提要求

进行因子分析时，至少需要关注以下三个条件。

第一：因子分析的变量必须是连续变量，分类与等级变量不能用因子分析简化数据。

第二：抽样过程需是随机抽样，并具有一定规模。有研究者认为样本量小于 50 时不适合做因子分析，一般样本量不小于 200，原则上是越大越好(Comrey，Lee，1992)。此外，还要求样本量至少为变量数的 5 倍以上(Gorsuch，1983)，甚至 10 倍及以上(Nunnally，1994)。如果样本量较少，得到的结果不够稳定和可信。

第三：变量之间应该有一定程度的相关，过高和过低都不利于进行因子分析。相关过高表明变量趋于"同质"，获得的因子结构价值不高。相关过低，如大部分小于 0.3，则很难析出公因子，或析出的公因子无法解释。

从量化角度而言，可通过相关系数矩阵、反映象相关性矩阵以及 KMO 检验和 Bartlett 球形检验来判断一批数据是否适合做因子分析。

1. 相关系数矩阵

计算所有变量的相关矩阵，如果所有或大部分的相关系数在 0.3 到 0.7 之间，说明各变量间有合适的相关性，可从中抽取出共同因子，适合做因子分析。此外，还允许以下情况出现：变量可不与其余变量有中等程度相关，允许变量间呈现区块相关性(如下表所示)。

表 10-2-1　变量间的相关系数矩阵

	1	2	6	7	14	15
1	1	0.453	0.058	0.176	0.109	0.054
2	0.453	1	0.143	0.243	0.204	0.14
6	0.058	0.143	1	0.555	0.085	0.128
7	0.176	0.243	0.555	1	0.123	0.159
14	0.109	0.204	0.085	0.123	1	0.448
15	0.054	0.14	0.128	0.159	0.448	1

2. 反映象相关性矩阵

反映象相关性矩阵(anti-image correlation matrix)中非对角线上的值是观测变量间偏相关系数的相反数，对角线上的值是取样适切性量数(measure of adequacy，MSA)。当非对角线上值的绝对值较小，MSA 值较大时，适合做因子分析。当某一观测变量的 MSA 值小于 0.5 时，该观测变量不适合进行因子分析。

3. KMO 检验和 Bartlett 球形检验

KMO(Kaiser Meyer Olkin)检验对观测变量之间的简单相关系数与偏相关系数的比例进行检验，取值范围为 0～1，KMO 值越大，越适合进行因子分析。Kaiser(1974)认为：KMO 值在 0.9 以上，非常适合做因子分析；在 0.8～0.9 之间，很适合；在 0.7～0.8 之间，适合；在 0.6～0.7 之间，尚可；在 0.5～0.6 之间，很差；0.5 以下应该放弃。

Bartlett 球形检验可以用来检验各观测变量间的相关系数是否不同且大于 0，其零假设为相关矩阵是单位阵。若拒绝该假设，即球形检验结果显著，则表示适合进行因子分析。

第三节　探索性因子分析

一、探索性因素分析的基本步骤

探索性因子分析(EFA)的基本步骤可以表示为下图：

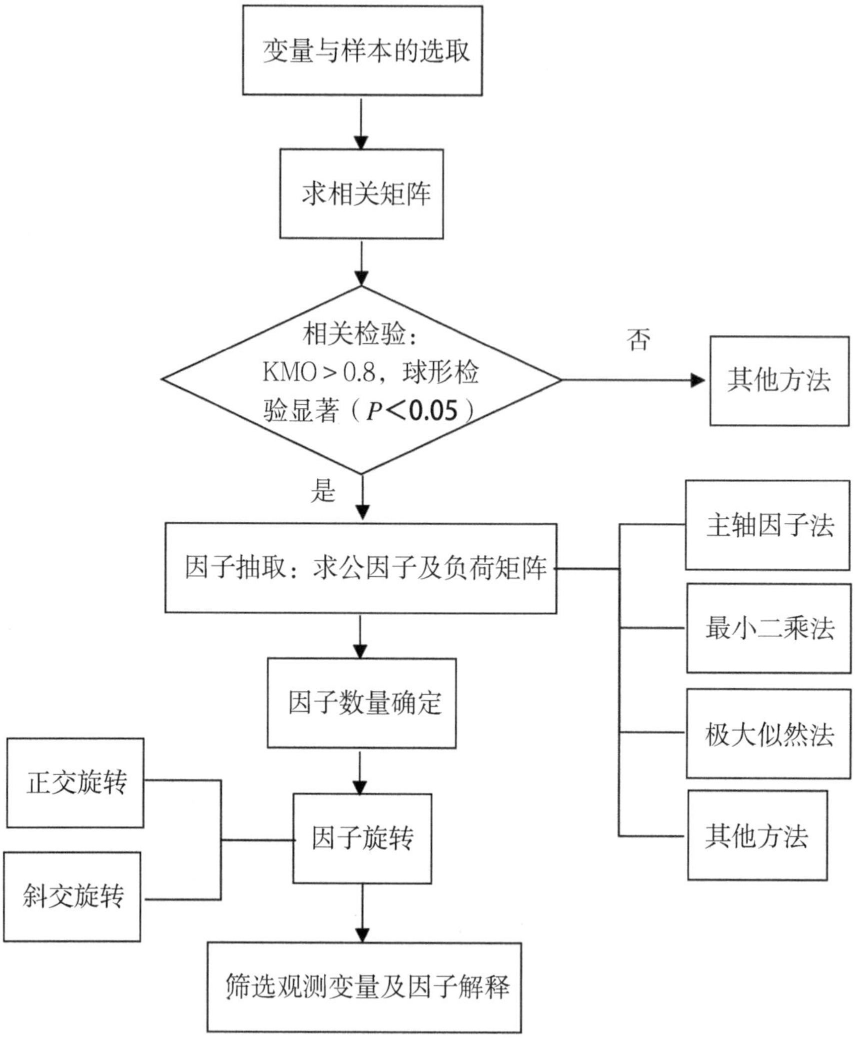

图 10-3-1　EFA **的基本步骤**

1. 变量与样本的选取

选取观测变量时应注意数据的类型，因子分析要求变量为连续数据。样本的选取要随机，目的是具有代表性，并达到适合的样本量，一般要求样本量不低于 200，并且样本量与变量数之比不得低于 5∶1。具体要求见本章第二节。

2. 相关检验

进行因子分析前要对变量间的相关进行检验，方法可参照本章第二节的相关系数矩阵、反映象相关性矩阵以及 KMO 检验和 Bartlett 球形检验。

3. 因子抽取

在 EFA 中，因子抽取的主要目的是抽取公因子并得到负荷矩阵，其关键是寻找一个决定何时停止抽取公因子的准则，即在什么情况下，重新生成的相关系数和原始变量间的相关系数可以被归结为抽样变异性。要实现这一目的，可运用的方法如下。

(1)主轴因子法

主轴因子法(*principal axis factoring*)按层级分解调整后的相关矩阵，重在解释变量的相关性，确定内在结构，在对变量方差的解释上相对较弱。当研究者的目的为确定结构而不太注重变量的方差情况时可使用此方法。

(2)最小二乘法

最小二乘法(*least-squares solution*)是最小化观测值与期望值之间离差的平方的方法，其原则是在抽取一定数量的因子后，最小化残差间的相关系数，评估用模型重现出的相关关系和原始的相关关系的拟合程度。

(3)极大似然法

极大似然法(*maximum likelihood solution*)解决方案的目标与最小二乘法一样，都是寻找能够对原始变量相关关系进行最好拟合的因子组合。该方法在样本量大时使用效果较好，但需要满足正态性假设前提。

(4)其他方法

除了以上三种方法，还可以用 *Alpha* 因子分析法、映像分析法等进行因子抽取。实际上，各种方法的区别仅仅在于分析思想的差异，抽取的结果在大部分情况下基本相同。

4. 因子数量确定

因子个数的取舍仍未有公认的客观标准，在实际研究中可参考以下一个或多个准则：

(1)特征值准则

特征值是每个公因子解释的方差，此准则要求提取出的公因子特征值大于或等于 1。当小于 1 时，则表示该公因子的解释力小于一个原始的观测变量，达不到简化变量的目的。

(2)碎石图检验

碎石图是按公因子特征值大小依次描点连线的折线图，横坐标是因子数目，纵坐标是特征值。碎石图检验需根据图的形状判断保留因子的个数，陡坡与缓坡间明显的转折点及之前的因子就是应当保留的因子。转折点之后的因子，就如同山脚的“碎石”，舍去它们并不会影响整个“山峰”。

(3)累计方差贡献率

贡献率是公因子所解释的方差占公因子总方差的比例，此方法通过因子数目的确定使公因子累积的方差解释量达到一定程度，来保证因子分析结果的意义。一般来说，累计方差贡献率建议在 50% 或 80% 以上(Floyd & Widaman，1995)。

(4)平行分析

平行分析(*parallel analysis*)是通过比较真实数据中因子的特征值与模拟的随机数据中特征值的平均值来确定因子数目的。若小于模拟的平均值,就没有保留的价值,应当舍弃。目前,平行分析可用 *SPSS*、*SAS*、*Monte Carlo PCA*、*Mplus* 软件实现。

5. 因子旋转

确定了因子数目后,很难直接根据原始结果对每个因子进行解释,这时就要通过因子旋转来获得一个简单、容易解释的因子结构,使潜在因子具有实际意义。因子旋转是通过改变坐标轴的位置上,使每一个观测变量仅在一个公因子上有较大的负荷,而在其他因子上的负荷较小。根据抽取的因子间相关关系,因子旋转可分为正交旋转和斜交旋转。正交旋转假设公因子间相互独立,即不存在相关性,该假设通常过强。在现实中,因子间或多或少都存在一定关系,因此斜交旋转更具有一般性,它取消了因子间相互独立的限制。

(1)正交旋转

正交旋转常用的方法包括四次方最大法(*quartimax*)、最大方差法(*varimax*)和均等变化法(*equimax*)。四次方最大法的重点是简化因子负荷矩阵的行,该方法可能导致强调变量解释的简单性而牺牲了因子解释的简单性。最大方差法用最大化因子负荷平方的方差来简化因子矩阵的各列,可以得到比四次方最大法更稳定的因子负荷矩阵。均等变化法是四次方最大法和最大方差法的折中方案。

(2)斜交旋转

常用的斜交旋转方法为直接最小斜交法(*direct oblimin*)和 *Promax* 斜交旋转法。直接最小斜交法进行旋转时不需要参照轴,只基于简化因子上的负荷进行旋转即可。

6. 筛选观测变量及因子解释

经过因子旋转得到最终结果后,需要根据每个公因子上有负荷的观测变量对其进行解释。在这个过程中,需要对出现以下情况的观测变量进行慎重考虑,选择修改或删除。

第一:当某一观测变量在所有因子上的负荷的绝对值均小于 0.3,应考虑删除(*Nunnally*,1994)。也有标准认为因子负荷绝对值大于 0.71 为优秀,大于 0.63 为非常好,大于 0.55 为好,大于 0.45 为一般,大于 0.32 为不好,小于 0.32 为差(*Comrey*,*Lee*,1992)。

第二:当出现了多极变量,即一个变量在多个因子上负荷的绝对值均大于 0.3,并且这些负荷绝对值的差值小于 0.2,则考虑删除。

第三:若某一因子只由一两个观测变量析出,则该因子和观测变量考虑删除。有研究者建议,每个因子所具有的观测变量至少要有 3～5 个(*MacCallum et al.*,1999;*Velicer* & *Fava*,1998)。

第四:当某一变量的 *MSA* 值小于 0.5 时,考虑删除(刘红云,2019)。

第五:根据变量共同度大小考虑删除变量,一般认为变量的共同度不得小于 0.5,且每次删除后需重新进行一次分析。

需要注意的是，当一些变量出现了上述情况，最终确定是否删除该变量，还应充分考虑理论建构及变量的重要程度及其合理性，若该变量很重要，确实需要考察，则不予删除。

二、SPSS 操作

1. 案例

土耳其学生群体中，影响科学成绩的情感因素结构的探索（*Ozel*，*Caglak* ，& *Erdogan*，2013）。

2. 操作步骤

(1)输入数据：数据来自 *PISA* 2006 研究。选取学生问卷中的 42 个项目，每个项目均为 4 点计分，可近似看作连续数据。样本量为 4942，选择奇数样本进行探索性因子分析，共 2471，大于 1000 并且为项目数的 20 倍以上，是合适的样本量。具体见文件 10-1. *sav*。

(2)探索性因子分析：【分析】→【降维】→【因子分析】。

将所有变量选入“变量”框中。

单击【描述】按钮，打开“因子分析：描述统计”对话框，如图在“相关性矩阵”框中勾选“系数”“显著性水平”“*KMO* 和 *Bartlett* 的球形度检验”。

单击【抽取】按钮，打开“因子分析：抽取”对话框，本例中在“方法”的下拉菜单中选择“主轴因子法”。在“输出”框中勾选“碎石图”。

单击【旋转】按钮，打开“因子分析：旋转”对话框，本例中在“方法”框中勾选“直接 *Oblimin* 方法”。

单击【得分】按钮，打开“因子分析：因子得分”对话框，如图勾选“保存为变量”“显示因子得分系数矩阵”。单击【选项】按钮，打开“因子分析：选项”对话框，在“系数显示格式”框中勾选“按大小排序”“取消小系数”，在“绝对值如下”后输入 0.3。

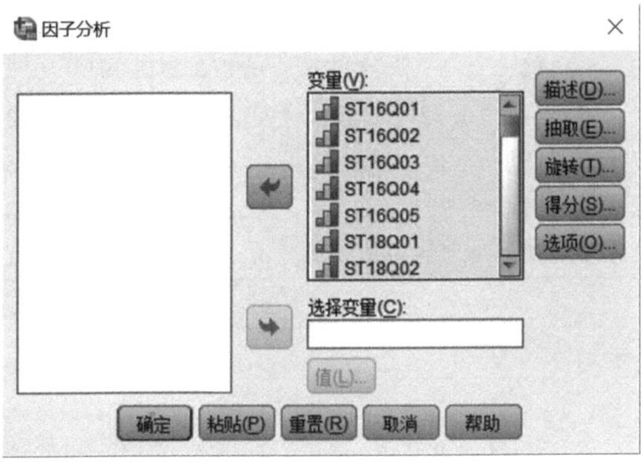

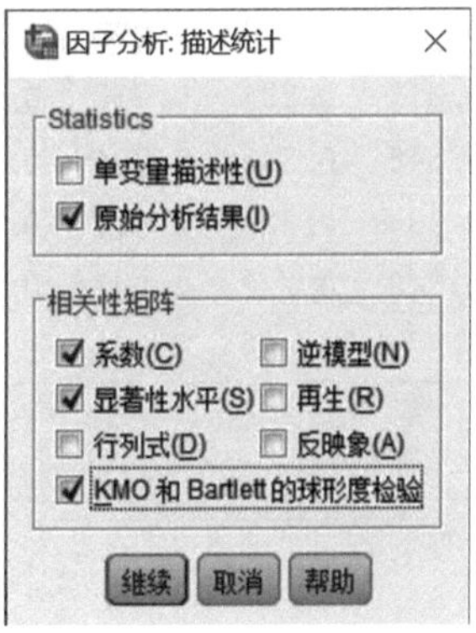

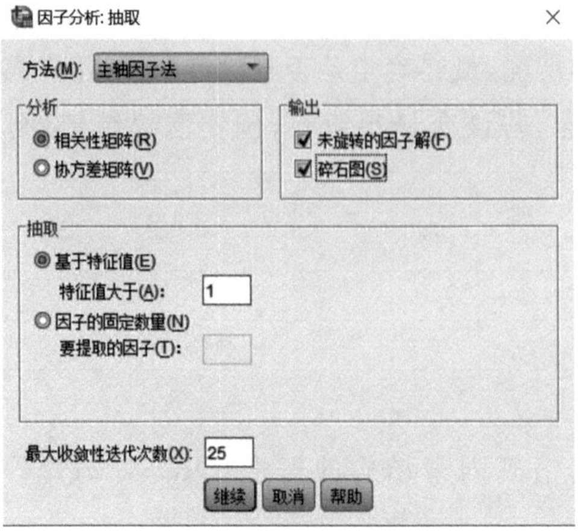

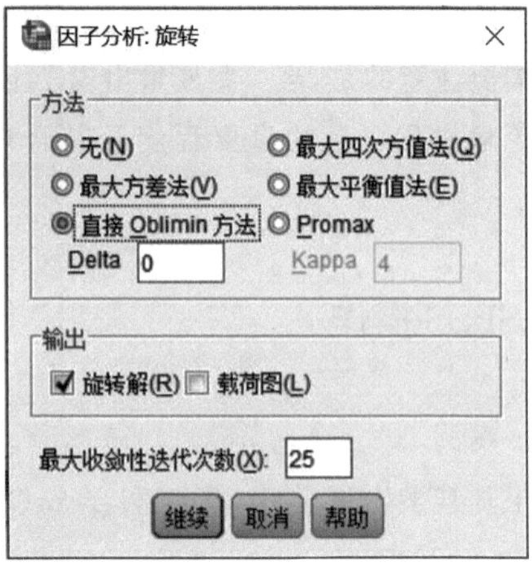

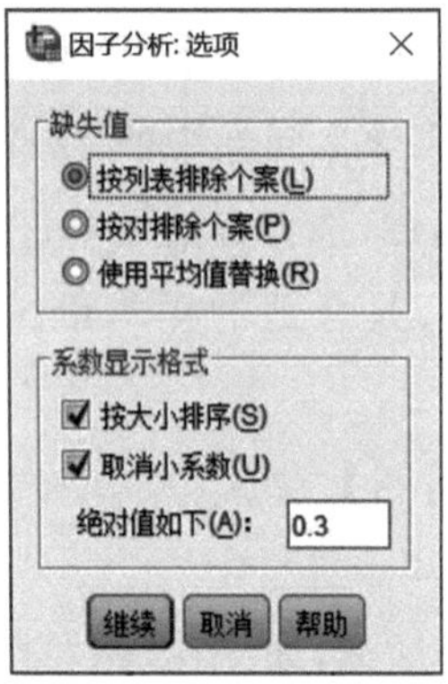

3. 结果解读

表 10-3-1 至表 10-3-5 以及图 10-3-2 展示了探索性因子分析的主要结果。

表 10-3-1 相关系数矩阵

	ST16Q01	ST16Q02	ST16Q03	ST16Q04	ST16Q05	ST18Q01	ST18Q02	ST18Q03	ST18Q04	ST18Q05
ST16Q01	1	0.75	0.619	0.738	0.728	0.313	0.348	0.335	0.246	0.503
ST16Q02	0.75	1	0.586	0.704	0.696	0.284	0.343	0.324	0.232	0.459
ST16Q03	0.619	0.586	1	0.655	0.598	0.215	0.284	0.311	0.227	0.441
ST16Q04	0.738	0.704	0.655	1	0.78	0.319	0.374	0.327	0.262	0.481
ST16Q05	0.728	0.696	0.598	0.78	1	0.314	0.364	0.316	0.263	0.478
ST18Q01	0.313	0.284	0.215	0.319	0.314	1	0.52	0.303	0.391	0.316
ST18Q02	0.348	0.343	0.284	0.374	0.364	0.52	1	0.45	0.358	0.342
ST18Q03	0.335	0.324	0.311	0.327	0.316	0.303	0.45	1	0.345	0.387
ST18Q04	0.246	0.232	0.227	0.262	0.263	0.391	0.358	0.345	1	0.317
ST18Q05	0.503	0.459	0.441	0.481	0.478	0.316	0.342	0.387	0.317	1

表 10-3-2　*KMO* 值和巴特利特检验结果

KMO 取样适切性量数		.964
Bartlett 的球形度检验	卡方值	60464.902
	自由度	861
	显著性	.000

表 10-3-3　总体方差解释率

因子	初始特征值			提取负荷平方比		
	总计	方差百分比	累计%	总计	方差百分比	累计%
1	16.166	38.491	38.491	15.793	37.602	37.602
2	2.746	6.537	45.028	2.321	5.527	43.130
3	2.361	5.621	50.649	1.962	4.672	47.802
4	1.858	4.423	55.072	1.456	3.466	51.267
5	1.686	4.014	59.086	1.225	2.918	54.185
6	1.396	3.324	62.410	1.061	2.526	56.711
7	1.130	2.689	65.099	0.802	1.909	58.619
8	.968	2.306	67.405			
9	.860	2.047	69.452			
10	.816	1.942	71.393			

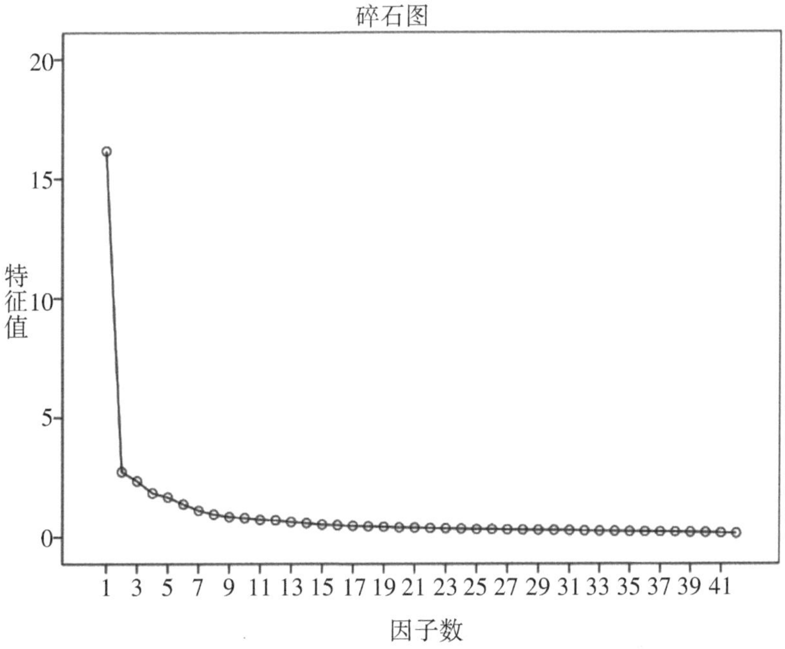

图 10-3-2　碎石图

表 10-3-4　因子负荷矩阵

	因子						
	1	2	3	4	5	6	7
ST29Q03	.803						
ST29Q02	.792						
ST29Q04	.744						
ST29Q01	.735						
ST18Q10							
ST18Q02		.672					
ST18Q06		.650					
ST18Q01		.618					
ST18Q09		.608					
ST18Q04		.601					
ST18Q03		.524					
ST18Q08		.499					
ST18Q05		.373					
ST27Q02			.859				
ST27Q01			.816				
ST27Q03			.801				
ST27Q04			.742				
ST37Q04				.904			
ST37Q05				.863			
ST37Q03				.843			
ST37Q06				.814			
ST37Q02				.762			
ST37Q01				.688			
ST21Q06					.678		
ST21Q05					.640		
ST21Q04					.554		
ST21Q07					.529		
ST21Q03					.503		
ST21Q08					.474		
ST35Q02						.818	
ST35Q04						.804	
ST35Q01						.783	

续表

	因子						
	1	2	3	4	5	6	7
ST35Q03						.716	
ST35Q05						.676	
ST16Q04							-.833
ST16Q05							-.822
ST16Q01							-.755
ST16Q02							-.731
ST16Q03							-.537
ST18Q07							-.385
ST21Q01							
ST21Q02							

表 10-3-5　因子得分系数矩阵

	因子						
	1	2	3	4	5	6	7
ST16Q01	-.006	.005	-.009	-.002	.019	.004	-.219
ST16Q02	-.011	.000	-.003	.002	.035	-.003	-.159
ST16Q03	.042	-.018	.009	.021	-.034	.008	-.103
ST16Q04	-.021	.012	-.004	-.001	-.008	-.008	-.262
ST16Q05	-.027	.017	.000	.000	.010	-.009	-.216
ST18Q01	-.033	.162	.003	-.006	.017	.004	.009
ST18Q02	-.022	.205	-.002	-.006	.012	-.009	-.004
ST18Q03	.011	.121	.002	.005	.005	-.009	.001
ST18Q04	-.011	.147	.006	.000	.010	.000	.015
ST18Q05	.029	.097	.001	.001	-.006	.009	-.023
ST18Q06	-.011	.187	-.002	-.001	-.009	.002	.000
ST18Q07	.063	.087	.004	.008	.005	.008	-.089
ST18Q08	.021	.146	-.001	.004	.000	-.005	-.014
ST18Q09	-.012	.163	.010	.000	.011	.003	.006
ST18Q10	.038	.054	.016	.006	-.001	.018	-.019

(1)相关系数矩阵及 *KMO* 和 *Bartlett* 球形检验

因篇幅所限，表 10-3-1 仅展示 10 个观测变量间的相关系数，大部分的相关系数在 0.3 到 0.7 之间，说明各变量间有合适的相关性，适合做因子分析。

表 10-3-2 反映了本例的 KMO 和 $Bartlett$ 的球形度检验结果：KMO 值为 0.964，大于 0.9；$Bartlett$ 球形检验结果显著，表明该批数据很适合进行探索性因子分析。

(2)总体方差解释率与碎石图

由于篇幅所限，表 10-3-3 仅呈现了前 10 个因子的结果。该结果中有 7 个特征值大于 1，共解释了原始变量 58.619% 的变异，根据特征值大于 1 的原则，建议抽取 7 个因子。此外，也可以根据碎石图 10-3-2 反映出的因子特征值的变化趋势决定保留因子的数量。

(3)斜交旋转后的因子负荷矩阵

表 10-3-4 反映了斜交旋转后的因子负荷矩阵，大多数变量都只在一个因子上有绝对值大于 0.3 的负荷。其中，$ST18Q10$、$ST21Q01$、$ST21Q02$ 三个变量在所有因子上负荷的绝对值均小于 0.3，需要对题目进行修改或删除，并重复上述步骤，直到所有的变量均符合要求。在本例中，选择根据公因子方差的大小将三个变量依次删除后分别做 EFA，并观察结果(过程略)，决定最后全部删除，得到了最终的因子负荷结果。根据变量考察的内容指向，将因子 1 命名为 *future oriented motivation to learn science*，因子 2 命名为 *value of science*，因子 3 命名为 *usefulness of science*，因子 4 命名为 *science self concept*，因子 5 命名为 *interest in science*，因子 6 命名为 *instrumental motivation to learn science*，因子 7 命名为 *enjoyment of science*。

(4)因子得分

在研究中，有时会采用因子得分作为该因子下所有观测变量的合成分数，并参与到后续的数据分析中。表 10-3-5 仅呈现 15 个观测变量的因子得分系数，将每个观测变量的标准化分数乘对应的因子得分系数即可该因子的得分函数。例如，因子 1 *future oriented motivation to learn science* 的得分函数为：$FAC1\text{-}1 = Z_{ST16Q01}\times(-0.006)+Z_{ST16Q02}\times(-0.011)+Z_{ST16Q03}\times 0.042\cdots\cdots$

每个被试在各个因子上的得分保存在原数据的后面，命名为 $FAC1\text{-}1$—$FAC7\text{-}1$。

第四节　验证性因子分析

一、验证性因子分析的基本步骤

验证性因子分析(CFA)的基本步骤如图 10-4-1 所示：

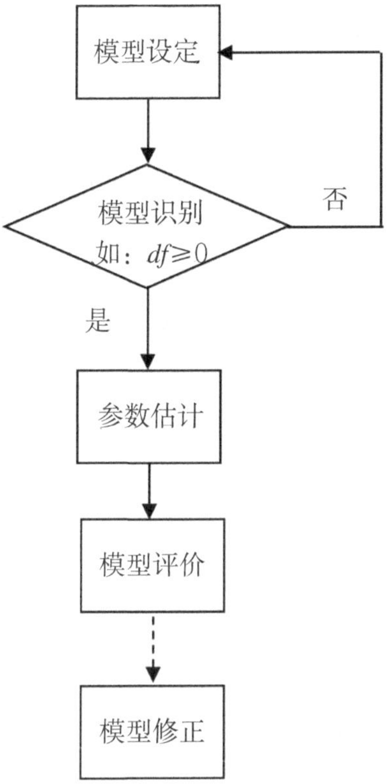

图 10-4-1　验证性因子分析的基本步骤

1. 模型设定

CFA 的第一步，是根据过往研究结果或理论依据进行模型设定（*Model Specification*）。模型设定包括潜在因子的数目、每个因子由哪些观测变量测量、因子间关系和测量误差间的关系。

在确定因子与观测变量的隶属关系时，需要注意保持观测变量的单维性，即不能出现交叉负荷，因为交叉负荷的存在代表测验缺乏结构效度，这也是 *CFA* 和 *EFA* 的一大不同之处。

考虑因子间的相关就如同在 *EFA* 中选择旋转方法，而与其不同的是，*CFA* 中的因子关系可以分为三种：正交假设（将所有因子关系设为 0）、斜交假设（允许因子间相关）和混合形式（其中一些因子假定为正交，其他允许相关）。而在心理学的研究中，因子之间往往存在着关联。

测量误差指的是观测变量中没有被公因子解释的部分。在 *CFA* 中可以存在误差相关的情况，当出现误差相关的两个观测变量隶属同一因子时叫作因子内误差相关，隶属不同因子时叫作因子间误差相关。误差相关可以提高模型的拟合程度，但也会损害模型的结构效度(误差相关往往较难以解释)。

在确定了以上关系后可以将模型通过路径图进行更清晰的表示。一个简单的 *CFA* 结构如图 10-4-2 所示,图中有两个潜在因子(ξ_1和ξ_2),用椭圆表示;六个观测变量(X_1—X_6),用矩形表示,其中观测变量 X_1—X_3 测量了因子ξ_1,观测变量 X_4—X_6 测量了因子ξ_2,用从潜在因子指向观测变量的单箭头表示;两个因子间存在相关,用双箭头表示;每个观测变量都有测量误差 δ,用椭圆表示并用箭头指向对应观测变量,测量误差间不相关。

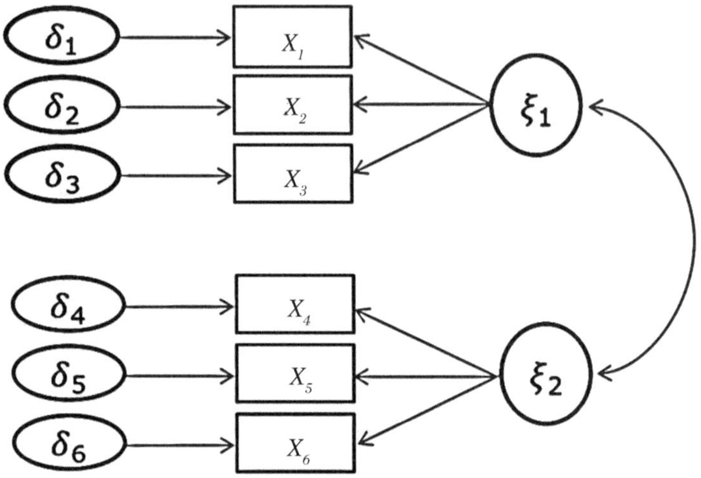

图 10-4-2 **验证性因子分析模型示意图**

2. 模型识别

模型设定好后需要对其进行识别,以判断是否存在合适的解。识别结果分为三种,不能识别、充分识别和过度识别,后两种都属于可以识别。判断模型是否可以识别的规则对于不同模型是不同的,其中,所有模型都需要满足的条件是 *T* 法则,以及为潜在因子设定单位。

(1)*T* 法则

T 法则是看样本协方差矩阵提供的信息是否充足,当协方差矩阵的元素数大于或等于模型中需要估计的自由参数时,模型可识别。

$$\mathrm{df} \geq 0 \tag{10.4}$$

$$\mathrm{df} = \frac{1}{2}p(p+1)-t \tag{10.5}$$

df 为模型的自由度,p 为观测变量的个数,$\frac{1}{2}p(p+1)$是协方差矩阵的元素数,t 是模型自由估计的参数个数。

(2)设定因子单位

要想识别模型还必须为潜在因子设定单位。方法有两种:一是固定每个因子一条路径上的因子负荷为1;二是固定每个因子的方差为1。两种方法不会对最终的参数估计结果产生影响。

(3)标准模型识别规则

标准模型是指每个观测变量只在一个因子上有负荷,且误差间不相关的模型。

①三指标法则

每个因子至少有三个及以上的观测变量;每个观测变量只在一个因子上有负荷;测量误差不相关。

②二指标法则

每个因子至少有两个及以上的观测变量;每个观测变量只在一个因子上有负荷;测量误差不相关;每个因子都有与之相关的因子。

③单指标法则

因子由单个观测变量测量;变量误差方差固定为0或其他值,或误差与模型中额外的工具变量误差不相关。

(4)复杂模型识别规则

复杂模型包括误差相关的模型、交叉负荷的模型和二者都存在的模型。对于复杂模型,识别的条件更加严格,包括以下三方面。

①对于每个因子,至少符合下列两条之一:

a)至少有三个观测变量的测量误差之间不存在相关;

b)至少有两个观测变量的测量误差之间不存在相关,并且这两个变量的测量误差不与其他因子的观测变量的误差项相关或这两个指标的因子负荷限定相等。

②对于任意的两个因子,每个因子中至少存在一个观测变量,它们之间的测量误差不相关。

③对于存在交叉负荷的因子,必须至少有一个观测变量仅在此因子上有负荷,并且不与含有交叉负荷的变量误差相关。

3.参数估计

含有p个观测变量,n个因子的验证性因子分析的矩阵表达式为:

$$X=\Lambda_X \xi+\delta \tag{10.6}$$

其中X为p×1的观测变量向量,ξ为n×1的因子向量,Λ_X为p×n的因子负荷矩阵,δ为p×1的误差向量。为对方程进行估计,还需推出总体协方差矩阵:

$$\Sigma=\Lambda_X \Phi \Lambda'_X+\Theta_\delta \tag{10.7}$$

其中Σ为总体协方差矩阵,Φ为因子间的协方差矩阵,为误差间的协方差矩阵。模型估计就是对协方差方程中各个参数的求解,最常用的方法是极大似然估计(*ML*)。

ML 估计法要求大样本、连续变量、数据独立和符合多元正态分布。心理学量表中使用的5点及以上李克特式计分方式可以被看作连续变量。若变量为类别变量,可使用

稳健加权最小二乘法(*WLSMVD*)。多数研究都可满足数据独立这一要求,当数据存在复杂结构时可使用限制性极大似然法(*MLR*)。当总体不服从多元正态分布时,可考虑使用稳健极大似然估计(*MLM*)。

4. 模型评价

通过比较样本协方差矩阵和理论模型生成的协方差矩阵之间的差距,可以检验模型是否与数据拟合,并评价模型质量。常用的拟合指数有以下几种。

(1)绝对拟合指数

绝对拟合指数是用于比较理论模型与样本数据的拟合程度。其中最基础也是最常用的拟合指标是卡方值。若卡方值显著,则模型拟合不好。然而,实际研究中常会得到显著的结果,这是因为卡方会受许多因素的影响。其中最主要的是卡方值会随样本本量的增大而变大。数据不服从多元正态分布也会影响卡方值的准确性。因此,研究中通常报告卡方与自由度的比值,比值小于 5(严格时取 3)认为模型可以接受。但此方法只消除了自由度的影响,没有消除样本量对卡方值计算的影响,仅凭该结果很难说明模型的好坏。卡方值也常用于比较具有嵌套关系的两个模型的优劣。当模型 2 可以通过去掉模型 1 路径图中的某些路径得到,就称模型 2 嵌套于模型 1。对两个模型卡方值的差值进行显著性检验,自由度等于两个模型自由度的差值。若卡方差值较大并达到显著,则认为模型 1 较好;若卡方差值不显著,则按照简约化原则,接受模型 2。

近似误差均方根 *RMSEA* 和标准化残差均方根 *SRMR* 是比较常用的两种绝对拟合指数。*RMSEA* 受样本量的影响较小,对错误模型比较敏感且惩罚复杂模型,是比较理想的拟合指数。通常认为小于 0.08 可以接受,小于 0.05 拟合良好。*SRMR* 是直接对残差进行评价的指标,易受样本量影响,小于 0.08 认为模型拟合良好。

(2)相对拟合指数

相对拟合指数用于比较理论模型对于拟合最差的虚模型(所有观测变量互不相关的模型)改进了多少。常用的包括标准拟合指数 *NFI*、非标准拟合指数 *TLI*、比较拟合指数 *CFI* 和信息指数 *AIC*、*BIC*。

NFI 取值在 0～1 之间,一般以大于 0.9 为拟合良好。*NFI* 易受样本量和模型复杂度的影响,因此研究者提出了考虑模型复杂度的 *NNFI*,又叫 *TLI*。*TLI* 取值会超出 0～1,通常将大于 0.9 认为可以接受,大于 0.95 认为拟合较好。*CFI* 对样本量不敏感,大于 0.9 可以接受。

信息指数可用于对同一样本的不同模型(可以是非嵌套模型)进行比较。数值越小说明模型拟合越好。

5. 模型修正

当模型拟合不理想时,可以对模型进行修正以提高拟合。修正指数(*Modification Index*,*MI*)表示当这条路径自由估计时卡方值减少的近似值。许多能进行 *CFA* 的软件

都可以输出 *MI*，模型中任何一个没有估计的路径都可以计算 *MI*。修正指数大于 4 时表明参数自由估计能显著提高模型拟合。在实际操作中，会从修正指数最大的开始，每次修正一个参数，重新设定模型并重复以上步骤，并把新模型与旧模型进行拟合比较。在进行修正时，还应考虑是否符合逻辑或理论依据。

二、MPLUS 操作

1. 案例：

土耳其学生群体中，影响科学成绩的情感因素结构的验证（*Ozel*，*Caglak* ，& *Erdogan*，2013）。

2. 第一次验证性分析步骤

(1)输入数据：数据来自 *PISA* 2006 研究。选取学生问卷中的 39 个项目，每个项目均为 4 点计分，可近似看作连续数据。样本量为 4942，选择偶数样本进行验证性因子分析，共 2471 个。数据可见文件 10-2. *dat*。

(2)模型识别：本次验证性分析的目的是验证实际数据是否符合探索出的结构，模型即为第三节操作中探索出的结构。共 39 个项目，7 个潜在公因子，要估计的参数包括 39 个项目的因子负荷和误差方差、7 个潜在公因子两两间的相关，$t=39+39+7\times(7-1)/2=99$，协方差矩阵的元素数 $p(p+1)/2=39\times(39+1)/2=780$，$df=780-99=681>0$，模型可以识别。

(3)语句

第一次 *CFA* 语句如下，具体见文件 10-1. *inp*。感叹号后的语句仅做注释，不会被读取。

DATA：*FILE IS* 10-2. *dat*；！指定要读取的数据文件。要求语句文件与数据文件在同一个文件夹里。

VARIABLE：*NAMES ARE* *x*1-*x*39；！定义数据文件中的变量名。

USEVARIABLES ARE *x*1-*x*39；！定义了此次分析使用的变量。

MODEL：！以下七行定义了模型，*by* 前为潜在因子，由 *by* 后的变量进行测量。*Mplus* 默认每两个因子之间相关，每个因子第一个变量的负荷为 1。

*F*1 *by* *x*1-*x*5 *x*12；

*F*2 *by* *x*6-*x*11 *x*13-*x*14；

*F*3 *by* *x*15-*x*20；

*F*4 *by* *x*21-*x*24；

*F*5 *by* *x*25-*x*28；

*F*6 *by* *x*29-*x*33；

F7 by x34-x39;

OUTPUT:

STANDARDIZED;! 要求输出标准化的结果。

MODINDICES(100);! 要求输出所有大于 100 的修正指数。括号中的数字可以进行修改以确定可以输出的最小数值。不进行设定时 *Mplus* 默认输出大于 10 的修正指数。

3. 第一次验证性分析结果

(1)模型拟合

模型拟合结果如下。*Mplus* 中报告的自由估计的参数为 138,是在 99 的基础上增加了 39 个自由估计的观测变量的截距。之后报告了似然值、*AIC*、*BIC*、卡方值、*RMSEA*、*CFI*、*TLI* 等。该模型的卡方值=4432.201,*TLI*=0.949,*CFI*=0.953,*AIC*=223163.631,*BIC*=223965.739,*RMSEA*=0.047。该模型拟合较好,说明探索出的结构是稳定的。

MODEL FIT INFORMATION

Number of Free Parameters		138
Loglikelihood		
H0 Value		-111443.816
H1 Value		-109227.715
Information Criteria		
Akaike (*AIC*)		223163.631
Bayesian (*BIC*)		223965.739
Sample-Size Adjusted BIC		223527.280
(n * =(n + 2) / 24)		
Chi-Square Test of Model Fit		
Value		4432.201
Degrees of Freedom		681
P-Value		0.0000
RMSEA (*Root Mean Square Error Of Approximation*)		
Estimate		0.047
90 *Percent C.I.*	0.046	0.049
Probability RMSEA <=.05		1.000
CFI/TLI		
CFI		0.953
TLI		0.949

Chi-Square Test of Model Fit for the Baseline Model

Value	80481.585
Degrees of Freedom	741
P-Value	0.0000

SRMR (Standardized Root Mean Square Residual)

Value	0.036

(2)模型估计

以下是部分估计结果，包括因子负荷、因子间相关系数、变量截距项(相当于因子为0时观测变量的取值)、因子方差和变量残差方差(观测变量中未被因子解释的部分)的估计值、标准误、估计值与标准误的比值和显著性检验。

MODEL RESULTS

				Two-Tailed
	Estimate	*S.E.*	*Est./S.E.*	*P-Value*
*F*1 *BY*				
*X*1	1.000	0.000	999.000	999.000
*X*2	0.949	0.023	41.051	0.000
*X*3	1.087	0.028	38.573	0.000
*X*4	1.090	0.025	43.243	0.000
*X*5	1.037	0.023	44.819	0.000
*X*12	1.030	0.032	32.560	0.000
······				
*F*7 *BY*				
*X*34	1.000	0.000	999.000	999.000
*X*35	1.026	0.012	84.324	0.000
*X*36	1.049	0.013	81.095	0.000
*X*37	1.030	0.012	82.784	0.000
*X*38	1.054	0.013	82.492	0.000
*X*39	1.059	0.013	83.012	0.000
*F*2 *WITH*				
*F*1	0.257	0.012	21.298	0.000
*F*3 *WITH*				

*F*1	0.312	0.016	19.634	0.000
*F*2	0.208	0.012	17.184	0.000
……				
*F*7 *WITH*				
*F*1	0.322	0.022	14.515	0.000
*F*2	0.200	0.018	11.374	0.000
*F*3	0.285	0.023	12.530	0.000
*F*4	0.342	0.025	13.661	0.000
*F*5	0.491	0.033	14.926	0.000
*F*6	1.276	0.046	27.510	0.000
Intercepts				
*X*1	2.015	0.018	112.971	0.000
*X*2	2.087	0.018	116.300	0.000
……				
*X*38	2.590	0.030	85.465	0.000
*X*39	2.529	0.030	83.122	0.000
Variances				
*F*1	0.507	0.022	23.386	0.000
*F*2	0.333	0.016	20.683	0.000
*F*3	0.481	0.028	16.893	0.000
*F*4	0.667	0.029	22.919	0.000
*F*5	1.204	0.042	28.435	0.000
*F*6	1.668	0.055	30.431	0.000
*F*7	1.789	0.061	29.456	0.000
Residual Variances				
*X*1	0.279	0.010	28.510	0.000
*X*2	0.339	0.011	30.252	0.000
……				
*X*38	0.284	0.010	28.950	0.000
*X*39	0.281	0.010	28.854	0.000

(3)标准化的模型估计

标准化的结果与原始估计结果结构相同,研究中一般报告 *STDYX Standardization* 的结果,以下是其部分示例。所有变量的因子负荷均在 0.5 以上,并且都达到显著。

STANDARDIZED MODEL RESULTS

STDYX Standardization

				Two-Tailed
	Estimate	S.E.	Est./S.E.	P-Value
F1 BY				
X1	0.803	0.008	94.896	0.000
X2	0.757	0.010	77.275	0.000
X3	0.724	0.011	67.382	0.000
X4	0.793	0.009	90.434	0.000
X5	0.817	0.008	101.434	0.000
X12	0.634	0.013	47.968	0.000
……				
F7 BY				
X34	0.911	0.004	244.036	0.000
X35	0.939	0.003	348.263	0.000
X36	0.929	0.003	304.630	0.000
X37	0.936	0.003	333.120	0.000
X38	0.935	0.003	329.180	0.000
X39	0.936	0.003	335.130	0.000
F2 WITH				
F1	0.627	0.015	41.843	0.000
F3 WITH				
F1	0.632	0.015	40.821	0.000
F2	0.521	0.018	28.584	0.000
……				
F7 WITH				
F1	0.338	0.019	17.554	0.000
F2	0.260	0.020	12.789	0.000
F3	0.307	0.020	15.010	0.000

*F*4	0.313	0.019	16.108	0.000
*F*5	0.335	0.019	17.885	0.000
*F*6	0.739	0.010	75.320	0.000
Intercepts				
*X*1	2.273	0.038	59.687	0.000
*X*2	2.340	0.039	60.162	0.000
……				
*X*38	1.719	0.032	54.292	0.000
*X*39	1.672	0.031	53.676	0.000
Variances				
*F*1	1.000	0.000	999.000	999.000
*F*2	1.000	0.000	999.000	999.000
*F*3	1.000	0.000	999.000	999.000
*F*4	1.000	0.000	999.000	999.000
*F*5	1.000	0.000	999.000	999.000
*F*6	1.000	0.000	999.000	999.000
*F*7	1.000	0.000	999.000	999.000
Residual Variances				
*X*1	0.355	0.014	26.128	0.000
*X*2	0.426	0.015	28.727	0.000
……				
*X*38	0.125	0.005	23.572	0.000
*X*39	0.123	0.005	23.496	0.000

(4) R^2

Mplus 报告了 R^2 的估计值、标准误、估计值与标准误的比值和统计显著性结果，部分示例如下。R^2 的估计值是变量标准化后的因子负荷的平方，表示观测变量被公因子解释的比例。

Observed				*Two-Tailed*
Variable	*Estimate*	*S.E.*	*Est./S.E.*	*P-Value*
*X*1	0.645	0.014	47.448	0.000

*X*2	0.574	0.015	38.637	0.000
······				
*X*38	0.875	0.005	164.590	0.000
*X*39	0.877	0.005	167.565	0.000

(5)修正指数

Mplus 输出了所有可能的因子负荷路径、观测变量间误差相关路径中大于 100 的修正指数和其进行估计时参数可能的值与两种标准化后的参数值。结果示例如下，最大的修正指数为 458.863，表明如果允许 *X*19 和 *X*20 的误差相关将减少 458.863 个卡方单位。因此考虑加入这条路径，将 *X*19 和 *X*20 间的误差设为自由估计，对模型进行修正。

MODEL MODIFICATION INDICES

NOTE: Modification indices for direct effects of observed dependent variables regressed on covariates may not be included. To include these, request MODINDICES (ALL).

Minimum M.I. value for printing the modification index 100.000

		M.I.	*E.P.C.*	*Std E.P.C.*	*StdYX E.P.C.*
BY Statements					
*F*1	*BY X*10	166.704	0.405	0.288	0.296
*F*2	*BY X*12	337.834	0.875	0.505	0.436
*F*5	*BY X*10	109.486	0.169	0.185	0.190
WITH Statements					
*X*7	*WITH X*6	150.360	0.090	0.090	0.306
*X*16	*WITH X*15	252.021	0.248	0.248	0.378
*X*18	*WITH X*17	219.721	0.291	0.291	0.346
*X*20	*WITH X*16	121.621	-0.182	-0.182	-0.281
*X*20	*WITH X*19	458.863	0.386	0.386	0.601
*X*22	*WITH X*21	271.602	0.161	0.161	0.470
*X*24	*WITH X*23	186.179	0.159	0.159	0.549
*X*26	*WITH X*25	142.893	0.120	0.120	0.415
*X*28	*WITH X*27	222.297	0.144	0.144	0.473
*X*30	*WITH X*29	441.224	0.176	0.176	0.624
*X*33	*WITH X*30	121.095	-0.102	-0.102	-0.304
*X*33	*WITH X*32	254.523	0.160	0.160	0.426
*X*35	*WITH X*34	119.425	0.083	0.083	0.274

4. 第二次验证性分析

(1)语句

对第一次验证性分析的语句进行增加，在 *MODEL* 中允许 *X*19 和 *X*20 的误差相关(*X*19 *WITH* *X*20)，具体见文件 10-2. *inp*。

(2)结果

将前后两个模型的拟合指数进行汇总，结果见表 10-4-1。模型 2 与模型 1 成嵌套关系，可以通过卡方差异检验进行拟合程度比较。Δx^2 = 4432.201-4012.614 = 419.587，Δdf = 681-680 = 1，查卡方分布表发现此差异显著，并且模型 2 拟合指数也优于模型 1。但重点在于考虑两个观测变量的实际意义，它们分别测量了学生对科学实验和科学解释的兴趣，可以允许有相关性。因此认为模型 2 中允许 *X*19 和 *X*20 的误差相关是可行的、合理的。

表 10-4-1 **模型拟合指数汇总**

	x^2	*df*	*TLI*	*CFI*	*AIC*	*BIC*	*RMSEA*
模型 1	4432.201	681	0.949	0.953	223163.631	223965.739	0.047
模型 2	4012.614	680	0.954	0.958	222746.044	223553.965	0.045

第五节 共同方法偏差检验

一、共同方法偏差的介绍

近年来，心理学界对问卷类研究中共同方法偏差(*common method bias*，*CMB*)的问题越来越重视，对其关注可以追溯到 1959 年 *Campbell* 和 *Fiske* 的研究。他们运用 *CFA*，对多质多法(*multitrait-multimethod*，*MTMM*)矩阵进行聚合效度和区分效度分析，将总变异分成三部分：真分数变异、方法变异和随机误差变异。这个研究让人们开始关注研究中的方法问题，并由此产生了两个概念：共同方法变异(*common method variance*，*CMV*)和共同方法偏差。

共同方法变异指的是两个变量之间变异的重叠是因为使用同类测量工具导致，而并非代表潜在结构之间的真实关系。共同方法偏差是观测相关系数偏离真实相关系数的程度。共同方法变异的存在可能会歪曲结果，造成共同方法偏差。在研究中，共同方法偏差会造成不同结构间相关系数的增大或减小，可能会导致错误结果。

二、共同方法偏差的控制

1. 程序控制

共同方法变异的控制可分为过程控制和统计控制。过程控制是指通过辨别可能的方法变异的来源,改进研究设计以减少或消除影响,它是研究者应该首先考虑的控制方法。共同方法偏差的来源包括多个方面,*Podsakoff*,*Mackenzie*,*Lee* 和 *Podsakoff* 在 2003 年对其做了全面的归纳,表 10-5-1 是杜建政、赵国祥和刘金平(2005)的翻译版本。

根据这些来源,可以有针对性地进行过程控制,如进行匿名施测、改进量表项目、平衡项目顺序、正反计分交叉出现、分批次收集数据、选取多个数据来源、使用多种施测方式等。

表 10-5-1　共同方法偏差的潜在来源

潜在来源	定义
共同评定者效应	指由于变量指标从相同受测者中获取而导致预测源和效标变量之间的人为共变。
一致性倾向	指受测者对项目的反应保持一致性的倾向。
内隐观(包括错觉相关)	指受测者认为某种特质、行为和(或)结果存在共变关系。
社会赞许动机	指一些受测者对项目反应时更多地考虑社会能否接受,而非依据其自身的真实感受。
宽待偏向	指受测者倾向于将社会赞许的特质、态度和(或)行为归于熟悉和喜爱的人。
默认偏向(答是与答否)	指受测者不考虑问卷项目的内容而回答"同意"(或"不同意")的倾向。
心境(消极或积极)	指受测者在消极(或积极)心境下会消极(或积极)地看待自身和周围事物。
短暂的心情	指近期扰动心情的事件影响了受测者看待自身和周围事物的方式。
项目特征效应	指单纯由于项目所具有的特性影响受测者对项目的理解和反应而导致的人为共变。
项目的社会赞许性	指项目的表述方式更多地反映了社会所赞许的态度、行为和立场。
项目的暗示性	指项目可能会传递如何对其反应的隐含线索。
项目的模糊性	指项目存在歧义使受测者按某种猜度进行反应或对不同理解做出随机反应。

续表

潜在来源	定义
共同的量表形式	指使用相同量表形式(如 *Likert* 量表、语义区分量表等)的问卷而导致的人为共变。
共同的量表锚定	指问卷中重复使用同样的锚定点(如:非常、总是、从不等)。
项目词性的肯定与否定	指在问卷中使用肯定(或否定)词性的项目也可能导致人为的相关。
项目背景效应	指单纯由于某项目与构成测验的其他项目的关系而影响受测者对此项目的理解与反应。
项目的启动效应	指预测源(或效标)变量在问卷中的位置而使受测者感到此变量更为重要且与其他变量隐含着因果关系。
项目的嵌入环境(变色龙效应)	指中性项目嵌于肯定或否定词性项目中会被赋予肯定或否定的色彩。
背景诱发的心情	指首先遇到的项目(或项目集)所诱发的心情影响受测者对剩余项目的反应。
量表长度	指量表项目较少时受测者在对项目进行反应的过程中会想到先前对其他项目的反应。
各类构想项目的混合	指不同构想的项目混合在一起可能会减小构想内的相关,增大构想间的相关。
测评背景效应	指在相同背景下进行测评而导致的人为共变。
预测源与效标变量同时测评	指不同构想的测评在同一时间进行可能会导致独立于构想内容本身之外的人为相关。
预测源与效标变量同地测评	指不同构想的测评在同一地点进行可能会导致独立于构想内容本身之外的人为相关。
预测源与效标变量同方式测评	指不同构想的测评以同一方式进行可能会导致独立于构想内容本身之外的人为相关。

2. 统计控制

在实际研究中,受诸多条件等因素限制,往往无法实施上述过程的控制,或实施后仍不能完全消除共同方法偏差,这时就需要考虑统计控制。它是通过统计手段,分离方法变异,然后使之影响最小化或消除。

经过近 60 年的发展,统计控制的方法已变得十分丰富,*Podsakoff* 等人(2003)曾对统计控制的方法做了综述,国内学者周浩、龙立荣(2004)介绍了统计控制的方法,熊红星、张璟、叶宝娟、郑雪和孙配贞(2012)在前者的基础上,将这些年来统计控制的新方法进行了总结。下文将介绍 6 种统共同方法偏差的检验和控制方法。

(1)*Harman* 单因子检验

Harman 单因子检验是一种较为普遍的共同方法偏差的检验方法。它假设如果共同方法变异大量存在到造成偏差时，在进行因子分析时只析出一个因子或一个因子解释大部分变异。

具体做法为将所有观测变量一起进行探索性因子分析，如果只析出一个因子或析出的第一个因子未旋转时的贡献率大于40%，那么就认为存在严重的共同方法偏差。也可以将变量一起进行验证性因子分析，将因子个数设定为1，所有变量均在此因子上有负荷。当模型拟合较好时认为存在严重的共同方法偏差。

(2)偏相关法

偏相关法的原理为分离出一个方法变异来源，将其作为控制变量以控制共同方法偏差。也可通过比较预测与效标变量的偏相关与其零阶相关的差异来检验共同方法偏差。此方法直接易行，但也有很大的缺陷：一是分离的方法变异来源可能不能反映全部的共同方法变异；二是此来源也可能与想要测量的构念有本质的联系；三是忽略了测量误差。根据方法变异来源的分离和替代方式，偏相关法可以分为以下三种：

①分离出可测量的方法变异来源

此方法将某个可能的方法变异来源(如社会赞许动机、积极或消极心境等)进行直接测量，将其作为分析中的控制变量。

②分离出一个标签变量

此方法假设若两个变量在理论上不相关，它们在实际中的相关可以归因于共同方法偏差。标签变量就是一个不与研究中任何变量在理论上有相关的变量。通过将标签变量作为控制变量，将其余研究中变量的平均相关分离出来，从而实现对共同方法偏差的控制。它的缺陷是方法中暗含共同方法偏差在所有观测变量上有同样的效应并且只能增大构想间的相关的假设，已有研究证明这些假设不成立。

③分离出第一公因子

此方法假设探索性因子分析析出的未旋转的第一个因子是方法变异来源的最佳估计，将该因子作为控制变量可以控制共同方法偏差。

(3)潜在误差变量控制法

潜在误差变量控制法是在结构方程中，将方法变异来源作为一个方法潜因子，所有观测变量除了在其所属因子上有负荷，还在方法潜因子上有负荷。此方法通过明确纳入方法潜因子在每个观测变量上的效应来控制了共同方法偏差。比较有无方法潜因子模型的拟合可以检验共同方法偏差。此方法的优点是考虑了测量误差，缺点是没有考虑方法因子与变量间的交互作用。根据方法变异来源是否可以测量将潜在的误差变量控制法分为两种：

①无可测方法的方法因素效应的控制

此方法的变异来源不能识别或不能直接测量，仅作为一个方法潜因子进入模型，而无专属的观测变量。它的优点在于不需要事先测量方法因子，缺点即在于无法确定方法偏差的具体来源。

②直接测量的方法因素效应的控制

此方法直接测量了某个可能的方法变异来源（如社会赞许动机、积极或消极心境等），并将观测变量和潜在方法因子纳入模型进行分析。所有观测变量，包括测量该方法因子的观测变量皆在其上有负荷。缺点是所测量来源不能反映全部方法变异。

(4)多质多法模型

多质多法模型（*multitrait-multimethod*，*MTMM*）适用于在研究使用不止一种方法对多个特质进行测量。在结构方程模型中，将每种方法设定为一个方法潜因子，每个观测变量同时负荷在相应的特质因子和方法因子上，从而对共同方法偏差进行控制。可通过比较有无方法潜因子模型的拟合检验共同方法偏差。此方法的优点是可以一次检验和控制多个方法因子。缺点是识别每一观测变量的方法变异来源比较困难，模型设定比较复杂；同时加入了多个方法潜因子后可能导致模型无法被识别；最后此方法没有考虑方法因子与特质间的交互作用。

(5)误差的独特性相关模型

为了解决 *MTMM* 的模型识别问题，有研究者提出了不包含方法潜因子的误差独特性相关模型（*correlated uniqueness model*），此模型中各观测变量只负荷在相应的特质因子上。方法变异存在于每个测量变量的误差项中，使用相同方法进行测量的变量误差项允许相关。若存在共同方法变异，误差项之间就会存在显著相关。此方法的优点与 *MTMM* 类似，缺点在于此模型假设方法之间不相关，没有考虑方法因子与特质间的交互作用，并且混合了方法变异和测量误差，使得方法变异的主效应无法估计。

(6)直接乘积模型

上述方法都没有考虑方法与特质间的交互作用，直接乘积模型（*direct product model*）将其纳入考虑。它假设在观测变量中存在特质与方法交互作用，即变量之间的相关与方法效应相关联。此方法不能估计方法变异和特质变异，因此仅用于共同方法偏差的检验。它的优点是考虑了交互作用；缺点是不能确定交互作用是否存在，因为缺少特质因子和方法因子，无法控制其主效应，且模型需要进行详细复杂的设定。

三、软件操作

1. 案例：运用 Harman 单因子检验方法检验共同方法偏差。

2. 采用 EFA 方式进行 Harman 单因子检验

(1)输入数据：数据来自 *PISA* 2006 研究中的土耳其国家学生问卷中的 42 个项目。

每个项目均为 4 点计分，可近似看作连续数据，样本量为 4942，具体见文件 10-3. *sav*。

（2）步骤：【分析】→【降维】→【因子分析】

将所有因变量选入“变量”框中。

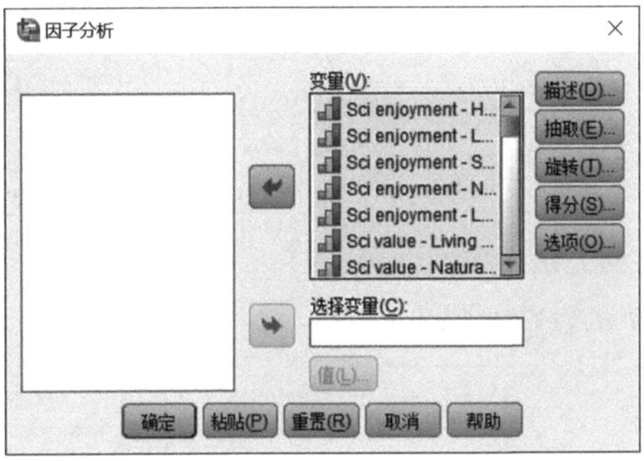

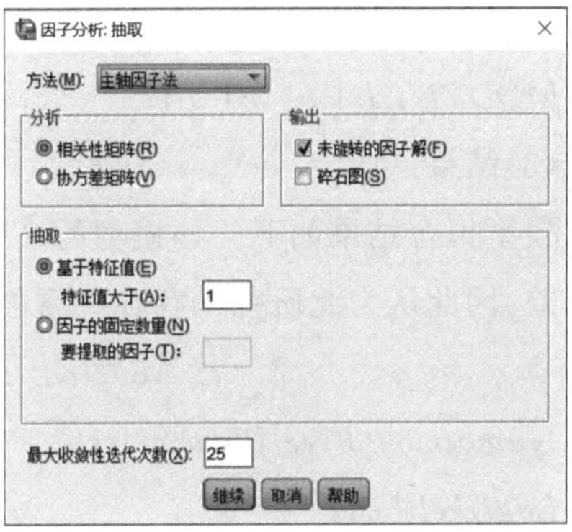

单击【抽取】按钮，打开“因子分析：抽取”对话框，本例中在“方法”的下拉菜单中选择“主轴因子法”。

（3）结果

表 10-5-2　总方差解释(部分)

因子	初始特征值			提取负荷平方比		
	总计	方差百分比	累计%	总计	方差百分比	累计%
1	15.875	37.797	37.797	15.497	36.897	36.897
2	2.851	6.789	44.586	2.421	5.765	42.663
3	2.353	5.602	50.188	1.963	4.673	47.336
4	1.851	4.407	54.595	1.457	3.469	50.806
5	1.749	4.164	58.759	1.271	3.027	53.832
6	1.398	3.328	62.087	1.065	2.535	56.368
7	1.147	2.732	64.819	.822	1.957	58.325
8	.950	2.261	67.080			
9	.859	2.044	69.124			
10	.804	1.915	71.039			

表 10-5-2 反映了旋转前因子抽取的结果，共抽取出 7 个特征值大于 1 的因子，抽取的第一个因子的贡献率为 37.797% < 40%，因此可以认为此研究不存在严重的共同方法偏差。

3. 采用 CFA 方式进行 Harman 单因子检验

（1）输入数据：同上，具体见文件 10-4. *dat*。

（2）语句

验证性分析语句如下，具体见文件 10-3. *inp*。在 *model* 中定义一个潜因子 *F*1，使所有观测变量均在其上有负荷。

```
DATA: FILE IS 10-4.dat;
VARIABLE:NAMES ARE x1-x42;
USEVARIABLES ARE x1-x42;
MODEL: F1 by x1-x42;
```

(3)结果

模型拟合结果如下。该模型的 $TLI=0.404$,$CFI=0.433$,$RMSEA=0.151$,模型拟合较差,因此认为此研究不存在严重的共同方法偏差。

```
MODEL FIT INFORMATION

Number of Free Parameters                                   126

Loglikelihood

          H0 Value                                   -282276.389
          H1 Value                                   -235692.794

Information Criteria
          Akaike (AIC)                                564804.778
          Bayesian (BIC)                              565624.475
          Sample-Size Adjusted BIC                    565224.091
            (n* = (n + 2) / 24)

Chi-Square Test of Model Fit
          Value                                        93167.190
          Degrees of Freedom                                 819
          P-Value                                         0.0000

RMSEA (Root Mean Square Error Of Approximation)
          Estimate                                         0.151
          90 Percent C.I.                           0.150  0.152
          Probability RMSEA <= .05                         0.000

CFI/TLI
          CFI                                              0.433
          TLI                                              0.404

Chi-Square Test of Model Fit for the Baseline Model
          Value                                       163678.571
          Degrees of Freedom                                 861
          P-Value                                         0.0000
```

SRMR (*Standardized Root Mean Square Residual*)

Value 0.154

本章要点小结

1. 因子分析是一种通过研究众多可以直接观测的变量(观测变量)之间的内部依赖关系,探求其中的基本结构,并用少数几个假想变量(潜在因子)来表示基本数据结构的统计方法。可分为探索性因素分析和验证性因素分析。

2. 因子分析要求观测变量之间应该有一定程度的相关,可通过相关系数矩阵、偏相关反映象相关性矩阵以及 *KMO* 检验和 *Bartlett* 球形检验来判断一批数据是否适合做因子分析。

3. 探索性因子分析中,可根据特征值准则、碎石图检验、累计方差贡献率、平行分析等来确定因子个数。

4. 验证性因子分析的基本步骤包括模型设定、模型识别、参数估计、模型评价和模型修正。

5. 绝对拟合指数包括卡方值、近似误差均方根 *RMSEA* 和标准化残差均方根 *SRMR* 等。常用的相对拟合指数包括标准拟合指数 *NFI*、非标准拟合指数 *TLI*、比较拟合指数 *CFI* 和信息指数 *AIC*、*BIC*。

6. 共同方法偏差是观测相关系数偏离真实相关系数的程度,可通过过程控制和统计控制减少。过程控制是指通过辨别可能的方法变异的来源,改进研究设计以减少或消除影响;统计控制是对使用统计手段,分离方法变异,然后使之影响最小化或消除。

关键术语

因子分析	factor analysis
因子负荷	factor loading
验证性因素分析	confirmatory factor analysis
探索性因素分析	exploratory factor analysis
共同度	communality
特征值	eigenvalue
反映象相关性矩阵	anti-image correlation matrix
适切性量数	measure of adequacy
主轴因子法	principal axis factoring
极大似然法	maximum likelihood solution
因子旋转	factor rotation
共同方法偏差	common method bias

课后习题

1. 具有以下哪项特征的数据不适合进行因子分析？（ ）

A. 观测变量为 20，样本量为 300

B. 观测变量为连续变量

C. 观测变量的相关系数矩阵中大部分相关系数在 0.9 左右

D. *Bartlett* 球形检验显著

2. 行探索性因子分析时，以下哪项不能成为考虑修改或删除观测变量的标准？（ ）

A. 多个因子上负荷的绝对值均大于 0.3，并且这些负荷绝对值的差值超过了 0.2

B. 在所有因子上的负荷的绝对值均小于 0.3

C. *MSA* 值小于 0.5

D. 共同度小于 0.5

3. 以下哪项不是探索性因子分析的步骤？（ ）

A. 因子抽取　　B. 相关检验

C. 因子旋转　　D. 模型修正

4. 根据 *T* 法则，观测变量为 20，公因子为 4 的标准模型的自由度为（ ）。

A. 164　　B. 184　　C. 64　　D. 84

5. 以下哪项不属于相对拟合指数？（ ）

A. *TLI*　　B. *CFI*　　C. *AIC*　　D. *SRMR*

6. 以下哪项措施可以减少共同方法变异？（ ）

A. 实名施测　　B. 分时段施测

C. 全部采用正向计分　　D. 全部使用同样的锚定点（从不、总是等）

7. 以下关于拟合指数的说法错误的是（ ）。

A. 近似误差均方根 *RMSEA* 和标准化残差均方根 *SRMR* 是比较常用的两种绝对拟合指数。

B. *RMESA* 小于 0.05 认为模型拟合良好，*SRMR* 小于 0.08 认为模型拟合良好。

C. *NFI* 取值在 0～1 之间，一般认为大于 0.9 模型拟合良好。

D. *TLI* 取值在 0～1 之间，一般认为大于 0.95 模型拟合良好。

8. 因子分析中因子负荷系数 a_{ij} 的统计学意义是（ ）。

A. 第 i 个变量与第 j 个公因子的相关系数

B. 公因子得分的加权和

C. 个体在公因子上的得分

D. 公因子 i 在观测变量 j 上的权重

9. 请阐述因子分析中变量共同度的定义。

10. 请阐述因子分析中贡献率的定义。

第十一章

路径分析

第九章第三节介绍了多元回归分析，它可以用来处理多个自变量与单个因变量的关系，但不能分析多个自变量间的关系和涉及多个因变量的情况。本章将介绍一种能处理以上情况的新方法——路径分析，并且着重介绍了研究中常用的中介效应与调节效应分析，有调节的中介模型和有中介的调节模型的原理、计算步骤、检验方法以及它们之间的区别等。利用结构方程模型软件（如 *Mplus*）对使用路径分析的数据进行拟合评价，帮助研究者进行一定的统计推断分析。

第一节　路径分析的基本概念

一、路径分析简介

路径分析(*path analysis*,*PA*)是一种将观测变量间的关系以模型化的方式进行分析的统计技术。它最早由遗传学家 *Sewell Wright* 于 1921 年使用,20 世纪 60 年代被引入社会科学领域。路径分析作为多元回归分析的拓展,可以更好地处理社会科学领域变量间互相联系的复杂关系。例如,在探究学业成就的影响因素时,兴趣、学习时间、自我效能感等多个变量都可以纳入考虑。多元回归分析只能将自变量当成一个整体对学业成就进行预测,忽略了自变量间可能存在的联系,也不能了解自变量是如何影响因变量的。路径分析将自变量间的相互作用考虑进来,在上述例子中,可以假设兴趣对学业成就有预测作用,兴趣也可以通过影响学习时间间接影响学业成就;学习时间除了直接对学业成就产生影响,还能通过自我效能感间接作用于学业成就。图 11-1-1 展示了可能的路径分析模型。相比于多元回归分析,路径分析能清晰并全面地反映变量间的关系,更符合事物间普遍存在相互联系的事实。

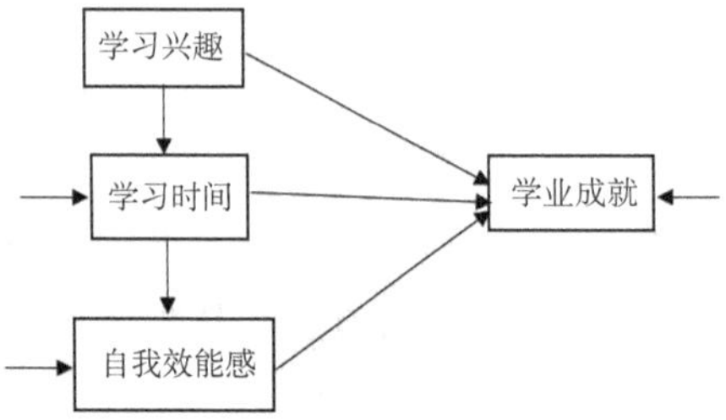

图 11-1-1　**学业成就路径图**

二、路径分析的模型

1. 模型的表示

路径分析基于回归分析,因此它的模型可由多个回归方程表示,一般矩阵表达式如下:

$$Y = B_Y + \Gamma_X + \zeta \qquad (11.1)$$

Y 为由 p 个内生变量组成的 p×1 向量，X 为由 q 个外生变量组成的 q×1 向量，B为 p×p 的路径系数矩阵，Γ为 q×q 的路径系数矩阵，ζ为 p×1 的残差向量。

记上述例子中学习兴趣为 X_1，学习时间为 X_2，自我效能感为 X_3，学业成就为 Y，模型标准化后的结构方程式为：

$$Y = \beta_1 X_1 + \beta_2 X_2 + \beta_3 X_3 + \varepsilon_1 \tag{11.2}$$

$$X_2 = \beta_4 X_1 + \varepsilon_2 \tag{11.3}$$

$$X_3 = \beta_5 X_2 + \varepsilon_3 \tag{11.4}$$

模型还可以用路径图来表示，如图 11-1-1 所示。在路径图中，各种图标都有其固定含义。最常见的是矩形框，它代表观测变量，即显变量。在上一章 CFA 路径图中出现的圆或椭圆代表由观测变量所推估出的变量，即潜变量。

变量间通过箭头连接，单箭头表示两个变量间存在因果关系，由因指向果；双箭头表示两变量间存在相关。每一个单箭头直线代表两个变量间的路径，对其的估计值称作路径系数，类似回归分析中的回归系数。

根据是否有被指向的箭头，可把变量分为内生变量和外生变量。内生变量是指模型中由另外一些变量所影响的变量，可以被任何变量以单箭头指向，也可指向其他变量。例子中的学习时间、自我效能感、学业成就都是内生变量。内生变量除了被模型中的变量解释，还可能由模型外的其他变量解释，这部分被称为残差项。残差项也是潜变量，在图中省略，仅用指向变量的箭头表示。外生变量指模型中没有其他变量影响它的变量，不可以被单箭头指向，可以指向其他变量，例子中的学习兴趣即是外生变量。

2. 模型的分类

根据模型中变量间的关系，路径模型可分为递归模型（*recursive model*）和非递归模型（*nonrecursive model*）。递归模型中所有的路径都是单向的，没有循环，学业成就的例子就是递归模型。非递归模型更加复杂，存在直接或间接的反馈或者误差相关。

三、路径分析模型的识别与效应分解

1. 模型识别

第十章第四节介绍了 CFA 中模型识别的条件，路径分析模型与其类似，也要满足两个基本条件：T 法则和对每个潜变量设定因子单位。

同时，路径模型的识别也有其特殊性，所有的递归模型都是可以识别的，对于非递归模型，要满足阶条件和秩条件。阶条件要求对于每一个内生变量，都有大于等于 p-1 的变量不在其方程内，即对其没有直接效应。秩条件需要所有内生变量的余子式 C_i 的秩等于 p-1。C_i 可通过以下步骤得到：写出结构方程的路径系数指示矩阵，将某内生变量所在行划掉并划掉这一行中不为 0 的元素对应的列，剩余的矩阵即是该内生变量的余子式 C_i。

2. 效应分解

效应分解也称相关系数分解，即将变量间的作用关系分解成不同的效应部分，可包括因果效应和非因果效应。因果效应包括直接效应和间接效应，非因果效应包括虚假相关和未分解效应。其中，直接效应和间接效应是研究主要关心的。直接效应指由单箭头直接连接的两个变量之间的效应。间接效应是两个变量由两个或以上单箭头连接的效应，中间经过的变量被称为中介变量。

第二节　中介效应分析

一、中介效应简介

当考虑自变量 X 对因变量 Y 的影响时，如果 X 通过变量 M 影响 Y，则称 M 为中介变量(*Mediator*)。例如，学习兴趣通过影响学习时间从而影响学业成就，学习时间就是中介变量。中介效应是 X 通过 M 对 Y 产生的影响，属于间接效应。通过研究中介效应可以分析变量间影响的过程和机制。

【注意】间接效应不一定都等于中介效应。

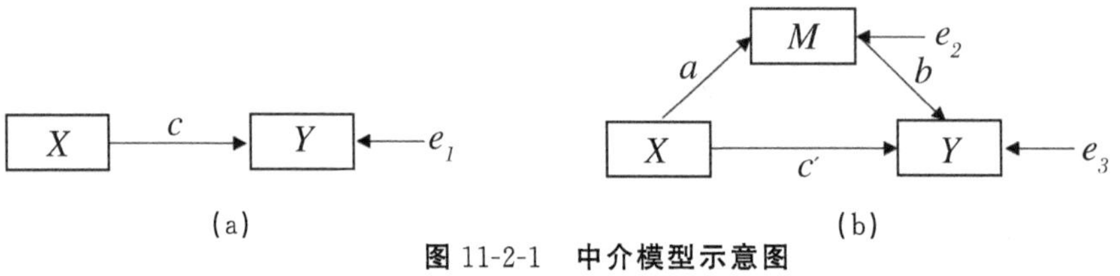

图 11-2-1　中介模型示意图

除了中介效应，在中介分析中还要关注另外两个效应。图 11-2-1(a)是自变量 X 和因变量 Y 的回归模型，X 对 Y 的预测作用可通过路径系数 c 表示，它代表 X 作用于 Y 的总效应。图 11-2-1(b)是只包含一个中介变量的简单中介模型。a 代表自变量 X 对中介变量 M 的影响，b 代表控制了自变量 X 后，中介变量 M 对因变量 Y 的影响；c′代表控制了中介变量 M 后 X 对 Y 的直接效应。假设所有的变量都已进行了标准化或中心化，可用下列回归方程描述以上关系：

$$Y = cX + e_1 \tag{11.5}$$

$$M = aX + e_2 \tag{11.6}$$

$$Y = c'X + bM + e_3 \tag{11.7}$$

二、中介效应的检验及效应量

1. 中介效应的计算

在简单中介分析中，中介效应即路径 X→M→Y 的效应，可用两条路径系数的乘积 ab 来表示。此时，中介效应等于间接效应，也可用总效应和直接效应的差值表示，即 $c'-c$，由此可推出 $ab=c'-c$。但在其他模型（如 *logistic* 回归和多水平中介）中二者不一定相等。

2. 中介效应检验

计算中介效应后，研究者通常需要进行显著性检验，以确定此中介效应的存在是否有统计学意义。检验的方法可分为两类，一类是检验虚无假设 $c'-c=0$，另一类是检验虚无假设 $ab=0$。前一种方法因犯第一类错误的概率较高且 $c'-c$ 不总是等于 ab（现在多用 ab 来表示中介效应）而较少使用。后一种检验乘积 ab 的方法又可分为间接检验和直接检验。间接检验通过依次检验虚无假设 $a=0$ 和 $b=0$ 来推断 ab 是否显著不同于 0，通常使用逐步法。直接检验包括 *Sobel* 检验、*Bootstrap* 法和 *MCMC* 法等。

（1）逐步法

逐步法是最早提出的中介效应检验方法，它由 *Baron* 与 *Kenny* 于 1986 年提出，具体步骤如下：

（1）检验总效应 c 是否显著。若显著则 X 对 Y 有影响，分析继续；若不显著则分析停止。

（2）检验路径系数 a 是否显著。若显著则继续，否则中介效应不存在，分析停止。

（3）检验路径系数 b 是否显著。若显著则继续，否则中介效应不存在，分析停止。

（4）检验直接效应 c′是否显著。若显著则说明存在部分中介，否则存在完全中介效应。

此方法通过得到 $a\neq0$ 且 $b\neq0$ 来推断 $ab\neq0$，易于理解便于操作，但问题也很明显。此方法的统计检验力较低，即中介效应较弱时，即使乘积显著也会容易得出不显著的结果。并且此方法以总效应显著为前提，这是不必要的。在某些情况下，即使总效应不显著，也可能存在中介效应。当中介效应存在并与直接效应符号相反时，总效应不显著，这被称作遮掩效应（*suppressing effects*）。在这种情况下，研究的目的由探究“X 如何影响 Y”变为“X 为何不影响 Y”。

（2）*Sobel* 检验

Sobel 检验是直接对 *ab* 进行检验的方法，它假设 *ab* 乘积项服从正态分布，其标准误计算如下：

$$S_{ab}=\sqrt{\hat{a}^2 S_{\hat{b}}^2+\hat{b}^2 S_{\hat{a}}^2} \tag{11.8}$$

其中 $\hat{a}$、$\hat{b}$ 分别是 a、b 的估计值，$S_{\hat{a}}$、$S_{\hat{b}}$ 是 a、b 的标准误。它的检验统计量 $Z=\frac{\hat{a}\hat{b}}{S_{ab}}$，自由度 df=1。如果 Z 大于 1.96，那么 ab 在 0.05 的水平上显著，中介效应存在。

此方法的问题是即使 a、b 分别为正态分布，其乘积项一般不服从正态分布，因此得到的结果可能不准确，尤其在小样本情况下。

(3)*Bootstrap* 法

Bootstrap 方法是一种从样本中重复抽样的方法。它要求原始样本能够代表总体，然后从样本中进行有放回的重复抽样，所抽取的样本量与原始样本相同，这样就得到了多个 *Bootstrap* 样本。对于每一个样本，均可计算 $\hat{a}\hat{b}$ 的值，将所有样本计算出的值按从小到大进行排序，就能形成 $\hat{a}\hat{b}$ 的 *Bootstrap* 分布。取其中第 2.5 和第 97.5 百分位的值，即可得到 ab 的 95％置信区间。若置信区间不包含 0，则 ab 显著，中介效应存在。这种方法被称为非参数百分位 *Bootstrap* 法，检验力高于 *Sobel* 法。此外，还有偏差校正的非参数百分位 *Bootstrap* 法，它的统计检验力更高，但第一类错误率也会增高。

(4)*MCMC* 法

MCMC 法是一种贝叶斯统计方法，它允许研究者设定参数的先验信息。当研究者能提供先验信息时，此方法可以提供更为准确的 ab 置信区间，检验力也高于以上方法。而无先验信息的 *MCMC* 方法和 *Sobel* 检验的效果相当。

3. 中介效应的效应量

显著性检验的结果依赖于样本量，当样本量很大时，即使是很小的效应也足以产生显著的结果。因此，有统计学意义的中介效应不一定有价值，在报告显著性的同时还必须报告效应量。中介效应的效应量目前还没有较为理想的计算方法，比较常见的简单中介模型的效应量有经典比值法和 R^2。

(1)经典比值法

经典比值法是使用最广泛的方法，它用比值 ab/c 或 ab/c′来衡量效应量的大小。

ab/c 是中介效应和总效应的比值，代表中介效应占总效应的比例。不过当出现遮掩效应时，中介效应与直接效应的符号相反，ab/c 的值会大于 1 甚至为负数，因此很难确定中介效应在总效应中的比例，解释起来也很困难。此外，ab/c 的大小不仅取决于 ab 还取决于 c，当 c 较小时很小的 ab 也会产生大的效应量，不能准确反映中介效应的实质重要性。

ab/c′是中介效应和直接效应的比值，代表中介效应是直接效应的多少倍。当为遮掩效应时，可以报告 $|ab/c'|$。两种比值均需要在大样本的情况下使用，ab/c 通常需要 500 的样本量，ab/c′在样本量大于 5000 时才稳定。

(2)R^2_{med}

另一种计算效应量的方式是借助方差分析中解释量，将因变量的观测方差分解为三部分:被直接效应解释的部分、被中介效应解释的部分和未被解释的部分。其中被中介效应解释的部分即中介效应的效应量,用 R^2_{med} 表示,公式如下:

$$R^2_{\text{med}}=r^2_{MY}-(R^2_{Y,MX}-r^2_{XY}) \tag{11.9}$$

r^2_{MY}、r^2_{XY} 分别是 M 和 Y、X 和 Y 之间相关系数的平方,表示 Y 的方差能被 M、X 单独解释的部分。$R^2_{Y,MX}$ 是决定系数,表示 Y 的方差同时被 M 和 X 解释的部分。因此 R^2_{med} 表示的是 Y 的方差中同时被 M 和 X 解释且没有被 M 或 X 单独解释的部分。图 11-2-2 可以更好地解释公式 11.9 的含义。圆圈 X、M、Y 代表方差,r^2_{MY}、r^2_{XY} 可以分别用 1 与 2、1 与 3 的面积之和表示,$R^2_{Y,MX}$ 是 1、2 和 3 的面积之和,R^2_{med} 则是图中的 1 部分。

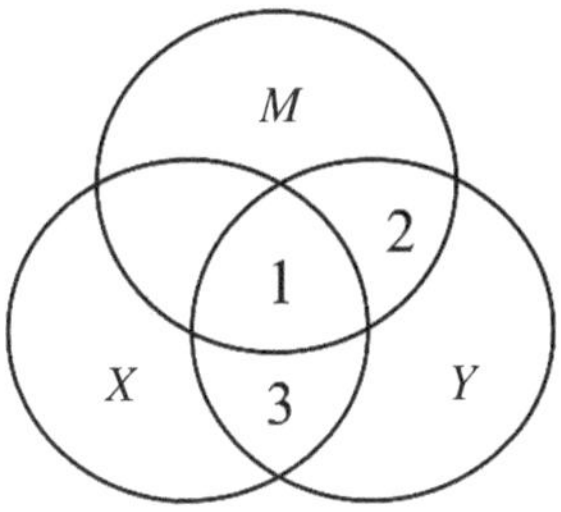

图 11-2-2　中介效应 Venn 图(方杰,张敏强,邱皓政,2012)

4. 中介效应的检验流程

综合以上检验方法,温忠麟和叶宝娟(2014)提出了一个完整的中介效应检验流程,具体见图 11-2-3,其流程如下:

(1)检验总效应 c,如果显著,按中介效应立论,否则按遮掩效应立论。不管哪种结果都进行下一步。

(2)依次检验系数 a 和 b,若二者都显著,则中介效应显著,报告乘积 ab 的置信区间,进行第 4 步。如果有至少一个不显著,则进行第 3 步。

(3)用 Bootstrap 法检验 ab,若显著则进行下一步,否则分析停止,得出中介效应不显著。

(4)检验直接效应 c′,如果不显著,则分析结束,得出存在完全中介效应。否则,进行下一步。

(5)比较 ab 和 c′的符号,如果同号,得出存在部分中介,报告效应量 ab/c。如果异号,得出存在遮掩效应,报告效应量 $|ab/c'|$。此外,还可报告其他效应量。

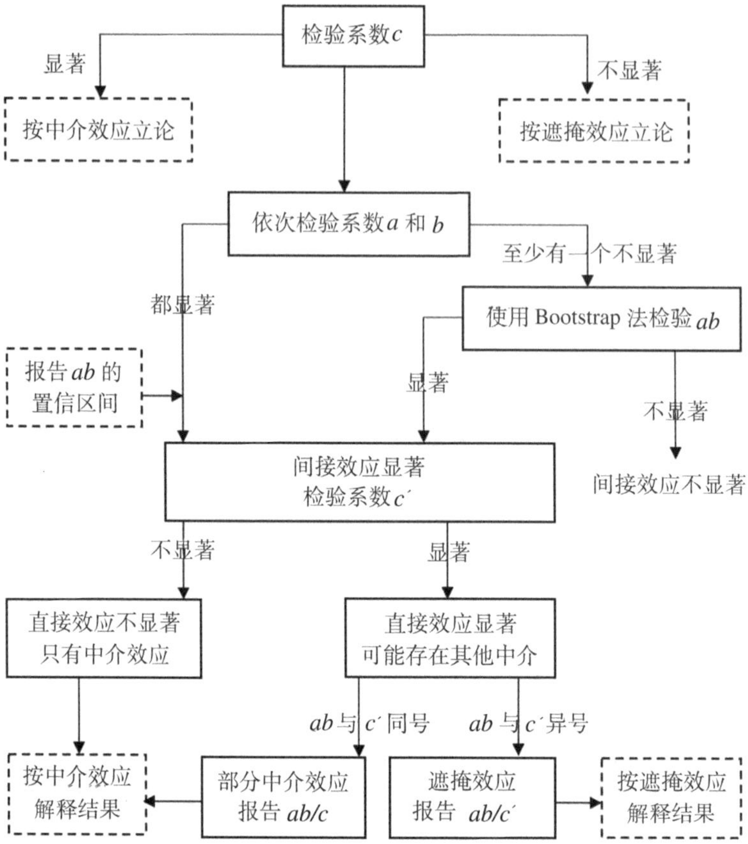

图 11-2-3　中介效应检验流程(温忠麟,叶宝娟,2014)

三、中介模型的发展

上述只介绍了简单中介模型,但结合实际情况,已经发展出许多更为复杂的中介模型,如类别变量的中介模型、多重中介模型、多层中介模型和纵向中介模型等,下面将对其进行简单介绍。

1. 类别变量的中介模型

在心理学中,许多变量在本质上是离散的,不能直接进行中介分析。当自变量为类别变量时,可以采用定义虚拟变量的方法进行处理,继续按照连续变量的步骤进行分析。当因变量为类别变量时,应使用 *Logistic* 回归代替线性回归。当 X 和 M 是连续变量,Y 是类别变量时,因 M 对 X 的回归系数和 Y 对 M 的回归系数不在相同的尺度上,中介效应不能采用 ab 的乘积项表示,需要通过标准化转换实现回归系数的等量尺化。详细内容可参见刘红云等(2013)在心理学报上发表的文章。

2. 多重中介模型

多重中介模型是指中介变量不止一个的模型，根据中介变量间的关系又可分为链式多重中介模型[图 11-2-4(*a*)]和并行多重中介模型[图 11-2-4(*b*)]，或者同时兼有并行中介变量和链式中介变量[图 11-2-4(*c*)]。

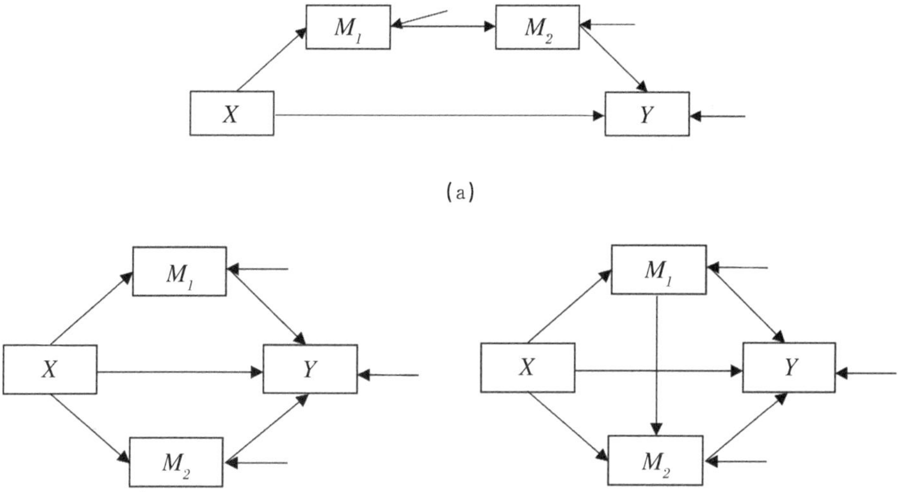

(b) (c)

图 11-2-4 多重中介模型示意图

多重中介中只经由一个中介变量的中介效应与简单中介模型分析方法相同。研究者需在复杂的模型中找出自己最感兴趣的中介效应，进行总体与个别中介效应的检验和中介效应间的比较。详细内容可参见柳士顺、凌文辁(2009)在心理科学上发表的文章。

3. 多层中介模型

当自变量、中介变量、因变量位于不同层级时，不能使用传统的路径分析方法，需要在多层模型下进行中介分析。例如，自变量为班级学习氛围，中介变量为学生学习态度，因变量为学生学习成绩，学生嵌套于班级之下，因此自变量处于第二层，中介变量与因变量处于第一层，见图 11-2-5。以两层简单中介模型为例，可有八种组合，常见的模型为 2-2-1 模型、2-1-1 模型和 1-1-1 模型。上述例子即为 2-1-1 模型，表示自变量处于第二层，中介变量和因变量都处于第一层。详细内容参见方杰、张敏强、邱皓政(2010)在心理科学进展上发表的文章。

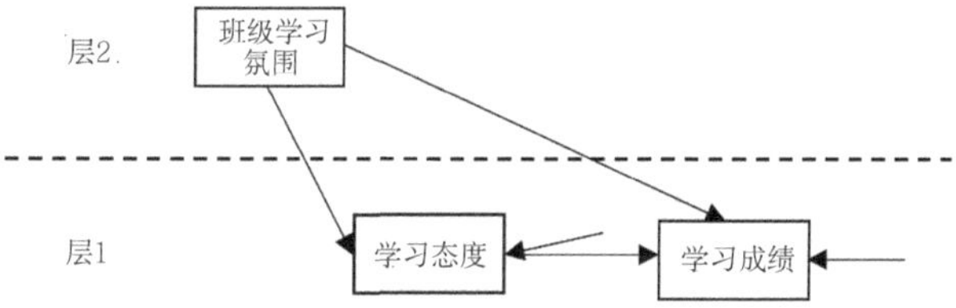

图 11-2-5 多层中介模型示意图

4. 纵向中介模型

当同一研究对象的数据被重复测量多次时，个体每次的测量值嵌套在个体之下，具有这样结构的数据被称为纵向数据。运用 1-1-1 的多层中介模型可以很好地拟合纵向数据，层 1 用来表示个体随时间的变化，层 2 用来表示个体之间变化的差异。例如，重复收集了 10 天某班级全部学生的日记，日记中包含该学生每天的压力来源、应对压力的方式和心情。其中自变量为压力源，中介变量为应对方式，因变量为心情，均处于第一层。因为中介效应因人而异，将学生个体作为层二变量（*Kenny*，*Korchmaros*，& *Bolger*，2003）。

四、Mplus 操作

1. 案例：中国四省学生对科学的兴趣、学习时间和科学成绩关系的探究。

2. 数据：数据来自 *PISA* 2015 研究，对科学的兴趣与学习时间是已计算好的总分，科学学习成绩为 10 个似真值（*Plausible Value*）的平均数。样本量为 9841，缺失值定义为 999。具体见文件 11-1. *dat*。

3. 总效应检验

(1)语句

检验流程的第一步是检验 Y 对 X 的回归系数 C，语句如下，具体见文件 11-1. *inp*。

```
DATA:FILE IS 11-1.dat;
VARIABLE:NAMES ARE X M Y;
USEVARIABLE ARE X Y;
MISSING ARE ALL(999);! 定义所有变量的缺失值为 999
MODEL:
    Y on X; ! 做 Y 对 X 的回归
OUTPUT:
standardized;
```

(2)标准化的参数估计结果

```
STANDARDIZED MODEL RESULTS
STDYX Standardization

                                                Two-Tailed
                  Estimate     S.E.    Est./S.E.    P-Value
Y        ON
    X               0.231      0.010     24.053      0.000
```

Y 对 X 的回归系数即总效应 c 为 0.231，$p<0.05$，即对科学的兴趣可以显著正向预

测科学成绩，可按中介效应立论，继续进行下一步。

4. 中介效应检验

(1)语句

构建中介模型，对系数 a、b 进行依次检验和对乘积项 ab 进行 *Bootstrap* 检验，语句如下，具体见文件 11-2. *inp*。

DATA：*FILE IS* 11-1. *dat*；

VARIABLE：*NAMES ARE X M Y*；

MISSING ARE ALL(999)；

ANALYSIS：*Bootstrap*＝1000；！运用 *Bootstrap* 法抽样 1000 次

MODEL：

M on X；！做 *M* 对 *X* 的回归

Y on X M；！做 *Y* 对 *X* 和 *M* 的回归

MODEL INDIRECT：

Y ind M X；！设定中介路径，*ind* 前为因变量，*ind* 后为中介变量和自变量

OUTPUT：

standardized；

cinterval(*bcbootstrap*)；！输出各个系数和间接效应的偏差校正的非参数百分位 *Bootstrap* 法置信区间。若要输出非校正的置信区间，将语句变为 *cinterval*(*bootstrap*)

(2)标准化参数估计与显著性检验结果

STANDARDIZED MODEL RESULTS

		StdYX Estimate	*StdY Estimate*	*Std Estimate*	*Two-Tailed P-Value*
M	*ON*				
	X	0.066	0.073	15.651	0.000
Y	*ON*				
	X	0.221	0.244	23.213	0.000
	M	0.148	0.148	0.065	0.000

M 对 X 的回归系数 a 为 0.066，$p<0.05$，对科学的兴趣可以显著正向预测科学学习时间；Y 对 M 的回归系数 b 为 0.148，$p<0.05$，学习时间可以显著预测学习成绩。系数 a、b 均显著。Y 对 X 的回归系数 c'为 0.221，$p<0.05$，在控制了中介变量 M 后，兴趣依然可以显著正向预测学习成绩，此中介为部分中介，可能存在其他中介变量。

(3)标准化中介效应检验结果

STANDARDIZED TOTAL，*TOTAL INDIRECT*，*SPECIFIC INDIRECT*，*AND DIRECT EFFECTS*

STDYX Standardization

			Two-Tailed	
	Estimate	S.E.	Est./S.E.	P-Value
Effects from X to Y				
Sum of indirect	0.010	0.002	5.537	0.000
Specific indirect				
Y				
M				
X	0.010	0.002	5.537	0.000

中介效应为 0.01($=a\times b=0.066\times 0.148$),$p<0.05$,表明对科学的兴趣能够通过学习时间正向预测学习成绩。

(4)非标准化系数偏差校正的非参数百分位 *Bootstrap* 法系数置信区间

CONFIDENCE INTERVALS OF MODEL RESULTS

	Lower .5%	Lower 2.5%	Lower 5%	Estimate	Upper 5%	Upper 2.5%	Upper .5%
M ON							
X	8.466	**10.595**	11.406	15.651	19.723	**20.423**	21.839
Y ON							
X	20.666	21.256	21.625	23.213	25.046	25.393	26.066
M	0.052	**0.055**	0.057	0.065	0.073	**0.074**	0.077

M 对 X 的非标准化的回归系数 a 的 95%的置信区间为[10.595, 20.423],Y 对 M 的非标准化的回归系数 b 的 95%的置信区间为[0.055, 0.074]。系数 a、b 的置信区间均不包含 0。

(5)标准化系数偏差校正的非参数百分位 *Bootstrap* 法系数置信区间

CONFIDENCE INTERVALS OF STANDARDIZED MODEL RESULTS

STDYX Standardization

	Lower .5%	Lower 2.5%	Lower 5%	Estimate	Upper 5%	Upper 2.5%	Upper .5%
M ON							
X	0.035	**0.044**	0.047	0.066	0.083	**0.085**	0.091
Y ON							
X	0.198	0.202	0.205	0.221	0.237	0.240	0.247
M	0.119	**0.125**	0.130	0.148	0.164	**0.167**	0.172

M 对 *X* 的标准化回归系数 a 的 95%的置信区间为[0.044, 0.085],Y 对 M 的标准化回归系数 b 的 95%的置信区间为[0.125, 0.167]。系数 a、b 的置信区间均不包含 0。

(6)标准化中介效应偏差校正的非参数百分位 *Bootstrap* 法置信区间

CONFIDENCE INTERVALS OF STANDARDIZED TOTAL, TOTAL INDIRECT, SPECIFIC INDIRECT, AND DIRECT EFFECTS

STDYX Standardization

	Lower .5%	Lower 2.5%	Lower 5%	Estimate	Upper 5%	Upper 2.5%	Upper .5%
Effects from X to Y							
Sum of indirect	0.005	0.006	0.007	0.010	0.013	0.013	0.014
Specific indirect							
Y							
M							
X	0.005	0.006	0.007	0.010	0.013	0.013	0.014

中介效应的 95% 的置信区间为[0.006,0.013],不包括 0,中介效应在 0.05 的水平上显著。

第三节 调节效应分析

一、调节效应简介

如果自变量 X 和因变量 Y 的关系(方向或强弱)随第三个变量 W 的变化而变化,则称 W 为调节变量(*moderator*)。例如,校外辅导对学习成绩的影响受家庭经济社会文化地位(*ESCS*)的调节,当 *ESCS* 较低时,校外辅导可以显著正向预测学习成绩,当 *ESCE* 较高时,此预测作用不显著。在该例中,*ESCS* 是调节变量,可以影响校外辅导对学习成绩促进的强弱。

调节效应的模型图如图 11-3-1 所示。图 11-3-1(*a*)是根据定义所得的概念图,图 11-3-1(*b*)是调节效应的路径图,对应方程 11.10。其中,XW 为自变量 X 和调节变量 W 的乘积,用来表示调节作用,系数 b_3 表示调节效应的大小。

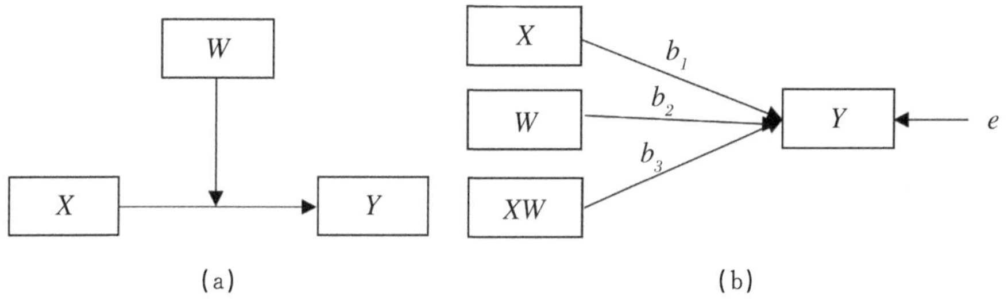

图 11-3-1 中介模型示意图

$$Y = b_0 + b_1X + b_2W + b_3XW + e \qquad (11.10)$$

从定义和模型可以看出，调节效应在统计学上等同于交互效应。但这两个概念并不完全相等，调节效应中的自变量和调节变量在研究之初就已确定，不能互换；而交互效应中两个变量的地位相等，可以从两方面解释。

调节效应和中介效应也应加以区分，除了模型上的不同外，调节效应一般不要求变量之间必须相关，对于调节变量的要求则是发生在自变量之前或同时发生。

二、调节效应的检验及效应量

当自变量与调节变量均为类别变量时，可运用方差分析检验调节效应（具体见第五章第二节）；当二者都是连续变量或其一为类别变量时，一般使用层次回归方法就可以解决。并在分析前对类别变量进行虚拟编码，对连续变量进行中心化或标准化。

1. 变量的处理

(1) 虚拟编码

类别变量在分析前，需要进行编码。虚拟编码（*dummy coding*）也叫哑变量，是一种编码方式，它用 0、1 将变量进行编码，生成类别数减一的虚拟变量。通常，虚拟变量为 0 的是参照组，为 1 的是研究组，通过编码可以比较研究组相比于参照组来说，X 对 Y 的影响是否有差异。例如，性别包含男、女两个类别，可以生成 1 个虚拟变量，若将女生作为参照组，则女生编码为 0，男生编码为 1。

(2) 中心化与标准化

连续变量也需处理后再进行分析，可选的方式有中心化和标准化。处理原因有二：第一，可以减少自变量 X 与交互项 XW、调节变量 W 与交互项 XW 间的多重共线性；第二，变量的回归系数表示其他变量为 0 时，该变量对 Y 的影响，中心化和标准化可以解决变量的取值不包含 0 时系数的解释困难。

【注意】中心化不会影响交互项的系数 b_3 的值，标准化会影响 b_3 的值。但二者显著性检验的结果是相同的。中心化和标准化都会影响模型中其他系数的大小和显著性检验结果。

需要注意的是，对于变量的标准化处理不能用分析软件中的输出的标准化解来替代。软件在进行标准化时得到的是 Z_{XM}，而研究所需要的是两个标准分数的乘积，一般情况下，二者并不相等。对于交互项，可行的做法是先将自变量 X 与调节变量 W 进行标准化处理，再相乘得到交互项 Z_XZ_W，之后不再对乘积项进行标准化，此时 *Mplus* 输出的原始解即为标准化解。

2. 调节效应的检验

对方程 11.10 中的系数 b_3 进行 t 检验，若显著则调节效应显著。具体分析可使用

SPSS 的层次回归或 *SPSS* 的 *PROCESS* 插件（下载网址：*http://processmacro.org/download.html*）进行。

层次回归的步骤如下：

(1)对变量进行处理后，将自变量 X 与调节变量 W 相乘得到交互项 XW(若有多个虚拟变量，则将另一变量与所有虚拟变量相乘得到多个交互项)。

(2)以 Y 为因变量，X、M、XM 为自变量进行层次回归，X 和 M 放在第一层，XM 放在第二层(若有多个虚拟变量，将另一变量与所有虚拟变量放在第一层，多个交互项放在第二层)。

(3)报告非标准化回归系数的检验结果，若交互项系数的 p 值小于 0.05，则调节作用显著。

使用 *PROCESS* 则无须构建交互项，选择“模型 1”后将变量放入对应框中即可分析。根据需要，*PROCESS* 还提供更多附加功能可以选择，具体见相关操作手册。

3. 调节效应的效应量

层次回归中，新加入交互项的模型 2 相较于模型 1 的解释率变化：ΔR^2，可被看作是调节效应的效应量。

根据 R^2 构建出的 f^2 也是评估效应量的指标(*Aiken & West*, 1991)，公式如下：

$$f^2=\frac{R_2^2-R_1^2}{1-R_2^2} \tag{11.11}$$

$R_1{}^2$ 表示模型 1 的解释率，$R_2{}^2$ 表示模型 2 的解释率。$f^2=0.02$ 表示小的效应，$f^2=0.15$ 表示中等效应，$f^2=0.26$ 表示大的效应(*Cohen*, 1988)。

4. 简单斜率检验

类似交互作用后的简单效应检验，在明确有调节效应后，需要对简单斜率(b_1+b_3W)进行检验，确定在调节变量的不同取值下，X 对 Y 是否有显著的预测作用。当调节变量取某些值，简单斜率(b_1+b_3W)的取值与 0 没有显著差异，则说明在此取值下 X 对 Y 没有显著的预测作用，反之亦然。

(1)选点法

当自变量与中介变量均为连续变量时，可采用选点法通过人为选择 W 的取值(通常为 *M-SD*, *M*, *M*+*SD* 三个数据点)带入下面公式，进行显著性检验。

$$t=\frac{b_1+b_3W}{\sqrt{se_{b_1}^2+2W\mathrm{cov}(b_1,b_3)+W^2se_{b3}^2}} \tag{11.12}$$

$$df=N-K-1 \tag{11.13}$$

se_{b1} 和 se_{b3} 是系数 b_1 和 b_3 的标准误，$\mathrm{cov}(b_1,b_3)$ 是系数 b_1 和 b_3 的协方差，N 为样本容量，K 为方程 11.10 的自变量个数。将计算后的 t 值与自由度对应的临界值进行比较，如果绝对值大于临界值则该取值下简单斜率显著。

在实际应用中,可以通过重新进行多元回归代替计算。方法为生成新变量 W′＝W-(所选取值),构建交互项 XW′进行多元回归,得到 X 的新系数 b_1′(此时 W′取值为 0,即 W 取值为所选取值)和其显著性检验结果,即是 W 为所选取值时的斜率与显著性。

当变量标准化后,原始回归模型中的 b_1 即是调节变量取均值时的结果,不用另外检验。在标准化的 W 上加 1 或减 1 得到新变量,再继续如上步骤,即可得到 W 取值为-1 或＋1 时的结果。

SPSS 的 *PROCESS* 插件可以在第一次计算中直接输出简单斜率检验的结果。

当调节变量为分类变量时,X 的系数 b_1 即是参照组的简单斜率。将其他组依次当作参照组进行重新编码、计算,可得到调节变量不同取值时的简单斜率及其显著性。

选点法使用简单,不足也很明显:第一,所选的有限点不能包含所有信息;第二,当数据为偏态分布,所选的平均值以外的取值可能不在取值范围内。

(2)*J-N* 法

J-N(*Johnson-Neyman*)法适用于调节变量为连续变量的时候,对调节变量的整个取值范围而不是几个点来进行简单斜率显著不为 0 的检验。它使用的公式同 11.12,不同的是没有对 W 取点带入的步骤,而是首先确定 95%或 99%的临界值 t,将其代入公式 11.12 计算出调节变量 W 的两个取值。由这两个点组成的取值区间,结合 W 的取值范围,再加上一些计算进行判断,即可确定简单斜率显著时调节变量 W 的范围。例如,首先,根据临界值 t 计算出 W 的两个取值分别是-1 和 6。其次,根据 W 的数据计算全距为[-2,5]。6 在范围外,-1 在范围内并将取值区间分为[-2,-1)和 [-1,5]两部分。最后,选取[-1,5]中的 W＝0 计算显著性,得出 W 取值为 0 时简单斜率显著。因此简单斜率在 W 取值为[-1,5]时显著,[-2,-1)时不显著。详细内容可参见方杰、温忠麟、梁东梅和李霓霓(2015)发表的文章。*SPSS* 的 *PROCESS* 插件可以勾选 *Johnson-Neyman output* 选项得到结果。

三、SPSS 操作

1. 案例: 中国四省学生校外辅导、家庭经济社会文化地位(*ESCE*)和科学成绩关系的探究。

2. 步骤

(1)输入数据:数据来自 *PISA* 2015 研究,校外辅导与 *ESCS* 是已计算好的总分,科学成绩为 10 个似真值(*Plausible Value*)的平均数。样本量为 9841,缺失值定义为 999。具体见文件 11-2.*sav*。

(2)变量标准化:【分析】→【描述统计】→【描述】

将所有变量选入到“变量”框中。勾选“将标准化得分另存为变量(*Z*)”。

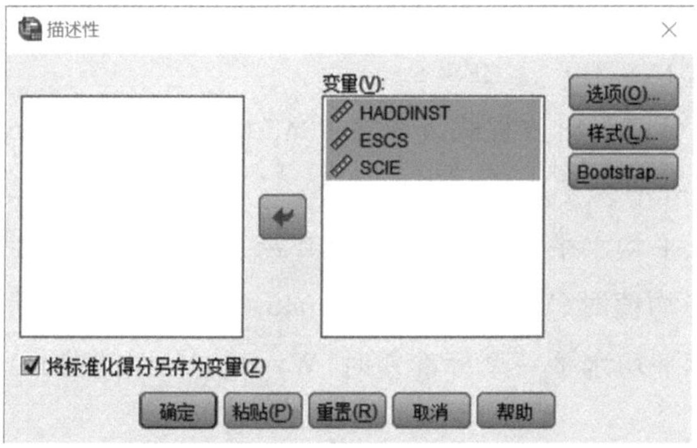

(3)调节效应检验:【分析】→【回归】→【*PROCESS v3.2 by Andrew F. Hayes*】

由于层次回归操作相对简单,故不做介绍,这里将介绍 *PROCESS* 的操作。将 *ZSCIE* 变量选入“*Y variable*”框中,将 *ZHADDINST* 变量选入“*X variable*”框中,将 *ZESCS* 变量选入“*Moderator variable W*”框中。在“*Model number*”的下拉菜单中选择“1”。

单击【*Options*】按钮,勾选“*Generate code for visualizing interactions*”,在“*Conditioning values*”框中选择“-1*SD*,*Mean*,+1*SD*”,勾选“*Johnson-Neyman output*”(*PROCESS* 可以自动对变量进行中心化,只需勾选“*Mean center for construction of products*”)。

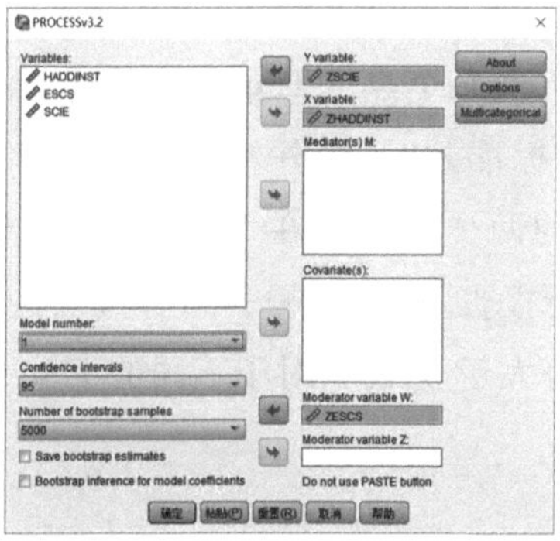

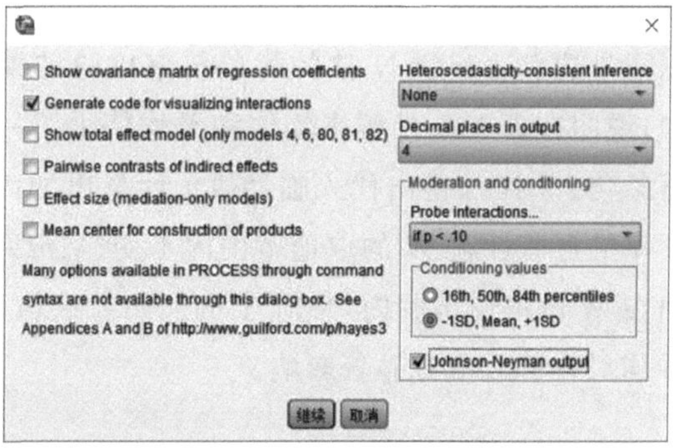

3.结果

(1)回归系数

回归系数及显著性检验结果如下,交互项 *Int*_1 是 *ZHADDINS* 与 *ZESCS* 的乘积,其系数 b_3 为-0.0326,$p<0.05$,说明调节效应显著。

Model

	coeff	*se*	*t*	*p*	*LLCI*	*ULCI*
constant	-.0045	.0090	-.5018	.6158	-.0221	.0131
ZHADDINS	-.2766	.0090	-30.8212	.0000	-.2942	-.2590
ZESCS	.4359	.0089	48.7219	.0000	.4183	.4534
*Int*_1	-.0326	.0083	-3.9348	.0001	-.0489	-.0164

Product terms key:

Int_1: *ZHADDINS* *x* *ZESCS*

根据输出的系数可以写出方程式 Y=-0.0045-0.2766X+0.4359W-0.0326XW，根据公式可以知道校外辅导对科学成绩的影响如下：

a)当 *ESCE* 低于平均水平一个标准差时(W=-1)：Y=-0.4404-0.244X；

b)当 *ESCE* 为平均值时(W=0)：Y=-0.0045-0.2766X；

c)当 *ESCE* 高于平均水平一个标准差时(W=1)：Y=0.4314-0.3092X；

(2)效应量

以下是效应量ΔR^2 的结果，ΔR^2 为 0.0012，p<0.05，说明加入交互项后模型对因变量的解释率显著增加了。

Test(s) of highest order unconditional interaction(s):

	R2-chng	*F*	*df1*	*df2*	*p*
*X * W*	.0012	15.4829	1.0000	9003.0000	.0001

结合此模型的 R^2 可以计算 $f^2=0.0012/(1-0.2850)\approx 0.0017$，属于很小的效应。

Model Summary

R	*R-sq*	*MSE*	*F*	*df1*	*df2*	*p*
.5339	.2850	.7202	1196.2882	3.0000	9003.0000	.0000

(3)简单斜率检验

以下是选点法和 *J-N* 法的简单斜率检验结果，所选三个点的简单斜率均显著(p<0.001)，说明在 *ESCS* 处于平均值和平均值上下一个标准差时，校外辅导均对科学成绩有显著影响。J-N 法得出代入临界值 t 计算出的 W 的两个取值均在 W 的取值范围外，简单斜率的显著性在 W 的取值范围内不变(*Mplus* 会报告下方结果)。结合选点法的结果得出在 W 的取值范围内，X 对 Y 的回归系数均显著大于 0，说明对于不同的 *ESCS*，校外辅导均对科学成绩有显著影响。

Conditional effects of the focal predictor at values of the moderator(s):

ZESCS	*Effect*	*se*	*t*	*p*	*LLCI*	*ULCI*
-.9918	-.2442	.0120	-20.4227	.0000	-.2677	-.2208
.0110	-.2770	.0090	-30.8485	.0000	-.2946	-.2594
1.0138	-.3097	.0125	-24.7447	.0000	-.3342	-.2852

There are no statistical significance transition points within the observed range of the moderator found using the Johnson-Neyman method.(*Johnson-Neyman* 法发现在调节变量的观测范围内，没有显著性的转换点)。

(4)画图

PROCESS 还提供了制作 W 取值为 *M* 和 *M*±*SD* 时回归直线图的制作数据，如下所示。绘制方法是将结果中以下语句复制，然后点击【文件】→【新建】→【语法】，将语句粘贴，如下图所示，全选后运行。双击得到的图，打开图表编辑器，点击“添加内插线”，得到最终结果。

DATA LIST FREE/

ZHADDINST ZESCS ZSCIE .

BEGIN DATA.

-.7629 -.9918 -.2505

-.0002 -.9918 -.4367

1.0000 -.9918 -.6810

-.7629 .0110 .2116

-.0002 .0110 .0003

1.0000 .0110 -.2767

-.7629 1.0138 .6736

-.0002 1.0138 .4374

1.0000 1.0138 .1277

END DATA.

GRAPH/SCATTERPLOT=

ZHADDINST WITH ZSCIE BY ZESCS .

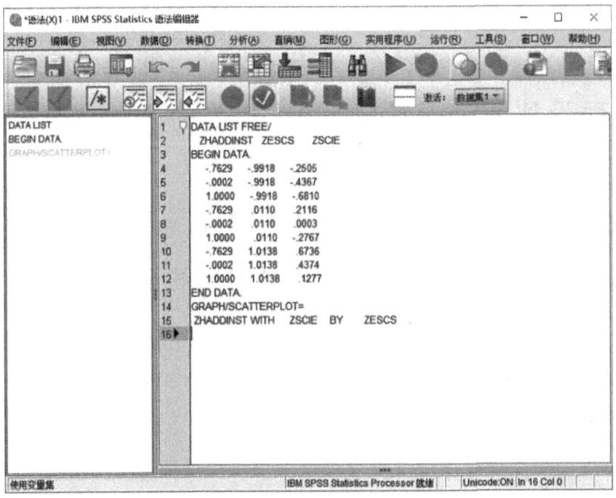

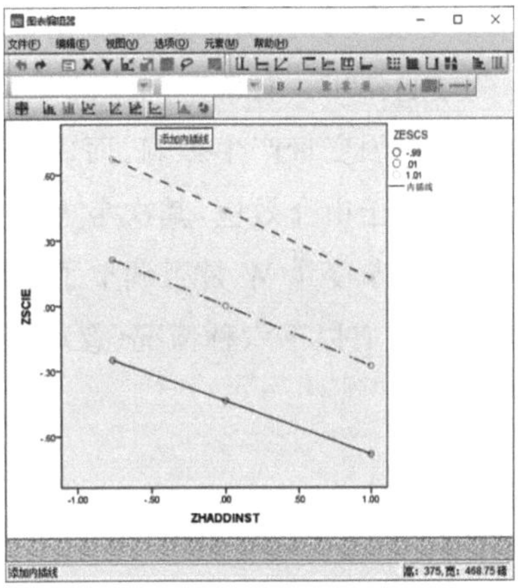

(5)*Mplus* 操作

还可将数据标准化后计算交互项(11-2. *dat*)运用 *Mplus* 进行调节效应检验。语句如下，见文件 11-3. *inp*。

DATA：*FILE IS* 11-2. *dat*；

VARIABLE：*NAMES ARE X Y W XW* ；

```
        USEVARIABLES ARE X Y W XW;
        MISSING ARE ALL(999);
MODEL:Y on X W XW ;
OUTPUT:
```

结果中交互项 XW 的系数为-0.033,$p<0.05$,说明调节效应显著。

第四节　含有中介的调节和含有调节的中介分析

一、相关模型介绍

第二节和第三节分别介绍了中介模型和调节模型,它们都只包含一种第三变量,但实际情况往往更加复杂。当研究的变量多于三个时,模型可能同时包含中介变量和调节变量。根据研究目的、理论假设的不同,可以分为有中介的调节和有调节的中介,它们有相同的路径图,不同的检验方法和步骤,对结果的解释也不同(温忠麟,刘红云,侯杰泰,2012)。

有中介的调节模型(*mediated moderator model*)指的是自变量对因变量的效应受到调节变量的影响,而调节效应(至少部分地)通过中介变量起作用(叶宝娟,温忠麟,2013)。它主要关注自变量和因变量之间关系受到的调节,其次考虑调节效应是否通过中介变量起作用。有调节的中介模型(*moderated mediation model*)指的是自变量通过中介变量对因变量产生影响,而中介过程受到调节变量的调节(温忠麟,叶宝娟,2014)。它的重心在于中介效应,其次考虑中介效应是否受到调节变量的调节。

根据调节变量 W 是否调节了中介的前半路径 X→M、后半路径 M→Y 或直接路径 X→Y,模型将有以下六种情况(忽略简单中介和只有直接路径受到调节的情况)。

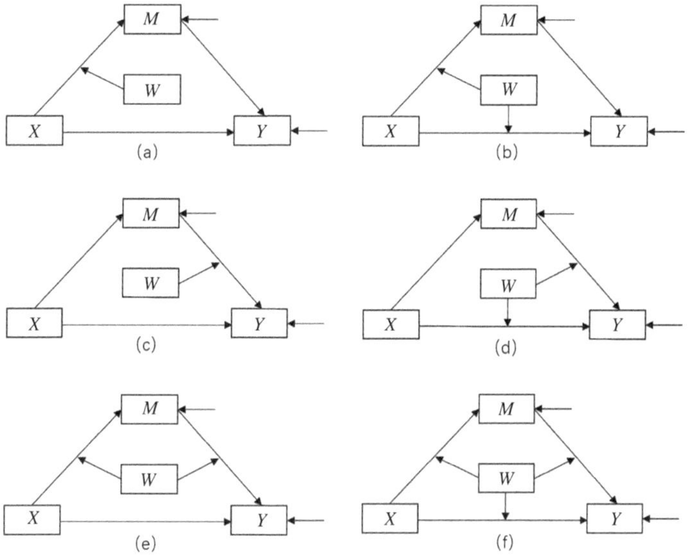

图 11-4-1 含有中介和调节变量模型的示意图

以图 11-4-1(*f*)为例,它的路径图和回归方程如下:

$$M = a_1X + a_2W + a_3XW + e_1 \tag{11.14}$$

$$Y = c'_1X + c'_2W + c'_3XW + b_1M + b_2MW + e_2 \tag{11.15}$$

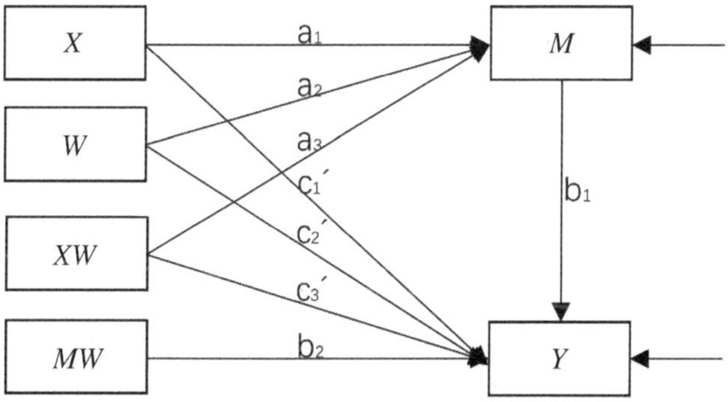

图 11-4-2 同时调节前半、后半和直接路径示意图

图 11-4-1 中的(*a*)至(*e*)为(*f*)某些路径系数为 0 时的特例。当不调节前半路径时,方程 11.14 中无 $a_2W + a_3XW$;当不调节后半路径时,方程 11.15 中无 b_2MW;当不调节直接路径时,方程 11.15 中无 c'_3XW;当只调节前半路径时,方程 11.15 无 $c'_2W + c'_3XW + b_2MW$。在之后的检验方法中,将以(*f*)为例进行介绍,若假设为其他模型,只需对回归方程进行简化,将不需要的系数固定为 0,之后按照相同的方法进行检验。

二、含有中介的调节模型分析

对于有中介的调节模型，检验之前需要确定如图 11-4-3 所示的简单调节模型显著，即公式 11.16 中交互项 XW 的系数 c_3 显著，并且交互项前后两个模型的 R^2 变化要超过 2%（甚至 3%）才有实质性意义，否则进一步考虑这个调节作用的机制意义不大（温忠麟，叶宝娟，2014）。

$$Y = c_1X + c_2W + c_3XW + e \tag{11.16}$$

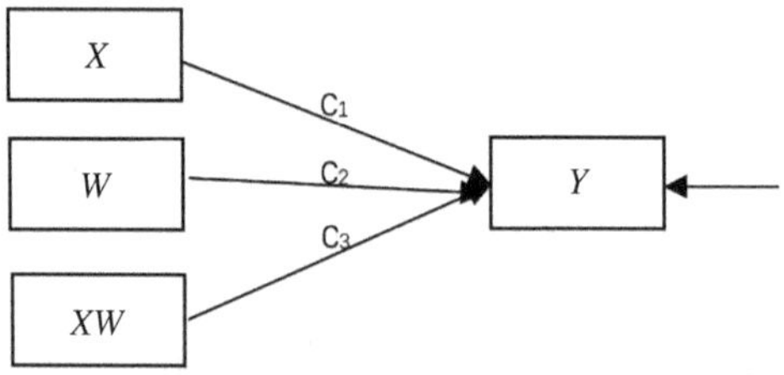

图 11-4-3　**简单调节模型**

有中介的调节模型成立的关键是调节效应会通过中介变量起作用，可将交互项的系数进行分解，对其中的间接调节效应进行检验。将公式 11.14 代入公式 11.15，可以得到交互项 XW 的系数为 $c_3' + a_3b_1 + a_1b_2$。其中 c_3' 是 XW 对 Y 的直接效应；a_3b_1 是 XW 通过影响 M，进而影响 Y 的间接调节效应，对应了概念图中的调节前半路径；a_1b_2 是 W 通过调节 M 对 Y 的影响间接调节了 X 对 Y 的影响，对应了示意图中的调节后半路径。a_3b_1 和 a_1b_2 都是间接调节效应，但二者的解释不同。前者是调节效应通过中介变量起作用，解释了调节效应如何起作用；后者是由于调节变量调节了后半路径而间接调节了 X 对 Y 的影响，解释了为什么调节效应存在（叶宝娟，温忠麟，2013）。

除了以上两种情况，a_3b_2 也是间接调节效应，表示 W 同时调节了前后两条路径。a_3 是 XW→M 这条路径的系数，对公式 11.15 进行变形，得到 M→Y 的系数为 $b_1 + b_2W$，b_1 或 b_2 中的任一显著，M→Y 的系数显著。

因此，有中介的调节模型的检验就是对 a_3b_1、a_1b_2、a_3b_2 显著性的检验，只要三者中有一个不等于 0，调节作用是有中介的。同时，若直接效应 c_3' 不显著，则 W 的调节作用完全通过中介变量起作用。

1. 检验方法

有中介的调节效应的检验方法与中介效应类似，除了对系数乘积的检验，还可以对总效应与直接效应差异进行检验。

（1）系数乘积的检验

对系数乘积的检验包括间接的依次检验，直接的 *Sobel* 检验、*Bootstrap* 法和

MCMC 法。

依次检验中，先建立公式 11.14，检验 a_1、a_3 的显著性；然后建立公式 11.15，检验 b_1、b_2 的显著性。若 $a_3 \neq 0$ 且 $b_1 \neq 0$、$a_1 \neq 0$ 且 $b_2 \neq 0$、$a_3 \neq 0$ 且 $b_2 \neq 0$ 三者成立其一，则此调节是有中介的。此方法第一类错误率较低，但统计检验力也低。

Sobel 检验直接对系数乘积进行显著性检验，它假设乘积为正态分布，所得的结果可能不准确，已经逐渐被以下方法取代。

偏差校正的非参数百分位 *Bootstrap* 法和有先验信息的 *MCMC* 法通过构建乘积的置信区间判断乘积是否显著。若 a_3b_1、a_1b_2 或 a_3b_2 三者其一的置信区间不包含 0，则此调节是有中介的。它们的第一类错误率比较低，统计检验力要大于依次检验。

(2)总效应与直接效应差异的检验

公式 11.16 中，XW 对 Y 总的调节效应为 c_3，公式 11.15 中，在增加了中介变量 M 后，XW 对 Y 的直接调节效应为 c'_3，二者之差即为间接调节效应。此方法是对 $c_3\text{-}c'_3$ 进行检验，当差值显著不为 0 时，调节效应是有中介的。该方法第一类错误率较高，不推荐使用。

2. 检验流程

综合以上方法，叶宝娟和温忠麟(2013)提出了一个完整的检验流程，如图 11-4-4 所示，同时考虑到了有中介的调节模型成立的前提、第一类错误率和统计检验力，且比较容易实施，具体步骤如下：

(1)检验公式 11.16 中的回归系数 c_3，如果显著，进行下一步。否则，分析结束。

(2)检验公式 11.14 中的 a_1、a_3 以及公式 11.15 中的 b_1、b_2：如果 a_3 和 b_1 显著，或 a_3 和 b_2 显著，则 XW 对 Y 的影响至少有一部分通过中介变量 M 实现；如果 a_1 和 b_2 显著，则 W 通过调节 M 对 Y 的效应，间接调节了 X 对 Y 的效应。之后转到第 4 步。如果三组都不显著，进行下一步。

(3)分别计算 a_3b_1、a_1b_2 和 a_3b_2 的置信区间，如果其中有一个置信区间不包含 0，意味着调节是有中介的，进行下一步。否则有中介的调节模型不成立，检验结束。

(4)检验系数 c'_3，如果不显著，说明调节效应完全中介；如果显著，说明调节效应有部分中介。

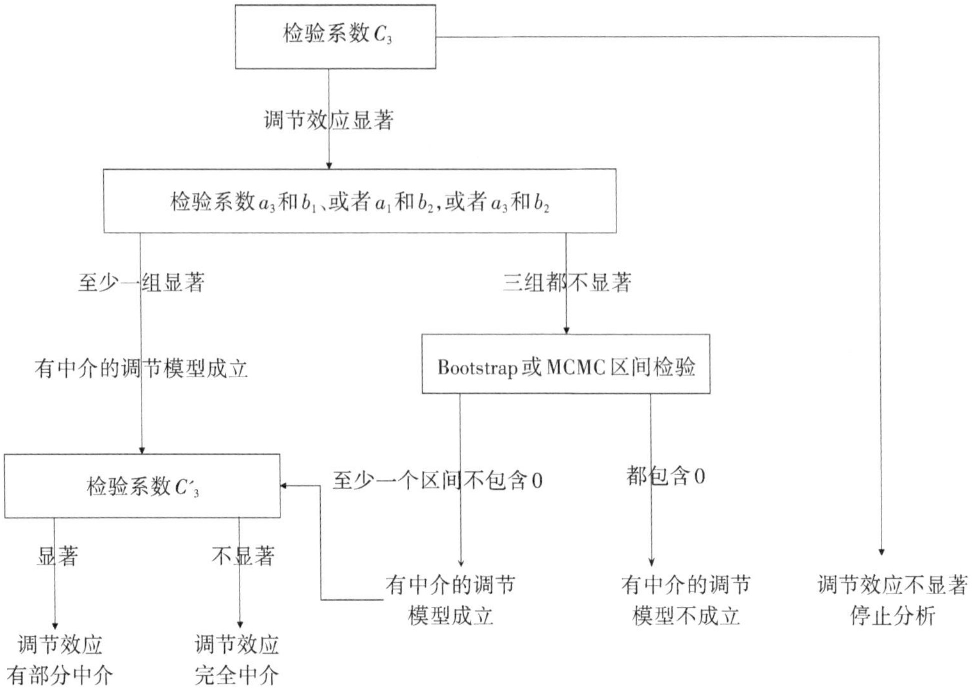

图 11-4-4　有中介的调节模型检验流程(叶宝娟，温忠麟，2013)

三、含有调节的中介模型分析

在对有调节的中介模型进行检验前，仍需构建如图 11-4-3 所示的模型，对 c_1 和 c_3 进行检验，不过 c_1 和 c_3 是否显著并不影响后续的检验。c_1 显著有利于最后对模型的解释，c_3 显著时应考虑调节了直接路径的模型。

有调节的中介模型探究中介效应在调节变量取不同值时是否有差别，不要求简单中介模型中的中介效应显著。因此，只要中介效应与 W 有关，有调节的中介模型就成立。中介效应等于中介路径上前半路径和后半路径的系数乘积。对公式 11.14 和 11.15 进行整理，可以得到前半路径中 X 的系数为 a_1+a_3W，后半路径中 M 的系数为 b_1+b_2W，中介效应为 $(a_1+a_3W)(b_1+b_2W)=a_1b_1+(a_3b_1+a_1b_2)W+a_3b_2W^2$。因此对有调节的中介模型的检验可以转化为对系数乘积 a_3b_1、a_1b_2 和 a_3b_2 的检验，三者至少有一组显著则中介效应是有调节的。当 a_3b_1 显著时，中介的前半路径受到调节；当 a_1b_2 显著时，中介的后半路径受到调节；当 a_3b_2 显著时，前后路径都受到调节。

1. 检验方法

(1)系数乘积的检验

有调节的中介模型对系数乘积的检验与有中介的调节模型类似，同样包括对系数乘积中包含的单个系数进行的依次检验，系数乘积显著性的 *Sobel* 检验、系数乘积置信区间

的 *Bootstrap* 法和 *MCMC* 法。具体检验步骤可参照第二节。在检验时一些不同也需要注意，在建立回归方程 11.16 时，有调节的中介模型需要对 c_3 进行检验以确定是否增加对直接路径的调节，有中介的调节模型要求 c_3 必须显著并默认直接路径都受到调节；同时二者对相同结果的解释也不同。

(2)中介效应差异的检验

除了对中介效应中与 W 相关的系数乘积的检验，还可以对中介效应进行更为直观的检验，即代入不同的 W 值，看中介效应是否会有变化，这被称为条件间接效应(*conditional indirect effects*)分析法。

简单的做法为取 W 平均值上下一个标准差的值，将其代入得到两个中介效应，用 *Bootstrap* 法检验二者之差是否显著。如果显著，则中介效应受到 W 的调节；如果不显著，并不能说明中介效应与 W 无关，因为当中介效应受到较小的调节时，平均值上下一个标准差时的差异可能无法达到显著。因此，对于连续的调节变量，刘东、张震和汪默(2012)提议使用调节变量的最大和最小观测值来检验中介效应的差异。温忠麟等(2014)补充到，对于前后路径都受到调节的中介来说，它的中介效应是 W 的二次函数，极值可能不在 W 的最大或最小观测值处，对它的检验需要找到取值范围内中介效应的最大值和最小值，然后检验它们的差异。

中介效应差异的检验力要高于依次检验和系数乘积的区间检验，但它的显著性包含的信息最少。显著的结果只能说明中介效应是有调节的，不能得到调节的具体位置。

2. 检验流程

温忠麟等(2014)认为，依次检验、系数乘积的区间检验和中介效应差异检验是替补关系。三者统计检验力的比较结果为差异检验最高，区间检验次之，依次检验最低，统计检验力低的方法不显著时换用检验力更高的方法仍有可能显著。但在实际检验中不应首选统计检验力最高的，这是因为三种方法显著性包含的信息和检验的难易程度是依次增加的。因此，他们提出了以下检验流程，如图 11-4-5 所示。具体步骤如下：

(1)检验公式 11.16 中的回归系数 c_1 和 c_3。c_1 显著有利于最后对模型的解释，c_3 显著时应考虑调节了直接路径的模型，若不显著则以下提到的公式 11.15 应有所简化。

(2)检验$(a_1+a_3W)(b_1+b_2W)$是否与 W 有关。先进行依次检验，检验公式 11.14 中的 a_1、a_3 以及公式 11.15 中的 b_1、b_2 是否显著，如果 a_3 和 b_1 显著，或 a_3 和 b_2 显著，或 a_1 和 b_2 显著，三组至少成立一组，则中介效应受到调节。如果三组都不显著，进行下一步。

(3)使用偏差校正的非参数百分位 Bootstrap 法和有先验信息的 MCMC 法分别计算 a_3b_1、a_3b_2 和 a_1b_2 的置信区间，如果其中有一个置信区间不包含 0，意味着中介效应是有调节的。如果三个置信区间都包含 0，进行下一步。

(4)计算中介效应$(a_1+a_3W)(b_1+b_2W)$的最大值与最小值，用 *Bootstrap* 法检验二者差异，如果显著，则中介效应受到调节，否则，有调节的中介模型不成立。

在报告结果时，依次检验和区间检验需要分别写出中介效应的表达式$(a_1+a_3W)(b_1+b_2W)$和$a_1b_1+(a_3b_1+a_1b_2)W+a_3b_2W^2$，并报告中介效应在调节变量W均值和均值上下一个标准差时的值。当a_3或b_2不显著时，还需要将不显著的系数固定为0重新估计其他系数，再报告重新估计的结果。如果研究者的目的只是验证模型，可以不进行重新估计。

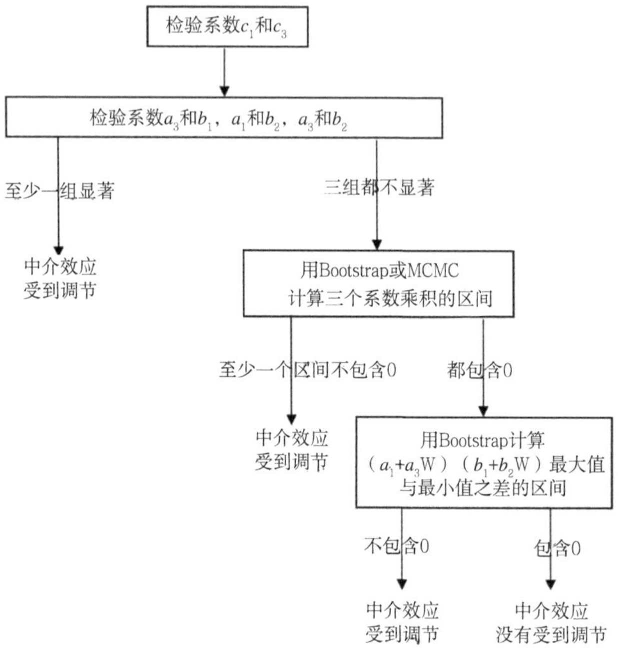

图 11-4-5　有调节的中介模型检验流程(温忠麟，叶宝娟，2014)

四、Mplus 操作

1. 案例：中国四省学生感知到的教师不公平行为、成就动机、科学成绩和家庭经济社会文化地位(*ESCE*)关系的探究。

2. 输入数据：数据来自 *PISA* 2015 研究，感知到的教师不公平行为、成就动机与 *ESCE* 是已计算好的总分，科学成绩为 10 个似真值(*Plausible Value*)的平均数。样本量为 9762，缺失值定义为 999。所有数据均已进行标准化处理，并计算出交互项 XW、MW，具体见文件 11-3. dat。

3. 简单调节模型检验

(1)语句

检验流程的第一步是构建简单调节模型，检验Y对X和XW的回归系数c_1、c_3，语句如下，具体见文件 11-4. *inp*。

```
DATA：FILE IS 11-3.dat；
VARIABLE：NAMES ARE X M Y W XW MW；
          USEVARIABLES ARE X Y W XW；
          MISSING ARE ALL(999)；
MODEL：Y on X W XW ；
OUTPUT：
```

(2)参数估计结果

MODEL RESULTS

	Estimate	S.E.	Est./S.E.	Two-Tailed P-Value
Y ON				
X	-0.102	0.009	-11.353	0.000
W	0.444	0.009	49.437	0.000
XW	-0.049	0.009	-5.405	0.000

Y 对 X 的回归系数 c_1 为-0.102，$p<0.05$，即不公平的教师行为显著负向预测科学成绩。Y 对 XW 的回归系数 c_3 为-0.049，$p<0.05$，即不公平的教师行为与科学成绩间的关系受 *ESCS* 的调节，考虑在后续模型中加入对直接路径的调节。

4.有调节的中介模型检验

(1)语句

运用以下语句，可以同时进行依次检验和用 *Bootstrap* 法计算乘积的置信区间，具体见文件 11-5.*inp*。

```
ATA：FILE IS 11-3.dat；
VARIABLE：NAMES ARE X M Y W XW MW；
MISSING ARE ALL(999)；
ANALYSIS：Bootstrap＝1000；
MODEL：
M on X (a1)
W
XW (a3)；! 做 M 对 X，W，XW 的回归，X 和 XW 的回归系数分别命名为 a1 和 a3
Y on X
    W
    M (b1)
 MW (b2)；! 做 Y 对 X，M，W，MW 的回归，M 和 MW 的回归系数分别命名为
b1、b2
```

```
MODEL CONSTRAINT:
new (H1-H3);
H1=a1*b2; ! a1b2 的估计
H2=a3*b1; ! a3b1 的估计
H3=a3*b2; ! a3b2 的估计
OUTPUT:cinterval (bcbootstrap);
```

(2)参数估计结果

MODEL RESULTS

	Estimate	S.E.	Est./S.E.	Two-Tailed P-Value
M ON				
X	0.061	0.011	5.580	0.000 (a_1)
W	0.151	0.010	14.933	0.000
XW	-0.005	0.011	-0.475	0.635 (a_3)
Y ON				
X	-0.116	0.009	-12.538	0.000
W	0.430	0.008	50.678	0.000
M	0.118	0.009	12.720	0.000 (b_1)
MW	-0.043	0.008	-5.180	0.000 (b_2)
New/Additional Parameters				
H1	-0.003	0.001	-3.592	0.000 (a_1b_2)
H2	-0.001	0.001	-0.474	0.636 (a_3b_1)
H3	0.000	0.000	0.473	0.636 (a_3b_2)

对 X 的回归系数 a_1 为 0.061，$p<0.05$，M 对 XW 的回归系数 a_3 为-0.005，$p>0.05$。Y 对 M 的回归系数 b_1(0.118)与对 MW 的回归系数 b_2(-0.043)均显著。系数 a_1 和 b_2 显著，此中介效应是受到调节的，调节发生在中介的后半路径。中介效应为 0.061×(0.118-0.043W)，在 W<2.7 时，此中介效应均为正值，而 Y 对 X 的回归系数为-0.116，因此假设的中介效应实为遮掩效应。当 W 取均值时，遮掩效应为 0.061×0.118=0.007，当 W 取均值上下一个标准差时的值时，遮掩效应为 0.061×(0.118－0.043)＝0.004 和 0.061×(0.118＋0.043)＝0.01。后续的结果解释也按遮掩效应来。若不报告系数乘积的置信区间，分析可以停止。

(3)置信区间结果

CONFIDENCE INTERVALS OF MODEL RESULTS

Lower .5% Lower 2.5% Lower 5% Estimate Upper 5% Upper2.5% Upper .5%

M	*ON*						
X	0.033	0.041	0.044	0.061	0.080	0.083	0.090
W	0.122	0.131	0.135	0.151	0.167	0.171	0.178
XW	-0.036	-0.028	-0.025	-0.005	0.012	0.016	0.024
Y	*ON*						
X	-0.138	-0.134	-0.130	-0.116	-0.099	-0.096	-0.093
W	0.406	0.413	0.416	0.430	0.444	0.447	0.450
M	0.094	0.100	0.103	0.118	0.133	0.135	0.145
MW	-0.068	-0.061	-0.058	-0.043	-0.030	-0.028	-0.024
New/Additional Parameters							
*H*1	-0.006	-0.005	-0.004	-0.003	-0.002	-0.001	-0.001
*H*2	-0.004	-0.003	-0.003	-0.001	0.001	0.002	0.003
*H*3	-0.001	-0.001	0.000	0.000	0.001	0.001	0.002

a_1b_2 95%的置信区间为[-0.005,-0.001],不包括 0,在 0.05 的水平上显著。a_3b_1、a_3b_2 95%的置信区间分别为[-0.003,0.002],[-0.001,0.001],均包含 0。三个置信区间有一个不包含 0,遮掩效应受到调节。遮掩效应为 0.007-0.003W。

本章要点小结

1.路径分析是一种将观测变量间的关系以模型化的方式进行分析的统计技术。可分为递归模型和非递归模型。所有的递归模型都是可以识别的,对于非递归模型,要满足阶条件和秩条件。

2.当考虑自变量 X 对因变量 Y 的影响时,如果 X 通过变量 M 影响 Y,则称 M 为中介变量。中介效应是 X 通过 M 对 Y 产生的影响。

3.中介效应的显著性检验通常使用逐步法、*Sobel* 检验、*Bootstrap* 法和 *MCMC* 法等。中介效应的效应量包括经典比值法和 R^2_{med} 等。

4.如果自变量 X 和因变量 Y 的关系(方向或强弱)随第三个变量 W 的变化而变化,则称 W 为调节变量。XW 为自变量 X 和调节变量 W 的乘积,用来表示调节作用,XW→Y 的系数表示调节效应的大小。

5.调节效应分析需对类别变量进行虚拟编码,连续变量进行中心化或标准化处理。

6.简单斜率检验是确定在调节变量的不同取值下,X 对 Y 是否有显著的预测作用,包括选点法与 J-N 法等。

7.有中介的调节模型指的是自变量对因变量的效应受到调节变量的影响,而调节效应(至少部分地)通过中介变量起作用。有调节的中介模型指的是自变量通过中介变量对因变量产生影响,而中介过程受到调节变量的调节。

关键术语

路径分析	path analysis
递归模型	recursive model
非递归模型	non-recursive model
中介效应	mesomeric effect
中介变量	mediator
调节效应	moderating effect
调节变量	moderator
有中介的调节模型	mediated moderator model
有调节的中介模型	moderated mediation model

课后习题

1. 在路径图中，没有被指向的箭头的是（　）。

A. 因变量　　B. 中介变量　　C. 内生变量　　D. 外生变量

2. 在进行中介效应的检验时，以下（　）最符合 *Bootstrap* 法。

A. 对前半路径系数 a 和后半路径系数 b 分开进行显著性检验

B. 对前半路径系数 a 和后半路径系数 b 的乘积 ab 进行显著性检验

C. 得出前半路径系数 a 和后半路径系数 b 的乘积 ab 的置信区间

D. 对总效应和直接效应的差进行显著性检验

3. 在进行中介效应的检验时，若前半路径系数 a 不显著，后半路径系数 b 显著，乘积项 ab 显著，系数 c′显著且与 ab 同号，那么可以得出（　）。

A. 中介效应不显著　　B. 部分中介效应

C. 完全中介效应　　D. 遮掩效应

4. 若自变量是连续变量，调节变量是类别为 4 的类别变量，那么在进行调节效应检验时，可以生成（　）个虚拟变量，（　）个交互项。

A. 3，3　　B. 3，1　　C. 2，2　　D. 2，1

5. 在运用层次回归进行调节效应分析时，模型 1 的 R^2 为 0.12，模型 2 的 R^2 为 0.26，f^2 为（　）（保留两位小数）。

A. 0.14　　B. 0.19　　C. 0.16　　D. 0.15

6. 递归模型中的所有路径都是（　）。

A. 单向，没有循环　　B. 单向，有循环

C. 多向，没有循环　　D. 多向，有循环

7. 以下关于路径图的说法错误的是(　)。

A. 矩形框代表观测变量，即显变量；圆或椭圆代表由观测变量所推估出的变量，即潜变量。

B. 变量间通过箭头连接，单箭头表示两个变量间存在因果关系，由因指向果；双箭头表示两变量间存在相关。

C. 内生变量指模型中没有其他变量影响它的变量，不可以被单箭头指向，可以指向其他变量。外生变量指模型中由另外一些变量所影响的变量，可以被任何变量以单箭头指向，也可指向其他变量。

D. 每一个单箭头直线代表两个变量间的路径，对其的估计值称作路径系数，类似回归分析中的回归系数。

8. 含有中介的调节和含有调节的中介的不同之处不包括(　)。

A. 检验方法和步骤　　B. 路径图　　C. 结果解释　　D. 理论假设

9. 中介效应显著性检验的方法可分为两类，请对这两类方法进行阐述。

10. 请简述中介效应的检验流程。

附录1　课后习题参考答案

第一章

1. 描述统计主要是通过图表或相关数学方法，对数据的分布情况、特征信息和变量关系进行描述和估计，由集中趋势分析、离散趋势分析和相关分析三部分内容构成。推断统计是用样本数据做出关于总体的一般性陈述的方法，由总体参数估计和假设检验两部分内容构成。

2. 从数据是否具有连续性的特点出发，数据可被分为离散数据和连续数据两种类型。从数据测量采用的量表出发，数据可被分为称名数据、顺序数据、等距数据和等比数据四种类型。

3. 具体见本章第二节内容阐述。

4. A

解析：

将 $n=50$ 代入公式 1.1

$K=1.87\times(50-1)^{\frac{2}{5}}$，得到 $K\approx8$

5. 解析：

(1)平均数

将原始数据代入公式 1.2：

$$\bar{X}=\frac{(X_1+X_2+\cdots+X_n)}{n}=\frac{(87+76+74+\cdots+78+66+77)}{20}=75.15$$

(2)中数

将这组数据从小到大进行排序：60、62、63、64、65、66、67、72、74、76、77、78、79、81、82、82、86、87、88、94

则这组数据的中数 $M_d=\frac{76+77}{2}=76.5$

(3)众数

由原始数据可知 82 在 20 个数据中出现频数最多，因此这组数据的众数 Mo 为 82。

(4)方差

将原始数据代入公式 1.7：

$$s^2=\frac{\sum(X-\bar{X})^2}{n-1}=\frac{(87-76.5)^2+\cdots+(77-76.5)^2}{19}\approx 98.56$$

(5)标准差：

将原始数据代入公式 1.8

$$S=\sqrt{\frac{\sum(X-\bar{X})^2}{n-1}}=\sqrt{\frac{(87-76.5)^2+...+(77-76.5)^2}{7}}\approx 9.93$$

6. *B*

7. *C*

8. *D*

9. *C*

10. *A*

第二章

1. (1) $p=0.6$；(2) $p=0.45$；(3) $p=0.3$

2. (1) $p=0.008$；(2) $p=0.184$；(3) $p=0.084$；(4) $p=0.253$

3. (1) $p=0.111$；(2) $p=0.103$；(3) $p=0.444$；(4) $p=0.460$

4. (1)概率依次为 0.0228、0.9772、0.9772、0.0228

(2)概率依次为 0.9544、0.0440

(3)Z 值依次为 1.67、1.98、1.64、1.96

5. (1)t 值依次为 2.060、1.708

(2)t 值依次为 2.787、2.485

(3)t 值依次为 2.042、1.697

6. (1)χ^2 值依次为 37.65、44.31

(2)χ^2 值依次为 43.77、50.89

7. (1) $F=2.35$

(2) $F=2.24$

8. (1) $p=0.0228$

(2) $p=0.044$

9. (1) $p=0.2005$(利用精确下限)

(2) $p=0.1038$(利用精确上限)

(3) $p=0.0967$

10. $t=6>2.064$，在 $\alpha=0.05$ 水平上参加英语角的学生英语成绩有显著提升。

第三章

1.(1)当 α 水平降低时，临界值将增大，β 将升高。

(2)在单样本 t 检验中，α 水平一定时，随着 df 增大，临界值将减小。

2.一般情况下，研究者可以根据自己的研究需要确定相应的显著性水平。

(1)当 $\alpha=0.05$ 时，意味着没有处理效应时，仍有 5% 的概率拒绝虚无假设并出现Ⅰ型错误。此时Ⅰ型错误出现的风险较高，但拒绝 H_0 相对更加容易，较小的处理效应就能将观测值推向临界区域，研究处理效应比较容易被发现。

(2)当 $\alpha=0.01$ 时，相比 0.05 的 α 水平更为保守，降低了Ⅰ型错误出现的风险，但拒绝 H_0 变得相对困难，需要较大的处理效应才能将观测值推向临界区域，此时研究处理效应不容易被发现。

3.假设检验具有局限性，比较重要的一点就是显著性检验的结果往往受样本容量大小的影响。当处理具有一定效果时，检验统计量会随样本容量的增加而增加；甚至当处理没有效果时，检验统计量依然会随样本容量的增加而增加，在这种情况下，样本观测值有可能落到临界区域，从而得到研究处理有效果的结论。也就是说，假设检验只是评估了处理效应的相对大小而不是绝对大小。而效应量能够反映了不同处理下的总体平均数之间差异的大小，并且它不受样本容量的影响。所以需要综合两者的结果进行研究报告。

4.A

5.B

6.C

7.C

8.A

9.有研究者报告了自己研究采用单样本 t 检验的结果为 $t=1.93$，$df=40$。问：(1)$n=df+1=40+1=41$

则该研究采集了 41 个被试的样本数据。

(2)给定 $\alpha=0.05$，查得 0.05 水平下，当 $df=40$ 时，$t_{\frac{0.05}{2}(40)}=2.021$，$t=1.93<2.021$。

则研究者无法得出样本与总体之间差异显著的结论。

(3)给定 $\alpha=0.05$，查得 0.05 水平下，当 $df=40$ 时，t 值单侧临界值为 1.684，$t=1.93>1.684$。

则研究者可以得出样本与总体之间差异显著的结论。

10.计算步骤如下：

(1)提出假设

H_0：纯音乐背景不能提高学生对英语材料的记忆力，即 $\mu_{\bar{X}} \leq \mu_0$。

H_1：纯音乐背景能提高学生对英语材料的记忆力，即 $\mu_{\bar{X}} > \mu_0$。

(2)规定显著性水平 α

根据小概率事件原理，一般将 α 确定为 0.05。

(3)选择适当的检验统计量，并根据收集的数据进行计算

已知总体呈正态分布，总体方差未知，故样本平均数服从于 t 分布，使用单样本 t 检验。同时已知，$\mu_0=82$，$\bar{X}=86$，$s_{n-1}=3$，$n=30$，则根据公式 3.5，计算得到的检验统计量 t 为：

$$t=\frac{\bar{X}-\mu_0}{\frac{s_{n-1}}{\sqrt{n}}}=\frac{86-82}{\frac{3}{\sqrt{30}}}\approx 7.30$$

此时，自由度 df 为：$df=30-1=29$

(4)做出决策

根据 $df=29$，查 t 值表(双侧)得当 $\alpha=0.05$ 时，t 值单侧临界值为 1.699，$t=7.30>1.699$，则在 0.05 显著性水平上，能够拒绝虚无假设，接受备择假设，即认为纯音乐背景能提高学生对英语材料的记忆力。

(5)计算效应量

根据公式 3.6，计算得到的效应量估计的 Cohen's d 系数为：

$$d=\frac{\bar{X}-\mu_0}{s_{n-1}}=\frac{86-82}{3}=1.33$$

$1.33>0.8$，则处理具有大效应。

根据公式 3.7，计算得到的效应量 r^2 为：

$$r^2=\frac{t^2}{t^2+df}=\frac{7.30^2}{7.30^2+29}=0.64$$

$0.64>0.14$，则处理具有大效应。

答：纯音乐背景能提高学生对英语材料的记忆力，且实验处理具有大效应。

第四章

1.独立样本 t 检验的适用条件有 4 条：两个样本之间须是相互独立的；两个样本来自的总体满足正态分布；两总体方差齐性；总体方差未知。

2.检验统计量的选择步骤如下：

(1)判断两样本是独立样本还是相关样本；

(2)对于独立样本：当两样本服从正态分布，总体方差已知时，采用独立样本 z 检验，

检验统计量为 z；当两样本服从正态分布，总体方差未知且两总体方差齐性时，采用独立样本 t 检验，检验统计量为 t；当两样本服从正态分布，总体方差未知且两总体方差不齐时，采用柯克兰-柯克斯 t′检验，检验统计量为 t′。

(3)对于相关样本：当两样本服从正态分布，总体方差已知时，采用相关样本 z 检验，检验统计量为 z；当两样本服从正态分布，总体方差未知时，采用相关样本 t 检验，检验统计量为 t，t 的计算方法分为已知相关系数和未知相关系数两种。

3. 估计的 Cohen's d 系数界定效果大小的判断标准为：$d \leq 0.2$ 是小效应，$0.2 < d < 0.8$ 是中等效应，$d \geq 0.8$ 是大效应；r^2 界定效果大小的判断标准为：$r^2 \leq 0.01$ 是小效应，$0.01 < r^2 < 0.14$ 是中等效应，$r^2 \geq 0.14$ 是大效应。

4. *B*

5. *D*

6. *A*

7. *C*

8. 有研究者报告了自己研究采用独立样本 t 检验的结果为 $t = 3.48$，$df = 30$。问：(1) $n_1 + n_2 = df + 2 = 30 + 2 = 32$

则该研究采集了 32 个被试的样本数据。

(2)给定 $\alpha = 0.05$，查得 0.05 水平下，当 $df = 30$ 时，$t_{\frac{0.05}{2}(30)} = 2.042$，$t = 3.48 > 2.042$。

则研究者可以得出两样本差异显著的结论。

(3)给定 $\alpha = 0.05$，查得 0.05 水平下，当 $df = 30$ 时，t 值单侧临界值为 1.697，$t = 3.48 > 1.697$。

则研究者可以得出两样本差异显著的结论。

9. 有研究者报告了自己重复测量设计的研究采用相关样本 t 检验的结果为 $t = 3.76$，$df = 25$。问：(1) $n = df + 1 = 25 + 1 = 26$

则该研究采集了 26 个被试的样本数据。

(2)给定 $\alpha = 0.05$，查得 0.05 水平下，当 $df = 25$ 时，$t_{\frac{0.05}{2}(25)} = 2.06$，$t = 1.87 < 2.06$。

则研究者不能得出两样本差异显著的结论。

(3)给定 $\alpha = 0.05$，查得 0.05 水平下，当 $df = 25$ 时，t 值单侧临界值为 1.708，$t = 1.87 > 1.708$。

则研究者可以得出两样本差异显著的结论。

10. 计算步骤如下：

(1)提出假设

H_0：宠物陪伴不能提高老年人的自身幸福感，即 $\mu_1 \leqslant \mu_2$。

H_1：宠物陪伴能够提高老年人的自身幸福感，即 $\mu_1 > \mu_2$。

(2)方差齐性检验

根据公式 4.1 可得：

$$F_{max}=\frac{s_{大}^2}{s_{小}^2}=\frac{9.90}{7.62}\approx 1.39$$

给定 $\alpha=0.05$，$df_1=7-1=6$，$df_2=7-1=6$，查 F 分布表得临界值为 4.28，$F_{max}<4.28$，则两总体方差齐性。

(3)计算检验统计量

根据公式 4.8 可得：

$$t=\frac{(\bar{X}_1-\bar{X}_2)-(\mu_1-\mu_2)}{SE_{D\bar{X}}}=\frac{(\bar{X}_1-\bar{X}_2)}{\sqrt{\frac{S_{n_1-1}^2+S_{n_2-1}^2}{n}}}=\frac{84.57-76.14}{\sqrt{\frac{18.28+13.14}{7}}}\approx 3.98$$

(4)选取临界值

给定 $\alpha=0.05$，$df=7+7-2=12$，查 t 分布表得 t 单侧临界值为 1.782，$t>1.782$，应拒绝虚无假设，即认为宠物陪伴能够提高老年人的自身幸福感。

(5)计算效应量

由公式 4.9、4.10 可得：

$$d=\frac{\bar{X}_1-\bar{X}_2}{\sqrt{S_p{}^2}}=\frac{\bar{X}_1-\bar{X}_2}{\sqrt{\frac{(n_1-1)S_{n_1-1}^2+(n_2-1)S_{n_2-1}^2}{(n_1-1)+(n_2-1)}}}=\frac{84.57-76.14}{\sqrt{\frac{6\times 18.28+6\times 13.14}{12}}}\approx 2.12$$

2.12>0.08，根据是否拥有宠物陪伴进行分组的实验处理具有大效应。

$$r^2=\frac{t^2}{t^2+df}=\frac{3.98^2}{3.98^2+12}\approx 0.57$$

0.57>0.14，根据是否拥有宠物陪伴进行分组的实验处理具有大效应。

答：宠物陪伴能够提高老年人的自身幸福感，且根据是否拥有宠物陪伴进行分组的实验处理具有大效应。

第五章

1. *C*
2. *D*
3. *B*
4. *A*、*C*
5. *D*
6. *A*
7. 由方差分析表可知学校所在地不能对“恐惧对他人怜悯”产生显著影响。

变异源	平方和	自由度	均方	*F*	*p*
组间	61.667	2	30.833	1.865	>0.05

组内	446.500	27	16.537		
合计	508.167	29			

8. 由方差分析表可知四种团辅方法之间差异显著，且区组划分有效，处理效应的效应量 $\eta_p^2=134.92/(134.92+7.83)=0.945$。

变异源	平方和	自由度	均方	F	p
组间	134.92	3	44.97	34.48	<0.01
区组	591.50	2	295.75	226.53	<0.01
残差	7.83	6	1.31		
合计	734.25	11			

9. 由方差分析表可知 3 种附加文字方式之间差异显著，事后检验方式 1 和方式 2（$p<0.01$）、方式 1 和方式 3 之间差异显著（$p<0.01$）。

变异源	平方和	自由度	均方	F	p
组间	11.556	2	5.778	23.556	<0.01
被试间	1.200	8	0.150		
残差	3.924	16	0.245		
合计	16.680	26			

10. 由方差分析表可知，学校的主效应显著，重点学校学生抑郁得分（39.375 ± 4.031）显著高于非重点学生（35.625 ± 5.340）；生源地之间差异不显著，学校类型与生源地无交互作用。

变异源	平方和	自由度	均方	F	p
组间	175.000	3			
学校类型的主效应	112.500	1	112.500	5.172	<0.05
生源地的主效应	12.500	1	12.500	0.575	>0.05
交互作用	50.000	1	50.000	2.299	>0.05
组内	609.000	28	21.750		
合计	784.000	31			

11. 由方差分析表可知依恋类型和合作者类型的主效应显著，但二者不存在显著的交互作用。

变异源	平方和	自由度	均方	F	p
组间	295.250	19			
依恋类型的主效应	260.417	1	260.417	134.569	<0.01
组间残差	34.833	18	1.935		
组内	232.000	40			

续表

变异源	平方和	自由度	均方	*F*	*p*
合作者类型的主效应	122.500	2	61.250	20.291	<0.01
交互作用	0.833	2	0.417	0.138	>0.05
组内残差	108.667	36	3.019		
合计	527.250	59			

12. 由方差分析表可知分类方式和目标身份的主效应显著，且二者存在交互作用，进行简单效应检验，在分类方式为简单分类时，内群体印象评价得分显著大于外群体($p<0.01$)，在目标身份为外群体时，多重一致分类印象评价得分显著大于简单分类($p<0.01$)。

变异源	平方和	自由度	均方	*F*	*p*
组间	18.889	5	3.778		
组内	54.332	30			
分类方式的主效应	14.389	2	7.194	8.043	<0.01
分类方式的残差	8.944	10	0.894		
目标身份的主效应	11.111	1	11.11	17.241	<0.01
目标身份的残差	3.222	5	0.644		
交互作用	8.722	2	4.361	5.490	<0.05
交互作用的残差	7.944	10	0.794		
合计	73.221	35			

第六章

1. 非参数检验通常很少对获取数据的总体提出前提假设。例如，总体不需要符合正态分布，同一研究内的不同总体的方差也不需要相同(方差齐性假设)。参数检验需要使用等距或等比量尺上的数据。对于非参数检验，任何量尺上的测量数据都是可以接受的。

2. *C*

3. *D*

4. *B*

5. *A*、*B*、*D*

6. 虚无假设是4个颜色并没有偏好，对所有类别来说 $p=1/4$，期望次数是15，卡方值为4.53，$df=3$，临界值为7.81. 接受虚无假设，没有显著偏好。

7. 虚无假设是依恋类型无显著差异，$p=1/2$，期望次数是30，卡方值为5.4，$df=1$，临界值为3.84。拒绝虚无假设，说明有显著差异。

8. 虚无假设是这些能力不受智力水平的影响，期望次数见下表：

智力水平	各项能力		
	语言表达能力	成就动机	阅读成就
较高	20.35	9.9	24.75
较低	16.65	8.1	20.25

卡方值为 0.593，df = 2，临界值为 5.99，接受虚无假设，说明这些能力不受智力水平的影响。克莱姆 V 值 = 0.077，说明效应量较小。

9. 实际一致率 $P_0 = 0.74$，随机一致率 $P_e = 0.50$，$kappa = 0.48$，说明两训练方法的一致性处于中等水平。

10. 有精神焦虑的优势为 43/162，没有精神焦虑的优势为 13/121，$OR = 2.47$，表明有精神焦虑的人患胃病的可能性是没有精神焦虑的人的 2.47 倍，说明精神焦虑是患胃病的风险因素。

第七章

1. 非参数检验可适用于分布形态未知或不满足参数检验要求数据、样本量较小的等距或等比数据、顺序数据。

参数检验适用于总体分布形态已知，样本量大于 30 的等距或等比数据。

2. 符号检验法和符号等级检验法都是对两个相关样本的分布差异检验，都是利用两组数据的差值进行检验，符号检验只利用了正差值和负差值的个数，而符号等级检验不仅考虑了差值的符号，还考虑了差值大小，因此检验度比符号检验法高。

3. *B*

4. *A*

5. *A*

6. *C*

7. 两个独立的小样本差异检验应使用秩和检验法。

$T = T_{农村} = 68.5$

查询秩和检验表，$n_1 = 9$，$n_2 = 10$，$T_1 = 69$，$T_2 = 111$，$T_1 < T < T_2$

答：儿童的身高不会因为地区的不同而有所差异。

8. 两个配对的小样本差异检验应使用符号检验法或符号等级检验法。

(1)符号检验法

对应的 10 个差值中，正值有 8 个，负值有 2 个。

即 $n_+ = 8$，$n_- = 2$，$N = 10$

查询符号检验表得，N=10 时，临界值为 1(0.05 水平)，而 $r=n_{-}=2>r_{0.05}$。

答：两种气味对短时记忆的影响没有差异。

(2)符号等级检验法

$T_{-}=2, T_{+}=8, T=T_{-}=2$

查询符号等级检验表，$N=10, T_{0.05}=8$

$T<T_{0.05}$

答：两种气味对短时记忆的影响有差异。

两种方法出现矛盾，应该选择相信符号等级检验法的结果。

9.5 个变量的小样本差异检验应选择 *H* 检验法。

$K=5, H=8.903$

查 χ^2 表，$df=5\text{-}1=4, \chi^2_{0.05}=9.49$

$H<\chi^2_{0.05}$

答：5 个市的降雨量无显著差异。

10. $n=5, K=4, \chi^2_r=4.467$

查询弗里德曼双向等级方差分析 χ^2_r 值表 $\chi^2_r=3.6, p=0.182$

$\chi^2_r=4.8, p=0.124$

表明 $\chi^2_r=4.467$ 的概率介于 0.182～0.124 之间，大于 0.05。

答：4 位教师的评分没有差异。

第八章

1. *B*

2. *C*

3. *A*

4. *D*

5. *C*

6. *A*

7. 皮尔逊积差相关 $r=0.117$；

斯皮尔曼等级相关 $r_R=-0.127$。

由于斯皮尔曼等级相关是将原始数据转换为等级，损失了较多数据信息，相较于积差相关，其精确性更低，在数据满足积差相关的前提条件时，使用积差相关计算相关系数更准确。

8. 采用肯德尔等级相关判断评判结果是否一致。

$W=0.710$

9. 由于两变量均为真正的二分变量，此时采用 φ 相关计算相关性：

$r_{\Phi}=0.408$

10. 选择斯皮尔曼等级相关：

$r_{R}=0.469$

第九章

1. 略，详见课本。

2. *B*

3. *B*

4. *C*

5. R^2 为 0.532，属于大效应。检验 R^2 显著性的 F 值为 9.091，大于临界值 5.32，所以 R^2 是显著大于零的。回归方程所对应的 F 值为 9.091，对应的显著性 $p<0.05$，拒绝原假设，表明所建立的回归方程有效。回归系数 t 检验得，自变量的系数为 0.664，t 值为 3.015，对应的显著性 $p<0.05$，拒绝原假设，说明回归系数不为 0，所以建立的回归方程是：$Y=0.664X+2.419$。

6. 自变量的标准化回归系数与其相关系数相等，均为 0.729。

7. R^2 为 0.470，属于大效应。检验 R^2 显著性的 F 值为 3.103，小于临界值 4.74，所以 R^2 与零无显著差异。回归方程所对应的 F 值为 3.103，对应的显著性 $p>0.05$，接受原假设，表明所建立的回归方程无效。回归系数 t 检验得，自变量成就动机的系数为 0.747，t 值为 1.451，对应的显著性 $p>0.05$，接受原假设，说明回归系数为 0，自变量阅读成就的系数为-0.001，t 值为-0.003，对应的显著性 $p>0.05$，接受原假设，说明回归系数为 0。

8. 自变量成就动机的偏相关为 0.481，半偏相关为 0.399；自变量阅读成就的偏相关为-0.001，半偏相关为-0.001.

9. 略。

10. 检验结果如下，自变量是否患精神焦虑的系数为 0.904，瓦尔德(卡方值)为 7.925，对应的 $p<0.05$，拒绝原假设，说明回归系数不为 0。常数项与线性回归同理不看显著性大小。因此，得出的 *logistic* 回归方程为：$\text{logit}(P)=0.422+0.904X$。

第十章

1. *C*

2. *A*

3. *D*

4. A

5. D

6. B

7. D

8. A

9. 观测变量被所有公因子所解释的方差在总方差中占的比例。

10. 每个公因子所解释的方差占公因子总方差的比例，是衡量公共因子相对重要性的指标。

第十一章

1. D

2. C

3. B

4. A

5. B

6. A

7. C

8. B

9. 一类是检验虚无假设 c′- c=0，另一类是检验虚无假设 ab=0。前一种方法因犯第一类错误的概率较高且 c′- c 不总是等于 ab（现在多用 ab 来表示中介效应）而较少使用。后一种检验乘积 ab 的方法又可分为间接检验和直接检验。间接检验通过依次检验虚无假设 a=0 和 b=0 来推断 ab 是否显著不同于 0，通常使用逐步法。直接检验包括 *Sobel* 检验、*Bootstrap* 法和 *MCMC* 法等。

10. 温忠麟和叶宝娟（2014）提出了一个完整的中介效应检验流程，如下：

（1）检验总效应 c，如果显著，按中介效应立论，否则按遮掩效应立论。不管哪种结果都进行下一步。

（2）依次检验系数 a 和 b，若二者都显著，则中介效应显著，报告乘积 ab 的置信区间，进行第 4 步。如果有至少一个不显著，则进行第 3 步。

（3）用 Bootstrap 法检验 ab，若显著则进行下一步，否则分析停止，得出中介效应不显著。

（4）检验直接效应 c′，如果不显著，则分析结束，得出存在完全中介效应。否则，进行下一步。

（5）比较 ab 和 c′的符号，如果同号，得出存在部分中介，报告效应量 ab/c。如果异号，得出存在遮掩效应，报告效应量 |ab/c′|。此外，还可报告其他效应量。

附录 2 参考文献

[1]鲍贵.(2014). 研究设计中样本量的确定[*J*]. 外国语文，30(5):115-121.

[2]邓铸，朱晓红.(2011). 心理统计学与 *SPSS* 应用[*M*].上海:华东师范大学出版社.

[3]杜建政，赵国祥，刘金平.(2005). 测评中的共同方法偏差[*J*].心理科学，2:165-167.

[4]方杰，张敏强，邱皓政.(2010). 基于阶层线性理论的多层级中介效应[*J*].心理科学进展，18(8):1329-1338.

[5]方杰，张敏强，邱皓政.(2012). 中介效应的检验方法和效应量测量:回顾与展望[*J*].心理发展与教育，28(1):105-111.

[6]甘怡群.(2005). 心理与行为科学统计[*M*].北京:北京大学出版社.

[7]韩向前，江波，汤家彦，等.(2005). 自尊量表使用过程中的问题及建议[*J*].中华行为医学与脑科学杂志(8):763-768.

[8]胡传鹏，孔祥祯，*Wagenmakers*，等.(2018).贝叶斯因子及其在 *jasp* 中的实现[*J*].心理科学进展，26(6):951-965.

[9]胡竹菁.(2010). 心理统计学[*M*]. 北京:高等教育出版社.

[10]黄高明，梁秋萍.(1999).非参数统计与秩和检验[*J*].广西医学，1999(2):227-232.

[11]蒋兴国.(2008). 临床医学研究对象样本量的估计[*J*].宁夏医学杂志，30(6):571-573.

[12]刘东，张震，汪默.(2012). 被调节的中介和被中介的调节:理论构建与模型检验(高中华译). 见:陈晓萍，徐淑英，樊景立(编). 组织与管理研究的实证方法(第二版，*pp*.553 - 587). 北京:北京大学出版社.

[13]刘红云，骆方，张玉，等.(2013). 因变量为等级变量的中介效应分析[*J*]. 心理学报，45(12):1431-1442.

[14]刘红云.(2019). 高级心理统计[*M*].北京:中国人民大学出版社.

[15]刘庆武，胡志艳.(2005). 如何用 *SPSS*、*SAS* 统计软件进行正态性检验[*J*].湘南学院学报(自然科学版),(3):56-58.

[16]柳士顺，凌文辁.(2009). 多重中介模型及其应用[*J*]. 心理科学，32(2):433-435.

[17]刘铁川，王闪闪，桂雅立.（2019）. 方差分析效果大小报告的新指标[J]. 心理学探新,(3):238-243.

[18]卢纹岱.(2006). SPSS for Windows 统计分析(第 3 版)[M]. 北京:电子工业出版社.

[19]罗文海，张庆凤.（2018）. 定量数据 SPSS 正态性检验影响因素探讨[J]. 中国医院统计,25(4):283-286.

[20]祁海萍,申希平.(2015).Kruskal-Wallis h 检验平均秩多重比较在 SPSS 软件中的实现[J].兰州工业学院学报，22(2):76-78.

[21]权朝鲁.(2003).效应量的意义及测定方法[J].心理学探新,(2):39-44.

[22]王珺,宋琼雅,许岳培,等.（2019）. 效应量置信区间的原理及其实现[J].心理技术与应用，7(5):32-44.

[23]王孟成，邓俏文，毕向阳.(2017) . 潜变量建模的贝叶斯方法[J].心理科学进展，25(10):1682-1695.

[24]王祈然，王帅，王一杰.（2018）. 我国校园欺凌事件性别参与差异分析及治理对策研究[J].教育科学研究，283(10):49-55.

[25]王周伟,龚秀芳,郭照蕊,等.(2017).SPSS 统计分析应用案例教程[M].北京:北京大学出版社.

[26]温忠麟，叶宝娟.（2014）. 有调节的中介模型检验方法:竞争还是替补[J].心理学报，46(5):714-726.

[27]温忠麟，叶宝娟.（2014）. 中介效应分析:方法和模型发展[J].心理科学进展，22(5):731-745.

[28]温忠麟，刘红云，侯杰泰.（2012）. 调节效应和中介效应分析[M]. 北京：教育科学出版社.

[29]吴喜之,王兆军.(1996).非参数统计方法[M].北京:高等教育出版社.

[30]伍小英,鲁婧婧,张晋昕,等.（2006）. 两两比较的 bonferroni 法[J].循证医学，6(6)：361-363,374.

[31]熊红星，张璟，叶宝娟，等.（2012）. 共同方法变异的影响及其统计控制途径的模型分析[J].心理科学进展，20(5):757-769.

[32]熊清清.（2012）. 两总体均值差效果量的置信区间估计方法比较研究[D].广州:华南师范大学.

[33]薛薇,(2001). 统计分析与 SPSS 的应用[M]. 北京:中国人民大学出版社.

[34]薛薇,(2009). SPSS 统计分析方法及应用[M].北京:电子工业出版社.

[35]杨辅祥,刘云超,段智华.(2002).数据清理综述[J].计算机应用研究,(3):3-5.

[36]叶宝娟，温忠麟.（2013）. 有中介的调节模型检验方法:甄别和整合[J]. 心理

学报,45(9):1050-1060.

[37]易丹辉,董寒青.(2009).非参数统计:方法与应用[M].北京:中国统计出版社.

[38]于琦.(2018).数据挖掘中的数据清理技术概述[J].河南科技,646(7):21-23.

[39]宇传华.(2007).SPSS与统计分析[M].北京:电子工业出版社:119-120.

[40]张厚粲,徐建平.(2015).现代心理与教育统计学[M].北京:北京师范大学出版社.

[41]张敏强.(2010).教育与心理统计学(第3版)[M].北京:人民教育出版社.

[42]张奇.(2009).SPSS for Windows在心理学与教育学中的应用[M].北京:北京大学出版社.

[43]张文彤.(2017).SPSS统计分析基础教程(第3版)[M].北京:高等教育出版社.

[44]周工.(1987).运动心理学"一致性效度"检验方法——多列相关法[J].武汉体育学院学报,(2):69-72.

[45]周浩,龙立荣.(2004).共同方法偏差的统计检验与控制方法[J].心理科学进展,12(6):942-950.

[46]朱红兵,何丽娟.(2004).在SPSS10.0中进行数据资料正态性检验的方法[J].首都体育学院学报,16(3):123-125.

[47]弗雷德里克J.格雷维特,拉里B.瓦尔诺.(2018).行为科学统计精要(第8版)[M].北京:中国人民大学出版社.

[48]理查德 鲁尼恩,凯·科尔曼,戴维 皮滕杰.(2004).心理统计(第9版)(英文版)[M].北京:人民邮电出版社.

[49]Robert R. Pagano.(2002).行为科学中的统计学入门(第6版)(影印版)[M].北京:中国统计出版社.

[50]阿瑟·艾伦,艾琳N.艾伦,埃利奥特 库普斯.心理统计(第4版)[M].北京:世界图书出版公司.

[51]理查德D.德沃,保罗F.威勒曼,戴维E.博克.(2016).统计学:数据与模型(第3版)[M].北京:中国人民大学出版社.

[52][美]约瑟夫·M.西尔贝.(2019).实用逻辑斯谛回归方法[M].北京:机械工业出版社.

[53][美]道格拉斯·C.蒙哥马利,伊丽莎白·A.派克,G.杰弗里.(2019).线性回归分析导论(原书第5版)[M].北京:机械工业出版社.

[54]Aiken, L. S., & West, S. G. (1991). *Multiple regression: testing and interpreting interactions*. Thousand Oaks, CA: Sage.

[55]Baron, R. M., & Kenny, D. A. (1986). The moderator-mediator variable

distinction in social psychological research: conceptual, strategic, and statistical considerations. *Journal of personality and social psychology*, 51(6), 1173.

[56]Campbell, D. T., & Fiske, D. W. (1959). Convergent and discriminant validation by the multitrait-multimethod matrix. *Psychological Bulletin*, 56: 81 - 105.

[57]Cohen, J. (1960). A coefficient of agreement for nominal scales. *Educational and psychological measurement*, 20:37-46.

[58]Cohen, J. (1988). *Statistical power analysis for the behavioral sciences*(2nd ed.). New York, NY: Erlbaum.

[59]Comrey, A. L., & Lee, H. B. (1992). *A First Course in Factor Analysis* (2nd Ed.). Hillsdale, NJ: Frlbaum.

[60]Cox, D. R. (1970). *The Analysis of Binary Data*. London: Methuen.

[61]Curran, P. J., West, S, G., & Finch, J. F. (1996). The robustness of test statistics to nonnormality and specification error in confirmatory factor analysis. *Psychological Methods*, 1:16-29.

[62]Elazar J. Pedhazur. *Multiple Regression in Behavioral Research:Explanation and Prediction*(3rd ed.). Thomson Learning Academic Resource Center.

[63]Finney, S. J., & DiStefano, C. (2006). Non-normal and categorical data in structural equation modeling. *Structural Equation Modeling: A Second Course*, 10(6): 269 - 314.

[64]Floyd, F. J., &Widaman, K. F. (1995). Factor analysis in the development and refinement of clinical assessment instruments. *Psychological Assessment*, 7(3): 286-299.

[65]Frederick J. Gravetter, & Larry B. Wallnau. (2008). 行为科学统计(第7版). 北京:中国轻工业出版社.

[66]Gorsuch, R. L. (1983). *Factor analysis* (2nd ed.). Hillsdale, NJ: Frlbaum.

[67]Jarosz, Andrew F. and Wiley, Jennifer. (2014). What Are the Odds? A Practical Guide to Computing and Reporting Bayes Factors. *The Journal of Problem Solving*: Vol. 7: Iss. 1, Article 2.

[68]Jeffreys, H. (1961). *Theory of Probability*(3rd ed.). Oxford: Clarendon Press.

[69]Kaiser, H. F. (1974). An index of factorial simplicity. *Psychometrika*, 39(1):31-36.

[70]Kenny, D. A. ,Korchmaros, J. D. , & Bolger, N. (2003). Lower level mediation in multilevel models. *Psychological Methods*, 8(2):115-128.

[71] Keppel, G. (1991). *Design and Analysis: A researcher's handbook*. Englewood Cliffs, NJ: Prentice Hall.

[72] Lakens, D. (2013). Calculating and reporting effect sizes to facilitate cumulative science: a practical primer for t-tests and ANOVAs. *Frontiers in Psychology*,(4):1-12.

[73]Maccallum, R. C. , Widaman, K. F. , Zhang, S. B. , et al. (1999). Sample size in factor analysis. *Psychological Methods*, 4(1):84-99.

[74] Marsman, M. , & Wagenmakers, E. J. (2017). Three insights from a bayesian interpretation of the one-sided P value. *Educational and Psychological Measurement*, 77(3):529 - 539.

[75]Nunnaly, J. C. (1994). *Psychometric Theory*(3rd ed.). New York:McGraw-Hill.

[76]Ozel, M. , Caglak, S. , & Erdogan, M. (2013). Are affective factors a good predictor of science achievement? examining the role of affective factors based on pisa 2006. *Learning and Individual Differences*, 24, 73-82.

[77]Podsakoff, P. M. , Mackenzie, S. B. , Lee. J. Y. , & Podsakoff, N. P. (2003). Common method biases in behavioral research: a critical review of the literature and recommended remedies. *Journal of Applied Psychology*, 88 (5): 879-903.

[78]Rouder, J. N. , Speckman, P. L. , Sun, D. C. , et al. (2009). Bayesian t tests for accepting and rejecting the null hypothesis. *Psychonomic Bulletin & Review*, 16(2): 225 - 237.

[79]Rouder, J. N. , Morey, R. D. , Speckman, P. L. , & Province, J. M. (2012). Default Bayes factors for ANOVA designs. *Journal of Mathematical Psychology*, 56(5):356 - 374.

[80] Scott Menard. *Applied Logistic Regression Analysis* (Second Edition). Institute of Behavioral Science University of Colorado.

[81]Smithson, M. (2001). Correct Confidence Intervals for Various Regression Effect Sizes and Parameters: The Importance of Noncentral Distributions in Computing Intervals. *Educational and Psychological Measurement*, 61(4):605-632.

[82]Stefan, A. M. ,Gronau, Q. F. , Schönbrodt, F. D. ,et al. J. (2019). A tutorial on Bayes Factor Design Analysis using an informed prior. *Behavior Research*

Methods.

[83] Velicer, W. F., & Fava, J. L. (1998). Effects of variable and subject sampling on factor pattern recovery. *Psychological Methods*, 3:231-251.

[84] West, S, G,, Finch, J, F,, & Curran, P, J. (1995), Structural equation models with nonnormal variables: Problems and remedies. In R. Hoyle (Ed.), *Structural equationmodeling*: *Concepts*, *issues and applications* (p. 56- 75), Newbury Park, CA: Sage.

[85] Wetzels, R., Matzke, D., Lee, M. D., te al., & Wagenmakers, E. J. (2011). Statistical evidence in experimental psychology: An empirical comparison using 855 t tests. *Perspectives on Psychological Science*, 6(3):291 - 298.

附录 3

表 1　标准正态分布表

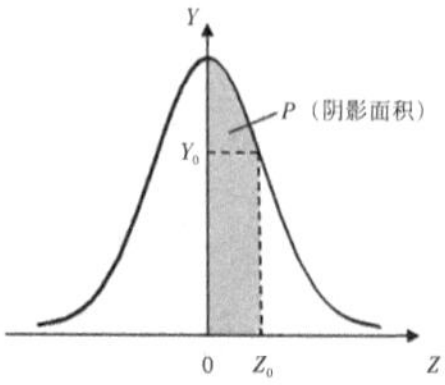

Z	Y	P	Z	Y	P	Z	Y	P
0.00	0.39894	0.0000	0.33	0.37780	0.1293	0.66	0.32086	0.2454
0.01	0.39892	0.0040	0.34	0.37654	0.1331	0.67	0.31874	0.2486
0.02	0.39886	0.0080	0.35	0.37524	0.1368	0.68	0.31659	0.2517
0.03	0.39876	0.0120	0.36	0.37391	0.1406	0.69	0.31443	0.2549
0.04	0.39862	0.0160	0.37	0.37255	0.1443	0.70	0.31225	0.2580
0.05	0.39844	0.0199	0.38	0.37115	0.1480	0.71	0.31006	0.2611
0.06	0.39822	0.0239	0.39	0.36973	0.1517	0.72	0.30785	0.2642
0.07	0.39797	0.0279	0.40	0.36827	0.1554	0.73	0.30563	0.2673
0.08	0.39767	0.0319	0.41	0.36678	0.1591	0.74	0.30339	0.2703
0.09	0.39733	0.0359	0.42	0.36526	0.1628	0.75	0.30114	0.2734
0.10	0.39695	0.0398	0.43	0.36371	0.1664	0.76	0.29887	0.2764
0.11	0.39654	0.0438	0.44	0.36213	0.1700	0.77	0.29659	0.2794
0.12	0.39608	0.0478	0.45	0.36053	0.1736	0.78	0.29431	0.2823
0.13	0.39559	0.0517	0.46	0.35689	0.1772	0.79	0.29200	0.2852
0.14	0.39505	0.0557	0.47	0.35723	0.1808	0.80	0.28969	0.2881
0.15	0.39448	0.0596	0.48	0.35553	0.1844	0.81	0.28737	0.2910
0.16	0.39387	0.0636	0.49	0.35381	0.1879	0.82	0.28504	0.2939
0.17	0.39322	0.0675	0.50	0.35207	0.1915	0.83	0.28269	0.2967
0.18	0.39253	0.0714	0.51	0.35029	0.1950	0.84	0.28034	0.2995
0.19	0.39181	0.0753	0.52	0.34849	0.1985	0.85	0.27798	0.3023
0.20	0.39104	0.0793	0.53	0.34667	0.2019	0.86	0.27562	0.3051
0.21	0.39024	0.0832	0.54	0.34482	0.2054	0.87	0.27324	0.3078
0.22	0.38949	0.0871	0.55	0.34294	0.2088	0.88	0.27086	0.3106

Z	Y	P	Z	Y	P	Z	Y	P
0.23	0.38853	0.0910	0.56	0.34105	0.2123	0.89	0.28848	0.3133
0.24	0.38762	0.0948	0.57	0.33912	0.2157	0.90	0.26609	0.3159
0.25	0.38667	0.0987	0.58	0.33718	0.2190	0.91	0.26369	0.3186
0.26	0.38568	0.1026	0.59	0.33521	0.2224	0.92	0.26129	0.3212
0.27	0.38466	0.1064	0.60	0.33322	0.2257	0.93	0.25888	0.3238
0.28	0.38361	0.1103	0.61	0.33121	0.2291	0.94	0.25647	0.3264
0.29	0.38251	0.1141	0.62	0.32918	0.2324	0.95	0.25406	0.3289
0.30	0.38139	0.1179	0.63	0.32713	0.2357	0.96	0.25194	0.3315
0.31	0.38023	0.1217	0.64	0.32506	0.2389	0.97	0.24923	0.3340
0.32	0.37903	0.1255	0.65	0.32297	0.2422	0.98	0.24681	0.3365
0.99	0.24439	0.3389	1.42	0.14556	0.4222	1.85	0.07206	0.4678
1.00	0.24197	0.3413	1.43	0.14350	0.4236	1.86	0.07074	0.4686
1.01	0.23955	0.3438	1.44	0.14146	0.4251	1.87	0.06943	0.4693
1.02	0.23713	0.3461	1.45	0.13943	0.4265	1.88	0.06814	0.4700
1.03	0.23471	0.3485	1.46	0.13742	0.4278	1.89	0.06687	0.4706
1.04	0.25230	0.3508	1.47	0.13542	0.4292	1.90	0.06562	0.4713
1.05	0.22988	0.3531	1.48	0.13344	0.4306	1.91	0.06439	0.4719
1.06	0.22747	0.3554	1.49	0.13147	0.4319	1.92	0.06316	0.4726
1.07	0.22506	0.3577	1.50	0.12952	0.4332	1.93	0.06195	0.4732
1.08	0.22265	0.3599	1.51	0.12758	0.4345	1.94	0.06077	0.4738
1.09	0.22025	0.3621	1.52	0.12566	0.4357	1.95	0.05959	0.4744
1.10	0.21785	0.3643	1.53	0.12376	0.4370	1.96	0.05844	0.4750
1.11	0.21546	0.3665	1.54	0.12188	0.4382	1.97	0.05730	0.4756
1.12	0.21307	0.3686	1.55	0.12001	0.4394	1.98	0.05618	0.4762
1.13	0.21069	0.3708	1.56	0.11815	0.4406	1.99	0.05508	0.4767
1.14	0.20851	0.3729	1.57	0.11632	0.4418	2.00	0.05399	0.4772
1.15	0.20594	0.3749	1.58	0.11450	0.4430	2.01	0.05292	0.4778
1.16	0.20357	0.3770	1.59	0.11270	0.4441	2.02	0.05186	0.4783
1.17	0.20121	0.3790	1.60	0.11092	0.4452	2.03	0.05082	0.4788
1.18	0.19886	0.3810	1.61	0.10915	0.4463	2.04	0.04980	0.4793
1.19	0.19652	0.3830	1.62	0.10741	0.4474	2.05	0.04879	0.4798
1.20	0.19419	0.3849	1.63	0.10567	0.4484	2.06	0.04780	0.4803
1.21	0.19186	0.3869	1.64	0.10396	0.4495	2.07	0.04682	0.4808
1.22	0.18954	0.3888	1.65	0.10226	0.4505	2.08	0.04586	0.4812

Z	Y	P	Z	Y	P	Z	Y	P
1.23	0.18724	0.3907	1.66	0.10059	0.4515	2.09	0.04491	0.4817
1.24	0.18494	0.3925	1.67	0.09893	0.4525	2.10	0.04398	0.4821
1.25	0.18265	0.3944	1.68	0.09728	0.4535	2.11	0.04307	0.4826
1.26	0.18037	0.3962	1.69	0.09566	0.4545	2.12	0.04217	0.4830
1.27	0.17810	0.3980	1.70	0.09405	0.4554	2.13	0.04128	0.4834
1.28	0.17585	0.3997	1.71	0.09246	0.4564	2.14	0.04041	0.4838
1.29	0.17360	0.4015	1.72	0.09089	0.4573	2.15	0.03955	0.4842
1.30	0.17137	0.4032	1.73	0.08933	0.4582	2.16	0.03871	0.4846
1.31	0.16915	0.4049	1.74	0.08780	0.4591	2.17	0.03788	0.4850
1.32	0.16694	0.4066	1.75	0.08628	0.4599	2.18	0.03706	0.4854
1.33	0.16474	0.4082	1.76	0.08478	0.4608	2.19	0.03626	0.4857
1.34	0.16256	0.4099	1.77	0.08329	0.4616	2.20	0.03547	0.4861
1.35	0.16038	0.4115	1.78	0.08183	0.4625	2.21	0.03470	0.4864
1.36	0.15822	0.4131	1.79	0.08038	0.4633	2.22	0.03394	0.4868
1.37	0.15608	0.4147	1.80	0.07895	0.4641	2.23	0.03319	0.4871
1.38	0.15395	0.4162	1.81	0.07754	0.4648	2.24	0.03246	0.4874
1.39	0.15183	0.4177	1.82	0.07614	0.4656	2.25	0.03174	0.4878
1.40	0.14973	0.4192	1.83	0.07477	0.4664	2.26	0.03103	0.4881
1.41	0.14764	0.4207	1.84	0.07341	0.4671	2.27	0.03034	0.4884
2.28	0.02965	0.4887	2.56	0.01506	0.4948	2.84	0.00707	0.4977
2.29	0.02898	0.4890	2.57	0.01468	0.4949	2.85	0.00687	0.4978
2.30	0.02833	0.4893	2.58	0.01431	0.4951	2.86	0.00668	0.4979
2.31	0.02768	0.4896	2.59	0.01394	0.4952	2.87	0.00649	0.4979
2.32	0.02705	0.4898	2.60	0.01358	0.4953	2.88	0.00631	0.4980
2.33	0.02643	0.4901	2.61	0.01323	0.4955	2.89	0.00613	0.4981
2.34	0.02582	0.4904	2.62	0.01289	0.4956	2.90	0.00595	0.4981
2.35	0.02522	0.4906	2.63	0.01256	0.4957	2.91	0.00578	0.4982
2.36	0.02463	0.4909	2.64	0.01223	0.4959	2.92	0.00562	0.4982
2.37	0.02406	0.4911	2.65	0.01191	0.4960	2.93	0.00545	0.4983
2.38	0.02349	0.4913	2.66	0.01160	0.4961	2.94	0.00530	0.4984
2.39	0.02294	0.4916	2.67	0.01130	0.4962	2.95	0.00514	0.4984
2.40	0.02239	0.4918	2.68	0.01100	0.4963	2.96	0.00489	0.4985
2.41	0.02186	0.4920	2.69	0.01071	0.4964	2.97	0.00485	0.4985
2.42	0.02134	0.4922	2.70	0.01042	0.4965	2.98	0.00471	0.4986

Z	Y	P	Z	Y	P	Z	Y	P
2.43	0.02083	0.4925	2.71	0.01014	0.4966	2.99	0.00457	0.4986
2.44	0.02033	0.4927	2.72	0.00987	0.4967	3.00	0.00443	0.4987
2.45	0.01984	0.4929	2.73	0.00961	0.4968	3.10	0.00327	0.4990
2.46	0.01936	0.4931	2.74	0.00935	0.4969	3.20	0.00238	0.4993
2.47	0.01889	0.4932	2.75	0.00909	0.4970	3.30	0.00172	0.4995
2.48	0.01842	0.4934	2.76	0.00885	0.4971	3.40	0.00123	0.4997
2.49	0.01797	0.4936	2.77	0.00861	0.4972	3.50	0.00087	0.4998
2.50	0.01753	0.4938	2.78	0.00837	0.4973	3.60	0.00061	0.4998
2.51	0.01709	0.4940	2.79	0.00814	0.4974	3.70	0.00042	0.4999
2.52	0.01667	0.4941	2.80	0.00792	0.4974	3.80	0.00029	0.4999
2.53	0.01625	0.4943	2.81	0.00770	0.4975	3.90	0.00020	0.5000
2.54	0.01585	0.4945	2.82	0.00748	0.4976	3.99	0.00014	0.5000
2.55	0.01545	0.4946	2.83	0.00727	0.4977			

表 2　*t* 分布表

df	单尾概率					
	0.25	0.10	0.05	0.025	0.01	0.005
	双尾概率					
	0.50	0.20	0.10	0.05	0.02	0.01
1	1.000	3.078	6.314	12.706	31.821	63.657
2	0.816	1.886	2.920	4.303	6.965	9.925
3	0.765	1.638	2.353	3.182	4.541	5.841
4	0.741	1.533	2.132	2.776	3.747	4.604
5	0.727	1.476	2.015	2.571	3.365	4.032
6	0.718	1.440	1.943	2.447	3.143	3.707
7	0.711	1.415	1.895	2.365	2.998	3.499
8	0.706	1.397	1.860	2.306	2.896	3.355
9	0.703	1.383	1.833	2.262	2.821	3.250
10	0.700	1.372	1.812	2.228	2.764	3.169
11	0.697	1.363	1.796	2.201	2.718	3.106
12	0.695	1.356	1.782	2.179	2.681	3.055
13	0.694	1.350	1.771	2.160	2.650	3.012
14	0.692	1.345	1.761	2.145	2.624	2.977
15	0.691	1.341	1.753	2.131	2.602	2.947
16	0.690	1.337	1.746	2.120	2.583	2.921
17	0.689	1.333	1.740	2.110	2.567	2.898
18	0.688	1.330	1.734	2.101	2.552	2.878
19	0.688	1.328	1.729	2.093	2.539	2.861

20	0.687	1.325	1.725	2.086	2.528	2.845
21	0.686	1.323	1.721	2.080	2.518	2.831
22	0.686	1.321	1.717	2.074	2.508	2.819
23	0.685	1.319	1.714	2.069	2.500	2.807
24	0.685	1.318	1.711	2.064	2.492	2.797
25	0.684	1.316	1.708	2.060	2.485	2.787
26	0.684	1.315	1.706	2.056	2.479	2.779
27	0.684	1.314	1.703	2.052	2.473	2.771
28	0.683	1.313	1.701	2.048	2.467	2.763
29	0.683	1.311	1.699	2.045	2.462	2.756
30	0.683	1.310	1.697	2.042	2.457	2.750
40	0.681	1.303	1.684	2.021	2.423	2.704
60	0.679	1.296	1.671	2.000	2.390	2.660
120	0.677	1.289	1.658	1.980	2.358	2.617
∞	0.674	1.282	1.645	1.960	2.326	2.576

表 3 χ^2 分布表

df	χ^2 的临界值												
	0.995	0.990	0.975	0.950	0.900	0.750	0.500	0.250	0.100	0.050	0.025	0.010	0.005
1	0.00004	0.00016	0.00098	0.0039	0.02	0.10	0.45	1.32	2.71	3.84	5.02	6.63	7.88
2	0.01	0.02	0.02	0.10	0.21	0.58	1.39	2.77	4.61	5.99	7.38	9.21	10.6
3	0.07	0.11	0.22	0.35	0.58	1.21	2.37	4.11	6.25	7.81	9.35	11.34	12.84
4	0.21	0.30	0.48	0.71	1.06	1.92	3.36	5.39	7.78	9.49	11.14	13.28	14.86
5	0.41	0.55	0.83	1.15	1.61	2.67	4.35	6.63	9.24	11.07	12.83	15.09	16.75
6	0.68	0.87	1.24	1.64	2.20	3.45	5.35	7.84	10.64	12.59	14.45	16.81	18.55
7	0.99	1.24	1.69	2.17	2.83	4.25	6.35	9.04	12.02	14.07	16.01	18.48	20.28
8	1.34	1.65	2.18	2.73	3.40	5.07	7.34	10.22	13.36	15.51	17.53	20.09	21.96
9	1.73	2.09	2.70	3.33	4.17	5.90	8.34	11.39	14.68	16.92	19.02	21.67	23.59
10	2.16	2.56	3.25	3.94	4.87	6.74	9.34	12.55	15.99	18.31	20.48	23.21	25.19
11	2.60	3.05	3.82	4.57	5.58	7.58	10.34	13.70	17.28	19.68	21.92	24.72	26.76
12	3.07	3.57	4.40	5.23	6.30	8.44	11.34	14.85	18.55	21.03	23.34	26.22	28.30
13	3.57	4.11	5.01	5.89	7.04	9.30	12.34	15.98	19.81	22.36	24.74	27.69	29.82
14	4.07	4.66	5.63	6.57	7.79	10.17	13.34	17.12	21.06	23.68	26.12	29.14	31.32
15	4.60	5.23	6.27	7.26	8.55	11.04	14.34	18.25	22.31	25.00	27.49	30.58	32.80
16	5.14	5.81	6.91	7.96	9.31	11.91	15.34	19.37	23.54	26.30	28.85	32.00	34.27
17	5.70	6.41	7.56	8.67	10.09	12.79	16.34	20.49	24.77	27.59	30.19	33.41	35.72
18	6.26	7.01	8.23	9.39	10.86	13.68	17.34	21.60	25.99	28.87	31.53	34.81	37.16
19	6.84	7.63	8.91	10.12	11.65	14.56	18.34	22.72	27.20	30.14	32.85	36.19	38.58
20	7.43	8.26	9.59	10.85	12.44	15.45	19.34	23.83	28.41	31.41	34.17	37.57	40.00

21	8.03	8.90	10.28	11.59	13.24	16.34	20.34	24.93	29.62	32.67	35.48	38.93	41.40
22	8.64	9.54	10.98	12.34	14.04	17.24	21.34	26.04	30.81	33.92	36.78	40.29	42.80
23	9.26	10.20	11.69	13.09	14.85	18.14	22.34	27.14	32.01	35.17	38.08	41.64	44.18
24	9.89	10.86	12.40	13.85	15.66	19.04	23.34	28.24	33.20	36.42	39.36	42.98	45.56
25	10.52	11.52	13.12	14.61	16.47	19.94	24.34	29.34	34.38	37.65	40.65	44.31	46.93
26	11.16	12.2	13.84	15.38	17.29	20.84	25.34	30.43	35.56	38.89	41.92	45.64	48.29
27	11.81	12.88	14.57	16.15	18.11	21.75	26.34	31.53	36.74	40.11	43.19	46.96	49.64
28	12.46	13.56	15.31	16.93	18.94	22.66	27.34	32.62	37.92	41.34	44.46	48.28	50.99
29	13.12	14.26	16.05	17.71	19.77	23.57	28.34	33.71	39.09	42.56	45.72	49.59	52.34
30	13.79	14.95	16.79	18.49	20.60	24.48	29.34	34.80	40.26	43.77	46.98	50.89	53.67
40	20.71	22.16	24.43	26.51	29.05	33.66	39.34	45.62	51.8	55.76	59.34	63.69	66.77
50	27.99	29.71	32.36	34.76	37.69	42.94	49.33	56.33	63.17	67.50	71.42	76.15	79.49
60	35.53	37.48	40.48	43.19	46.46	52.29	59.33	66.98	74.40	79.08	83.30	88.38	91.95
70	43.28	45.44	48.76	51.74	55.33	61.7	69.33	77.58	85.53	90.53	95.02	100.42	104.22
80	51.17	53.54	57.15	60.39	64.28	71.14	79.33	88.13	96.58	101.88	106.63	112.33	116.32
90	59.20	61.75	65.65	69.13	73.29	80.62	89.33	98.64	107.56	113.14	118.14	124.12	128.30
100	67.33	70.06	74.22	77.93	82.36	90.13	99.33	109.14	118.50	124.34	129.56	135.81	140.17

表 4　*F* 分布表(单侧)

分母		分子 *df*														
df	α	1	2	3	4	5	6	7	8	9	10	11	12	14	16	20
1	0.05	161	200	216	225	230	234	237	239	241	242	243	244	245	246	248
	0.01	4052	4999	5403	5625	5764	5859	5928	5981	6022	6056	6082	6106	6142	6169	6208
2	0.05	18.51	19.00	19.16	19.25	19.30	19.33	19.36	19.37	19.38	19.39	19.40	19.41	19.42	19.43	19.44
	0.01	98.49	99.00	99.17	99.25	99.30	99.33	99.34	99.36	99.38	99.40	99.41	99.42	99.43	99.44	99.45
3	0.05	10.13	9.55	9.28	9.12	9.01	8.94	8.88	8.84	8.81	8.78	8.76	8.74	8.71	8.69	8.66
	0.01	34.12	30.92	29.46	28.71	28.24	27.91	27.67	27.49	27.34	27.23	27.13	27.05	26.92	26.83	26.69
4	0.05	7.71	6.94	6.59	6.39	6.26	6.16	6.09	6.04	6.00	5.96	5.93	5.91	5.87	5.84	5.80
	0.01	21.20	18.00	16.69	15.98	15.52	15.21	14.98	14.80	14.66	14.54	14.45	14.37	14.24	14.15	14.02
5	0.05	6.61	5.79	5.41	5.19	5.05	4.95	4.88	4.82	4.78	4.74	4.70	4.68	4.64	4.60	4.56
	0.01	16.26	13.27	12.06	11.39	10.97	10.67	10.45	10.27	10.15	10.05	9.96	9.89	9.77	9.68	9.55
6	0.05	5.99	5.14	4.76	4.53	4.39	4.28	4.21	4.15	4.10	4.06	4.03	4.00	3.96	3.92	3.87
	0.01	13.74	10.92	9.78	9.15	8.75	8.47	8.26	8.10	7.98	7.87	7.79	7.72	7.60	7.52	7.39
7	0.05	5.59	4.47	4.35	4.12	3.97	3.87	3.79	3.73	3.68	3.63	3.60	3.57	3.52	3.49	3.44
	0.01	12.25	9.55	8.45	7.85	7.46	7.19	7.00	6.84	6.71	6.62	6.54	6.47	6.35	6.27	6.15
8	0.05	5.32	4.46	4.07	3.84	3.69	3.58	3.50	3.44	3.39	3.34	3.31	3.28	3.23	3.20	3.15
	0.01	11.26	8.65	7.59	7.01	6.63	6.37	6.19	6.03	5.91	5.82	5.74	5.67	5.56	5.48	5.36
9	0.05	5.12	4.26	3.86	3.63	3.48	3.37	3.29	3.23	3.18	3.13	3.10	3.07	3.02	2.98	2.93
	0.01	10.56	8.02	6.99	6.42	6.06	5.80	5.62	5.47	5.35	5.26	5.18	5.11	5.00	4.92	4.80
10	0.05	4.96	4.10	3.71	3.48	3.33	3.22	3.14	3.07	3.02	2.97	2.94	2.91	2.86	2.82	2.77
	0.01	10.04	7.56	6.55	5.99	5.64	5.39	5.21	5.06	4.95	4.85	4.78	4.71	4.60	4.52	4.41

分母 df	α	分子 df 1	2	3	4	5	6	7	8	9	10	11	12	14	16	20
11	0.05	4.84	3.98	3.59	3.36	3.20	3.09	3.01	2.95	2.90	2.86	2.82	2.79	2.74	2.70	2.65
	0.01	9.65	7.20	6.22	5.67	5.32	5.07	4.88	4.74	4.63	4.54	4.46	4.40	4.29	4.21	4.10
12	0.05	4.75	3.88	3.49	3.26	3.11	3.00	2.92	2.85	2.80	2.76	2.72	2.69	2.64	2.60	2.54
	0.01	9.33	6.93	5.95	5.41	5.06	4.82	4.65	4.50	4.39	4.30	4.22	4.16	4.05	3.98	3.86
13	0.05	4.67	3.80	3.41	3.18	3.02	2.92	2.84	2.77	2.72	2.67	2.63	2.60	2.55	2.51	2.46
	0.01	9.07	6.70	5.74	5.20	4.86	4.62	4.44	4.30	4.19	4.10	4.02	3.96	3.85	3.78	3.67
14	0.05	4.60	3.74	3.34	3.11	2.96	2.85	2.77	2.70	2.65	2.60	2.56	2.53	2.48	2.44	2.39
	0.01	8.86	6.51	5.56	5.03	4.69	4.46	4.28	4.14	4.03	3.94	3.86	3.80	3.70	3.62	3.51
15	0.05	4.54	3.68	3.29	3.06	2.90	2.79	2.70	2.64	2.59	2.55	2.51	2.48	2.43	2.39	2.33
	0.01	8.68	6.36	5.42	4.89	4.56	4.32	4.14	4.00	3.89	3.80	3.73	3.67	3.56	3.48	3.36
16	0.05	4.49	3.63	3.24	3.01	2.85	2.74	2.66	2.59	2.54	2.49	2.45	2.42	2.37	2.33	2.28
	0.01	8.53	6.23	5.29	4.77	4.44	4.20	4.03	3.89	3.78	3.69	3.61	3.55	3.45	3.37	3.25
17	0.05	4.45	3.59	3.20	2.96	2.81	2.70	2.62	2.55	2.50	2.45	2.41	2.38	2.33	2.29	2.23
	0.01	8.40	6.11	5.18	4.67	4.34	4.10	3.93	3.79	3.68	3.59	3.52	3.45	3.35	3.27	3.16
18	0.05	4.41	3.55	3.16	2.93	2.77	2.66	2.58	2.51	2.46	2.41	2.37	2.34	2.29	2.25	2.19
	0.01	8.28	6.01	5.09	4.58	4.25	4.01	3.85	3.71	3.60	3.51	3.44	3.37	3.27	3.19	3.07
19	0.05	4.38	3.52	3.13	2.90	2.74	2.63	2.55	2.48	2.43	2.38	2.34	2.31	2.26	2.21	2.15
	0.01	8.18	5.93	5.01	4.50	4.17	3.94	3.77	3.63	3.52	3.43	3.36	3.30	3.19	3.12	3.00
20	0.05	4.35	3.49	3.10	2.87	2.71	2.60	2.52	2.45	2.40	2.35	2.31	2.28	2.23	2.18	2.12
	0.01	8.10	5.85	4.94	4.43	4.10	3.87	3.71	3.56	3.45	3.37	3.30	3.23	3.13	3.05	2.94

分母	分子 df															
df	α	1	2	3	4	5	6	7	8	9	10	11	12	14	16	20
21	0.05	4.32	3.47	3.07	2.84	2.68	2.57	2.49	2.42	2.37	2.32	2.28	2.25	2.20	2.15	2.09
	0.01	8.02	5.78	4.87	4.37	4.04	3.81	3.65	3.51	3.40	3.31	3.24	3.17	3.07	2.99	2.88
22	0.05	4.30	3.44	3.05	2.82	2.66	2.55	2.47	2.40	2.35	2.30	2.26	2.23	2.18	2.13	2.07
	0.01	7.94	5.72	4.82	4.31	3.99	3.76	3.59	3.45	3.35	3.26	3.18	3.12	3.02	2.94	2.83
23	0.05	4.28	3.42	3.03	2.80	2.64	2.53	2.45	2.38	2.32	2.28	2.24	2.20	2.14	2.10	2.04
	0.01	7.88	5.66	4.76	4.26	3.94	3.71	3.54	3.41	3.30	3.21	3.14	3.07	2.97	2.89	2.78
24	0.05	4.26	3.40	3.01	2.78	2.62	2.51	2.43	2.36	2.30	2.26	2.22	2.18	2.13	2.09	2.02
	0.01	7.82	5.61	4.72	4.22	3.90	3.67	3.50	3.36	3.25	3.17	3.09	3.03	2.93	2.85	2.74
25	0.05	4.24	3.38	2.99	2.76	2.60	2.49	2.41	2.34	2.28	2.24	2.20	2.16	2.11	2.06	2.00
	0.01	7.77	5.57	4.68	4.18	3.86	3.63	3.46	3.32	3.21	3.13	3.05	2.99	2.89	2.81	2.70
26	0.05	4.22	3.37	2.98	2.74	2.59	2.47	2.39	2.32	2.27	2.22	2.18	2.15	2.10	2.05	1.99
	0.01	7.72	5.53	4.64	4.14	3.82	3.59	3.42	3.29	3.17	3.09	3.02	2.96	2.86	2.77	2.66
27	0.05	4.21	3.35	2.96	2.73	2.57	2.46	2.37	2.30	2.25	2.20	2.16	2.13	2.08	2.03	1.97
	0.01	7.68	5.49	4.60	4.11	3.79	3.56	3.39	3.26	3.14	3.06	2.98	2.93	2.83	2.74	2.63
28	0.05	4.20	3.34	2.95	2.71	2.56	2.44	2.36	2.29	2.24	2.19	2.15	2.12	2.06	2.02	1.96
	0.01	7.64	5.45	4.57	4.07	3.76	3.53	3.36	3.23	3.11	3.03	2.95	2.90	2.80	2.71	2.60
29	0.05	4.18	3.33	2.93	2.70	2.54	2.43	2.35	2.28	2.22	2.18	2.14	2.10	2.05	2.00	1.94
	0.01	7.60	5.42	4.54	4.04	3.73	3.50	3.33	3.20	3.08	3.00	2.92	2.87	2.77	2.68	2.57
30	0.05	4.17	3.32	2.92	2.69	2.53	2.42	2.34	2.27	2.21	2.16	2.12	2.09	2.04	1.99	1.93
	0.01	7.56	5.39	4.51	4.02	3.70	3.47	3.30	3.17	3.06	2.98	2.90	2.84	2.74	2.66	2.55

分母 *df*	α	分子 *df* 1	2	3	4	5	6	7	8	9	10	11	12	14	16	20
32	0.05	4.15	3.30	2.90	2.67	2.51	2.40	2.32	2.25	2.19	2.14	2.10	2.07	2.02	1.97	1.91
	0.01	7.50	5.34	4.46	3.97	3.66	3.42	3.25	3.12	3.01	2.94	2.86	2.80	2.70	2.62	2.51
34	0.05	4.13	3.28	2.88	2.65	2.49	2.38	2.30	2.23	2.17	2.12	2.08	2.05	2.00	1.95	1.89
	0.01	7.44	5.29	4.42	3.93	3.61	3.38	3.21	3.08	2.97	2.89	2.82	2.76	2.66	2.58	2.47
36	0.05	4.11	3.26	2.86	2.63	2.48	2.36	2.28	2.21	2.15	2.10	2.06	2.03	1.98	1.93	1.87
	0.01	7.39	5.25	4.38	3.89	3.58	3.35	3.18	3.04	2.94	2.86	2.78	2.72	2.62	2.54	2.43
38	0.05	4.10	3.25	2.85	2.62	2.46	2.35	2.26	2.19	2.14	2.09	2.05	2.02	1.96	1.92	1.85
	0.01	7.35	5.21	4.34	3.86	3.54	3.32	3.15	3.02	2.91	2.82	2.75	2.69	2.59	2.51	2.40
40	0.05	4.08	3.23	2.84	2.61	2.45	2.34	2.25	2.18	2.12	2.07	2.04	2.00	1.95	1.90	1.84
	0.01	7.31	5.18	4.31	3.83	3.51	3.29	3.12	2.99	2.88	2.80	2.73	2.66	2.56	2.49	2.37
42	0.05	4.07	3.22	2.83	2.59	2.44	2.32	2.24	2.17	2.11	2.06	2.02	1.99	1.94	1.89	1.82
	0.01	7.27	5.15	4.29	3.80	3.49	3.26	3.10	2.96	2.86	2.77	2.70	2.64	2.54	2.46	2.35
44	0.05	4.06	3.21	2.82	2.58	2.43	2.31	2.23	2.16	2.10	2.05	2.01	1.98	1.92	1.88	1.81
	0.01	7.24	5.12	4.26	3.78	3.46	3.24	3.07	2.94	2.84	2.75	2.68	2.62	2.52	2.44	2.32
46	0.05	4.05	3.20	2.81	2.57	2.42	2.30	2.22	2.14	2.09	2.04	2.00	1.97	1.91	1.87	1.80
	0.01	7.21	5.10	4.24	3.76	3.44	3.22	3.05	2.92	2.82	2.73	2.66	2.60	2.50	2.42	2.30
48	0.05	4.04	3.19	2.80	2.56	2.41	2.30	2.21	2.14	2.08	2.03	1.99	1.96	1.90	1.86	1.79
	0.01	7.19	5.08	4.22	3.74	3.42	3.20	3.04	2.90	2.80	2.71	2.64	2.58	2.48	2.40	2.28
50	0.05	4.03	3.18	2.79	2.56	2.40	2.29	2.20	2.13	2.07	2.02	1.98	1.95	1.90	1.85	1.78
	0.01	7.17	5.06	4.20	3.72	3.41	3.18	3.02	2.88	2.78	2.70	2.62	2.56	2.46	2.39	2.26

分母 df	α	分子 df 1	2	3	4	5	6	7	8	9	10	11	12	14	16	20
55	0.05	4.02	3.17	2.78	2.54	2.38	2.27	2.18	2.11	2.05	2.00	1.97	1.93	1.88	1.83	1.76
	0.01	7.12	5.01	4.16	3.68	3.37	3.15	2.98	2.85	2.75	2.66	2.59	2.53	2.43	2.35	2.23
60	0.05	4.00	3.15	2.76	2.52	2.37	2.25	2.17	2.10	2.04	1.99	1.95	1.92	1.86	1.81	1.75
	0.01	7.08	4.98	4.13	3.65	3.34	3.12	2.95	2.82	2.72	2.63	2.56	2.50	2.40	2.32	2.20
65	0.05	3.99	3.14	2.75	2.51	2.36	2.24	2.15	2.08	2.02	1.98	1.94	1.90	1.85	1.80	1.73
	0.01	7.04	4.95	4.10	3.62	3.31	3.09	2.93	2.79	2.70	2.61	2.54	2.47	2.37	2.30	2.18
70	0.05	3.98	3.13	2.74	2.50	2.35	2.23	2.14	2.07	2.01	1.97	1.93	1.89	1.84	1.79	1.72
	0.01	7.01	4.92	4.08	3.60	3.29	3.07	2.91	2.77	2.67	2.59	2.51	2.45	2.35	2.28	2.15
80	0.05	3.96	3.11	2.72	2.48	2.33	2.21	2.12	2.05	1.99	1.95	1.91	1.88	1.82	1.77	1.70
	0.01	6.96	4.88	4.04	3.56	3.25	3.04	2.87	2.74	2.64	2.55	2.48	2.41	2.32	2.24	2.11
100	0.05	3.94	3.09	2.70	2.46	2.30	2.19	2.10	2.03	1.97	1.92	1.88	1.85	1.79	1.75	1.68
	0.01	6.90	4.82	3.98	3.51	3.20	2.99	2.82	2.69	2.59	2.51	2.43	2.36	2.26	2.19	2.06
125	0.05	3.92	3.07	2.68	2.44	2.29	2.17	2.08	2.01	1.95	1.90	1.86	1.83	1.77	1.72	1.65
	0.01	6.84	4.78	3.94	3.47	3.17	2.95	2.79	2.65	2.56	2.47	2.40	2.33	2.23	2.15	2.03
150	0.05	3.91	3.06	2.67	2.43	2.27	2.16	2.07	2.00	1.94	1.89	1.85	1.82	1.76	1.71	1.64
	0.01	6.81	4.75	3.91	3.44	3.14	2.92	2.76	2.62	2.53	2.44	2.37	2.30	2.20	2.12	2.00
200	0.05	3.89	3.04	2.65	2.41	2.26	2.14	2.05	1.98	1.92	1.87	1.83	1.80	1.74	1.69	1.62
	0.01	6.76	4.71	3.88	3.41	3.11	2.90	2.73	2.60	2.50	2.41	2.34	2.28	2.17	2.09	1.97
400	0.05	3.86	3.02	2.62	2.39	2.23	2.12	2.03	1.96	1.90	1.85	1.81	1.78	1.72	1.67	1.60
	0.01	6.70	4.66	3.83	3.36	3.06	2.85	2.69	2.55	2.46	2.37	2.29	2.23	2.12	2.04	1.92

分母	分子 df															
df	α	1	2	3	4	5	6	7	8	9	10	11	12	14	16	20
1000	0.05	3.85	3.00	2.61	2.38	2.22	2.10	2.02	1.95	1.89	1.84	1.80	1.76	1.70	1.65	1.58
	0.01	6.66	4.62	3.80	3.34	3.04	2.82	2.66	2.53	2.43	2.34	2.26	2.20	2.09	2.01	1.89
∞	0.05	3.84	2.99	2.60	2.37	2.21	2.09	2.01	1.94	1.88	1.83	1.79	1.75	1.69	1.64	1.57
	0.01	6.64	4.60	3.78	3.32	3.02	2.80	2.64	2.51	2.41	2.32	2.24	2.18	2.07	1.99	1.87

表 5　HSD 检验中 q 的临界值

误差项的 df	α	k＝处理数目								
		2	3	4	5	6	7	8	9	10
5	0.05	3.64	4.60	5.22	5.67	6.03	6.33	6.58	6.80	6.99
	0.01	5.70	6.98	7.80	8.42	8.91	9.32	9.67	9.97	10.24
6	0.05	3.46	4.34	4.90	5.30	5.63	5.90	6.12	6.32	6.49
	0.01	5.24	6.33	7.03	7.56	7.97	8.32	8.61	8.87	9.10
7	0.05	3.34	4.16	4.68	5.06	5.36	5.61	5.82	6.00	6.16
	0.01	4.95	5.92	6.54	7.01	7.37	7.68	7.94	8.17	8.37
8	0.05	3.26	4.04	4.53	4.89	5.17	5.40	5.60	5.77	5.92
	0.01	4.75	5.64	6.20	6.62	6.96	7.24	7.47	7.68	7.86
9	0.05	3.20	3.95	4.41	4.76	5.02	5.24	5.43	5.59	5.74
	0.01	4.60	5.43	5.96	6.35	6.66	6.91	7.13	7.33	7.49
10	0.05	3.15	3.88	4.33	4.65	4.91	5.12	5.30	5.46	5.60
	0.01	4.48	5.27	5.77	6.14	6.43	6.67	6.87	7.05	7.21
11	0.05	3.11	3.82	4.26	4.57	4.82	5.03	5.20	5.35	5.49
	0.01	4.39	5.15	5.62	5.97	6.25	6.48	6.67	6.84	6.99
12	0.05	3.08	3.77	4.20	4.51	4.75	4.95	5.12	5.27	5.39
	0.01	4.32	5.05	5.50	5.84	6.10	6.32	6.51	6.67	6.81
13	0.05	3.06	3.73	4.15	4.45	4.69	4.88	5.05	5.19	5.32
	0.01	4.26	4.96	5.40	5.73	5.98	6.19	6.37	6.53	6.67
14	0.05	3.03	3.70	4.11	4.41	4.64	4.83	4.99	5.13	5.25
	0.01	4.21	4.89	5.32	5.63	5.88	6.08	6.26	6.41	6.54
15	0.05	3.01	3.67	4.08	4.37	4.59	4.78	4.94	5.08	5.20
	0.01	4.17	4.84	5.25	5.56	5.80	5.99	6.16	6.31	6.44
16	0.05	3.00	3.65	4.05	4.33	4.56	4.74	4.90	5.03	5.15
	0.01	4.13	4.79	5.19	5.49	5.72	5.92	6.08	6.22	6.35
17	0.05	2.98	3.63	4.02	4.30	4.52	4.70	4.86	4.99	5.11
	0.01	4.10	4.74	5.14	5.43	5.66	5.85	6.01	6.15	6.27
18	0.05	2.97	3.61	4.00	4.28	4.49	4.67	4.82	4.96	5.07
	0.01	4.07	4.70	5.09	5.38	5.60	5.79	5.94	6.08	6.20
19	0.05	2.96	3.59	3.98	4.25	4.47	4.65	4.79	4.92	5.04
	0.01	4.05	4.67	5.05	5.33	5.55	5.73	5.89	6.02	6.14
20	0.05	2.95	3.58	3.96	4.23	4.45	4.62	4.77	4.90	5.01
	0.01	4.02	4.64	5.02	5.29	5.51	5.69	5.84	5.97	6.09

24	0.05	2.92	3.53	3.90	4.17	4.37	4.54	4.68	4.81	4.92
	0.01	3.96	4.55	4.91	5.17	5.37	5.54	5.69	5.81	5.92
30	0.05	2.89	3.49	3.85	4.10	4.30	4.46	4.60	4.72	4.82
	0.01	3.89	4.45	4.80	5.05	5.24	5.40	5.54	5.65	5.76
40	0.05	2.86	3.44	3.79	4.04	4.23	4.39	4.52	4.63	4.73
	0.01	3.82	4.37	4.70	4.93	5.11	5.26	5.39	5.50	5.60
60	0.05	2.83	3.40	3.74	3.98	4.16	4.31	4.44	4.55	4.65
	0.01	3.76	4.28	4.59	4.82	4.99	5.13	5.25	5.36	5.45
120	0.05	2.80	3.36	3.68	3.92	4.10	4.24	4.36	4.47	4.56
	0.01	3.70	4.20	4.50	4.71	4.87	5.01	5.12	5.21	5.30
∞	0.05	2.77	3.31	3.63	3.86	4.03	4.17	4.29	4.39	4.47
	0.01	3.64	4.12	4.40	4.60	4.76	4.88	4.90	5.08	5.16

表 6 F_{max} 的临界值

σ_i^2 的 df	α	k=变异数目										
		2	3	4	5	6	7	8	9	10	11	12
4	0.05	9.60	15.5	20.6	25.2	29.5	33.6	37.5	41.4	44.6	48	51.4
	0.01	23.2	37	49	59	69	79	89	97	106	113	120
5	0.05	7.15	10.8	13.7	16.3	18.7	20.8	22.9	24.7	26.5	28.2	29.9
	0.01	14.9	22	28	33	38	42	46	50	54	57	60
6	0.05	5.82	8.38	10.4	12.1	13.7	15	16.3	17.5	18.6	19.7	20.7
	0.01	11.1	15.5	19.1	22	25	27	30	32	34	36	37
7	0.05	4.99	6.94	8.44	9.7	10.8	11.8	12.7	13.5	14.3	15.1	15.8
	0.01	8.89	12.1	14.5	16.5	18.4	20	22	23	24	26	27
8	0.05	4.43	6.00	7.18	8.12	9.03	9.78	10.5	11.1	11.7	12.2	12.7
	0.01	7.5	9.9	11.7	13.2	14.5	15.8	16.9	17.9	18.9	19.8	21
9	0.05	4.03	5.34	6.31	7.11	7.8	8.41	8.95	9.45	9.91	10.3	10.7
	0.01	6.54	8.5	9.9	11.1	12.1	13.1	13.9	14.7	15.3	16	16.5
10	0.05	3.72	4.85	5.67	6.34	6.92	7.42	7.87	8.28	8.66	9.01	9.34
	0.01	5.85	7.4	8.6	9.6	10.4	11.1	11.8	12.4	12.9	13.4	13.9
12	0.05	3.28	4.16	4.79	5.3	5.72	6.09	6.42	6.72	7	7.25	7.48
	0.01	4.91	6.1	6.9	7.6	8.2	8.7	9.1	9.5	9.9	10.2	10.6
15	0.05	2.86	3.54	4.01	4.37	4.68	4.95	5.19	5.4	5.59	5.77	5.93
	0.01	4.07	4.9	5.5	6	6.4	6.7	7.1	7.3	7.5	7.8	8

20	0.05	2.46	2.95	3.29	3.54	3.76	3.94	4.1	4.24	4.37	4.49	4.59
	0.01	3.32	3.8	4.3	4.6	4.9	5.1	5.3	5.5	5.6	5.8	5.9
30	0.05	2.07	2.40	2.61	2.78	2.91	3.02	3.12	3.21	3.29	3.36	3.39
	0.01	2.63	3	3.3	3.4	3.6	3.7	3.8	3.9	4	4.1	4.2
60	0.05	1.67	1.85	1.95	2.04	2.11	2.17	2.22	2.26	2.30	2.33	2.36
	0.01	1.96	2.2	2.3	2.4	2.4	2.5	2.5	2.6	2.6	2.7	2.7
∞	0.05	1.00	1.00	1.00	1.00	1.00	1.00	1.00	1.00	1.00	1.00	1.00
	0.01	1.00	1.00	1.00	1.00	1.00	1.00	1.00	1.00	1.00	1.00	1.00

表 7 秩和检验表

n_1	n_2	T_1	T_2	n_1	n_2	T_1	T_2	n_1	n_2	T_1	T_2
				4	4	11	25	6	7	28	56
2	4	3	11	4	4	12	24	6	7	30	54
				4	5	12	28	6	8	29	61
2	5	3	13	4	5	13	27	6	8	32	58
2	6	3	15	4	6	12	32	6	9	31	65
2	6	4	14	4	6	14	30	6	9	33	63
2	7	3	17	4	7	13	35	6	10	33	69
2	7	4	16	4	7	15	33	6	10	35	67
2	8	3	19	4	8	14	38	7	7	37	68
2	8	4	18	4	8	16	36	7	7	39	66
2	9	3	21	4	9	15	41	7	8	39	73
2	9	4	20	4	9	17	39	7	8	41	71
2	10	4	22	4	10	16	44	7	9	41	78
2	10	5	21	4	10	18	42	7	9	43	76
				5	5	18	37	7	10	43	83
3	3	6	15	5	5	19	36	7	10	46	80
3	4	6	18	5	6	19	41	8	8	49	87
3	4	7	17	5	6	20	40	8	8	52	84
3	5	6	21	5	7	20	45	8	9	51	63
3	5	7	20	5	7	22	43	8	9	54	90
3	6	7	23	5	8	21	49	8	10	54	98
3	6	8	22	5	8	23	47	8	10	57	95
3	7	8	25	5	9	22	53	9	9	63	108

3	7	9	24	5	9	25	50	9	9	66	105
3	8	8	28	5	10	24	56	9	10	66	114
3	8	9	27	5	10	26	54	9	10	69	111
3	9	9	30	6	6	26	52	10	10	79	131
3	9	10	29	6	6	28	50	10	10	83	127
3	10	9	33								
3	10	11	31								

注:此表为单侧检验表,第一行为 0.025 显著水平,第二行为 0.5 显著水平。

表 8 符号检验表

N	0.01	0.05	0.10	N	0.01	0.05	0.10	N	0.01	0.05	0.10
1				31	7	9	10	61	20	23	23
2				32	8	9	10	62	20	22	24
3				33	8	10	11	63	20	23	24
4				34	9	10	11	64	21	23	24
5			0	35	9	11	12	65	21	24	25
6		0	0	36	9	11	12	66	22	24	25
7		0	0	37	10	12	13	67	22	25	26
8	0	0	1	38	10	12	13	68	22	25	26
9	0	1	1	39	11	12	13	69	23	25	27
10	0	1	1	40	11	13	14	70	23	26	27
11	0	1	2	41	11	13	14	71	24	26	28
12	1	2	2	42	12	14	15	72	24	27	28
13	1	2	3	43	12	14	15	73	25	27	28
14	1	2	3	44	13	15	16	74	25	28	29
15	2	3	3	45	13	15	16	75	25	28	29
16	2	3	4	46	13	15	16	76	26	28	30
17	2	4	4	47	14	16	17	77	26	29	30
18	3	4	5	48	14	16	17	78	27	29	31
19	3	4	5	49	15	17	18	79	27	30	31
20	3	5	5	50	15	17	18	80	28	30	32
21	4	5	6	51	15	18	19	81	28	31	32
22	4	5	6	52	16	18	19	82	28	31	33
23	4	6	7	53	16	18	20	83	29	32	33
24	5	6	7	54	17	19	20	84	29	32	33

25	5	7	7	55	17	19	20	85	30	32	34
26	6	7	8	56	17	20	21	86	30	33	34
27	6	7	8	57	18	20	21	87	31	33	35
28	6	8	9	58	18	21	22	88	31	34	35
29	7	8	9	59	19	21	22	89	31	34	36
30	7	9	10	60	19	21	23	90	32	35	36

注：此为单侧检验表，双侧检验概率为 0.02，0.10，0.20。

表 9　符号等级检验表

N	单侧检验显著水平		
	0.025	0.01	0.005
	双侧检验显著水平		
	0.05	0.02	0.01
6	0	-	-
7	2	0	-
8	4	2	0
9	6	3	2
10	8	5	3
11	11	7	5
12	14	10	7
13	17	13	10
14	21	16	13
15	25	20	16
16	30	24	20
17	35	28	23
18	40	33	28
19	46	38	32
20	52	43	38
21	59	49	43
22	66	56	49
23	73	62	55
24	81	69	61
25	89	77	68

表 10　H 检验表

样本大小			H	p	样本大小			H	p
n_1	n_2	n_3			n_1	n_2	n_3		
2	1	1	2.7000	0.500	4	3	2	6.4444	0.003
								6.3000	0.011
2	2	1	3.6000	0.200				5.4444	0.046
								5.4000	0.051
2	2	2	4.5714	0.067				4.5111	0.093
			3.7143	0.200				4.4444	0.102
3	1	1	3.2000	0.300	4	3	3	6.7455	0.010
								6.7091	0.013
3	2	1	4.2857	0.100				5.7909	0.046
			3.8571	0.133				5.7273	0.050
								4.7091	0.092
3	2	2	5.3572	0.029				4.7000	0.101
			4.7143	0.048					
			4.5000	0.067	4	4	1	6.6667	0.010
			4.4643	0.105				6.1667	0.022
								4.9667	0.048
3	3	1	5.1429	0.043				4.8667	0.054
			4.5734	0.100				4.1667	0.082
			4.0000	0.129				4.0667	0.102
								7.0364	0.006
3	3	2	6.2500	0.011					
			5.3611	0.032	4	4	2	6.8727	0.011
			5.1389	0.061				5.4545	0.046
			4.5556	0.100				5.2664	0.052
			4.2500	0.121				4.5545	0.098
								4.4455	0.103
3	3	3	7.2000	0.004					
			6.4889	0.011	4	4	3	7.1439	0.010
			5.6889	0.029				7.1364	0.011
			5.6000	0.050				5.5985	0.049
			5.0667	0.086				5.5758	0.051
			4.6222	0.100				4.5455	0.099

								4.4773	0.102
4	1	1	3.5714	0.200				7.6538	0.008
4	2	1	4.8214	0.057	4	4	4	7.5385	0.011
			4.5000	0.076				5.6923	0.049
			4.0179	0.114				5.6538	0.054
								4.6539	0.097
4	2	2	6.0000	0.014				4.5001	0.104
			5.3333	0.033				3.8571	0.143
			5.1250	0.052					
			4.4583	0.100	5	1	1	5.2500	0.036
			4.1667	0.105					
					5	2	1	5.0000	0.048
4	3	1	5.8333	0.021				4.4500	0.071
			5.2083	0.050				4.2000	0.095
			5.0000	0.057				4.0500	0.119
			4.0556	0.093					
			3.8880	0.129					
5	2	2	6.5333	0.008				4.5487	0.099
			6.1333	0.013				4.5231	0.103
			5.1600	0.034					
			5.0400	0.056	5	4	4	7.7604	0.009
			4.3733	0.090				7.7440	0.011
			4.2933	0.122				5.6571	0.049
								5.6176	0.050
5	3	1	6.4000	0.012				4.6187	0.100
			4.9600	0.048				4.5527	0.102
			4.8711	0.052					
			4.0178	0.095	5	5	1	7.3091	0.009
			3.8400	0.123				6.8364	0.011
								5.1273	0.046
5	3	2	6.9091	0.009				4.9091	0.053
			6.8218	0.010				4.1091	0.086
			5.2509	0.049				4.0364	0.105
			5.1055	0.052					
			4.6509	0.091	5	5	2	7.3385	0.010

			4.4945	0.101				7.2692	0.010
								5.3385	0.047
5	3	3	7.0788	0.009				5.2462	0.051
			6.9818	0.011				4.6231	0.097
			5.6485	0.049				4.5077	0.100
			5.5152	0.051					
			4.5333	0.097	5	5	3	7.5780	0.010
			4.4121	0.109				7.5429	0.010
								5.7055	0.046
5	4	1	6.9545	0.008				5.6264	0.051
			6.8400	0.011				4.5451	0.100
			4.9855	0.044				4.5363	0.102
			4.8600	0.056					
			3.9873	0.098	5	5	4	7.8229	0.010
			3.9600	0.102				7.7914	0.010
								5.6657	0.049
5	4	2	7.2045	0.009				5.6429	0.050
			7.1182	0.010				4.5229	0.099
			5.2727	0.049				4.5200	0.101
			5.2682	0.050					
			4.5409	0.098	5	5	5	8.0000	0.009
			4.5182	0.101				7.9800	0.010
								5.7800	0.049
5	4	3	7.4449	0.010				5.6600	0.051
			7.3949	0.011				4.5600	0.100
			5.6564	0.049				4.5000	0.102
			5.6308	0.050					

表 11　费希尔 Z_r 转换表

r	Z_r	r	Z_r	r	Z_r	r	Z_r	r	Z_r
0.000	0.000	0.200	0.203	0.400	0.424	0.600	0.693	0.800	1.099
0.005	0.005	0.205	0.208	0.405	0.430	0.605	0.701	0.805	1.113
0.010	0.010	0.210	0.213	0.410	0.436	0.610	0.709	0.810	1.127
0.015	0.015	0.215	0.218	0.415	0.442	0.615	0.717	0.815	1.142
0.020	0.020	0.220	0.224	0.420	0.448	0.620	0.725	0.820	1.157

0.025	0.025	0.225	0.229	0.425	0.454	0.625	0.733	0.825	1.172
0.030	0.030	0.230	0.234	0.430	0.460	0.630	0.741	0.830	1.188
0.035	0.035	0.235	0.239	0.435	0.466	0.635	0.750	0.835	1.204
0.040	0.040	0.240	0.245	0.440	0.472	0.640	0.758	0.840	1.221
0.045	0.045	0.245	0.250	0.445	0.478	0.645	0.767	0.845	1.238
0.050	0.050	0.250	0.255	0.450	0.485	0.650	0.775	0.850	1.256
0.055	0.055	0.255	0.261	0.455	0.491	0.655	0.784	0.855	1.274
0.060	0.060	0.260	0.266	0.460	0.497	0.660	0.793	0.860	1.293
0.065	0.065	0.265	0.271	0.465	0.504	0.665	0.802	0.865	1.313
0.070	0.070	0.270	0.277	0.470	0.510	0.670	0.811	0.870	1.333
0.075	0.075	0.275	0.282	0.475	0.517	0.675	0.820	0.875	1.354
0.080	0.080	0.280	0.288	0.480	0.523	0.680	0.829	0.880	1.376
0.085	0.085	0.285	0.293	0.485	0.530	0.685	0.838	0.885	1.398
0.090	0.090	0.290	0.299	0.490	0.536	0.690	0.848	0.890	1.422
0.095	0.095	0.295	0.304	0.495	0.543	0.695	0.858	0.895	1.447
0.100	0.100	0.300	0.310	0.500	0.549	0.700	0.867	0.900	1.472
0.105	0.105	0.305	0.315	0.505	0.556	0.705	0.877	0.905	1.499
0.110	0.110	0.310	0.321	0.510	0.563	0.710	0.887	0.910	1.528
0.115	0.116	0.315	0.326	0.515	0.570	0.715	0.897	0.915	1.557
0.120	0.121	0.320	0.332	0.520	0.576	0.720	0.908	0.920	1.589
0.125	0.126	0.325	0.337	0.525	0.583	0.725	0.918	0.925	1.623
0.130	0.131	0.330	0.343	0.530	0.590	0.730	0.929	0.930	1.658
0.135	0.136	0.335	0.348	0.535	0.597	0.735	0.940	0.935	1.697
0.140	0.141	0.340	0.354	0.540	0.604	0.740	0.950	0.940	1.738
0.145	0.146	0.345	0.360	0.545	0.611	0.745	0.962	0.945	1.783
0.150	0.151	0.350	0.365	0.550	0.618	0.750	0.973	0.950	1.832
0.155	0.156	0.355	0.371	0.555	0.626	0.755	0.984	0.955	1.886
0.160	0.161	0.360	0.377	0.560	0.633	0.760	0.996	0.960	1.946
0.165	0.167	0.365	0.383	0.565	0.640	0.765	1.008	0.965	2.014
0.170	0.172	0.370	0.388	0.570	0.648	0.770	1.020	0.970	2.092
0.175	0.177	0.375	0.394	0.575	0.655	0.775	1.033	0.975	2.185
0.180	0.182	0.380	0.400	0.580	0.662	0.780	1.045	0.980	2.298
0.185	0.187	0.385	0.406	0.585	0.670	0.785	1.058	0.985	2.443
0.190	0.192	0.390	0.412	0.590	0.678	0.790	1.071	0.990	2.647
0.195	0.198	0.395	0.418	0.595	0.685	0.795	1.085	0.995	2.994

表 12　斯皮尔曼等级相关系数显著性临界值表

N	0.05	0.01
4	1.000	
5	0.900	1.000
6	0.829	0.943
7	0.714	0.893
8	0.643	0.833
9	0.600	0.783
10	0.564	0.746
12	0.506	0.712
14	0.456	0.645
16	0.425	0.601
18	0.399	0.564
20	0.377	0.534
22	0.359	0.508
24	0.343	0.485
26	0.329	0.465
28	0.317	0.448
30	0.306	0.432

表 13　肯德尔 W 系数显著性临界值表

k	N					$N=3$	
	3	4	5	6	7	k	SS
0.05 显著水平							
3			64.4	103.9	157.3	9	54.0
4		49.5	88.4	143.3	217.0	12	71.9
5		62.6	112.3	182.4	276.2	14	83.8
6		75.7	136.1	221.4	335.2	16	95.8
8	48.1	101.7	183.7	299.0	453.1	18	107.7
10	60.0	127.8	231.2	376.7	571.0		
15	89.8	192.9	349.8	570.5	864.9		
20	119.7	258.0	468.5	764.4	158.7		
0.01 显著水平							
3			75.6	122.8	185.6	9	75.9
4		61.4	109.3	176.2	265.0	12	103.5
5		80.5	142.8	229.4	343.8	14	121.9

6		99.5	176.1	282.4	422.6	16	140.2
8	66.8	137.4	242.7	388.3	579.9	18	158.6
10	85.1	175.3	309.1	494.0	737.0		
15	131.0	269.8	475.2	758.2	1129.5		
20	177.0	364.2	641.2	1022.2	1521.9		